深入理解Go语言（第3版）

[美] 米哈里斯·托卡洛斯　著
刘晓雪　译

清华大学出版社
北 京

内 容 简 介

本书详细阐述了 Go 语言开发的基本解决方案，主要包括 Go 语言快速入门、基本数据类型、复合数据类型、反射和接口、Go 包和函数、告诉 UNIX 系统该做什么、Go 语言中的并发性、构建 Web 服务、TCP/IP 和 WebSocket、REST APIs、代码测试与性能分析、与 gRPC 协同工作、Go 语言中的泛型等内容。此外，本书还提供了相应的示例、代码，以帮助读者进一步理解相关方案的实现过程。

本书适合作为高等院校计算机及相关专业的教材和教学参考书，也可作为相关开发人员的自学用书和参考手册。

图书在版编目（CIP）数据

深入理解 Go 语言：第 3 版 / (美) 米哈里斯 • 托卡洛斯著 ；刘晓雪译. 北京 ：清华大学出版社, 2025.3.

ISBN 978-7-302-68451-0

Ⅰ. TP312

中国国家版本馆 CIP 数据核字第 2025QE9965 号

责任编辑：贾小红
封面设计：刘　超
版式设计：楠竹文化
责任校对：范文芳
责任印制：宋　林

出版发行：清华大学出版社
网　　址：https://www.tup.com.cn，https://www.wqxuetang.com
地　　址：北京清华大学学研大厦 A 座　　邮　　编：100084
社 总 机：010-83470000　　邮　　购：010-62786544
投稿与读者服务：010-62776969，c-service@tup.tsinghua.edu.cn
质量反馈：010-62772015，zhiliang@tup.tsinghua.edu.cn

印 装 者：保定市中画美凯印刷有限公司
经　　销：全国新华书店
开　　本：185 mm×230 mm　　**印　　张：**36.75　　**字　　数：**726 千字
版　　次：2025 年 4 月第 1 版　　**印　　次：**2025 年 4 月第 1 次印刷
定　　价：169.00 元

产品编号：095183-01

译　者　序

在这个技术日新月异的时代，我们始终追求为读者提供最新的知识与技术。Go语言以其简洁、高效的特点，赢得了广大开发者的青睐，而本书正是为了帮助您更深入地掌握这门语言，成为一名更出色的Go开发者。

本书不仅增添了许多激动人心的新主题，如编写RESTful服务、使用WebSocket协议，还涵盖了GitHub Actions和GitLab Actions在Go项目开发中的应用。此外，本书还新增了一整章关于泛型的内容，这是Go语言未来发展的重要方向。同时，本书也致力于介绍许多实用工具的开发，以期帮助您在日常工作中提高效率。

本书的目标读者是那些希望提升Go语言水平的中级程序员，以及那些希望学习Go语言，同时不想重复学习编程基础的经验丰富的其他编程语言开发者。本书内容涵盖了Go语言的历史、重要特性、基础数据类型、指针、常量、日期和时间处理，一直到高级主题如反射、接口、类型方法、包、模块、函数、系统编程、网络编程、RESTful服务、代码测试与优化、gRPC，以及泛型等。书中每一章都以一个实际的编程问题或项目作为结束，让您能够将所学知识立即付诸实践。

为了最大限度地利用这本书，建议您尽快将每章介绍的知识应用到自己的程序中，并尝试解决每章末尾的练习题。本书的代码示例托管在GitHub上，您可以通过提供的链接访问并下载。此外，还提供了包含本书中使用的屏幕截图/图表的彩色图像的PDF文件，以便您更好地理解书中的内容。

最后，我要感谢您的选择和信任。希望本书能够成为您学习Go语言路上的良师益友。

在本书的翻译过程中，除刘晓雪外，张博也参与了部分翻译工作，在此表示感谢。

由于译者水平有限，书中难免有疏漏和欠妥之处，恳请广大读者批评指正。

译　者

前　　言

本版包含了许多激动人心的新主题，如编写 RESTful 服务、使用 WebSocket 协议，以及利用 GitHub Actions 和 GitLab Actions 进行 Go 项目的开发，还有泛型内容和许多实用工具的开发。此外，我努力使本版比第 2 版更加精简，并以更自然的结构安排内容，使其阅读起来更加轻松快捷，特别适合那些忙碌的专业人士。

我也努力在书中融入了适量的理论知识和实践内容——但只有您，亲爱的读者，才能评判我是否成功。请务必尝试每章末尾的练习，并在有任何建议或想法时，及时与我联系。

适用读者

本书是为那些希望将 Go 语言知识提升到更高水平的中级 Go 程序员准备的。对于那些希望学习 Go 语言，同时不想重复学习编程基础的经验丰富的其他编程语言开发者来说，本书也会非常有用。

本书内容

第 1 章首先讨论了 Go 语言的历史、Go 的重要特性及 Go 的优势。接着介绍了 godoc 实用程序和 go doc 工具，并解释了如何编译和执行 Go 程序。之后，讨论了打印输出和获取用户输入、处理命令行参数及使用日志文件。最后，开发了一个基本的电话簿应用程序版本，并将在接下来的章节中不断改进它。

第 2 章讨论了 Go 语言的基础数据类型，包括数值型和非数值型，以及将相似数据类型的数据分组的数组和切片。本章还涉及了 Go 语言的指针、常量及处理日期和时间。最后是关于生成随机数，以及使用随机数据更新电话簿应用程序。

第 3 章从映射（maps）开始，然后深入结构体和结构体关键字（struct）。此外，还讨论了正则表达式、模式匹配及处理 CSV 文件。最后，通过为电话簿应用程序添加数据持久性来改进它。

第 4 章讲述了反射、接口以及类型方法，这些是附加到数据类型上的功能。本章还包括使用 sort.Interface 接口对切片进行排序、空接口的使用、类型断言、类型开关及错误数据类型。此外，讨论了 Go 如何模拟一些面向对象的概念，然后对电话簿应用程序进行了改进。

第 5 章全面介绍了包、模块以及作为包主要元素的函数。在本章中，创建了一个用于与 PostgreSQL 数据库交互的 Go 包，为其编写了文档，并解释了有时难以掌握的 defer 关键字的使用。此外还包含了关于使用 GitLab Runners 和 GitHub Actions 进行自动化的信息，以及如何为 Go 二进制文件创建 Docker 镜像。

第 6 章是关于系统编程的，包括处理命令行参数、处理 UNIX 信号、文件输入输出、io.Reader 和 io.Writer 接口，以及使用 viper 和 cobra 包等主题。此外，讨论了处理 JSON、XML 和 YAML 文件，创建了一个方便的命令行工具用于发现 UNIX 文件系统中的循环，并讨论了在 Go 二进制文件中嵌入文件，以及 os.ReadDir()函数、os.DirEntry 类型和 io/fs 包的使用。最后，更新了电话簿应用程序以使用 JSON 数据，并在 cobra 包的帮助下将其转换为一个合适的命令行工具。

第 7 章讨论了 goroutines、channels 和 pipelines。介绍了进程、线程和 goroutines 之间的区别，sync 包，以及 Go 调度器的运作方式。此外，探索了 select 关键字的使用，讨论了 Go channels 的各种"类型"，以及共享内存、互斥锁、sync.Mutex 类型和 sync.RWMutex 类型。最后其余部分讨论了 context 包、semaphore 包、工作池、如何对 goroutines 设置超时，以及如何检测竞态条件。

第 8 章讨论了 net/http 包，Web 服务器和 Web 服务的开发，将指标暴露给 Prometheus，在 Grafana 中可视化指标，开发 Web 客户端和创建文件服务器。最后还把电话簿应用程序转换为 Web 服务，并为其创建了一个命令行客户端。

第 9 章涉及 net 包、TCP/IP，以及 TCP 和 UDP 协议，还有 UNIX 域套接字和 WebSocket 协议。最后开发了许多网络服务器和客户端。

第 10 章全面介绍了 REST API 和 RESTful 服务的使用。学习如何定义 REST API，开发强大的并发 RESTful 服务器，以及作为 RESTful 服务客户端的命令行工具。最后介绍了 Swagger 用于创建 REST API 文档，并学习了如何上传和下载二进制文件。

第 11 章讨论了代码测试、代码优化和代码性能分析，交叉编译、基准测试 Go 代码、创建示例函数、使用 go:generate，以及寻找不可达的 Go 代码。

第 12 章全面介绍了在 Go 中使用 gRPC。gRPC 是由 Google 开发的 RESTful 服务的替代品。同时阐述了如何定义 gRPC 服务的方法和消息，如何将它们转换为 Go 代码，以及如何为该 gRPC 服务开发服务器和客户端。

第 13 章是关于泛型，以及如何使用新语法编写泛型函数和定义泛型数据类型。

附录讲述了 Go 垃圾收集器的运作，并阐述了这个 Go 组件如何影响代码性能。

如何利用本书

本书需要一台安装了相对较新版本的 UNIX 计算机，这包括任何运行 macOS X、macOS 或 Linux 的机器。大部分展示的代码在不作任何修改的情况下也可以在 Microsoft Windows 机器上运行。

为了最大限度地利用本书，您应该尽快尝试将每一章的知识应用到自己的程序中，并看看哪些有效，哪些无效。正如我之前告诉您的，尝试解决每章末尾的练习题，或者创建您自己的编程问题。

下载示例代码文件

本书的代码包托管在 GitHub 上，对应地址为 https://github.com/mactsouk/mastering-Go-3rd。另外，我们还在 https://github.com/PacktPublishing/ 提供了丰富的图书和视频资源。

下载彩色图像

我们还提供了一个 PDF 文件，其中包含了本书中使用的屏幕截图/图表的彩色图像。读者可以从这里下载：https://static.packt-cdn.com/downloads/9781801079310_ColorImages.pdf。

本书约定

代码块如下所示。

```
package main

import (
    "fmt"
    "math/rand"
    "os"
    "path/filepath"
    "strconv"
    "time"
)
```

当我们希望引起您对代码块中特定部分的注意时，相关的行或条目会被突出显示：

```
package main

import (
    "fmt"
    "math/rand"
    "os"
    "path/filepath"
    "strconv"
    "time"
)
```

命令行输入或输出如下所示。

```
$ go run www.go
Using default port number: :8001
Served: localhost:8001
```

表示警告或重要的注意事项。

表示提示信息或操作技巧。

读者反馈和客户支持

欢迎读者对本书提出建议或意见并予以反馈。

对此，读者可向 customercare@packtpub.com 发送邮件，并以书名作为邮件标题。

勘误表

尽管我们希望做到尽善尽美，但错误依然在所难免。如果读者发现谬误之处，无论是文字错误抑或是代码错误，还望不吝赐教。对此，读者可访问 http://www.packtpub.com/submit-errata，选取对应书籍，输入并提交相关问题的详细内容。

版权须知

一直以来，互联网上的版权问题从未间断，Packt 出版社对此类问题异常重视。若读者在互联网上发现本书任意形式的副本，请告知我们网络地址或网站名称，我们将对此予以处理。关于盗版问题，读者可发送邮件至 copyright@packtpub.com。

若读者针对某项技术具有专家级的见解，抑或计划撰写书籍或完善某部著作的出版工作，则可访问 authors.packtpub.com。

问题解答

读者对本书有任何疑问，均可发送邮件至 questions@packtpub.com，我们将竭诚为您服务。

目　　录

第 1 章　Go 语言快速入门

假设您是一名开发者，想要创建一个命令行工具。同样，设想您拥有一个 REST API，并希望构建一个实现该 REST API 的 RESTful 服务器。您首先想到的问题很可能是选择哪种编程语言。

最常见的答案是使用您最熟悉的编程语言。然而，本书旨在帮助您考虑使用 Go 来完成这些及更多任务和项目。在本章中，我们首先解释了 Go 是什么，然后继续介绍 Go 的历史及如何运行 Go 代码。我们将解释 Go 的一些核心特性，例如如何定义和使用变量、控制程序流，以及获取用户输入，并且我们将通过创建一个命令行电话簿应用程序来应用这些概念。

本章主要涉及下列主题。

（1）Go 语言简介。

（2）Hello World!。

（3）运行 Go 代码。

（4）Go 语言的重要特性。

（5）开发 Go 语言中的 which（1）工具。

（6）记录信息。

（7）Go 语言中的泛型。

（8）开发一个基本的电话簿应用程序。

1.1　Go 语言简介

Go 语言是一种开源的系统编程语言，最初作为谷歌内部项目开发，并于 2009 年公开发布。Go 语言的精神之父是罗伯特·格利茨默（Robert Griesemer）、肯·汤普森（Ken Thomson）和罗伯·派克（Rob Pike）。

注意

尽管这种语言的官方名称是 Go，但有时（错误地）被称为 Golang。官方这样做的原因是 go.org 无法注册，因此选择了 golang.org。实际上，当你在搜索引擎中搜索与 Go 相关的信息时，单词 Go 通常被解释为动词。此外，Go 的官方 Twitter 标签是#golang。

尽管 Go 是一种通用编程语言，但它主要用于编写系统工具、命令行工具、Web 服务及在网络中运行的软件。Go 也可以用来教授编程，并且由于其简洁性和清晰的理念与原则，是作为读者第一门编程语言的良好选择。Go 可以帮助用户开发以下类型的应用程序。

（1）专业的 Web 服务。

（2）网络工具和服务器，如 Kubernetes 和 Istio。

（3）后端系统。

（4）系统实用程序。

（5）功能强大的命令行工具，如 Docker 和 Hugo。

（6）交换 JSON 格式数据的应用程序。

（7）处理关系数据库、NoSQL 数据库或其他流行数据存储系统数据的应用程序。

（8）编译器和解释器。

（9）数据库系统，如 CockroachDB 和键/值存储。

Go 在很多方面比其他编程语言做得更好，包括以下几点。

（1）Go 编译器的默认行为能够捕捉到可能导致错误的愚蠢行为。

（2）Go 使用的括号比 C、C++或 Java 少，并且没有分号，这使得 Go 源代码的可读性更强，错误也更少。

（3）Go 拥有一个丰富且可靠的标准库。

（4）Go 内置了对并发的支持，通过协程和通道实现。

（5）协程非常轻量级。你可以轻松地在任何现代机器上运行成千上万的协程，而不会有任何性能问题。

（6）与 C 语言不同，Go 语言支持函数式编程。

（7）Go 代码是向后兼容的，这意味着新版本的 Go 编译器接受使用旧版本的语言创建的程序，无须任何修改。这种兼容性保证限制在 Go 的主要版本内。例如，不能保证 Go 1.x 程序会在 Go 2.x 中编译。

现在我们知道了 Go 能做什么及 Go 擅长什么，接下来让我们来讨论 Go 的历史。

1.1.1　Go 语言的历史

如前所述，Go 最初是谷歌的一个内部项目，并于 2009 年公开发布。格利茨默、汤普森和派克设计 Go 时，目标是为那些希望构建可靠、健壮且高效软件的专业程序员服务，这种软件易于管理。他们在设计 Go 时考虑到了简洁性，这意味着 Go 不是一种适合所有人的编程语言。

图 1.1 展示了直接或间接影响 Go 的编程语言。例如，Go 的语法看起来像 C 语言，而包的概念则受到 Modula 2 的启发。

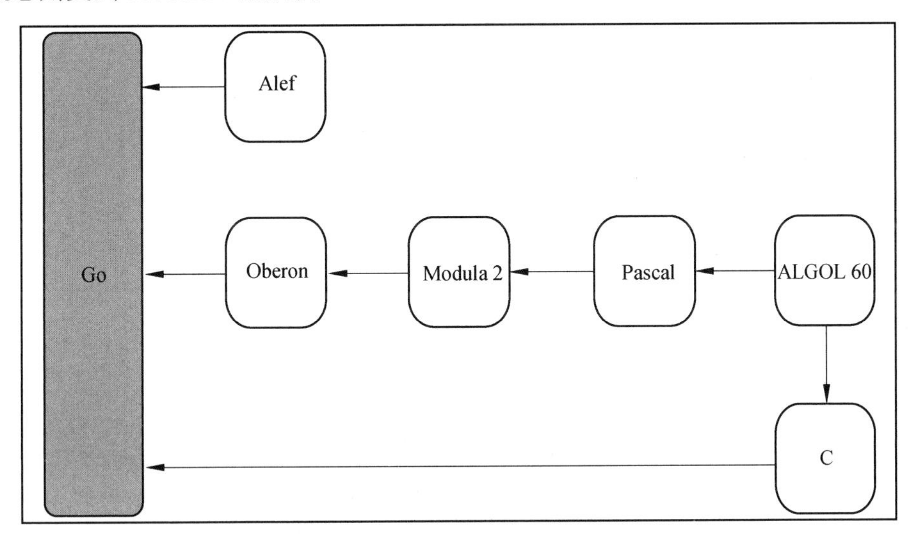

图 1.1　影响 Go 语言的编程语言

Go 所提供的不仅仅是其语法和工具，还包括一个相当丰富的标准库和一个类型系统，旨在帮助用户避免诸如隐式类型转换、未使用的变量和未使用的包等容易犯的错误。Go 编译器能够捕捉到大多数这些简单的错误，并在解决这些问题之前拒绝编译。此外，Go 编译器还能够发现难以捕捉的错误，如竞态条件。

如果读者第一次安装 Go，可以从访问 https://golang.org/dl/开始。然而，您的 UNIX 变体很可能已经有一个准备好安装的 Go 编程语言包，所以您可能希望通过喜欢的包管理器来安装 Go。

1.1.2　为什么选择 UNIX 而不是 Windows

为什么我们一直在讨论 UNIX，而没有同时讨论 Microsoft Windows？这主要有两个原因。第一个原因是，由于 Go 按设计是可移植的，大多数 Go 程序在 Windows 机器上无须任何代码更改即可运行——这意味着您不应担心所使用的操作系统。然而，您可能需要对某些系统工具的代码进行小幅修改，以便它们在 Windows 上工作。此外，仍然会有一些库仅在 Windows 机器上工作，另一些仅在非 Windows 机器上工作。第二个原因是，许多用

Go 编写的服务在 Docker 环境中执行——Docker 镜像使用 Linux 操作系统，这意味着应该以 Linux 操作系统为考量来编写工具。

注意

就用户体验而言，UNIX 和 Linux 非常相似。二者的主要区别在于 Linux 是开源软件，而 UNIX 是专有软件。

1.1.3 Go 语言的优缺点

Go 为开发者带来了一些重要的优势，首先它是由真正的程序员设计并由他们维护的。Go 也很容易学习，特别是如果读者已经熟悉像 C、Python 或 Java 这样的编程语言。除此之外，Go 代码外观优美。Go 代码也易于阅读，并从一开始就支持 Unicode，这意味着你可以轻松地对现有的 Go 代码进行更改。最后，Go 只保留了 25 个关键字，这使得记住这门语言要容易得多。

Go 还具备使用简单的并发模型实现的并发能力，该模型通过 goroutines 和 channels 实现。Go 为您管理操作系统线程，并拥有一个强大的运行时环境，允许您生成轻量级的协程（goroutines），它们可以通过 channels 相互通信。尽管 Go 拥有丰富的标准库，但还有一些非常实用的 Go 包，如 cobra 和 viper，它们允许 Go 开发像 docker 和 hugo 这样的复杂命令行工具。这在很大程度上得益于 Go 的可执行二进制文件是静态链接的，这意味着一旦生成，它们就不依赖于任何共享库，并包含所有所需的信息。

由于其简洁性，Go 代码是可预测的，没有奇怪的副作用，尽管 Go 支持指针，但它不支持像 C 那样的指针算术，除非你使用 unsafe 包，这是许多错误和安全漏洞的根源。尽管 Go 不是面向对象的编程语言，但 Go 接口非常通用，允许你模拟面向对象语言的一些能力，如多态性、封装性和组合性。

此外，最新的 Go 版本提供了对泛型的支持，这简化了在处理多种数据类型时的代码。最后但同样重要的是，Go 提供了垃圾收集的支持，这意味着不需要手动内存管理。

尽管 Go 是一种非常实用的编程语言，但它并不完美。

（1）尽管这是个人偏好而非实际的技术缺陷，Go 没有直接支持面向对象编程，这是一种流行的编程范式。

（2）尽管协程是轻量级的，但它们并不像操作系统线程那样强大。根据您尝试实现的应用程序，可能存在一些罕见的情况，协程并不适合这项工作。然而，在大多数情况下，以协程和通道为考量设计的应用程序将能解决您的问题。

（3）尽管垃圾收集在大多数时间和几乎所有类型的应用程序中都足够快，但有时需要手动处理内存分配——Go 无法做到这一点。在实践中，这意味着 Go 不允许执行任何手动的内存管理。

然而，在许多情况下，读者可以选择使用 Go，包括以下情况：

（1）创建具有多个命令、子命令和命令行参数的复杂命令行工具。

（2）构建高度并发的应用程序。

（3）开发与 API 协作的服务器，以及通过交换包括 JSON、XML 和 CSV 在内的多种数据格式来交互的客户端。

（4）开发 Web Socket 服务器和客户端。

（5）开发 gRPC 服务器和客户端。

（6）开发健壮的 UNIX 和 Windows 系统工具。

（7）学习编程。

在接下来的部分中，我们将涵盖许多概念和工具，以建立坚实的知识基础，然后构建一个简化版的 which(1)工具。在本章的最后，我们将开发一个初级的电话簿应用程序，随着在后续章节中解释更多的 Go 特性，这个应用程序将持续进化。

首先，我们将介绍 go doc 命令，它允许您查找有关 Go 标准库、包及其函数的信息。然后，我们将展示如何使用“Hello World!”程序作为示例来执行 Go 代码。

1.1.4　go doc 和 godoc 实用程序

Go 发行版附带了大量工具，可以使程序员的生活更加轻松。其中两个工具是 go doc 子命令和 godoc 实用程序，它们允许您查看现有 Go 函数和包的文档，而无须互联网连接。然而，如果您更喜欢在线查看 Go 文档，可以访问 https://pkg.go.dev/。由于 godoc 默认没有安装，您可能需要通过运行 go get golang.org/x/tools/cmd/godoc 安装它。

go doc 命令可以作为一个普通的命令行应用程序执行，它在终端上显示其输出，而 godoc 作为一个命令行应用程序启动一个 Web 服务器。在后一种情况下，您需要一个 Web 浏览器来查看 Go 文档。第一个实用程序类似于 UNIX 的 man(1)命令，但适用于 Go 函数和包。

提示

UNIX 程序或系统调用名称后的数字指的是手册页所属的手册部分的编号。尽管大多数名称在手册页中只出现一次，这意味着不需要指定章节编号，但有些名称因为具有多重含义，可以在多个章节中找到，如 crontab(1)和 crontab(5)。因此，如果试图检索具有多重含义名称的手册页，而不指定其章节编号，您将得到编号最小的章节中的条目。

那么，为了查找 fmt 包中 Printf()函数的信息，可执行以下命令。

```
$ go doc fmt.Printf
```

同样地，可以通过运行以下命令来查找整个 fmt 包的信息。

```
$ go doc fmt

$ godoc -http=:8001
```

第二个实用工具需要执行带有-http 参数的 godoc。

前一个命令中的数值，在这个例子中是 8001，是 HTTP 服务器将监听的端口号。由于我们省略了 IP 地址，godoc 将监听所有网络接口。

注意

您可以在具有相应权限的情况下选择任何可用的端口号。但 0～1023 号端口是受限的，只能由根用户使用，因此最好避免选择这些端口，而是选择其他未被不同进程使用的端口。

您可以省略所提供命令中的等号，并用空格字符代替。因此，以下命令与前一个命令完全等效。

```
$ godoc -http :8001
```

之后，应该将网页浏览器指向 http://localhost:8001/这个 URL，以便获取可用的 Go 包的列表并浏览它们的文档。如果您是第一次使用 Go，将会发现 Go 文档对于学习函数的参数和返回值非常有用——随着在 Go 之旅中不断进步，读者将使用 Go 文档来学习函数和变量的细节内容。

1.2　Hello World!

以下是 Go 语言版本的 Hello World！程序。请输入下列代码并将其保存为 hw.go。

```
package main

import (
    "fmt"
)
```

```
func main() {
	fmt.Println("Hello World!")
}
```

每个 Go 源代码都以包声明开始。在本例中，包的名称是 main，在 Go 中它具有特殊的含义。import 关键字允许包含现有包的功能。在当前情况下，我们只需要标准 Go 库中 fmt 包的某些功能。非标准 Go 库的包则使用它们的完整网络路径进行导入。如果您正在创建一个可执行应用程序，下一个重要的事情是 main()函数。Go 将此视为应用程序的入口点，并开始执行 main 包中 main()函数中的代码。

hw.go 是一个独立的 Go 程序。有两个特点使 hw.go 成为一个能够生成可执行二进制文件的自主源文件：包的名称应该是 main 和必须包含 main()函数——我们在下一小节中将更详细地讨论 Go 函数。另外，在第 5 章中，我们将学习更多关于函数和方法的知识，这些方法是附加到特定数据类型上的函数。

1.2.1　函数简介

每个 Go 函数定义都以 func 关键字开始，后跟其名称、签名和实现。与 main 包的情况一样，可以随意命名函数——有一个全局 Go 规则也适用于函数和变量名称，并且适用于除 main 之外的所有包：所有以小写字母开头的内容都被视为私有的，只能在当前包中访问。我们将在第 5 章中更多地了解该规则。唯一的例外是包名，它们可以以小写或大写字母开头。

您现在可能会问函数是如何组织和交付的。嗯，答案是在包中——下一小节将对此进行一些阐述。

1.2.2　包简介

Go 程序以包的形式组织——即使是最小的 Go 程序也应该作为包来交付。package 关键字可定义一个新包的名称，它可以是您想要的任何名称，但有一个例外：如果正在创建一个可执行应用程序，而不仅仅是一个将被其他应用程序或包共享的包，那么应该将包命名为 main。读者将在第 5 章中了解更多关于开发 Go 包的内容。

提示

包可以被其他包使用。实际上，重用现有的包是一种良好的实践，它可以避免您必须编写大量代码或从头开始实现现有功能。

import 关键字用于在 Go 程序中导入其他 Go 包，以便使用它们的一部分或全部功能。Go 包可以是丰富的标准 Go 库的一部分，也可以从外部来源获取。标准 Go 库的包通过名称（如 os）导入，无须主机名和路径，而外部包则使用它们的完整网络路径导入，如 github.com/spf13/cobra。

1.3　运行 Go 代码

您现在需要知道如何执行 hw.go 或任何其他 Go 应用程序。正如接下来的两个小节所解释的，运行 Go 代码有两种方式：使用 go build 作为编译型语言，或使用 go run 作为脚本语言。接下来让我们进一步了解这两种运行 Go 代码的方法。

1.3.1　编译 Go 代码

为了编译 Go 代码并创建一个二进制可执行文件，需要使用 go build 命令。go build 所做的是为您创建一个可执行文件，以便手动分发和执行。这意味着 go build 命令在运行代码时需要一个额外的步骤。

生成的可执行文件会自动以源代码文件名（不包括.go 文件扩展名）命名。因此，由于 hw.go 源文件，可执行文件将被命名为 hw。如果您不想使用这个名称，go build 支持-o 选项，该选项允许更改生成的可执行文件的文件名和路径。例如，如果打算将可执行文件命名为 helloWorld，您应该执行 go build -o helloWorld hw.go。如果没有提供源文件，go build 会在当前目录中查找 main 包。

之后，您需要自己执行生成的可执行二进制文件。在当前例子中，这意味着执行 hw 或 HelloWorld!，如下所示。

```
$ go build hw.go
$ ./hw
Hello World!
```

既然我们已经知道如何编译 Go 代码，接下来继续使用 Go 作为脚本语言。

1.3.2　像脚本语言那样使用 Go 语言

如果想测试您的代码，那么使用 go run 是更好的选择。然而，如果您想创建并分发一个可执行的二进制文件，那么 go build 是实现这一目标的方法。

1.3.3　导入格式和编码规则

Go 语言包含一些严格的格式化和编码规则，这些规则帮助开发者避免初学者的错误和漏洞——一旦学会了这些规则、Go 的特性及它们对代码的影响，您就可以专注于代码的实际功能。此外，Go 编译器通过其富有表现力的错误消息和警告来帮助您遵循这些规则。最后，Go 提供了标准工具（gofmt），可以为您格式化代码。

下列内容展示了一些重要的 Go 规则列表。

（1）Go 代码以包的形式交付，您可以自由使用现有包中的功能。然而，如果要导入一个包，您应该使用它的一些功能——这个规则有一些例外，主要是与初始化连接有关，但目前这些例外并不重要。

（2）要么使用一个变量，要么根本不声明它。这条规则可避免诸如拼错现有变量或函数名称之类的错误。

（3）在 Go 中，大括号的格式化方式只有一种。

（4）即使只包含单个语句或没有任何语句，Go 中的编码块也会被嵌入在大括号中。

（5）Go 函数可以返回多个值。

（6）不能在不同类型的数据之间自动转换，即使它们是同类的。例如，不能隐式地将整数转换为浮点数。

Go 包含更多规则，这些规则十分重要，它们将在本书的大部分内容中指导读者的编程实践。在本章以及其他章节中，读者将看到所有这些规则的实际应用。接下来将考察 Go 中格式化大括号的唯一方式，因为这条规则无处不在。

查看下列名为 curly.go 的 Go 程序。

```
package main

import (
    "fmt"
)

func main()
{
    fmt.Println("Go has strict rules for curly braces!")
}
```

尽管它看起来完全没问题，但如果尝试执行代码，您将会相当失望，因为代码无法编译，并得到以下语法错误消息。

```
$ go run curly.go
# command-line-arguments
./curly.go:7:6: missing function body
./curly.go:8:1: syntax error: unexpected semicolon or newline before {
```

这个错误消息的官方解释是，Go 在许多上下文中要求使用分号作为语句的终止符，当编译器认为它们必要的时候，会自动插入所需的分号。因此，将开放大括号（{）放在自己的一行将使 Go 编译器在前一行末尾（func main()）插入一个分号，这是错误消息的主要原因。编写上述代码的正确方式如下所示。

```
package main

import (
    "fmt"
)

func main() {
    fmt.Println("Go has strict rules for curly braces!")
}
```

在了解了这个全局规则之后，下面继续介绍 Go 语言的一些重要特性。

1.4 Go 语言的重要特性

这一节将讨论 Go 语言的重要特性，包括变量、控制程序流、迭代、获取用户输入及 Go 的并发性。我们首先讨论变量、变量声明和变量使用。

1.4.1 定义和使用变量

假设想用 Go 执行一些基本的数学计算。在这种情况下，需要定义变量来保存输入和结果。Go 提供了多种声明新变量的方法，以使变量声明过程更加自然和方便。您可以使用 var 关键字后跟变量名，然后是所需的数据类型（我们将在第 2 章中详细讨论数据类型）。如果您愿意，还可以在声明后跟一个=号和一个初始值。如果给出了初始值，那么可以省略数据类型，编译器将为您推断。

这就引出了一个非常重要的 Go 规则：如果没有给变量指定初始值，Go 编译器将自动将该变量初始化为其数据类型的零值。

此外还有:=记法，它可以代替 var 声明使用。:=通过推断跟随其后的值的数据类型来定义一个新变量。:=的官方名称是短赋值语句，它在 Go 中非常常用，特别是用于从函数和使用 range 关键字的循环中获取返回值。

短赋值语句可以替代带有隐式类型的 var 声明。在 Go 中，您很少看到 var 的使用；var 关键字主要用于声明没有初始值的全局或局部变量。前者的原因是，存在于函数代码之外的每个语句都必须以 func 或 var 等关键字开始。

这意味着短赋值语句不能在函数环境之外使用，因为在那里它不可用。最后，当想要明确指定数据类型时，可能需要使用 var。例如，当想要使用 int8 或 int32 而不是 int 时。

因此，尽管可以使用 var 或:=声明局部变量，但只有 const（当变量的值不打算改变时）和 var 适用于全局变量，这些变量是在函数外部定义的，并且不嵌套在大括号中。全局变量可以在包内的任何地方被访问，无须明确地将它们传递给函数，除非它们使用 const 关键字定义为常量，否则它们可以被改变。

程序倾向于展示信息，这意味着它们需要打印数据或者将其发送到某处，以便其他软件存储或处理。在屏幕上打印数据时，Go 语言使用了 fmt 包的功能。如果希望通过 Go 语言来负责打印工作，那么可能想要使用 fmt.Println()函数。然而，在某些情况下，您可能想要完全控制数据的打印方式。在这种情况下，用户可能想要使用 fmt.Printf()。

fmt.Printf()函数类似于 C 语言中的 printf()函数，它需要使用控制序列来指定即将打印的变量的数据类型。此外，fmt.Printf()函数允许格式化生成的输出，这对于浮点数值特别方便，因为它允许指定输出中将显示的数字位数（%.2f 显示小数点后两位数字）。最后，\n 字符用于打印换行符，从而创建新行，因为 fmt.Printf()不会自动插入换行——这与 fmt.Println()不同，后者会自动插入换行。

以下程序展示了如何声明新变量、如何使用它们及如何打印它们——将以下代码输入到名为 variables.go 的纯文本文件中。

```
package main

import (
    "fmt"
    "math"
)

var Global int = 1234
var AnotherGlobal = -5678

func main() {
```

```
    var j int
    i := Global + AnotherGlobal
    fmt.Println("Initial j value:", j)
    j = Global
    // math.Abs() requires a float64 parameter
    //so we type cast it appropriately
    k := math.Abs(float64(AnotherGlobal))
    fmt.Printf("Global=%d, i=%d, j=%d k=%.2f.\n", Global, i, j, k)
}
```

注意

笔者倾向于通过以下两种方式使全局变量突出显示：要么以大写字母开头；要么全部使用大写字母。

此程序包含以下内容：

（1）一个名为 Global 的全局整型变量。

（2）一个名为 AnotherGlobal 的第二个全局变量——Go 会自动根据其值推断其数据类型，在这种情况下是整数。

（3）一个名为 j 的局部变量，类型为整型，正如将在第 2 章学到的，这是一个特殊的数据类型。j 没有初始值，这意味着 Go 会自动赋予其数据类型的零值，在这种情况下是 0。

（4）另一个名为 i 的局部变量——Go 根据其值推断其数据类型。由于它是两个整型值的和，因此它也是一个整型。

（5）math.Abs()需要一个 float64 参数，我们不能将 AnotherGlobal 传递给它，因为 AnotherGlobal 是一个整型变量。float64()类型转换将 AnotherGlobal 的值转换为 float64。注意，AnotherGlobal 仍然是整型。

（6）最后，fmt.Printf()用于格式化和打印输出结果。

运行 variables.go 将生成下列输出结果。

```
Initial j value: 0
Global=1234, i=-4444, j=1234 k=5678.00.
```

此示例展示了 Go 语言中另一个重要的规则，这一点之前也提到过：Go 语言不允许像 C 语言那样的隐式数据类型转换。

正如您在 variables.go 中看到的，在使用期望 float64 值的 math.Abs()函数时，即使这种特定的转换是直接且无误的，也不能使用 int 值代替 float64 值。Go 编译器拒绝编译这样的语句。您应该使用 float64()显式地将 int 值转换为 float64，以确保一切正常工作。

对于那些不直接的转换（如从字符串到整数），存在专门的函数，允许以 error 变量的形式捕获转换过程中的问题，该 error 变量由函数返回。

1.4.2　控制程序流

到目前为止，我们已经知到了 Go 语言中的变量，但是如何根据变量的值或其他条件改变 Go 程序的流程呢？Go 支持 if/else 和 switch 控制结构。这两种控制结构在大多数现代编程语言中都可以找到，所以如果您已经使用其他编程语言进行过编程，应该已经熟悉 if 和 switch。if 语句在嵌入需要检查的条件时不使用括号，因为 Go 通常不使用括号。正如预期的那样，if 支持 else 和 else if 语句。

为了演示 if 的使用，让我们采用 Go 中一个几乎无处不在的非常常见的模式。这个模式指出，如果从函数返回的错误变量的值为 nil，那么函数执行一切正常。否则，某个地方就存在一个需要特别处理的错误条件。这个模式通常实现如下。

```
err := anyFunctionCall()
if err != nil {
    // Do something if there is an error
}
```

err 是保存从函数返回的错误值的变量，!=表示 err 变量的值不是 nil。在 Go 程序中，您会多次看到类似的代码。

注意

以//开头的行是单行注释。如果在一行中间放置//，那么//之后的所有内容都被视为注释。如果//位于字符串值内部，那么此规则不适用。

switch 语句有两种不同的形态。在第一种形态中，switch 语句包含一个要被求值的表达式；而在第二种形态中，switch 语句没有表达式需要求值。在这种情况下，每个 case 语句中都会评估表达式，这增加了 switch 的灵活性。正确使用 switch 的主要好处在于，它能够简化复杂且难以阅读的 if-else 代码块。

下面的代码演示了 if 和 switch 的使用，旨在处理作为命令行参数提供的用户输入——请将其输入并保存为 control.go。为了更好地解释，我们将 control.go 的代码分块进行展示：

```
package main

import (
    "fmt"
    "os"
```

```
    "strconv"
)
```

这一部分包含了预期的前言，其中包含了导入的包。接下来是 main()函数的实现。

```
func main() {
if len(os.Args) != 2 {
    fmt.Println("Please provide a command line argument")
    return
}
argument := os.Args[1]
```

程序的这一部分确保在继续之前有一个单一的命令行参数进行处理，该参数以 os.Args[1]的形式访问。我们将在后文更详细地讨论这一点，但读者可以参阅图 1.2 以获取关于 os.Args 切片的更多信息。

```
// With expression after switch
switch argument {
case "0":
    fmt.Println("Zero!")
case "1":
    fmt.Println("One!")
case "2", "3", "4":
    fmt.Println("2 or 3 or 4")
    fallthrough
default:
    fmt.Println("Value:", argument)
}
```

这里是一段包含 4 个分支的 switch 语句块。前 3 个分支要求完全字符串匹配，最后一个分支匹配所有其他情况。case 语句的顺序很重要，因为只有第一个匹配会被执行。fallthrough 关键字告诉 Go，在执行完这个分支后，它将继续执行下一个分支，在这个例子中就是 default 分支。

```
value, err := strconv.Atoi(argument)
if err != nil {
    fmt.Println("Cannot convert to int:", argument)
    return
}
```

由于命令行参数被初始化为字符串值，我们需要使用单独的调用将用户输入转换为整数值，在这个例子中是对 strconv.Atoi()的调用。如果 err 变量的值为 nil，那么转换成功并可以继续；否则，屏幕上会打印出错误信息，程序退出。

以下代码展示了 switch 语句的第二种形式，其中条件在每个 case 分支处被评估。

```
    // No expression after switch
    switch {
    case value == 0:
        fmt.Println("Zero!")
    case value > 0:
        fmt.Println("Positive integer")
    case value < 0:
        fmt.Println("Negative integer")
    default:
        fmt.Println("This should not happen:", value)
    }
}
```

这提供了更大的灵活性，但在阅读代码时需要更多的思考。

在这种情况下，default 分支不应该被执行，主要是因为任何有效的整数值都会被其他 3 个分支捕获。尽管如此，default 分支仍然存在，因为它可以捕获意外值。

运行 control.go 将生成下列输出结果。

```
$ go run control.go 10
Value: 10
Positive integer
$ go run control.go 0
Zero!
Zero!
```

在 control.go 中，两个 switch 语句块各自生成一行输出。

1.4.3　使用 for 循环和 range 进行迭代

本节全部是关于在 Go 语言中进行迭代的内容。Go 语言支持 for 循环及 range 关键字，用于遍历数组、切片中的所有元素（正如将在第 3 章中看到的那样），以及映射。Go 语言简洁性的一个例子是，Go 只提供了 for 关键字的支持，而不是直接支持 while 循环。然而，根据如何编写 for 循环，它可以作为 while 循环或无限循环来工作。此外，当与 range 关键字结合使用时，for 循环可以实现 JavaScript 中 forEach 函数的功能。

提示

即使 for 循环只包含一个语句或根本没有语句，也需要在其周围加上花括号。

此外，也可以创建带有变量和条件的 for 循环、使用 break 关键字退出 for 循环，并且可以使用 continue 关键字跳过当前迭代。当与 range 一起使用时，for 循环允许访问切片或数组的所有元素，而无须知道数据结构的大小。正如将在第 3 章中看到的，for 和 range 允许以类似的方式迭代映射的元素。

下面的程序演示了单独使用 for 及与 range 关键字一起使用的情况——请将其输入并保存为 forLoops.go，以便之后执行。

```
package main

import "fmt"

func main() {
    // Traditional for loop
    for i := 0; i < 10; i++ {
        fmt.Print(i*i, " ")
    }
    fmt.Println()
}
```

上一段代码展示了一个传统的 for 循环，它使用了一个名为 i 的局部变量。这会在屏幕上打印出 0，1，2，3，4，5，6，7，8 和 9 的平方。10 的平方没有被打印，因为它不满足 10 < 10 的条件。

接下来的代码是 Go 语言的习惯用法。

```
i := 0
for ok := true; ok; ok = (i != 10) {
    fmt.Print(i*i, " ")
    i++
}
fmt.Println()
```

您可能会使用到此类代码，但有时候它难以阅读，尤其是对于那些刚接触 Go 语言的人。以下代码展示了如何用 for 循环模拟 while 循环，而 Go 语言并不直接支持 while 循环：

```
// For loop used as while loop
i := 0
for {
```

```
    if i == 10 {
        break
    }
    fmt.Print(i*i, " ")
    i++
}
fmt.Println()
```

break 关键字在 if 条件中提前退出循环，并充当循环退出条件。

最后，给定一个名为 aSlice 的切片，并可以在 range 的帮助下遍历其所有元素。range 返回两个有序值：切片中当前元素的索引及其值。如果想忽略这些返回值中的任何一个（此处并非是这种情况），可以在要忽略的值的位置使用_。如果只需要索引，那么可以完全不使用_，并从 range 中省略第二个值。

```
// This is a slice but range also works with arrays
aSlice := []int{-1, 2, 1, -1, 2, -2}
for i, v := range aSlice {
    fmt.Println("index:", i, "value: ", v)
}
```

运行 forLoops.go 将获得下列输出结果。

```
$ go run forLoops.go
0 1 4 9 16 25 36 49 64 81
0 1 4 9 16 25 36 49 64 81
0 1 4 9 16 25 36 49 64 81
index: 0 value: -1
index: 1 value: 2
index: 2 value: 1
index: 3 value: -1
index: 4 value: 2
index: 5 value: -2
```

上一段输出说明了前 3 行 for 循环是等价的，因此产生了相同的输出结果。最后 6 行显示了在 aSlice 中找到的每个元素的索引和值。

现在我们已经了解了 for 循环，接下来将考察如何获取用户输入。

1.4.4　获取用户输入

获取用户输入是每个程序的重要组成部分。本节介绍两种获取用户输入的方式，即从标准输入读取和使用程序的命令行参数。

1. 从标准输入读取

fmt.Scanln()函数可以在程序运行时读取用户输入，并将其存储到一个字符串变量中，该变量作为指针传递给 fmt.Scanln()。fmt 包包含其他函数，用于从控制台（os.Stdin）、文件或参数列表中读取用户输入。

下面的代码展示了如何从标准输入读取数据——请将其输入并保存为 input.go：

```
package main

import (
    "fmt"
)

func main() {
    // Get User Input
    fmt.Printf("Please give me your name: ")
    var name string
    fmt.Scanln(&name)
    fmt.Println("Your name is", name)
}
```

在等待用户输入时，告知用户需要提供哪种信息是很好的做法，这就是调用 fmt.Printf()的目的。不使用 fmt.Println()的原因是：fmt.Println()会自动在末尾添加一个换行符，而这并不是这里所期望的操作。

执行 input.go 会产生以下类型的输出和用户交互：

```
$ go run input.go
Please give me your name: Mihalis
Your name is Mihalis
```

2. 使用程序的命令行参数

虽然在需要时输入用户输入看起来是个不错的主意，但这通常不是真实软件的工作方式。通常，用户输入以可执行文件的命令行参数形式给出。在 Go 语言中，默认情况下，命令行参数存储在 os.Args 切片中。Go 还提供了 flag 包用于解析命令行参数，但有更好的、更强大的替代方案。

图 1.2 展示了 Go 语言中命令行参数的工作方式，这与 C 编程语言中的方式相同。重要的是要知道，os.Args 切片由 Go 正确初始化，并且在程序引用时可用。os.Args 切片包含

字符串值。

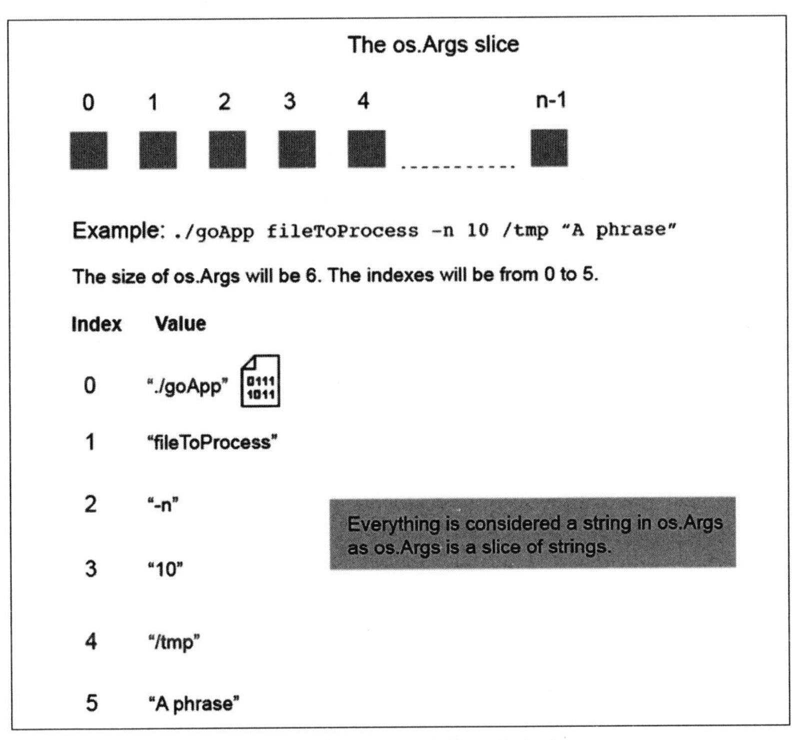

图 1.2　os.Args 切片的工作方式

存储在 os.Args 切片中的第一个命令行参数始终是可执行文件的名称。如果使用的是 go run 命令，那么将获得一个临时的名称和路径；否则，它将是用户提供的可执行文件的路径。其余的命令行参数是可执行文件名称之后的内容——各种命令行参数默认由空格字符自动分隔，除非它们被包括在双引号或单引号中。

下面的代码展示了 os.Args 的使用，该代码的目的是找到输入的最小和最大数值，同时忽略无效输入，例如字符和字符串。请输入代码并将其保存为 cla.go（或选择的任何其他文件名）。

```
package main

import (
    "fmt"
    "os"
    "strconv"
)
```

正如预期的那样，cla.go 以它的前言开始。fmt 包用于打印输出，而 os 包是必需的，因为 os.Args 是它的一部分。最后，strconv 包包含将字符串转换为数值的函数。接下来，我们确保至少有一个命令行参数。

```
func main() {
    arguments := os.Args
    if len(arguments) == 1 {
        fmt.Println("Need one or more arguments!")
        return
}
```

记住，os.Args 中的第一个元素始终是可执行文件的路径，所以 os.Args 永远不会完全为空。接下来，程序以我们在前面例子中看到的方式检查错误。读者将在第 2 章中更多地了解错误和错误处理。

```
var min, max float64
for i := 1; i < len(arguments); i++ {
    n, err := strconv.ParseFloat(arguments[i], 64)
    if err != nil {
        continue
}
```

在这种情况下，我们使用 strconv.ParseFloat()返回的错误变量来确保对 strconv.Parse Float()的调用是成功的，并且我们有一个有效的数值来进行处理。否则应该继续处理下一个命令行参数。for 循环用于遍历所有可用的命令行参数，除了第一个参数，它使用索引值为 0。这是处理所有命令行参数的另一种技术。

下面的代码用于在处理完第一个命令行参数后正确初始化 min 和 max 的值。

```
if i == 1 {
    min = n
    max = n
    continue
}
```

我们使用 i == 1 作为测试是否是第一次迭代的条件。在这种情况下，答案是肯定的，所以我们正在处理第一个命令行参数。接下来的代码检查当前值是否是新的最小值或最大值——这是程序逻辑实现的地方。

```
        if n < min {
            min = n
        }
```

```
        if n > max {
            max = n
        }
    }
    fmt.Println("Min:", min)
    fmt.Println("Max:", max)
}
```

程序的最后一部分与发现结果相关，即所有有效命令行参数的最小和最大数值。您从 cla.go 得到的输出取决于它的输入。

```
$ go run cla.go a b 2 -1
Min: -1
Max: 2
```

在这种情况下，a 和 b 是无效的，唯一有效的输入值是-1 和 2，它们分别是最小值和最大值。

```
$ go run cla.go a 0 b -1.2 10.32
Min: -1.2
Max: 10.32
```

在这种情况下，a 和 b 是无效输入值，因此被忽略。

```
$ go run cla.go
Need one or more arguments!
```

在最后一种情况下，由于 cla.go 没有输入要处理，它会打印一条帮助信息。如果在没有有效输入值的情况下执行程序，例如使用命令 go run cla.go a b c，那么 Min 和 Max 的值都将变为 0。

下一小节展示了一种使用错误变量区分不同数据类型的技术。

1.4.5　使用 error 变量区分输入类型

现在展示一种使用 error 变量来区分各种用户输入的技术。为了使这种技术有效，我们应该从更具体的情况过渡到更一般的情况。如果谈论的是数值，那么应该首先检查一个字符串是否是一个有效的整数，然后再检查相同的字符串是否是一个浮点数值，因为每一个有效的整数也是一个有效的浮点数值。

这在接下来的代码片段中得到了说明。

```
var total, nInts, nFloats int
```

```
invalid := make([]string, 0)
for _, k := range arguments[1:] {
    // Is it an integer?
    _, err := strconv.Atoi(k)
    if err == nil {
        total++
        nInts++
        continue
}
```

首先，我们创建了 3 个变量，分别用来记录检查的有效值总数、找到的整数值总数及找到的浮点数值总数。invalid 变量是一个切片，用来保存所有非数值。

其次，我们需要遍历所有的命令行参数，除了索引值为 0 的第一个参数，因为这是可执行文件的路径。我们使用 arguments[1:]而不是直接使用 arguments 来忽略可执行文件的路径——选择切片的连续部分将在第 2 章讨论。

对 strconv.Atoi()的调用确定我们是否正在处理一个有效的 int 值。如果是，那么增加 total 和 nInts 计数器：

```
// Is it a float
_, err = strconv.ParseFloat(k, 64)
if err == nil {
    total++
    nFloats++
    continue
}
```

类似地，如果检查的字符串表示一个有效的浮点数值，对 strconv.ParseFloat()的调用将会成功，程序将更新相关计数器。最后，如果一个值不是数值，它将通过调用 append()添加到 invalid 切片中。

```
    // Then it is invalid
    invalid = append(invalid, k)
}
```

这是一种在应用程序中保留意外输入的常见做法。之前的代码可以在本书的 GitHub 库中找到，这里没有展示额外的代码，它会在无效输入超过有效输入时发出警告。运行 process.go 会产生以下类型的输出结果。

```
$ go run process.go 1 2 3
#read: 3 #ints: 3 #floats: 0
```

在这种情况下，我们处理 1、2 和 3，它们都是有效的整数值。

```
$ go run process.go 1 2.1 a
#read: 2 #ints: 1 #floats: 1
```

在这种情况下，我们有一个有效的整数 1，一个浮点数值 2.1，以及一个无效值 a。

```
$ go run process.go a 1 b
#read: 1 #ints: 1 #floats: 0
Too much invalid input: 2
a
b
```

如果无效输入超过有效输入，那么 process.go 会打印一条额外的错误信息。

接下来将讨论 Go 语言的并发模型。

1.4.6　理解 Go 语言的并发模型

本节是对 Go 并发模型的介绍。Go 并发模型是通过协程和通道来实现的。协程是最小的可执行 Go 实体。为了创建一个新的协程，必须使用 go 关键字，后面跟着一个预定义的函数或匿名函数——就 Go 语言而言，这两种方法是等价的。

注意

只能将函数或匿名函数作为协程来执行。

Go 中的通道是一种机制，它允许协程进行通信和数据交换。第 7 章将更详细地解释协程、通道，以及在协程之间进行管道操作和共享数据。

尽管创建协程很容易，但在处理并发编程时，包括协程同步和在协程之间共享数据，还会出现其他困难——这是 Go 避免在运行协程时产生副作用的一种机制。由于 main()也作为一个协程运行，我们不希望 main()在程序的其他协程完成之前结束，因为当 main()退出时，整个程序以及任何尚未完成的协程都将终止。

虽然协程不共享任何变量，但它们可以共享内存。好的一方面是，有各种技术可以让 main()函数等待协程通过通道交换数据，或者在 Go 中较少使用共享内存。

请将以下 Go 程序输入编辑器中，并将其保存为 goRoutines.go。该程序使用 time.Sleep()调用来同步协程（这不是同步协程的正确方式——我们将在第 7 章中讨论同步协程的正确方式）。

```
package main
```

```
import (
    "fmt"
    "time"
)

func myPrint(start, finish int) {
    for i := start; i <= finish; i++ {
        fmt.Print(i, " ")
    }
    fmt.Println()
    time.Sleep(100 * time.Microsecond)
}
func main() {
    for i := 0; i < 5; i++ {
        go myPrint(i, 5)
    }
    time.Sleep(time.Second)
}
```

上述示例创建了 4 个协程，并使用 myPrint()函数在屏幕上打印一些值——使用 go 关键字来创建协程。运行 goRoutines.go 将生成以下输出。

```
$ go run goRoutines.go
2 3 4 5
0 4 1 2 3 1 2 3 4 4 5
5
3 4 5
5
```

然而，如果多次运行该程序，每次很可能会得到不同的输出。

```
1 2 3 4 5
4 2 5 3 4 5
3 0 1 2 3 4 5

4 5
```

这种情况之所以会发生，是因为协程是按随机顺序初始化并在随机顺序下开始运行的。Go 的调度器负责执行协程，就像操作系统的调度器负责执行操作系统线程一样。第 7 章更详细地讨论了 Go 的并发，并介绍了使用 sync.WaitGroup 变量解决这种随机性问题的方法——然而，请记住，Go 并发无处不在。因此，当一些由编译器生成的错误信息谈到协程时，您不应该认为这些协程是由您创建的。

下一节将展示一个实际的例子，即开发 Go 语言版本的 which(1)工具。该工具定位用户 PATH 值中的程序文件。

1.5 开发 Go 语言中的 which(1)工具

Go 可以通过一组包与操作系统交互。学习一门新编程语言的一个好方法是尝试实现传统 UNIX 实用程序的简单版本。在本节中，将看到一个 Go 版本的 which(1)实用程序，它将帮助您理解 Go 与底层操作系统的交互方式及如何读取环境变量。

所呈现的代码将实现 which(1)的功能，并可以划分为 3 个逻辑部分。第 1 个逻辑部分是关于读取输入参数，即实用程序将搜索的可执行文件的名称。第 2 个逻辑部分是关于读取 PATH 环境变量，对其进行分割，并遍历 PATH 变量的目录。第 3 个逻辑部分是在这些目录中查找所需的二进制文件，并确定是否可以找到它，它是否是常规文件，以及是否是可执行文件。如果找到了所需的可执行文件，程序将借助返回语句终止。否则，它将在 for 循环结束后和 main()函数退出后终止。

查看下列代码，并从包名称、导入语句及其他具有全局作用域定义的逻辑前言开始。

```
package main

import (
    "fmt"
    "os"
    "path/filepath"
)
```

fmt 包用于在屏幕上打印，os 包用于与底层操作系统交互，而 path/filepath 包用于处理读取为长字符串的 PATH 变量的内容，这取决于它包含的目录数量。

该实用程序的第 2 个逻辑部分如下所示。

```
func main() {
    arguments := os.Args
    if len(arguments) == 1 {
        fmt.Println("Please provide an argument!")
        return
    }
    file := arguments[1]
```

```
    path := os.Getenv("PATH")
    pathSplit := filepath.SplitList(path)
    for _, directory := range pathSplit {
```

首先读取程序的命令行参数（os.Args），并将第一个命令行参数保存到 file 变量中。随后获取 PATH 环境变量的内容，并使用 filepath.SplitList()进行分割，它提供了一种可移植的方式来分隔路径列表。最后我们使用 for 循环和 range 迭代 PATH 变量的所有目录，因为 filepath.SplitList()返回一个切片。

实用程序的其余逻辑部分包含以下代码。

```
        fullPath := filepath.Join(directory, file)
        // Does it exist?
        fileInfo, err := os.Stat(fullPath)
        if err == nil {
            mode := fileInfo.Mode()
            // Is it a regular file?
            if mode.IsRegular() {
                // Is it executable?
                if mode&0111 != 0 {
                    fmt.Println(fullPath)
                    return
                }
            }
        }
    }
}
```

我们使用 filepath.Join()构建我们检查的完整路径，该函数用于使用特定于操作系统的分隔符连接路径的不同部分——这使得 filepath.Join()可以在所有支持的操作系统中工作。在这部分中，我们还获取了一些关于文件的底层信息——记住，在 UNIX 中一切都是文件，这意味着要确保我们处理的是一个常规的可执行文件。

注意

在第 1 章中，我们包含了所呈现源文件的全部代码。然而，从第 2 章开始，情况将不再是这样。这有两个目的：第一，您可以看到真正重要的代码；第二，我们可以节省书籍空间。

执行 which.go 将生成下列输出结果。

```
$ go run which.go which
```

```
/usr/bin/which
$ go run which.go doesNotExist
```

最后一个命令找不到 doesNotExist 可执行文件——根据 UNIX 哲学和 UNIX 管道的工作方式，如果工具没有什么可说的，它们在屏幕上不会产生任何输出。然而，退出代码 0 表示成功，而非 0 退出代码通常表示失败。

尽管在屏幕上打印错误消息很有用，但有时需要将所有错误消息集中在一起，并在方便时能够搜索它们。在这种情况下，需要使用一个或多个日志文件。

1.6　记 录 信 息

所有 UNIX 系统都有自己的日志文件，用于记录来自运行中的服务器和程序的日志信息。通常，大多数 UNIX 系统的主要系统日志文件可以在/var/log 目录下找到。然而，许多流行服务的日志文件，如 Apache 和 Nginx，可能会根据它们的配置在其他地方找到。

提示

记录日志并将日志信息放入日志文件是一种实用的异步检查软件数据和信息的方法，无论是在本地还是在中央日志服务器上，或者使用如 Elasticsearch、Beats 和 Grafana Loki 这样的服务器软件。

通常来说，使用日志文件来写入一些信息过去被认为是比在屏幕上输出相同信息更好的做法，原因有两个：一是输出内容不会丢失，它存储在文件中；二是可以使用 UNIX 工具（如 grep(1)、awk(1)和 sed(1)）来搜索和处理日志文件，这在消息打印在终端窗口时是无法完成的。然而，现在情况已不再如此。

由于我们通常通过 systemd 运行服务，程序应该向 stdout 记录日志，以便 systemd 可以将日志数据放入日志系统。https://12factor.net/logs 提供了关于应用日志的更多信息。此外，在云原生应用中，我们鼓励简单地向 stderr 记录日志，并让容器系统将 stderr 流重定向到期望的目的地。

UNIX 日志服务支持两个名为日志级别和日志设施的属性。日志级别是一个指定日志条目严重性的值。相应地，有多种日志级别，包括 debug、info、notice、warning、err、crit、alert 和 emerg，按严重性逆序排列。标准 Go 库的 log 包不支持使用日志级别。日志设施类似于用于记录信息的类别。日志设施的值可以是 auth、authpriv、cron、daemon、kern、lpr、mail、mark、news、syslog、user、UUCP、local0、local1、local2、local3、local4、local5、local6 或 local7 中的一个，并且定义在/etc/syslog.conf、/etc/rsyslog.conf，或根据 UNIX 机器

上用于系统日志的服务器进程而定的另一个适当文件中。这意味着如果日志设施没有正确定义，它将不会被处理；因此，发送给它的日志消息可能会被忽略，因此丢失。

log 包将日志消息发送到标准错误中。log 包的一部分是 log/syslog 包，它允许将日志消息发送到机器的 syslog 服务器。尽管默认情况下 log 写入标准错误，但使用 log.SetOutput()可以修改这种行为。发送日志数据的函数列表包括 log.Printf()、log.Print()、log.Println()、log.Fatalf()、log.Fatalln()、log.Panic()、log.Panicln()和 log.Panicf()。

注意

日志记录是针对应用程序代码的，而不是库代码。如果您正在开发库，请不要在其中放置日志记录。

为了向系统日志写入，需要使用适当的参数调用 syslog.New()函数。向主系统日志文件写入就像使用 syslog.LOG_SYSLOG 选项调用 syslog.New()一样简单。之后，需要告诉 Go 程序所有日志信息都发送到新的日志记录器——这是通过调用 log.SetOutput()函数实现的。下列代码展示了这个过程——在纯文本编辑器中输入它们，并将其保存为 systemLog.go。

```
package main

import (
    "log"
    "log/syslog"
)

func main() {
    sysLog, err := syslog.New(syslog.LOG_SYSLOG, "systemLog.go")

    if err != nil {
        log.Println(err)
        return
    } else {
        log.SetOutput(sysLog)
        log.Print("Everything is fine!")
    }
}
```

在调用 log.SetOutput()之后，所有的日志信息都会发送到 syslog logger 变量，该变量再将其发送到 syslog.LOG_SYSLOG。来自该程序的日志条目的自定义文本被指定为 syslog.

New()调用的第二个参数。

提示

通常，您希望将日志数据存储在用户定义的文件中，因为它们会组织相关的信息，这使得它们更易于处理和检查。

运行 systemLog.go 不会产生任何输出——然而，如果查看 macOS Big Sur 机器的系统日志，例如在/var/log/system.log 文件中，将会发现如下条目。

```
Dec 5 16:20:10 iMac systemLog.go[35397]: 2020/12/05 16:20:10
Everything is fine!
Dec 5 16:43:18 iMac systemLog.go[35641]: 2020/12/05 16:43:18
Everything is fine!
```

方括号内的数字是写入日志条目的进程的进程 ID——在当前例子中是 35397 和 35641。类似地，如果在 Linux 机器上执行 journalctl -xe 命令，您可以看到类似以下的条目。

```
Dec 05 16:33:43 thinkpad systemLog.go[12682]: 2020/12/05 16:33:43
Everything is fine!
Dec 05 16:46:01 thinkpad systemLog.go[12917]: 2020/12/05 16:46:01
Everything is fine!
```

读者们的操作系统上的输出可能略有不同，但总体思路是相同的。

接下来的小节将讨论 Go 处理程序中不利情况的方法。

1.6.1　log.Fatal()和 log.Panic()

log.Fatal()函数用于在发生错误时，用户希望在报告了这种不利情况后尽快退出程序。调用 log.Fatal()会在打印错误消息后终止 Go 程序。在大多数情况下，这个自定义错误消息可以是“参数不足”“无法访问文件”或类似的内容。此外，它还会返回一个非 0 的退出代码，在 UNIX 中表示发生了错误。

有些情况下，程序即将彻底失败，用户希望尽可能多地获取有关失败的信息——log.Panic()表示发生了一些真正出乎意料和未知的事情，如无法找到之前访问过的文件或没有足够的磁盘空间。与 log.Fatal()函数类似，log.Panic()打印一个自定义消息，并立即终止 Go 程序。

请注意，log.Panic()等同于先调用 log.Print()再调用 panic()。panic()是一个内置函数，它停止当前函数的执行并开始 panic。之后，它返回到调用者函数。另外，log.Fatal()调用

log.Print()然后调用 os.Exit(1)，这是一种立即终止当前程序的方法。

log.Fatal()和 log.Panic()都在 logs.go 文件中进行了演示，该文件包含了以下 Go 代码。

```
package main

import (
    "log"
    "os"
)

func main() {
    if len(os.Args) != 1 {
        log.Fatal("Fatal: Hello World!")
    }
    log.Panic("Panic: Hello World!")
}
```

如果在没有任何命令行参数的情况下调用 logs.go，它会调用 log.Panic()；否则，它会调用 log.Fatal()。这在下面 Arch Linux 系统的输出中得到了演示。

```
$ go run logs.go
2020/12/03 18:39:26 Panic: Hello World!
panic: Panic: Hello World!

goroutine 1 [running]:
log.Panic(0xc00009ef68, 0x1, 0x1)
        /usr/lib/go/src/log/log.go:351 +0xae
main.main()
        /home/mtsouk/Desktop/mGo3rd/code/ch01/logs.go:12 +0x6b
exit status 2
$ go run logs.go 1
2020/12/03 18:39:30 Fatal: Hello World!
exit status 1
```

因此，log.Panic()的输出包含了额外的底层信息，希望这些信息能够帮助您解决在 Go 代码中发生的困难情况。

1.6.2　写入自定义日志文件

大部分时间，尤其是在部署到生产环境的应用和服务中，您只需要将日志数据写入选择的日志文件。这可以有很多原因，包括在不干扰系统日志文件的情况下写入调试数据，或者为了将日志数据与系统日志分开，以便传输或存储在数据库或像 Elasticsearch 这样的软件中。本节将讨论如何写入通常特定于应用程序的自定义日志文件。

注意

写入文件和文件 I/O 将在第 6 章中讨论——然而，将信息保存到文件在排除故障和调试 Go 代码时非常方便，这就是为什么会在本书的第 1 章中介绍。

用于记录日志的文件路径通过一个名为 LOGFILE 的全局变量硬编码到代码中。出于本章的目的，以及防止在出现问题时文件系统被填满，该日志文件位于/tmp 目录中，这不是存储数据的常用位置，因为通常/tmp 目录在每次系统重启后都会被清空。

此外，在这一点上，这将使您免于以 root 权限执行 customLog.go，以及将不必要的文件放入宝贵的系统目录中。

输入以下代码并将其保存为 customLog.go。

```
package main

import (
    "fmt"
    "log"
    "os"
    "path"
)

func main() {
    LOGFILE := path.Join(os.TempDir(), "mGo.log")
    f, err := os.OpenFile(LOGFILE, os.O_APPEND|os.O_CREATE|os.O_WRONLY,
    0644)
    // The call to os.OpenFile() creates the log file for writing,
    // if it does not already exist, or opens it for writing
    // by appending new data at the end of it (os.O_APPEND)

    if err != nil {
        fmt.Println(err)
        return
    }
    defer f.Close()
```

defer 关键字告诉 Go 在当前函数返回之前执行该语句。这意味着 f.Close()将在 main()返回之前执行。我们将在第 5 章中更详细地讨论 defer。

```
iLog := log.New(f, "iLog ", log.LstdFlags)
iLog.Println("Hello there!")
iLog.Println("Mastering Go 3rd edition!")
}
```

最后 3 条语句基于打开的文件（f）创建了一个新的日志文件，并使用 Println()向其中写入了两条消息。

注意

如果决定在真实应用中使用 customLog.go 的代码，应该将 LOGFILE 中存储的路径更改为更有意义的内容。

运行 customLog.go 不会产生任何输出。然而，真正重要的是写入自定义日志文件的内容，如下所示。

```
$ cat /tmp/mGo.log
iLog 2020/12/05 17:31:07 Hello there!
iLog 2020/12/05 17:31:07 Mastering Go 3rd edition!
```

1.6.3　在日志条目中打印行号

在本节中，您将学习如何在日志条目中打印文件名，以及写入日志条目的语句所在的源文件的行号。

所期望的功能是通过在 log.New()或 SetFlags()的参数中使用 log.Lshortfile 来实现的。log.Lshortfile 标志会在日志条目本身中添加打印日志条目的 Go 语句的文件名和行号。如果使用的是 log.Llongfile 而不是 log.Lshortfile，那么会获得 Go 源文件的完整路径——通常，这不是必需的，特别是当您持有一个非常长的路径时。

输入以下代码并将其保存为 customLogLineNumber.go。

```
package main

import (
    "fmt"
    "log"
    "os"
    "path"
)

func main() {
```

```
    LOGFILE := path.Join(os.TempDir(), "mGo.log")
    f, err := os.OpenFile(LOGFILE, os.O_APPEND|os.O_CREATE|os.O_WRONLY,
    0644)

    if err != nil {
        fmt.Println(err)
        return
    }
    defer f.Close()

    LstdFlags := log.Ldate | log.Lshortfile
    iLog := log.New(f, "LNum ", LstdFlags)
    iLog.Println("Mastering Go, 3rd edition!")

    iLog.SetFlags(log.Lshortfile | log.LstdFlags)
    iLog.Println("Another log entry!")
}
```

如果您好奇的话，可在程序执行期间更改日志条目的格式——这意味着在需要时，可以在日志条目中打印更深入的分析信息。这是通过多次调用 iLog.SetFlags()来实现的。

运行 customLogLineNumber.go 不会产生任何输出，但会在由 LOGFILE 全局变量值指定的文件路径中写入以下条目。

```
$ cat /tmp/mGo.log
LNum 2020/12/05 customLogLineNumber.go:24: Mastering Go, 3rd edition!
LNum 2020/12/05 17:33:23 customLogLineNumber.go:27: Another log entry!
```

读者在自己的机器上很可能会得到不同的输出，这也是一种预期的行为。

1.7　Go 语言中的泛型

本节将讨论 Go 语言中的泛型，这是一个即将推出的 Go 语言特性。目前，泛型和 Go 语言本身都在 Go 社区的讨论之中。然而，不管怎样，了解泛型如何工作、它的设计理念及关于泛型的讨论是有益的。

注意

Go 语言中的泛型一直是最受期待加入 Go 编程语言的特性之一。在本书编写时，泛型将成为 Go 1.18 的一部分。

Go 语言中泛型背后的主要思想，以及任何其他支持泛型的编程语言的主要思想，是在执行相同任务时，无须编写特殊代码来支持多种数据类型。

目前，Go 通过空接口和反射支持多种数据类型，如 fmt.Println()——接口和反射都将在第 4 章中讨论。

然而，要求每个程序员编写大量代码并实现大量函数和方法来支持多种自定义数据类型并不是最佳解决方案——泛型为使用接口和反射支持多种数据类型提供了替代方案。以下代码展示了泛型的用武之地。

```
package main

import (
    "fmt"
)

func Print[T any](s []T) {
    for _, v := range s {
        fmt.Print(v, " ")
    }
    fmt.Println()
}

func main() {
    Ints := []int{1, 2, 3}
    Strings := []string{"One", "Two", "Three"}
    Print(Ints)
    Print(Strings)
}
```

当前，我们有一个名为 Print()的函数，它通过泛型变量使用泛型，该变量通过在函数名称之后和函数参数之前使用[T any]来指定。由于使用了[T any]，Print()可以接受任何类型的切片，并与之协作。然而，Print()不适用于切片之外的输入，这很好，因为如果应用程序支持不同数据类型的切片，这个函数仍然可以避免实现多个函数来支持每个不同的切片。这就是泛型背后的普遍思想。

注意

在第 4 章中，读者将了解空接口及如何用它来接收任何数据类型的数据。然而，空接口需要额外的代码来处理特定数据类型。

下面以一些关于泛型有用的事实来结束本节：

（1）并不总是需要在程序中使用泛型。

（2）即使使用泛型，也可以像以前一样继续使用 Go。

（3）可以完全用非泛型代码替换泛型代码。问题是，是否愿意为此编写额外的代码？

（4）当泛型能够创建更简单的代码和设计时，应该使用泛型。最好拥有重复的直接代码，而不是减慢应用程序速度的最优抽象。

（5）有时需要限制使用泛型的函数所支持的数据类型——这并不是坏事，因为并非所有数据类型都具有相同的功能。一般来说，当处理具有某些共同特征的数据类型时，泛型可能会很有用。

读者需要时间来习惯泛型并充分发挥其潜力。我们将在第 13 章更深入地介绍泛型。

1.8　开发一个基本的电话簿应用程序

在本节中，为了利用读者迄今学到的技能，我们将用 Go 语言开发一个基础的电话簿应用程序。该应用程序存在一定的局限性，它是一个命令行工具，用于搜索在 Go 代码中静态定义（硬编码）的结构切片。该工具提供两个名为 search 和 list 的命令，分别用于搜索一个给定的姓氏，如果找到了，则返回其完整记录，以及列出所有可用的记录。

具体实现存在许多不足之处，包括以下几点：

（1）如果想添加或删除任何数据，您需要更改源代码。

（2）无法以排序的形式展示数据，当用户持有 3 个条目时可能没问题，但可能不适用于超过 40 个条目。

（3）无法导出数据或从外部文件加载它。

（4）由于使用硬编码数据，无法将电话簿应用程序作为二进制文件分发。

注意

接下来的章节将增强电话簿应用程序的功能，使其变得完备、多功能且强大。

phoneBook.go 的代码可以简要描述如下。

（1）存在一个新的用户定义的数据类型，用于保存电话簿的记录，这是一个包含 Name（名字）、Surname（姓氏）和 Tel（电话）3 个字段的 Go 结构体。结构体将一组值组合成一个单一的数据类型，这允许将这组值作为一个单一实体传递和接收。

（2）存在一个全局变量，用于保存电话簿的数据，这是一个名为 data 的结构体切片。

（3）存在两个函数，帮助实现search（搜索）和list（列表）命令的功能。

（4）在main()函数中使用多个append()调用来定义data全局变量的内容。可以根据需要更改、添加或删除data切片的内容。

（5）程序一次只能执行一个任务。这意味着要执行多个查询，必须多次运行程序。

phoneBook.go代码的具体内容如下所示。

```
package main

import (
    "fmt"
    "os"
)
```

随后声明了一个名为Entry的Go结构体及一个名为data的全局变量。

```
type Entry struct {
    Name string
    Surname string
    Tel string
}

var data = []Entry{}
```

接下来定义并实现了两个函数，以支持电话簿的功能。

```
func search(key string) *Entry {
    for i, v := range data {
        if v.Surname == key {
            return &data[i]
        }
    }
    return nil
}

func list() {
    for _, v := range data {
        fmt.Println(v)
    }
}
```

search()函数对data切片执行线性搜索。线性搜索速度慢，但考虑到电话簿没有包含大量条目，目前它还是能够胜任工作的。list()函数仅使用带有range的for循环打印data切片的内容。由于不打算显示打印元素的索引，我们可使用_字符忽略它，并仅打印包含实际数据的结构体。

最后是 main()函数的实现。它的第一部分如下所示。

```
func main() {
    arguments := os.Args
    if len(arguments) == 1 {
        exe := path.Base(arguments[0])
        fmt.Printf("Usage: %s search|list <arguments>\n", exe)
        return
}
```

exe 变量保存可执行文件的路径——在程序的指令中打印可执行二进制文件的名称是一个优雅且专业的做法。

```
data = append(data, Entry{"Mihalis", "Tsoukalos", "2109416471"})
data = append(data, Entry{"Mary", "Doe", "2109416871"})
data = append(data, Entry{"John", "Black", "2109416123"})
```

在这一部分中，我们检查是否提供了任何命令行参数。如果没有（len(arguments) == 1），程序将打印一条消息并通过调用 return 退出。否则，在继续之前，它将把所需的数据放入 data 切片中。

main()函数实现的其余部分如下所示。

```
    // Differentiate between the commands
    switch arguments[1] {
    // The search command
    case "search":
        if len(arguments) != 3 {
            fmt.Println("Usage: search Surname")
            return
        }
        result := search(arguments[2])
        if result == nil {
            fmt.Println("Entry not found:", arguments[2])
            return
        }
        fmt.Println(*result)
    // The list command
    case "list":
        list()
    // Response to anything that is not a match
```

```
    default:
        fmt.Println("Not a valid option")
    }
}
```

这段代码使用了一个 case 代码块，当想要编写可读性强的代码并避免使用多个嵌套的 if 代码块时，它非常有用。这个 case 代码块通过检查 arguments[1]的值来区分两个支持的命令。如果给定的命令未被识别，则执行 default 分支。对于 search 命令，还会检查 arguments[2]。

phoneBook.go 的操作过程如下所示。

```
$ go build phoneBook.go
$ ./phoneBook list
{Mihalis Tsoukalos 2109416471}
{Mary Doe 2109416871}
{John Black 2109416123}
$ ./phoneBook search Tsoukalos
{Mihalis Tsoukalos 2109416471}
$ ./phoneBook search Tsouk
Entry not found: Tsouk
$ ./phoneBook
Usage: ./phoneBook search|list <arguments>
```

第一个命令列出了电话簿的内容；而第二个命令搜索一个给定的姓氏（Tsoukalos）；第三个命令搜索电话簿中不存在的内容；最后一个命令构建 phoneBook.go 并运行生成的可执行文件，且不带任何参数，这将打印程序的指令。

尽管存在不足，但 phoneBook.go 拥有一个可以轻松扩展的清晰设计，并且按预期工作，这是一个伟大的起点。随着我们在后续章节中学习更高级的概念，电话簿应用程序将得到进一步的改进。

1.9 本章练习

（1）which(1)版本在找到所需的第一个可执行文件出现后停止。请对 which.go 进行必要的更改，以便找到所需可执行文件的所有可能的出现。

（2）当前版本的 which.go 仅处理第一个命令行参数。请对 which.go 进行必要的更改，以便接收并搜索 PATH 变量中的多个可执行二进制文件。

（3）请阅读 fmt 包的文档，网址为 https://golang.org/pkg/fmt/。

1.10　本 章 小 结

如果读者是第一次使用 Go 语言，本章中的信息将帮助您理解 Go 的优势、Go 代码的样式，以及 Go 的一些重要特性，例如变量、迭代、流程控制及 Go 的并发模型。如果读者已经了解 Go 语言，那么本章是一个很好的提醒，让您了解 Go 擅长的领域及建议使用 Go 开发哪些类型的软件。最后，我们用到目前为止学到的技术构建了一个基本的电话簿应用程序。

1.11　附 加 资 源

（1）Go 官方站点：https://golang.org/。

（2）The Go Playground: https://play.golang.org/。

（3）log 包: https://golang.org/pkg/log/。

（4）Elasticsearch Beats: https://www.elastic.co/beats/。

（5）Grafana Loki: https://grafana.com/oss/loki/。

（6）Microsoft Visual Studio: https://visualstudio.microsoft.com/。

（7）标准 Go 语言库：https://golang.org/pkg/。

第 2 章　基本数据类型

数据存储在变量中并由变量使用，Go 语言中的所有变量都应该有一个数据类型，这个类型可以是隐式推断的，也可以是显式指定的。了解 Go 的内置数据类型可以帮助理解如何操作简单的数据值，以及在简单的数据类型不足以满足需求或效率不高时，如何构建更复杂的数据结构。

本章将全面介绍 Go 的基本数据类型，以及将相同数据类型的数据进行分组的数据结构。但让我们从更实际的内容开始：设想想要读取命令行参数作为实用工具的数据。如何确保读取的内容正是您所期望的？如何处理错误情况？如果不仅要读取数字和字符串，还要从命令行读取日期和时间，是否需要编写自己的解析器来处理日期和时间？

本章将通过实现以下 3 个实用工具来回答所有这些问题以及更多的问题。

（1）一个解析日期和时间的命令行工具。

（2）一个生成随机数和随机字符串的工具。

（3）一个包含随机生成数据的电话簿应用程序的新版本。

本章主要涉及下列主题。

（1）error 数据类型。

（2）数值数据类型。

（3）非数值数据类型。

（4）Go 常量。

（5）将相似数据分组。

（6）指针。

（7）生成随机数。

（8）更新电话簿应用程序。

我们从 error 数据类型开始本章的学习，因为在 Go 语言中，错误起着关键作用。

2.1　error 数据类型

Go 语言提供了一种特殊的数据类型 error 用来表示错误条件和错误信息。在实践中，这意味着 Go 将错误视为值。为了成功地使用 Go 进行编程，您应该了解正在使用的函数和方法可能发生的错误情况，并相应地处理它们。

在第 1 章曾有所介绍，Go 遵循以下关于错误值的惯例：如果 error 变量的值为 nil，那么表示没有发生错误。以 strconv.Atoi()为例，它用于将字符串值转换为整数值（Atoi 代表 ASCII 到 Int）。根据其签名，strconv.Atoi()返回(int, error)。拥有一个值为 nil 的 error 值意味着转换成功，并且如果需要，可以使用该整数值；拥有一个非 nil 的 error 值意味着转换失败，且输入的字符串不是有效的整数值。

提示

如果想进一步了解 strconv.Atoi()，应该在终端窗口执行 go doc strconv.Atoi 命令。

如果希望返回自定义错误，可以使用 errors 包中的 errors.New()。这通常发生在 main()函数之外的其他函数中，因为 main()不向任何其他函数返回任何内容。此外，定义自定义错误的一个好地方是创建的 Go 包内部。

提示

在程序中，很可能会处理错误而无须使用 errors 包的功能。此外，除非正在创建大型应用程序或包，否则无须定义自定义错误消息。

如果希望按照 fmt.Printf()的工作方式格式化错误消息，可以使用 fmt.Errorf()函数，这简化了自定义错误消息的创建——fmt.Errorf()函数像 errors.New()一样返回一个错误值。现在，我们讨论一些重要的事情：应该在每个应用程序中有一个全局的错误处理策略，这个策略不应该改变。在实践中，这意味着以下几点。

（1）所有错误消息应该在同一级别处理，即所有的错误要么返回给调用函数，要么在发生的地方处理。

（2）应清晰记录如何处理关键错误。也就是说，关键错误应该终止程序，而其他时候关键错误可能只是在屏幕上创建一个警告消息。

（3）将所有错误消息发送到机器的日志服务是一个好习惯，因为这样错误消息可以在以后检查。然而，这并不总是正确的，所以在设置时要小心，例如，云原生应用程序并不是这样工作的。

提示

error 数据类型实际上被定义为一个接口——接口将在第 4 章介绍。

请将以下代码输入文本编辑器中，将其保存为 error.go，并存放在为这一章准备的代码目录中。例如，使用 ch02 作为目录名称是一个不错的选择。

```
package main

import (
    "errors"
    "fmt"
    "os"
    "strconv"
)
```

程序的第一部分是前言，error.go 使用了 fmt、os、strconv 和 errors 包。

```
// Custom error message with errors.New()
func check(a, b int) error {
    if a == 0 && b == 0 {
        return errors.New("this is a custom error message")
    }
    return nil
}
```

上述代码实现了一个名为 check()的函数，该函数返回一个错误值。如果 check()函数的两个输入参数都等于 0，函数将使用 errors.New()返回一个自定义错误消息；否则它返回 nil，这意味着一切正常。

```
// Custom error message with fmt.Errorf()
func formattedError(a, b int) error {
    if a == 0 && b == 0 {
        return fmt.Errorf("a %d and b %d. UserID: %d", a, b,
        os.Getuid())
    }
    return nil
}
```

上述代码实现了一个名为 formattedError()的函数，该函数使用 fmt.Errorf()返回一个格式化的错误消息。除此之外，错误消息还通过调用 os.Getuid()打印执行程序的用户的 ID。当想要创建自定义错误消息时，使用 fmt.Errorf()可以更精确地控制输出内容。

```
func main() {
    err := check(0, 10)
    if err == nil {
        fmt.Println("check() ended normally!")
    } else {
        fmt.Println(err)
    }
```

```
    err = check(0, 0)
    if err.Error() == "this is a custom error message" {
        fmt.Println("Custom error detected!")
    }

    err = formattedError(0, 0)
    if err != nil {
        fmt.Println(err)
    }

    i, err := strconv.Atoi("-123")
    if err == nil {
        fmt.Println("Int value is", i)
    }
    i, err = strconv.Atoi("Y123")
    if err != nil {
        fmt.Println(err)
    }
}
```

上述代码是 main()函数的实现，在其中可以看到多次使用 if err != nil 语句，以及使用 if err == nil 语句，这确保在执行所需代码之前一切正常。

运行 error.go 将产生以下输出。

```
$ go run error.go
check() ended normally!
Custom error detected!
a 0 and b 0. UserID: 501
Int value is -123
strconv.Atoi: parsing "Y123": invalid syntax
```

现在读者已经了解了 error 数据类型、如何创建自定义错误及如何使用 error 值，我们将继续探讨 Go 的基本数据类型，这些数据类型逻辑上可以划分为两大类：数值数据类型和非数值数据类型。此外，Go 还支持布尔（bool）数据类型，其值只能是真（true）或假（false）。

2.2　数值数据类型

Go 语言支持整数、浮点数和复数值，这些数值类型根据不同的内存空间消耗有不同的版本，这有助于节省内存和计算时间。整数数据类型可以是有符号的或无符号的，而浮点数则没有这样的区分。

表 2.1 列出了 Go 的数值数据类型。

表 2.1　Go 的数值数据类型

数 据 类 型	描　　述
int8	8 位有符号整数
int16	16 位有符号整数
int32	32 位有符号整数
int64	64 位有符号整数
int	32 位或 64 位有符号整数
uint8	8 位无符号整数
uint16	16 位无符号整数
uint32	32 位无符号整数
uint64	64 位无符号整数
uint	32 位或 64 位无符号整数
float32	32 位浮点数
float64	64 位浮点数
complex64	具有 float32 部分的复数
complex128	具有 float64 部分的复数

int 和 uint 数据类型是特殊的，因为它们是给定平台上有符号和无符号整数的最高效的尺寸，可以是 32 位或 64 位，它们的大小由 Go 语言本身定义。由于其多功能性，int 是 Go 语言中使用最广泛的数据类型。

接下来的代码演示了数值数据类型的使用，读者可以在本书的 GitHub 库的 ch02 目录中找到完整的 numbers.go 程序。

```
func main() {
    c1 := 12 + 1i
    c2 := complex(5, 7)
    fmt.Printf("Type of c1: %T\n", c1)
    fmt.Printf("Type of c2: %T\n", c2)
```

之前的代码以两种不同的方式创建了两个复数变量，这两种方式都是完全有效且等价的。除非读者从事数学相关工作，否则可能不会在程序中使用复数。然而，复数的存在展示了 Go 语言的现代化特性。

```
var c3 complex64 = complex64(c1 + c2)
fmt.Println("c3:", c3)
fmt.Printf("Type of c3: %T\n", c3)
cZero := c3 - c3
fmt.Println("cZero:", cZero)
```

上述代码继续操作复数，通过加法和减法对两对复数进行运算。尽管 cZero 等于 0，但它仍然是一个复数，也是一个 complex64 类型的变量。

```
x := 12
k := 5
fmt.Println(x)
fmt.Printf("Type of x: %T\n", x)

div := x / k
fmt.Println("div", div)
```

在这一部分中，我们定义了两个名为 x 和 k 的整数变量，其数据类型由 Go 根据它们的初始值来识别。二者都是 int 类型，这是 Go 用于存储整数值的首选类型。此外，当两个整数值相除时，即使除法不是完全整除，我们得到的仍然是一个整数结果。这意味着如果这不是您想要的答案，那么应该格外小心。这在接下来的代码片段中展示。

```
    var m, n float64
    m = 1.223
    fmt.Println("m, n:", m, n)

    y := 4 / 2.3
    fmt.Println("y:", y)

    divFloat := float64(x) / float64(k)
    fmt.Println("divFloat", divFloat)
    fmt.Printf("Type of divFloat: %T\n", divFloat)
}
```

上述代码处理的是 float64 值和变量。由于变量 n 没有初始值，它自动被赋予了其数据类型的零值，对于 float64 数据类型来说，零值是 0。

此外，代码还展示了一种将整数值相除并得到浮点结果的技术，即使用 float64(): divFloat := float64(x) / float64(k)。这是一个类型转换，其中两个整数（x 和 k）被转换为 float64 值。由于两个 float64 值相除的结果是一个 float64 值，因而我们得到了期望的数据类型结果。

运行 numbers.go 将得到下列结果。

```
$ go run numbers.go
Type of c1: complex128
Type of c2: complex128
c3: (17+8i)
Type of c3: complex64
cZero: (0+0i)
12
Type of x: int
div 2
m, n: 1.223 0
y: 1.7391304347826086
divFloat 2.4
Type of divFloat: float64
```

输出显示 c1 和 c2 都是 complex128 值，这是在执行代码的机器上首选的复数数据类型。然而，c3 是一个 complex64 值，因为它是使用 complex64()创建的。变量 n 的值是 0，因为 n 变量没有被初始化，这意味着 Go 自动为其分配了其数据类型的零值。

在了解了数值数据类型之后，接下来将讨论非数值数据类型。

2.3 非数值数据类型

Go 语言支持字符串、字符、rune、日期和时间。然而，Go 并没有专门的字符数据类型。我们下面将首先解释与字符串相关的数据类型。

提示

对 Go 而言，日期和时间是相同的事物，并且由相同的数据类型表示。

2.3.1 字符串、字符和 rune

Go 语言支持 string 数据类型表示字符串。Go 中的字符串仅仅是字节的集合，可以作为整体访问，也可以作为数组访问。单个字节可以存储任意的 ASCII 字符，但通常需要多个字节来存储一个 Unicode 字符。

如今，支持 Unicode 字符已成为一个普遍要求。Go 语言在设计时就考虑了对 Unicode 字符的支持，这也正是拥有 rune 数据类型的主要原因。rune 是 int32 值，用于表示单个

Unicode 代码点，这是一个整数值，用于表示单个 Unicode 字符，或者提供格式信息。

提示

虽然 rune 是一个 int32 值，但不能将 rune 与 int32 值进行比较。Go 语言将这两种数据类型视为完全不同的类型。

可以使用[]byte("A String")语句从给定的字符串创建一个新的字节切片。给定一个字节切片变量 b，可以使用 string(b)语句将其转换为字符串。当处理包含 Unicode 字符的字节切片时，字节切片中的字节数并不总是与字节切片中的字符数相关，因为大多数 Unicode 字符需要多于一个字节来表示。因此，当使用 fmt.Println()或 fmt.Print()打印字节切片的每个单个字节时，输出不是以字符形式呈现的文本，而是整数值。如果想将字节切片的内容作为文本打印，应该使用 string(byteSliceVar)打印，或者使用 fmt.Printf()配合%s 来告诉 fmt.Printf()想要打印一个字符串。您可以使用诸如[]byte("My Initialization String")的语句来初始化一个带有期望字符串的新字节切片。

注意

我们将在“字节切片”部分详细地介绍字节切片。

可以使用单引号定义一个 rune，如 r := '€'，并且可以打印组成它的字节的整数值，如 fmt.Println(r)，在这种情况下，整数值是 8364。如果要将其打印为单个 Unicode 字符，那么需要使用 fmt.Printf()中的%c 控制字符串。

由于字符串可以作为数组访问，可以使用 for 循环遍历字符串中的 rune，或者如果知道它在字符串中的位置，可以指向特定的字符。字符串的长度与字符串中找到的字符数相同，这通常不适用于字节切片，因为 Unicode 字符通常需要多于一个字节来表示。

以下 Go 代码演示了字符串和 rune 的使用，以及如何在代码中使用字符串。读者可以在本书的 GitHub 库的 ch02 目录中找到完整的 text.go 程序。

程序的第一部分定义了一个包含 Unicode 字符的字符串字面量。然后，它像字符串是数组一样访问其第一个字符。

```
func main() {
    aString := "Hello World! €"
    fmt.Println("First character", string(aString[0]))
```

接下来将处理 rune。

```
// Runes
// A rune
```

```
r := '€'
fmt.Println("As an int32 value:", r)
// Convert Runes to text
fmt.Printf("As a string: %s and as a character: %c\n", r, r)

// Print an existing string as runes
for _, v := range aString {
    fmt.Printf("%x ", v)
}
fmt.Println()
```

首先，我们定义了一个名为 r 的 rune。使用单引号包围€字符使得它成为一个 rune。该 rune 是一个 int32 值，并且通过 fmt.Println()这种方式打印出来。fmt.Printf()中的%c 控制字符串将一个 rune 打印为字符。随后使用带 range 的 for 循环将 aString 作为切片或数组进行迭代，并打印 aString 的内容作为 rune。

```
    // Print an existing string as characters
    for _, v := range aString {
        fmt.Printf("%c", v)
    }
    fmt.Println()
}
```

最后，我们使用带 range 的 for 循环将 aString 作为切片或数组进行迭代，并作为字符打印 aString 的内容。

运行 text.go 将产生以下输出。

```
$ go run text.go
First character H
As an int32 value: 8364
As a string: %!s(int32=8364) and as a character: €
48 65 6c 6c 6f 20 57 6f 72 6c 64 21 20 20ac
Hello World! €
```

输出的第 1 行表明可以将字符串作为数组访问，而第 2 行验证了一个 rune 是一个整数值。第 3 行展示了将 rune 打印为字符串和字符时的预期结果，正确的方式是以字符形式打印。第 4 行展示了如何将字符串打印为符文，最后一行展示了使用 range 和 for 循环将字符串作为字符处理的输出结果。

1. 将 int 转换为 string

可以通过两种方式将整数值转换为字符串：使用 string()函数和使用 strconv 包中的函

数。然而，这两种方法在根本上是不同的。string()函数将整数值转换为一个 Unicode 代码点，即一个单一字符；而像 strconv.FormatInt()和 strconv.Itoa()这样的函数则将整数值转换为具有相同表示和相同字符数的字符串值。

这一点在 intString.go 程序中得到了展示，其中最重要的语句如下所示。读者可以在本书的 GitHub 库中找到整个程序。

```
input := strconv.Itoa(n)
input = strconv.FormatInt(int64(n), 10)
input = string(n)
```

运行 intString.go 将生成下列输出结果。

```
$ go run intString.go 100
strconv.Itoa() 100 of type string
strconv.FormatInt() 100 of type string
string() d of type string
```

输出的数据类型始终是 string，然而 string()将 100 转换为字符 d，因为在 ASCII 表示法中 d 的值是 100。

2. unicode 包

unicode 标准 Go 包包含了多种方便的函数，用于处理 Unicode 代码点。其中之一是名为 unicode.IsPrint()的函数，可以帮助我们使用 rune 识别字符串中可打印的部分。

以下代码片段展示了 unicode 包的功能。

```
for i := 0; i < len(sL); i++ {
    if unicode.IsPrint(rune(sL[i])) {
        fmt.Printf("%c\n", sL[i])
    } else {
        fmt.Println("Not printable!")
    }
}
```

for 循环遍历定义为 rune 列表的字符串（"\x99\x00ab\x50\x00\x23\x50\x29\x9c"），同时 unicode.IsPrint()检查字符是否可打印，如果返回 true，那么表示该 rune 是可打印的。

读者可以在本书 GitHub 库的 ch02 目录中的 unicode.go 源文件里找到这段代码。运行 unicode.go 将产生以下输出。

```
Not printable!
Not printable!
```

```
a
b
P
Not printable!
#
P
)
Not printable!
```

这个工具对于在将数据打印到屏幕上、存储到日志文件中、通过网络传输或存储到数据库之前过滤输入内容或数据非常有用。

3. strings 包

Go 语言的标准库 strings 允许在 Go 中操作 UTF-8 编码的字符串，并包含许多强大的函数。这些函数大部分都在 useStrings.go 源文件中得到了展示，读者可以在本书 GitHub 库的 ch02 目录中找到该文件。

注意

如果您正在处理文本，那么绝对需要学习 strings 包的所有细节和函数，因此请确保尝试所有这些函数，并创建示例以进一步解决相关问题。

useStrings.go 源文件中较为重要的部分如下所示。

```
import (
    "fmt"
    s "strings"
    "unicode"
)

var f = fmt.Printf
```

由于我们将多次使用 strings 包，因此为其创建了一个方便的别名 s。同样，我们对 fmt.Printf()函数也完成了相同的操作，即使用一个名为 f 的变量创建了一个全局别名。这两个快捷方式使代码中减少了冗长、重复的代码行。读者可以在学习 Go 时使用它，但不建议在生产软件中都这样做，因为这会降低代码的可读性。以下是第一个代码片段。

```
f("EqualFold: %v\n", s.EqualFold("Mihalis", "MIHAlis"))
f("EqualFold: %v\n", s.EqualFold("Mihalis", "MIHAli"))
```

strings.EqualFold()函数比较两个字符串时不考虑它们的大小写，并在它们相同时返回真（true），否则返回假（false）。

```
f("Index: %v\n", s.Index("Mihalis", "ha"))
f("Index: %v\n", s.Index("Mihalis", "Ha"))
```

strings.Index()函数检查作为第二个参数的字符串是否可以在作为第一个参数的字符串中找到，并返回它首次出现的索引。如果搜索未成功，该函数返回-1。

```
f("Prefix: %v\n", s.HasPrefix("Mihalis", "Mi"))
f("Prefix: %v\n", s.HasPrefix("Mihalis", "mi"))
f("Suffix: %v\n", s.HasSuffix("Mihalis", "is"))
f("Suffix: %v\n", s.HasSuffix("Mihalis", "IS"))
```

strings.HasPrefix()函数检查作为第一个参数的给定字符串是否始于作为第二个参数的字符串。在上述代码中，第一次调用 strings.HasPrefix()返回真（true），而第二次返回假（false）。

同样，strings.HasSuffix()函数检查给定的字符串是否以第二个字符串结束。这两个函数都会考虑输入字符串的大小写以及第二个参数的大小写。

```
t := s.Fields("This is a string!")
f("Fields: %v\n", len(t))
t = s.Fields("ThisIs a\tstring!")
f("Fields: %v\n", len(t))
```

strings.Fields()函数是一个非常方便的函数，它根据 unicode.IsSpace()函数定义的空白字符将给定的字符串分割开来，并返回在输入字符串中找到的子字符串的切片。如果输入字符串只包含空白字符，那么返回一个空切片。

```
f("%s\n", s.Split("abcd efg", ""))
f("%s\n", s.Replace("abcd efg", "", "_", -1))
f("%s\n", s.Replace("abcd efg", "", "_", 4))
f("%s\n", s.Replace("abcd efg", "", "_", 2))
```

strings.Split()函数允许根据所需的分隔符字符串分割给定的字符串。strings.Split()函数返回一个字符串切片。使用空字符串""作为 strings.Split()函数的第二个参数并允许逐字符处理字符串。

strings.Replace()函数接收 4 个参数。第一个参数是想要处理的字符串。对于第二个参数包含的字符串，如果被找到，将被 strings.Replace()函数的第三个参数替换。最后一个参数是允许出现的最大替换次数。如果该参数为负值，那么替换次数没有限制。

```
f("SplitAfter: %s\n", s.SplitAfter("123++432++", "++"))

trimFunction := func(c rune) bool {
    return !unicode.IsLetter(c)
}
f("TrimFunc: %s\n", s.TrimFunc("123 abc ABC \t .", trimFunction))
```

strings.SplitAfter()函数根据第二个参数提供的分隔符字符串将其第一个参数字符串分割成子字符串。分隔符字符串被包含在返回的切片中。

代码的最后一部分定义了一个名为 trimFunction 的剪裁函数，该函数用作 strings.TrimFunc()的第二个参数，以便根据剪裁函数的返回值过滤给定的输入，在这种情况下，由于调用了 unicode.IsLetter()，剪裁函数将保留所有的字母，且不保留其他任何内容。

运行 useStrings.go 将产生以下输出。

```
To Upper: HELLO THERE!
To Lower: hello there
THis WiLL Be A Title!
EqualFold: true
EqualFold: false
Prefix: true
Prefix: false
Suffix: true
Suffix: false
Index: 2
Index: -1
Count: 2
Count: 0
Repeat: ababababab
TrimSpace: This is a line.
TrimLeft: This is a line.
TrimRight: This is a line.
Compare: 1
Compare: 0
Compare: -1
Fields: 4
Fields: 3
[a b c d e f g]
_a_b_c_d_ _e_f_g_
_a_b_c_d efg
_a_bcd efg
Join: Line 1+++Line 2+++Line 3
```

```
SplitAfter: [123++ 432++ ]
TrimFunc: abc ABC
```

请访问 strings 包的文档页面 https://golang.org/pkg/strings/，以获取可用函数的完整列表。在本书的其他部分，读者还会看到 strings 包的功能展示。

接下来将讨论如何在 Go 语言中处理日期和时间。

2.3.2　日期和时间

通常，我们需要处理日期和时间信息，以存储数据库中条目最后使用的时间，或条目插入数据库的时间，这就引出了另一个有趣的话题：在 Go 语言中处理日期和时间。

在 Go 语言中处理日期和时间的"王者"是 time.Time 数据类型，它以纳秒精度表示时间的瞬间。每个 time.Time 值都与一个地理位置（时区）相关联。

如果您是 UNIX 用户，可能已经知道 UNIX 纪元时间，并想知道如何在 Go 中获取它。time.Now().Unix()函数返回流行的 UNIX 纪元时间，这是自 1970 年 1 月 1 日 UTC 00:00:00 以来流逝的秒数。如果打算将 UNIX 时间转换为等效的 time.Time 值，那么可以使用 time.Unix()函数。

注意

time.Since()函数计算自给定时间以来经过的时间，并返回一个 time.Duration 变量，持续时间数据类型被定义为 type Duration int64。

尽管从本质上讲，持续时间（Duration）是一个 int64 值，但不能隐式地将持续时间与 int64 值进行比较或转换，因为 Go 不允许隐式数据类型转换。

关于 Go 语言和日期、时间的最重要话题是：Go 解析字符串以将其转换为日期和时间的方式。其原因在于，这类输入通常以字符串的形式给出，而不是作为有效的日期变量。用于解析的函数是 time.Parse()，其完整签名为 Parse(layout, value string) (Time, error)，其中 layout 是解析字符串，value 是被解析的输入。返回的 time.Time 值是一个具有纳秒精度的时间点，包含日期和时间信息。

表 2.2 显示了解析日期和时间常用的字符串。

表 2.2　解析日期和时间常用的字符串

解　析　值	含义（示例）
05	12 小时值（12pm，07am）
15	24 小时值（23，07）

续表

解　析　值	含义（示例）
04	分钟（55，15）
05	秒（5，23）
Mon	缩写的星期几（Tue，Fri）
Monday	星期几（Tuesday，Friday）
02	月份中的一天（15，31）
2006	4 位数的年份（2020，2004）
06	最后两位数字的年份（20，04）
Jan	缩写的月份名称（Feb，Mar）
January	完整的月份名称（July，August）
MST	时区（EST，UTC）

表 2.2 显示，如果想解析字符串 30 January 2020 并将其转换为 Go 日期变量，应该将其与格式 02 January 2006 对应起来。在匹配格式为 30 January 2020 的字符串时，您不能使用其他任何替代方案。类似地，如果想解析字符串 15 August 2020 10:00，应该将其与格式 02 January 2006 15:04 对应起来。time 包的文档（https://golang.org/pkg/time/）包含了关于解析日期和时间的更详细信息。然而，这里呈现的内容对于常规使用来说应该已经足够了。

1. 用于解析日期和时间的实用工具

在极少数情况下，可能会发生对输入一无所知的情况。如果不知道输入的确切格式，那么需要尝试将输入与多个 Go 字符串进行匹配，并且不能确定最终是否能够成功。这是示例所采用的方法。用于日期和时间的 Go 匹配字符串可以以任何顺序尝试。

如果匹配的字符串只包含日期，那么 Go 将把时间设置为 00:00，这很可能是不正确的。类似地，当只匹配时间时，您的日期将会不正确，也不应该使用。

提示

格式化字符串也可用于按所需格式打印日期和时间。因此，为了以 01-02-2006 格式打印当前日期，您应该使用 time.Now().Format("01-02-2006")。

以下代码展示了如何在 Go 中处理纪元时间，并展示了解析过程。对此，创建一个文本文件，输入以下代码，并将其保存为 dates.go。

```
package main
```

```
import (
    "fmt"
    "os"
    "time"
)
```

Go 源文件的前言如下所示。

```
func main() {
    start := time.Now()

    if len(os.Args) != 2 {
        fmt.Println("Usage: dates parse_string")
        return
    }
    dateString := os.Args[1]
```

这是我们获取存储在 dateString 变量中的用户输入的方式。如果该工具没有收到输入，那么继续其操作就没有什么意义了。

```
// Is this a date only?
d, err := time.Parse("02 January 2006", dateString)
if err == nil {
    fmt.Println("Full:", d)
    fmt.Println("Time:", d.Day(), d.Month(), d.Year())
}
```

首先测试的是用 02 January 2006 格式仅匹配日期。如果匹配成功，那么可以使用 Day()、Month()和 Year()方法访问持有有效日期的变量的各个字段。

```
// Is this a date + time?
d, err = time.Parse("02 January 2006 15:04", dateString)
if err == nil {
    fmt.Println("Full:", d)
    fmt.Println("Date:", d.Day(), d.Month(), d.Year())
    fmt.Println("Time:", d.Hour(), d.Minute())
}
```

这次我们尝试使用"02 January 2006 15:04"格式匹配一个包含日期和时间值的字符串。如果匹配成功，那么可以使用 Hour()和 Minute()方法访问有效时间的字段。

```
// Is this a date + time with month represented as a number?
d, err = time.Parse("02-01-2006 15:04", dateString)
```

```
if err == nil {
    fmt.Println("Full:", d)
    fmt.Println("Date:", d.Day(), d.Month(), d.Year())
    fmt.Println("Time:", d.Hour(), d.Minute())
}
```

这次我们尝试匹配"02-01-2006 15:04"格式的字符串，它同时包含日期和时间。注意，正在检查的字符串必须包含 time.Parse()调用中指定的-和:字符，并且"02-01-2006 15:04"与"02/01/2006 1504"是不同的。

```
// Is it time only?
d, err = time.Parse("15:04", dateString)
if err == nil {
    fmt.Println("Full:", d)
    fmt.Println("Time:", d.Hour(), d.Minute())
}
```

最后一次匹配仅用于使用"15:04"格式的时间。注意，正在检查的字符串中应该包含冒号（:）。

```
    t := time.Now().Unix()
    fmt.Println("Epoch time:", t)
    // Convert Epoch time to time.Time
    d = time.Unix(t, 0)
    fmt.Println("Date:", d.Day(), d.Month(), d.Year())
    fmt.Printf("Time: %d:%d\n", d.Hour(), d.Minute())
    duration := time.Since(start)
    fmt.Println("Execution time:", duration)
}
```

dates.go 的最后一部分展示了如何处理 UNIX 纪元时间。您不仅可以使用 time.Now().Unix()获取当前日期和时间的 UNIX 纪元时间，而且可以使用 time.Unix()调用将其转换为 time. Time 值。

最后，可以使用 time.Since()调用计算当前时间与过去某个时间点之间的时间间隔。

运行 dates.go 将根据其输入产生以下类型的输出。

```
$ go run dates.go
Usage: dates parse_string
$ go run dates.go 14:10
Full: 0000-01-01 14:10:00 +0000 UTC
Time: 14 10
```

```
Epoch time: 1607964956
Date: 14 December 2020
Time: 18:55
Execution time: 163.032μs
$ go run dates.go "14 December 2020"
Full: 2020-12-14 00:00:00 +0000 UTC
Time: 14 December 2020
Epoch time: 1607964985
Date: 14 December 2020
Time: 18:56
Execution time: 180.029μs
```

提示

如果命令行参数，如"14 December 2020"，包含空格字符，应该将其放在双引号中，以便 UNIX shell 将其视为单个命令行参数。另外，运行 go run dates.go 14 December 2020 是不起作用的。

现在我们已经知道如何处理日期和时间，接下来将讨论时区。

2. 处理不同的时区

所展示的实用工具接收一个日期和时间，并将它们转换为不同的时区。这在预处理来自不同来源的日志文件时特别有用，这些文件使用不同的时区，以便将这些不同的时区转换为一个共同的时区。

再次，在进行转换之前，需要使用 time.Parse()函数将有效输入转换为 time.Time 值。这一次，输入字符串包含时区，并由"02 January 2006 15:04 MST"字符串解析。

为了将解析后的日期和时间转换为纽约时间，程序使用以下代码。

```
loc, _ = time.LoadLocation("America/New_York")
fmt.Printf("New York Time: %s\n", now.In(loc))
```

这种技术在 convertTimes.go 中多次使用。

运行 convertTimes.go 将生成以下输出。

```
$ go run convertTimes.go "14 December 2020 19:20 EET"
Current Location: 2020-12-14 19:20:00 +0200 EET
New York Time: 2020-12-14 12:20:00 -0500 EST
London Time: 2020-12-14 17:20:00 +0000 GMT
Tokyo Time: 2020-12-15 02:20:00 +0900 JST
$ go run convertTimes.go "14 December 2020 20:00 UTC"
Current Location: 2020-12-14 22:00:00 +0200 EET
```

```
New York Time: 2020-12-14 15:00:00 -0500 EST
London Time: 2020-12-14 20:00:00 +0000 GMT
Tokyo Time: 2020-12-15 05:00:00 +0900 JST
$ go run convertTimes.go "14 December 2020 25:00 EET"
parsing time "14 December 2020 25:00": hour out of range
```

在程序的最后一次执行中，代码将 25 解析为一天中的小时数，这是错误的，并产生了 hour out of range 的错误消息。

2.4　Go 常量

Go 语言支持常量，是值不能改变的变量。Go 中的常量是利用 const 关键字定义的。一般来说，常量可以是全局变量或局部变量。

然而，如果发现自己在局部作用域中定义了太多常量变量，可能需要重新考虑您的处理方法。在程序中使用常量的主要好处是保证它们的值在程序执行期间不会改变。严格来说，常量变量的值是在编译时而不是运行时定义的。这意味着它被包含在二进制可执行文件中。在幕后，Go 使用布尔值、字符串或数字作为存储常量值的类型，因为这为 Go 在处理常量时提供了更大的灵活性。

下面将讨论常量生成器 iota，这是创建常量序列的一种便捷方式。

常量生成器 iota 用于声明一系列相关值，这些值使用递增的数字，无须显式地为它们每一个输入类型。

与 const 关键字相关的概念，包括常量生成器 iota，在 constants.go 文件中进行了说明。

```
package main

import (
    "fmt"
)

type Digit int
type Power2 int

const PI = 3.1415926

const (
    C1 = "C1C1C1"
    C2 = "C2C2C2"
```

```
    C3 = "C3C3C3"
)
```

在这一部分中，我们声明了两个新类型，分别命名为 Digit 和 Power2，它们将在稍后使用，以及 4 个新常量，分别命名为 PI、C1、C2 和 C3。

注意

Go 语言中的 type 是一种定义一个新命名类型的方式，它使用与现有类型相同的底层类型。这主要用于区分可能使用相同数据种类的不同类型。type 关键字可以用来定义结构体和接口。

```
func main() {
    const s1 = 123
    var v1 float32 = s1 * 12
    fmt.Println(v1)
    fmt.Println(PI)

    const (
        Zero Digit = iota
        One
        Two
        Three
        Four
    )
```

上述代码定义了一个名为 s1 的常量。此外，还可以看到基于 Digit 的常量生成器 iota 的定义，它等同于接下来声明的 4 个常量。

```
const (
    Zero = 0
    One = 1
    Two = 2
    Three = 3
    Four = 4
)
```

注意

尽管我们在 main()函数内定义常量，但常量通常可以位于 main()函数之外，或者任何其他函数或方法之外。

constants.go 的最后一部分内容如下所示。

```
    fmt.Println(One)
    fmt.Println(Two)

    const (
        p2_0 Power2 = 1 << iota
        _
        p2_2
        _
        p2_4
        _
        p2_6
    )

    fmt.Println("2^0:", p2_0)
    fmt.Println("2^2:", p2_2)
    fmt.Println("2^4:", p2_4)
    fmt.Println("2^6:", p2_6)
}
```

这里还有一个稍微有些不同的常量生成器 iota。首先，可以看到在带有常量生成器 iota 的 const 块中使用了下画线字符，这允许您跳过不需要的值。其次，iota 的值总是递增的，并且可以在表达式中使用，这就是此处发生的情况。

现在让我们看看 const 块内真正发生了什么。对于 p2_0，iota 的值为 0，p2_0 被定义为 1。对于 p2_2，iota 的值为 2，p2_2 被定义为表达式 1 << 2 的结果，这是二进制表示中的 00000100。00000100 的十进制值是 4，这就是相应的结果，也是 p2_2 的值。类似地，p2_4 的值是 16，p2_6 的值是 64。

运行 constants.go 将产生以下输出。

```
$ go run constants.go
1476
3.1415926
1
2
2^0: 1
2^2: 4
2^4: 16
2^6: 64
```

当拥有大量相似数据时会发生什么？是否需要大量变量来保存这些数据，还是有更好的方式来做到这一点？Go 通过引入数组和切片来解答这些问题。

2.5　将相似数据分组

有时候，可能希望在单个变量下保存同一数据类型的多个值，并使用索引号来访问它们。在 Go 中实现这一点的最简单方式是使用数组或切片。

数组是最广泛使用的数据结构，几乎可以在所有编程语言中找到，这得益于它们的简单性和访问速度。Go 提供了一种称为切片的数组替代品。接下来将帮助读者理解数组和切片之间的区别，以便知道何时使用哪种数据结构。

提示

快速的回答是，在 Go 中，几乎可以在任何地方使用切片代替数组，但我们也在展示数组，因为它们仍然有用，并且切片实际上是由 Go 使用数组来实现的。

2.5.1　数组

Go 中的数组具有以下特点和限制：

（1）在定义数组变量时，必须定义其大小。否则，应在数组声明中放置[...]并让 Go 编译器找出长度。因此，可以创建一个包含 4 个字符串元素的数组，可以是[4]string{"Zero", "One", "Two", "Three"}，也可以是[…]string{"Zero", "One", "Two", "Three"}。如果在方括号中什么都不放，那么将创建一个切片。该特定数组的有效索引为 0、1、2 和 3。

（2）无法在创建数组后更改其大小。

（3）当将数组传递给函数时，Go 会创建该数组的副本，并将该副本传递给该函数。因此，在函数内部对数组所做的任何更改在函数返回时都会丢失。

Go 中的数组不是非常强大，这就是 Go 引入了一个名为切片的额外数据结构的主要原因，它类似于数组，但本质上是动态的。然而，数组和切片中的数据访问方式相同。

2.5.2　切片

Go 中的切片比数组更强大主要是因为它们是动态的，这意味着它们在创建后如果需要的话可以增长或缩小。此外，在函数内对切片所做的任何更改也会影响原始切片。严格来说，在 Go 中所有参数都是按值传递的，因为 Go 中没有其他传递参数的方式。

实际上，切片值是一个包含指向底层数组的指针的头部，元素实际上存储在那里，数组的长度以及它的容量，即切片的长度和容量将在下一小节中解释。注意，切片值不包括其元素，只是指向底层数组的指针。所以，在将切片传递给函数时，Go 会复制该头部并将其传递给函数。这个切片头部的副本包括指向底层数组的指针。切片头部在 reflect 包（https://golang.org/pkg/reflect/#SliceHeader）中定义如下。

```
type SliceHeader struct {
    Data uintptr
    Len int
    Cap int
}
```

传递切片头部的一个副作用是，将切片传递给函数的速度更快，因为 Go 不需要复制切片及其元素，只需复制切片头部。

可以使用 make()函数创建切片，或者像创建数组一样不指定其大小或使用[...]。如果不想初始化切片，那么使用 make()更好且更快。然而，如果想在创建时初始化它，那么 make()就无法帮助您。因此，您可以创建一个包含 3 个 float64 元素的切片，例如 aSlice := []float64{1.2, 3.2, -4.5}。使用 make()为 3 个 float64 元素创建一个切片就像执行 make([]float64, 3)一样简单。该切片的每个元素的值都为 0，这是 float64 数据类型的零值。

切片和数组都可以有多维，使用 make()创建一个二维切片就像编写 make([][]int, 2)一样简单。这返回一个具有两个维度的切片，其中第一个维度是 2（行），第二个维度（列）未指定，应在添加数据时显式指定。

如果想同时定义和初始化一个二维切片，应该执行类似于 twoD := [][]int{{1, 2, 3}, {4, 5, 6}}的操作。

可以使用 len()获取数组或切片的长度。稍后将会讨论，切片还有一个名为容量（capacity）的附加属性。可以使用 append()函数向已满的切片添加新元素。append()函数会自动分配所需的内存空间。

下面的例子阐明了关于切片的许多事情。输入以下代码并将其保存为 goSlices.go。

```
package main

import "fmt"

func main() {
    // Create an empty slice
    aSlice := []float64{}
    // Both length and capacity are 0 because aSlice is empty
```

```
    fmt.Println(aSlice, len(aSlice), cap(aSlice))

    // Add elements to a slice
    aSlice = append(aSlice, 1234.56)
    aSlice = append(aSlice, -34.0)
    fmt.Println(aSlice, "with length", len(aSlice))
```

append()命令向 aSlice 添加了两个新元素。此处应该将 append()函数的返回值保存到一个现有变量或一个新变量中。

```
// A slice with length 4
t := make([]int, 4)
t[0] = -1
t[1] = -2
t[2] = -3
t[3] = -4
// Now you will need to use append
t = append(t, -5)
fmt.Println(t)
```

当一个切片没有剩余空间容纳更多元素时，您应该使用 append()函数向其中添加新元素。

```
// A 2D slice
// You can have as many dimensions as needed
twoD := [][]int{{1, 2, 3}, {4, 5, 6}}
// Visiting all elements of a 2D slice
// with a double for loop
for _, i := range twoD {
    for _, k := range i {
        fmt.Print(k, " ")
    }
    fmt.Println()
}
```

上述代码展示了如何创建一个名为 twoD 的二维切片变量，并在创建的同时进行初始化。

```
    make2D := make([][]int, 2)
    fmt.Println(make2D)
    make2D[0] = []int{1, 2, 3, 4}
    make2D[1] = []int{-1, -2, -3, -4}
    fmt.Println(make2D)
}
```

上述代码展示了如何使用make()创建一个二维切片。使make2D成为二维切片的原因在于make()中使用了[][]int。

运行goSlices.go将产生以下输出：

```
$ go run goSlices.go
[] 0 0
[1234.56 -34] with length 2
[-1 -2 -3 -4 -5]
1 2 3
4 5 6
[[] []]
[[1 2 3 4] [-1 -2 -3 -4]]
```

1. 切片的长度和容量

数组和切片都支持使用len()函数来获取它们的长度。然而，切片还有一个额外的属性叫作容量，可以使用cap()函数来查询。

注意

切片的容量在选择切片的一部分或者想要使用切片引用数组时非常重要。接下来的内容将讨论这两个主题。

容量显示了切片在不需要分配更多内存和改变底层数组的情况下可以扩展多少。尽管在切片创建后，切片的容量由Go自行管理，但开发者可以在创建时使用make()函数定义切片的容量。之后，每当切片的长度即将超过当前容量时，切片的容量就会翻倍。make()函数的第一个参数是切片的类型及其维度；第二个参数是其初始长度；第三个参数是可选的，即切片的容量。尽管切片的数据类型在创建后不能改变，但其他两个属性是可以改变的。

注意

编写像make([]int, 3, 2)这样的代码会产生错误信息，因为在任何给定时间，切片的容量（2）不能小于其长度（3）。

但是，当想要将一个切片或数组追加到现有切片时会发生什么？您应该逐个元素这样做吗？Go支持...操作符，它用于在将切片或数组追加到现有切片之前，将其展开成多个参数。

图2.1阐释了切片中长度和容量是如何工作的。

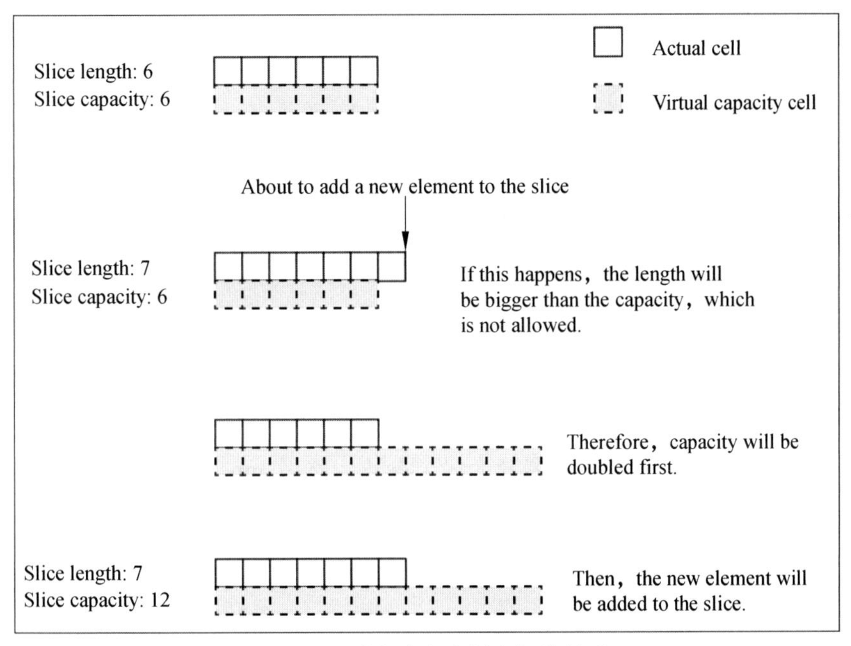
Actual cell
Virtual capacity cell
Slice length: 6
Slice capacity: 6
About to add a new element to the slice
Slice length: 7
Slice capacity: 6
If this happens，the length will be bigger than the capacity，which is not allowed.
Therefore，capacity will be doubled first.
Slice length: 7
Slice capacity: 12
Then，the new element will be added to the slice.

图 2.1　切片长度和容量之间的关系

对于那些喜欢代码的人来说，这里有一个小型的 Go 程序，展示了切片的长度和容量属性。请输入该程序并将其保存为 capLen.go。

```
package main

import "fmt"

func main() {
    // Only length is defined. Capacity = length
    a := make([]int, 4)
    fmt.Println("L:", len(a), "C:", cap(a))
    // Initialize slice. Capacity = length
    b := []int{0, 1, 2, 3, 4}
    fmt.Println("L:", len(b), "C:", cap(b))
```

再次强调，切片 b 的容量与其长度相同，都是 5。

```
// Same length and capacity
aSlice := make([]int, 4, 4)
fmt.Println(aSlice)
```

这一次，切片 aSlice 的容量与其长度相同，并不是 Go 决定这样做，而是因为我们指定了它。

```
// Add an element
aSlice = append(aSlice, 5)
```

当向切片 aSlice 添加一个新元素时，它的容量会加倍，变为 8。

```
fmt.Println(aSlice)
// The capacity is doubled
fmt.Println("L:", len(aSlice), "C:", cap(aSlice))
// Now add four elements
aSlice = append(aSlice, []int{-1, -2, -3, -4}...)
```

...操作符将[]int{-1, -2, -3, -4}展开为多个参数，然后 append()将每个参数逐一追加到 aSlice。

```
    fmt.Println(aSlice)
    // The capacity is doubled
    fmt.Println("L:", len(aSlice), "C:", cap(aSlice))
}
```

运行 capLen.go 将生成下列输出。

```
$ go run capLen.go
L: 4 C: 4
L: 5 C: 5
[0 0 0 0]
[0 0 0 0 5]
L: 5 C: 8
[0 0 0 0 5 -1 -2 -3 -4]
L: 9 C: 16
```

注意

如果提前知道，设置切片的正确容量将使程序运行得更快，因为 Go 将不需要分配一个新的底层数组，并且不需要将所有数据复制过去。

使用切片是很好的，但是当想要处理现有切片的连续部分时会发生什么？是否有实用的方式来选择切片的一部分？答案是肯定的。下面将对选择切片的连续部分进行讨论。

2. 选择切片的一部分

Go 允许选择切片的一部分内容，只需所有需要的元素都是相邻的。当想要选择一系列元素而不需要逐个指定它们的索引时，这可能非常有用。在 Go 中，可通过定义两个索引选择切片的一部分，第一个索引是选择的开始，而第二个索引是选择的结束，且不包括该索引处的元素，两者由:分隔。

注意

如果想处理一个工具的所有命令行参数，除了第一个参数，即它的名称，可以将其分配给一个新的变量（'arguments := os.Args'）以便于使用，并使用 arguments[1:]的表示法来跳过第一个命令行参数。

然而，存在一种变化，并可以添加第三个参数控制结果切片的容量。因此，使用 aSlice[0:2:4]选择切片的前两个元素（位于索引 0 和 1），并创建一个最大容量为 4 的新切片。结果容量定义为 4-0 的差值，其中 4 是最大容量，0 是第一个索引。如果省略了第一个索引，它将自动设置为 0。在这种情况下，结果切片的容量将是 4，因为 4-0 等于 4。

如果使用 aSlice[2:4:4]，我们将创建一个包含元素 aSlice[2]和 aSlice[3]的新切片，其容量为 4-2。最后，结果容量不能大于原始切片的容量，因为在那种情况下，将需要一个不同的底层数组。

在编辑器中输入以下代码，并将其保存为 partSlice.go。

```
package main
import "fmt"

func main() {
    aSlice := []int{0, 1, 2, 3, 4, 5, 6, 7, 8, 9}
    fmt.Println(aSlice)
    l := len(aSlice)

    // First 5 elements
    fmt.Println(aSlice[0:5])
    // First 5 elements
    fmt.Println(aSlice[:5])
```

在第一部分中，我们定义了一个名为 aSlice 的新切片，它包含 10 个元素。它的容量与其长度相同。0:5 和:5 这两种表示法都选择了切片的前 5 个元素，即位于索引 0、1、2、3 和 4 的元素。

```
// Last 2 elements
fmt.Println(aSlice[l-2 : l])
// Last 2 elements
fmt.Println(aSlice[l-2:])
```

给定切片的长度（l），我们可以选择切片的最后两个元素，要么使用 l-2 : l，要么使用 l-2:。

```
// First 5 elements
t := aSlice[0:5:10]
fmt.Println(len(t), cap(t))
// Elements at indexes 2,3,4
// Capacity will be 10-2
t = aSlice[2:5:10]
fmt.Println(len(t), cap(t))
```

最初，切片 t 的容量将是 10-0，即 10。在第二种情况下，切片 t 的容量将是 10-2。

```
    // Elements at indexes 0,1,2,3,4
    // New capacity will be 6-0
    t = aSlice[:5:6]
    fmt.Println(len(t), cap(t))
}
```

切片 t 的容量现在是 6-0，其长度将为 5，因为我们选择了切片 aSlice 的前 5 个元素。运行 partSlice.go 将产生以下输出：

```
$ go run partSlice.go
[0 1 2 3 4 5 6 7 8 9]
```

上述代码行是 fmt.Println(aSlice)的输出结果。

```
[0 1 2 3 4]
[0 1 2 3 4]
```

上述两行代码分别由 fmt.Println(aSlice[0:5])和 fmt.Println(aSlice[:5])生成。

```
[8 9]
[8 9]
```

类似地，上述两行代码分别由 fmt.Println(aSlice[l-2:l])和 fmt.Println(aSlice[l-2:])生成。

```
5 10
3 8
5 6
```

最后 3 行代码打印了 aSlice[0:5:10]、aSlice[2:5:10]和 aSlice[:5:6]的长度和容量。

3. 字节切片

字节切片是字节数据类型（[]byte）的切片。Go 知道大多数 byte 切片用于存储字符串，因此它使得在这种类型和 string 类型之间进行转换变得较为容易。与访问其他类型的切片相比，访问字节切片的方式并没有什么特别之处。真正特别的是，Go 使用字节切片执行文件 I/O 操作，因为它们允许精确地确定想要读取或写入文件的数据量。这是因为字节在计算机系统中是一个通用的单位。

注意

由于 Go 没有 char 数据类型，它使用 byte 和 rune 来存储字符值。一个字节只能存储一个 ASCII 字符，而一个 rune 可以存储 Unicode 字符。然而，一个 rune 可能占用多个字节。

下面的小程序展示了如何将字节切片转换为字符串，反之亦然，这在大多数文件 I/O 操作中是必需的。输入下列代码并保存为 byteSlices.go。

```
package main

import "fmt"

func main() {
    // Byte slice
    b := make([]byte, 12)
    fmt.Println("Byte slice:", b)
```

一个空的字节切片包含 0 值。在这种情况下，包含 12 个 0。

```
b = []byte("Byte slice €")
fmt.Println("Byte slice:", b)
```

在这种情况下，b 的大小是字符串"Byte slice €"的大小，不包括双引号。b 现在指向一个与之前不同的内存位置，也就是"Byte slice €"存储的地方。这就是如何将 string 转换为 byte 切片。

由于像€这样的 Unicode 字符需要多于一个字节来表示，因此字节切片的长度可能与它存储的字符串长度不同。

```
// Print byte slice contents as text
fmt.Printf("Byte slice as text: %s\n", b)
fmt.Println("Byte slice as text:", string(b))
```

上述代码展示了如何使用两种技术将字节切片的内容作为文本打印出来。第一种是使用%s 控制字符串，第二种是使用 string()函数。

```
    // Length of b
    fmt.Println("Length of b:", len(b))
}
```

上述代码打印了字节切片的实际长度。

运行 byteSlices.go 将生成下列输出。

```
$ go run byteSlices.go
Byte slice: [0 0 0 0 0 0 0 0 0 0 0 0 0 0]
Byte slice: [66 121 116 101 32 115 108 105 99 101 32 226 130 172]
Byte slice as text: Byte slice €
Byte slice as text: Byte slice €
Length of b: 14
```

最后一行输出证明了尽管 b 字节切片有 12 个字符，但它的大小是 14。

4. 从切片中删除一个元素

这里，不存在相应的默认函数用于从切片中删除元素，这意味着如果需要从切片中删除元素，必须编写自己的代码。从切片中删除元素可能会有些棘手，因此本节介绍了两种执行此操作的技术。第一种技术实际上是在需要删除的元素的索引处将原始切片分割成两个切片。这两个切片都不包含将要删除的元素。之后，我们连接这两个切片并创建一个新的切片。第二种技术是将最后一个元素复制到将要删除的元素的位置，并通过从原始切片中排除最后一个元素来创建一个新的切片。

图 2.2 展示了从切片中删除一个元素的两种技术的图形表示。

下列程序展示了两种可用于从切片中删除元素的技术。输入以下代码创建一个文本文件，并将其保存为 deleteSlice.go。

```
package main

import (
    "fmt"
    "os"
    "strconv"
)

func main() {
    arguments := os.Args
    if len(arguments) == 1 {
```

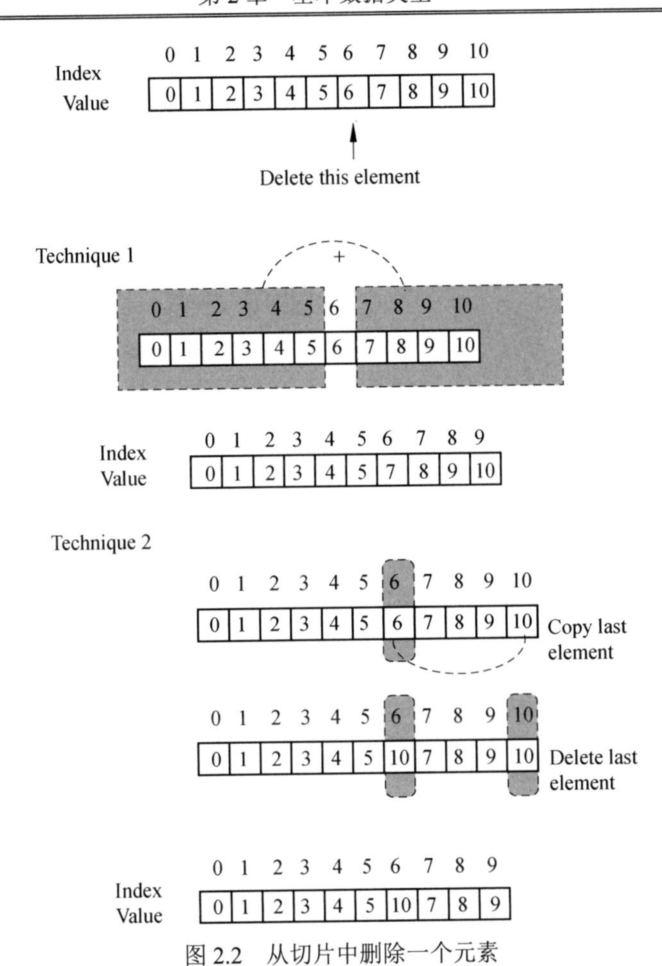

图 2.2　从切片中删除一个元素

```
        fmt.Println("Need an integer value.")
        return
    }

    index := arguments[1]
    i, err := strconv.Atoi(index)
    if err != nil {
        fmt.Println(err)
        return
    }
    fmt.Println("Using index", i)
```

```
    aSlice := []int{0, 1, 2, 3, 4, 5, 6, 7, 8}
    fmt.Println("Original slice:", aSlice)

    // Delete element at index i
    if i > len(aSlice)-1 {
        fmt.Println("Cannot delete element", i)
        return
    }

    // The ... operator auto expands aSlice[i+1:] so that
    // its elements can be appended to aSlice[:i] one by one
    aSlice = append(aSlice[:i], aSlice[i+1:]...)
    fmt.Println("After 1st deletion:", aSlice)
```

此处在逻辑上将原始切片分成两个切片。这两个切片在需要删除的元素的索引处进行分割。之后，通过 append()函数将这两个切片连接起来。接下来，我们将看到第二种技术的应用。

```
    // Delete element at index i
    if i > len(aSlice)-1 {
        fmt.Println("Cannot delete element", i)
        return
    }

    // Replace element at index i with last element
    aSlice[i] = aSlice[len(aSlice)-1]
    // Remove last element
    aSlice = aSlice[:len(aSlice)-1]
    fmt.Println("After 2nd deletion:", aSlice)
}
```

先使用 aSlice[i] = aSlice[len(aSlice)-1]语句将想要删除的元素替换为最后一个元素，然后使用 aSlice = aSlice[:len(aSlice)-1]语句移除最后一个元素。

运行 deleteSlice.go 将根据输入产生以下类型的输出。

```
$ go run deleteSlice.go 1
Using index 1
Original slice: [0 1 2 3 4 5 6 7 8]
After 1st deletion: [0 2 3 4 5 6 7 8]
After 2nd deletion: [0 8 3 4 5 6 7]
```

由于该切片有 9 个元素，我们可以删除索引值为 1 的元素。

```
$ go run deleteSlice.go 10
Using index 10
Original slice: [0 1 2 3 4 5 6 7 8]
Cannot delete element 10
```

由于切片只有 9 个元素，此处不能从切片中删除索引值为 10 的元素。

5. 切片与数组的关联方式

如前所述，在幕后，每个切片都使用一个底层数组来实现。底层数组的长度与切片的容量相同，并且存在指针将切片元素连接到适当的数组元素。

通过将现有数组与切片连接起来，Go 允许使用切片引用数组或数组的一部分。这种能力稍显奇特，包括对切片的更改会影响引用的数组。然而，当切片的容量改变时，与数组的连接就会消失。这是因为当切片的容量改变时，底层数组也会改变，并且切片与原始数组之间的连接不再存在。

输入以下代码并将其保存为 sliceArrays.go。

```
package main

import (
    "fmt"
)

func change(s []string) {
    s[0] = "Change_function"
}
```

这是一个改变切片第一个元素的函数。

```
func main() {
    a := [4]string{"Zero", "One", "Two", "Three"}
    fmt.Println("a:", a)
```

这里定义了一个名为 a 的数组，包含 4 个元素。

```
var S0 = a[0:1]
fmt.Println(S0)
S0[0] = "S0"
```

这里将 S0 与数组 a 的第一个元素连接，并打印它。然后我们改变了 S0[0]的值。

```
var S12 = a[1:3]
fmt.Println(S12)
```

```
S12[0] = "S12_0"
S12[1] = "S12_1"
```

在这部分中，我们将 S12 与数组 a 的元素 a[1]和 a[2]关联起来。因此，S12[0] = a[1]且 S12[1] = a[2]。然后，我们改变了 S12[0]和 S12[1]的值。这两个变化也会改变数组 a 的内容。简单来说，a[1]取 S12[0]的新值，a[2]取 S12[1]的新值。

```
fmt.Println("a:", a)
```

我们打印变量 a，它并没有直接改变。然而，由于 a 与 S0 和 S12 连接，a 的内容已经改变了。

```
// Changes to slice -> changes to array
change(S12)
fmt.Println("a:", a)
```

由于切片和数组是相连的，对切片所做的任何更改都会影响数组，即使这些更改发生在函数内部。

```
// capacity of S0
fmt.Println("Capacity of S0:", cap(S0), "Length of S0:", len(S0))

// Adding 4 elements to S0
S0 = append(S0, "N1")
S0 = append(S0, "N2")
S0 = append(S0, "N3")
a[0] = "-N1"
```

当 S0 的容量发生变化时，它不再与同一个底层数组（a）相连。

```
// Changing the capacity of S0
// Not the same underlying array anymore!

S0 = append(S0, "N4")
fmt.Println("Capacity of S0:", cap(S0), "Length of S0:", len(S0))
// This change does not go to S0
a[0] = "-N1-"

// This change does not go to S12
a[1] = "-N2-"
```

然而，数组 a 和切片 S12 仍然相连，因为 S12 的容量没有改变。

```
    fmt.Println("S0:", S0)
```

```
    fmt.Println("a: ", a)
    fmt.Println("S12:", S12)
}
```

最后，我们打印 a、S0 和 S12 的最终版本。

运行 sliceArrays.go 将产生以下输出。

```
$ go run sliceArrays.go
a: [Zero One Two Three]
[Zero]
[One Two]
a: [S0 S12_0 S12_1 Three]
a: [S0 Change_function S12_1 Three]
Capacity of S0: 4 Length of S0: 1
Capacity of S0: 8 Length of S0: 5
S0: [-N1 N1 N2 N3 N4]
a: [-N1- -N2- N2 N3]
S12: [-N2- N2]
```

接下来将讨论 copy()函数的应用。

6. copy()函数

Go 提供了 copy()函数，用于将现有的数组复制到切片，或者将现有的切片复制到另一个切片。然而，使用 copy()函数可能会有些棘手，因为如果源切片比目标切片大，目标切片不会自动扩展；如果目标切片比源切片大，那么 copy()不会清空那些没有被复制的目标切片中的元素。这在图 2.3 中得到了更好的说明。

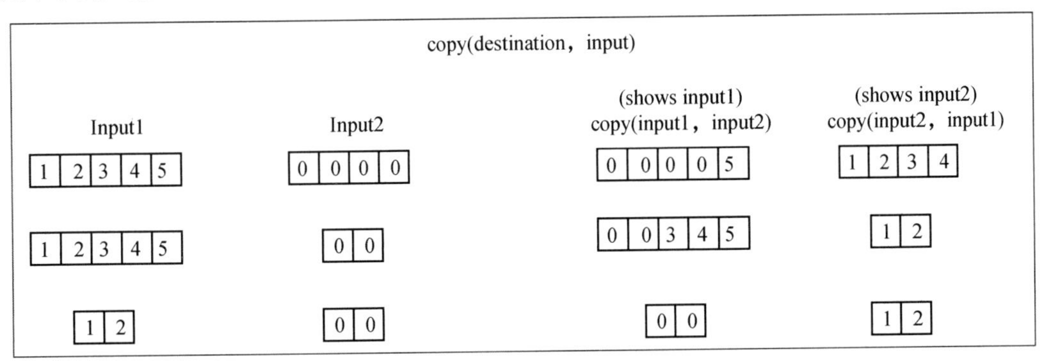

图 2.3　copy()函数应用

下面的程序展示了 copy()函数的使用。在文本编辑器中输入该程序，并将其保存为 copySlice.go。

```
package main

import "fmt"

func main() {
    a1 := []int{1}
    a2 := []int{-1, -2}
    a5 := []int{10, 11, 12, 13, 14}
    fmt.Println("a1", a1)
    fmt.Println("a2", a2)
    fmt.Println("a5", a5)
    // copy(destination, input)
    // len(a2) > len(a1)
    copy(a1, a2)
    fmt.Println("a1", a1)
    fmt.Println("a2", a2)
```

这里我们执行 copy(a1, a2)命令。在这种情况下，a2 切片比 a1 大。执行 copy(a1, a2)命令后，a2 保持不变，这是完全合理的，因为 a2 是输入切片；而 a2 的第一个元素被复制到 a1 的第一个元素，因为 a1 只有一个元素的空间。

```
// len(a5) > len(a1)
copy(a1, a5)
fmt.Println("a1", a1)
fmt.Println("a5", a5)
```

在这种情况下，a5 比 a1 大。再次执行 copy(a1, a5)命令后，a5 保持不变，而 a5[0]被复制到 a1[0]。

```
    // len(a2) < len(a5) -> OK
    copy(a5, a2)
    fmt.Println("a2", a2)
    fmt.Println("a5", a5)
}
```

在最后的例子中，a2 比 a5 短。这意味着整个 a2 被复制到 a5 中。由于 a2 的长度是 2，只有 a5 的前两个元素发生了变化。

运行 copySlice.go 将产生以下输出。

```
$ go run copySlice.go
a1 [1]
a2 [-1 -2]
```

```
a5 [10 11 12 13 14]
a1 [-1]
a2 [-1 -2]
```

copy(a1, a2)语句不会改变 a2 切片，且只会改变 a1。由于 a1 的大小为 1，所以只复制了 a2 的第一个元素。

```
a1 [10]
a5 [10 11 12 13 14]
```

同样地，copy(a1, a5)语句只改变了 a1。由于 a1 的大小为 1，所以只有 a5 的第一个元素被复制到 a1。

```
a2 [-1 -2]
a5 [-1 -2 12 13 14]
```

最后，copy(a5, a2)语句只改变了 a5。由于 a5 的大小为 5，只有前两个元素被改变，变得与大小为 2 的 a2 的前两个元素相同。

7. 排序切片

有时可能希望以排序的方式展示信息，并希望 Go 语言为您完成这项工作。在本节中，我们将看到如何使用 sort 包提供的功能来对各种标准数据类型的切片进行排序。

sort 包可以对内置数据类型的切片进行排序，无须编写任何额外的代码。此外，Go 还提供了 sort.Reverse()函数，用于按照与默认顺序相反的顺序进行排序。然而，通过实现 sort.Interface 接口，sort 允许为自定义数据类型编写自己的排序函数。读者将在第 4 章中了解更多关于 sort.Interface 接口和接口的一般信息。

因此，可以输入 sort.Ints(sInts)对存储为 sInts 的整数切片进行排序。当使用 sort. Reverse()对整数切片进行降序排序时，需要通过 sort.IntSlice(sInts)将所需的切片传递给 sort.Reverse()，因为 IntSlice 类型在内部实现了 sort.Interface，这允许以不同于通常的方式进行排序。同样的方法也适用于其他标准 Go 数据类型。

创建一个文本文件，输入以下展示 sort 应用的代码，并将文件命名为 sortSlice.go。

```
package main

import (
    "fmt"
    "sort"
)
```

```
func main() {
    sInts := []int{1, 0, 2, -3, 4, -20}
    sFloats := []float64{1.0, 0.2, 0.22, -3, 4.1, -0.1}
    sStrings := []string{"aa", "a", "A", "Aa", "aab", "AAa"}

    fmt.Println("sInts original:", sInts)
    sort.Ints(sInts)
    fmt.Println("sInts:", sInts)
    sort.Sort(sort.Reverse(sort.IntSlice(sInts)))
    fmt.Println("Reverse:", sInts)
```

由于 sort.Interface 知道如何对整数进行排序，因此以相反的顺序对它们进行排序是十分容易的。以降序排序就像调用 sort.Reverse()函数一样简单。

```
    fmt.Println("sFloats original:", sFloats)
    sort.Float64s(sFloats)
    fmt.Println("sFloats:", sFloats)
    sort.Sort(sort.Reverse(sort.Float64Slice(sFloats)))
    fmt.Println("Reverse:", sFloats)
    fmt.Println("sStrings original:", sStrings)
    sort.Strings(sStrings)
    fmt.Println("sStrings:", sStrings)
    sort.Sort(sort.Reverse(sort.StringSlice(sStrings)))
    fmt.Println("Reverse:", sStrings)
}
```

相同的规则也适用于排序浮点数和字符串。

运行 sortSlice.go 将产生以下输出。

```
$ go run sortSlice.go
sInts original: [1 0 2 -3 4 -20]
sInts: [-20 -3 0 1 2 4]
Reverse: [4 2 1 0 -3 -20]
sFloats original: [1 0.2 0.22 -3 4.1 -0.1]
sFloats: [-3 -0.1 0.2 0.22 1 4.1]
Reverse: [4.1 1 0.22 0.2 -0.1 -3]
sStrings original: [aa a A Aa aab AAa]
sStrings: [A AAa Aa a aa aab]
Reverse: [aab aa a Aa AAa A]
```

输出展示了原始切片如何以正常和逆序的方式被排序。

2.6　指　　针

Go 支持指针，但不支持指针算术，这在像 C 这样的编程语言中是许多错误和漏洞的根源。指针是一个变量的内存地址。我们需要对指针进行解引用以获取其值——解引用使用指针变量前的*字符。此外，还可以使用普通变量前的&获取其内存地址。

图 2.4 显示了 int 变量和一个指向 int 的指针之间的区别。

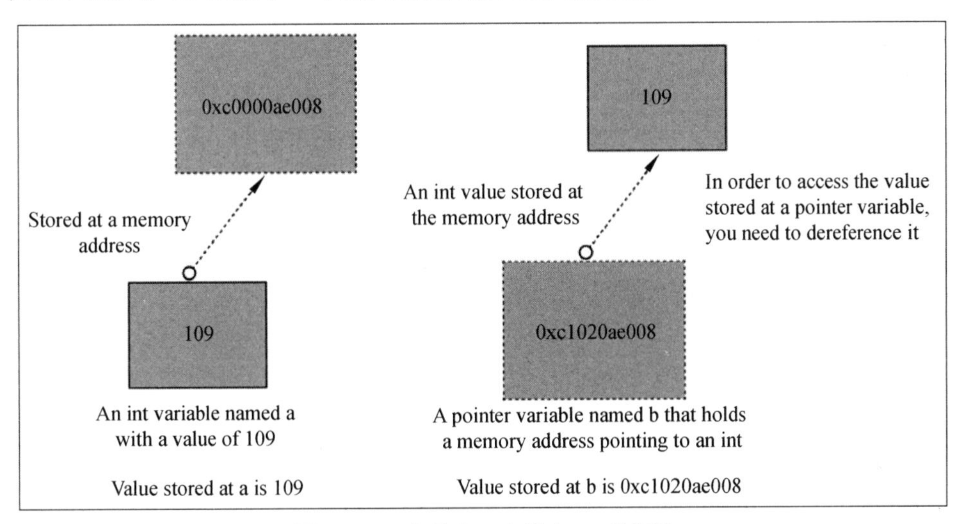

图 2.4　int 变量和一个指向 int 的指针

如果一个指针变量指向一个现有的普通变量，那么使用指针变量对存储的值所做的任何更改都将修改该普通变量。

提示

内存地址的格式和值可能会因不同的机器、不同的操作系统和不同的架构而有所差异。

这里的问题是，既然不支持指针算术，那么使用指针的意义何在？从指针中获得的主要好处是，将变量作为指针传递给函数（可以称之为按引用传递），当函数返回时，在该函数内对变量值所做的任何更改都不会丢失。有时可能需要这种功能，因为它简化了代码，但为这种简洁性付出的代价是在使用指针变量时需要格外小心。记住，切片在传递给函数时无须使用指针——是 Go 语言传递了切片底层数组的指针，且无法更改这种行为。

除简化原因之外，使用指针还有 3 个额外的原因。

（1）指针允许在函数之间共享数据。然而，当指针在函数和 goroutines 之间共享数据时，应该特别注意竞态条件问题。

（2）指针在想要区分变量的零值和未设置的值（nil）时也非常有用。这对于结构体尤其有用，因为指针（以及因此指向结构体的指针，在第 3 章中将详细介绍）可以有 nil 值，这意味着可以将指向结构体的指针与 nil 值进行比较，这在普通结构体变量中是不允许的。

（3）支持指针，更具体地说，支持指向结构体的指针，允许 Go 支持像链表和二叉树这样的数据结构，这些内容在计算机科学中被广泛使用。因此，可以将 Node 结构体的一个字段定义为 Next *Node，这是指向另一个 Node 结构体的指针。没有指针，这将难以实现，可能速度也不够快。

以下代码展示了如何在 Go 中使用指针。创建一个名为 pointers.go 的文本文件，并输入下列代码。

```
package main

import "fmt"

type aStructure struct {
    field1 complex128
    field2 int
}
```

这是一个具有两个名为 field1 和 field2 的字段的结构体。

```
func processPointer(x *float64) {
    *x = *x * *x
}
```

这是一个接收指向 float64 变量的指针作为输入的函数。由于这里使用的是指针，所以在函数内对该函数参数的所有更改都是持久的。此外，没有必要返回任何内容。

```
func returnPointer(x float64) *float64 {
    temp := 2 * x
    return &temp
}
```

这是一个需要 float64 参数作为输入，并返回一个指向 float64 变量的指针的函数。为了返回一个普通变量的内存地址，需要使用取地址操作符&（如&temp）。

```
func bothPointers(x *float64) *float64 {
```

```
    temp := 2 * *x
    return &temp
}
```

这是一个需要指向 float64 变量的指针作为输入，并以指向 float64 的指针作为输出的函数。使用*x 表示法来获取存储在 x 中的内存地址的值。

```
func main() {
    var f float64 = 12.123
    fmt.Println("Memory address of f:", &f)
```

要获取名为 f 的普通变量的内存地址，应该使用&f 表示法。

```
// Pointer to f
fP := &f
fmt.Println("Memory address of f:", fP)
fmt.Println("Value of f:", *fP)
// The value of f changes
processPointer(fP)
fmt.Printf("Value of f: %.2f\n", f)
```

fP 现在是指向变量 f 的内存地址的指针。对 fP 内存地址中存储的值进行的任何更改都会影响 f 的值。然而，这只是在 fP 指向变量 f 的内存地址时才成立。

```
// The value of f does not change
x := returnPointer(f)
fmt.Printf("Value of x: %.2f\n", *x)
```

变量 f 的值没有改变，因为函数仅使用了它的值。

```
// The value of f does not change
xx := bothPointers(fP)
fmt.Printf("Value of xx: %.2f\n", *xx)
```

在这种情况下，f 的值以及存储在 fP 内存地址中的值都没有改变，因为 bothPointers()函数没有对存储在 fP 内存地址中的值进行任何更改。

```
// Check for empty structure
var k *aStructure
```

变量 k 是一个指向 aStructure 结构体的指针。由于 k 没有指向任何地方，Go 将其设置为指向 nil，这是指针的零值。

```
// This is nil because currently k points to nowhere
```

```
fmt.Println(k)
// Therefore you are allowed to do this:
if k == nil {
    k = new(aStructure)
}
```

由于 k 是 nil，我们可以将其赋值给使用 new(aStructure)创建的空 aStructure 值，而不会丢失任何数据。现在，k 不再是 nil，但是 aStructure 的两个字段都具有它们数据类型的零值。

```
    fmt.Printf("%+v\n", k)
    if k != nil {
        fmt.Println("k is not nil!")
    }
}
```

应确保 k 不是 nil——读者可能认为这个检查是多余的，但再次检查也无妨。

运行 pointers.go 将产生以下类型的输出。

```
Memory address of f: 0xc000014090
Memory address of f: 0xc000014090
Value of f: 12.123
Value of f: 146.97
Value of x: 293.93
Value of xx: 293.93
<nil>
&{field1:(0+0i) field2:0}
k is not nil!
```

我们在第 3 章中会重新讨论指针，届时将讨论结构体。接下来讨论生成随机数和随机字符串。

2.7　生成随机数

随机数的生成是计算机科学中的一种艺术，也是一个研究领域。这是因为计算机完全是逻辑机器，而使用它们生成随机数极其困难。Go 可以通过 math/rand 包的功能帮助完成这项任务。每个随机数生成器都需要一个种子开始生成数字。种子用于初始化整个过程，且非常重要，因为如果总是以相同的种子开始，那么将总是得到相同的伪随机数序列。这意味着每个人都可以重新生成该序列，而这个特定的序列最终并不是真正的随机。然而，这个特性在测试目的中非常有用。在 Go 语言中，rand.Seed()函数用于初始化一个随机数生成器。

注意

如果读者对随机数生成感兴趣，建议阅读 Donald E. Knuth 所著的《计算机程序设计艺术》第二卷（Addison-Wesley Professional，2011 年）。

下列函数位于书籍 GitHub 库中 ch02 的 randomNumbers.go 文件，用于生成在[min, max)范围内的随机数。

```
func random(min, max int) int {
    return rand.Intn(max-min) + min
}
```

random()函数承担了所有的工作，即通过调用 rand.Intn()生成给定范围内的伪随机数，范围从 min 到 max-1。rand.Intn()生成从 0 到其单一参数值减 1 的非负随机整数。

randomNumbers.go 工具接收 4 个命令行参数，但也可以少于 4 个参数，并通过使用默认值来工作。默认情况下，randomNumbers.go 文件生成 100 个随机整数，范围从 0 到 99（包括 99）。

```
$ go run randomNumbers.go
Using default values!
39 75 78 89 39 28 37 96 93 42 60 69 50 9 69 27 22 63 4 68 56 23 54 14
93 61 19 13 83 72 87 29 4 45 75 53 41 76 84 51 62 68 37 11 83 20 63 58
12 50 8 31 14 87 13 97 17 60 51 56 21 68 32 41 79 13 79 59 95 56 24 83
53 62 97 88 67 59 49 65 79 10 51 73 48 58 48 27 30 88 19 16 16 11 35 45
72 51 41 28
```

在接下来的输出中，我们手动定义每个参数（工具的最后一个参数是种子值）。

```
$ go run randomNumbers.go 1 5 10 10
3 1 4 4 1 1 4 4 4 3
$ go run randomNumbers.go 1 5 10 10
3 1 4 4 1 1 4 4 4 3
$ go run randomNumbers.go 1 5 10 11
1 4 2 1 3 2 2 4 1 3
```

前两次种子值是 10，所以我们得到了相同的输出。第三次种子值是 11，因而产生了不同的输出。

2.7.1　生成随机字符串

设想想要生成难以猜测的密码或用于测试目的的随机字符串。基于随机数生成，我们创建了一个生成随机字符串的工具，该工具实现为 genPass.go，并可以在本书的 GitHub 库的 ch02 目录中找到。genPass.go 的核心功能位于下一个函数中。

```
func getString(len int64) string {
    temp := ""
    startChar := "!"
    var i int64 = 1
    for {
        myRand := random(MIN, MAX)
        newChar := string(startChar[0] + byte(myRand))
        temp = temp + newChar
        if i == len {
            break
        }
        i++
    }
    return temp
}
```

由于只想获取可打印的 ASCII 字符，因此我们限制了可以生成的伪随机数的范围。在 ASCII 表中，可打印字符的总数是 94 个。这意味着程序可以生成的伪随机数的范围应该是从 0 到 94，且不包括 94。因此，这里没有显示的全局变量 MIN 和 MAX 的值分别是 0 和 94。

startChar 变量存储了工具可以生成的第一个 ASCII 字符，在这个例子中是感叹号（!），它的十进制 ASCII 值为 33。考虑到程序可以生成高达 94 的伪随机数，可以生成的最大 ASCII 值是 93 + 33，等于 126，这是波浪号（~）的 ASCII 值。所有生成的字符都保存在 temp 变量中，当 for 循环退出时返回这个变量。string(startChar[0] + byte(myRand))语句将随机整数转换成所需范围内的字符。

genPass.go 工具接收一个参数，即生成密码的长度。如果没有给出参数，genPass.go 将生成一个默认长度为 8 个字符的密码，这是 LENGTH 变量的默认值。

运行 genPass.go 会产生如下类型的输出。

```
$ go run genPass.go
Using default values...
!QrNq@;R
$ go run genPass.go 20
sZL>{F~"hQqY>r_>TX?O
```

首次程序执行使用了生成字符串长度的默认值，而第二次程序执行则创建了一个包含

20 个字符的随机字符串。

2.7.2　生成安全的随机数

如果打算将这些伪随机数用于与安全相关的工作，那么应当使用 crypto/rand 包，它实现了一个密码学安全的伪随机数生成器。在使用 crypto/rand 包时，用户不需要定义种子。

下面的函数是 cryptoRand.go 源代码的一部分，展示了如何使用 crypto/rand 的功能生成安全的随机数。

```
func generateBytes(n int64) ([]byte, error) {
    b := make([]byte, n)
    _, err := rand.Read(b)
    if err != nil {
        return nil, err
    }
    return b, nil
}
```

rand.Read()函数随机生成填充整个 b 字节切片的数字。这里需要使用 base64. URLEncoding 对该字节切片进行解码。使用函数 EncodeToString(b)以获取一个没有控制字符或不可打印字符的有效字符串。这种转换发生在 generatePass()函数中，这里没有展示该函数。

运行 cryptoRand.go 会产生如下类型的输出。

```
$ go run cryptoRand.go
Using default values!
Ce30g--D
$ go run cryptoRand.go 20
AEIePSYb13KwkDnO5Xk_
```

输出结果与由 genPass.go 生成的输出没有不同，只是随机数的生成更为安全，这意味着它们可以用于安全至关重要的应用中。

现在我们知道了如何生成随机数和随机字符串，接下来将重新审视电话簿应用程序，并使用这些技术用随机数据填充电话簿。

2.8　更新电话簿应用程序

本节将创建一个函数，用随机数据填充第 1 章的电话簿应用程序，这在以测试为目的应用程序中放入大量数据时非常有用。

提示

过去笔者曾使用这种方便的技术在 Kafka 主题上放置示例数据。

这个电话簿应用程序版本的最大变化是搜索将基于电话号码进行，因为搜索随机数字比搜索随机字符串更容易。但这只是在 search()函数中一个较小的代码变化——这次 search()使用 v.Tel == key 而不是 v.Surname == key，以便尝试匹配 Tel 字段。

phoneBook.go 的 populate()函数（可在 ch02 目录中找到）承担了所有的工作。populate()函数的实现如下所示。

```
func populate(n int, s []Entry) {
    for i := 0; i < n; i++ {
        name := getString(4)
        surname := getString(5)
        n := strconv.Itoa(random(100, 199))
        data = append(data, Entry{name, surname, n})
    }
}
```

getString()函数生成从 A 到 Z 的字母，且不包含其他任何内容，以使生成的字符串更易于阅读。在姓名和姓氏中使用特殊字符是没有意义的。生成的电话号码范围在 100 到 198 之间，这是通过调用 random(100, 199)实现的。这样做的原因是搜索一个 3 位数更容易。读者可随意尝试生成的姓名、姓氏和电话号码。

使用 phoneBook.go 会产生以下类型的输出。

```
$ go run phoneBook.go search 123
Data has 100 entries.
{BHVA QEEQL 123}
$ go run phoneBook.go search 1234
Data has 100 entries.
Entry not found: 1234
$ go run phoneBook.go list
Data has 100 entries.
{DGTB GNQKI 169}
{BQNU ZUQFP 120}
...
```

尽管这些随机生成的姓名和姓氏并不完美，但对于测试目的来说已经足够了。在第 3 章中，我们将学习如何处理 CSV 数据。

2.9　本章练习

（1）创建一个函数，将两个数组连接成一个新切片。
（2）创建一个函数，将两个数组连接成一个新的数组。
（3）创建一个函数，将两个切片连接成一个新的数组。

2.10　本章小结

在本章中，我们学习了 Go 语言的基本数据类型，包括数值数据类型、字符串和错误。此外，还学习了如何使用数组和切片来组织相似的值。最后，我们了解了数组和切片之间的区别、为什么切片比数组更加灵活，以及指针和生成随机数和随机字符串，以便为电话簿应用程序提供随机数据。

2.11　附加资源

（1）sort 包文档：https://golang.org/pkg/sort/。
（2）time 包文档：https://golang.org/pkg/time/。
（3）crypto/rand 包文档：https://golang.org/pkg/crypto/rand/。
（4）math/rand 包文档：https://golang.org/pkg/math/rand/。

第 3 章　复合数据类型

Go 语言提供了对映射（map）和结构体（structure）的支持，它们是复合数据类型，也是本章的主要主题。我们将它们与数组和切片分开介绍的原因是，无论是映射还是结构体，都比数组和切片更加灵活和强大。总的来说，如果数组或切片不能胜任工作，那么可能需要考虑使用映射。如果映射无法帮助您，那么应该考虑创建和使用结构体。

第 1 章已经出现过结构体，其间创建了电话簿应用程序的初始版本。然而，在本章中，我们将更多地了解结构体以及映射。这些知识能够使用结构体读取和保存 CSV 格式的数据，并创建一个索引，以便快速搜索基于给定键的结构体切片，这是通过使用映射来实现的。

最后，我们将应用这些 Go 语言的特性来改进第 1 章中最初开发的电话簿应用程序。电话簿应用程序的新版本将从磁盘加载和保存其数据，这意味着不再需要硬编码数据。

本章主要涉及下列主题。

（1）映射。

（2）结构体。

（3）正则表达式和模式匹配。

（4）改进电话簿应用程序。

映射可以使用不同类型的键，而结构体可以组合多种数据类型并创建新的数据类型。接下来开始介绍映射。

3.1　映　　射

数组和切片都限制用户只能使用正整数作为索引。映射是强大的数据结构，因为它们允许使用各种数据类型的索引作为键来查找数据，只要这些键是可比较的。一个实用的经验法则是，当需要的索引不是正整数，或者整数索引之间存在较大间隔时，则应该使用映射。

提示

尽管布尔变量是可比较的，但使用布尔变量作为 Go 映射的键没有意义，因为它只允许两个不同的值。此外，尽管浮点值是可比较的，但由于这些值的内部表示可能导致精度问题，进而可能会引发错误和崩溃，因此要避免使用浮点值作为 Go 映射的键。

这里的问题是，我们为什么需要映射，它们的优势是什么？以下内容将帮助读者澄清这些问题。

（1）映射非常灵活。在本章中，我们将使用映射创建数据库索引，这允许根据给定的键或在更复杂的情况下，采用键的组合来搜索和访问切片元素。

（2）在 Go 语言中使用映射工作速度很快（尽管情况并非总是如此），因为可以在线性时间内访问映射的所有元素。向映射中插入和检索元素也是较快的，并且不依赖于映射的基数。

（3）映射易于理解，这可使设计清晰。

我们可以使用 make()函数或映射字面量来创建一个新的 map 变量。使用 make()创建一个具有 string 键和 int 值的新映射就像编写 make(map[string]int)并将返回值赋给一个变量一样简单。另外，如果决定使用映射字面量创建映射，那么需要编写如下所示的内容。

```
m := map[string]int {
    "key1": -1
    "key2": 123
}
```

映射字面量版本在创建映射时向其中添加数据的速度更快。

提示

不应假设映射内部元素的顺序。Go 在迭代映射时会随机化键，这是有意为之，也是语言设计的蓄意的一部分内容。

我们可以使用 len()函数查找映射的长度，即映射中的键的数量，这个函数也适用于数组和切片。此外，还可以使用 delete()函数从映射中删除键值对，该函数接收两个参数：映射的名称和键的名称。这里，可以通过 v, ok := aMap[k]语句的第二个返回值来判断名为 aMap 的映射中是否存在键 k。如果 ok 被设置为 true，则 k 存在，它的值是 v；如果它不存在，v 将被设置为其数据类型的零值，这取决于映射的定义。如果尝试获取映射中不存在的键的值，Go 不会对此抱怨，并返回值的数据类型的零值。

现在，让我们讨论一个特殊情况，即映射变量具有 nil 值。

3.1.1　存储到一个 nil 映射

我们可以将映射变量赋值为 nil。在这种情况下，将无法使用该变量，直到将其赋给一个新的映射变量。简单来说，如果尝试向一个 nil 映射存储数据，程序将会崩溃。这在接下来的代码示例中有所展示，该示例是 nilMap.go 源文件的 main()函数的实现，读者可以在本书的 GitHub 库的 ch03 目录中找到它。

```
func main() {
    aMap := map[string]int{}
    aMap["test"] = 1
```

这是因为 aMap 指向某个位置，即 map[string]int{}的返回值。

```
fmt.Println("aMap:", aMap)
aMap = nil
```

在这一点上，aMap 指向 nil，即“什么也没有”的同义词。

```
fmt.Println("aMap:", aMap)
if aMap == nil {
    fmt.Println("nil map!")
    aMap = map[string]int{}
}
```

在实际使用映射之前测试它是否指向 nil 是一种良好的实践。在这种情况下，检查 aMap == nil 可以确定是否可以在 aMap 中存储键/值对，否则程序将会崩溃。对此，可通过 aMap = map[string]int{}语句来纠正这个问题。

```
    aMap["test"] = 1
    // This will crash!
    aMap = nil
    aMap["test"] = 1
}
```

在程序的最后部分，我们展示了如果尝试在 nil 映射上存储数据，程序将会如何崩溃——永远不要在生产环境中使用这样的代码。

注意

在现实世界的应用中，如果一个函数接收一个映射参数，那么在操作它之前应该检查这个映射不是 nil。

运行 nilMap.go 将生成下列输出。

```
$ go run nilMap.go
aMap: map[test:1]
aMap: map[]
nil map!
panic: assignment to entry in nil map
```

```
goroutine 1 [running]:
main.main()
        /Users/mtsouk/Desktop/mGo3rd/code/ch03/nilMap.go:21 +0x225
```

程序崩溃的原因在程序输出中显示为 panic: assignment to entry in nil map。

3.1.2　迭代映射

当 for 循环结合 range 关键字使用时，它实现了其他编程语言中 foreach 循环的功能，并允许在不知道映射的大小或其键的情况下迭代映射的所有元素。当 range 应用于映射时，它按照键和值的顺序返回键值对。

输入以下代码并将其保存为 forMaps.go。

```
package main

import "fmt"
func main() {
    aMap := make(map[string]string)
    aMap["123"] = "456"
    aMap["key"] = "A value"

    // range works with maps as well
    for key, v := range aMap {
        fmt.Println("key:", key, "value:", v)
}
```

在这种情况下，我们使用了从 range 返回的键和值。

```
    for _, v := range aMap {
        fmt.Print(" # ", v)
    }
    fmt.Println()
}
```

这里，由于我们只对映射返回的值感兴趣，因而忽略了键。

注意

不应假设映射中的键值对在 for 和 range 循环中返回的顺序。

运行 forMaps.go 将生成下列输出。

```
$ go run forMaps.go
```

```
key: key value: A value
key: 123 value: 456
  # 456 # A value
```

讨论完映射之后，接下来将学习 Go 语言中的结构体。

3.2 结 构 体

Go 语言中的结构体非常强大也非常流行，它们用于以相同的名称组织和分组各种类型的数据。结构体是 Go 语言中更通用的数据类型，它们甚至可以与函数关联，这些函数被称为方法。

注意

结构体以及其他用户定义的数据类型，通常在 main()函数或其他包函数之外定义，以便它们具有全局作用域，并对整个 Go 包可用。因此，除非想明确表示一个类型仅在当前局部范围内有用，且不期望在其他地方使用，否则应该在函数外部编写新数据类型的定义。

3.2.1 定义新的结构体

当定义一个新的结构体时，可将一组值组合成一个单一的数据类型，同时允许将这组值作为一个单一实体传递和接收。一个结构体包含相应的字段，每个字段都有自己的数据类型，甚至可以是另一个结构体或结构体切片。此外，由于结构体是一种新的数据类型，是使用 type 关键字定义，紧随其后的是结构体的名称，并以 struct 关键字结束，这表示我们正在定义一个新的结构体。

以下代码定义了一个名为 Entry 的新结构体。

```
type Entry struct {
    Name string
    Surname string
    Year int
}
```

注意

type 关键字允许定义新的数据类型或为现有类型创建别名。因此，可以声明 type myInt int 来定义一个名为 myInt 的新数据类型，它是 int 的别名。然而，Go 将 myInt 和 int 视为完全不同的数据类型，即使它们持有相同种类的值，也不能直接比较它们。由于每个结构体定义了一个新的数据类型，因此使用了 type 关键字。

第 5 章指出，结构体的字段通常以大写字母开头，这取决如何处理字段。Entry 结构体有 3 个名为 Name、Surname 和 Year 的字段。前两个字段是 string 数据类型，而最后一个字段包含一个 int 值。

这 3 个字段可以通过点表示法访问，如 V.Name、V.Surname 和 V.Year，其中 V 是持有 Entry 结构体实例的变量的名称。一个名为 p1 的结构体字面量可以定义为 p1:=aStructure{"fmt", 12, -2}。

有两种方法可以处理结构体变量。第一种方法是作为常规变量，第二种方法是作为指向结构体内存地址的指针变量。两种方法都很好，通常嵌入不同的函数中，因为它们允许在适当的时候初始化结构体变量的一些或全部字段和/或执行您想做的其他任何任务。因此，有两种主要的方法使用函数创建新的结构体变量。第一种方法返回一个常规结构体变量，而第二种方法返回一个指向结构体的指针。这两种方法各自有两种变体。第一种变体返回由 Go 编译器初始化的结构体实例，而第二种变体则返回由用户初始化的结构体实例。

在定义结构体类型时，放置字段的顺序对于定义的结构体的类型标识很重要。简单来说，如果字段顺序不同，即使具有相同字段的两个结构体在 Go 语言中也不会被视为相同。

3.2.2　使用 new 关键字

使用 new()关键字来创建新结构体实例，如 pS := new(Entry)。new()关键字具有以下特性。

（1）分配适当大小的内存空间，这取决于数据类型，然后将其初始化为零值。

（2）总是返回指向所分配内存的指针。

（3）适用于所有数据类型，除了通道（channel）和映射（map）。

所有这些技术都在以下代码中进行了演示。请在文本编辑器中输入以下代码，并将其保存为 structures.go。

```
package main

import "fmt"

type Entry struct {
    Name string
    Surname string
    Year int
}
```

```
// Initialized by Go
func zeroS() Entry {
    return Entry{}
}
```

一个重要的 Go 规则是，如果未给变量指定初始值，Go 编译器会自动将该变量初始化为其数据类型的零值。对于结构体来说，这意味着没有初始值的结构体变量会被初始化为其字段各自数据类型的零值。因此，zeroS()函数返回一个零初始化的 Entry 结构体。

```
// Initialized by the user
func initS(N, S string, Y int) Entry {
    if Y < 2000 {
        return Entry{Name: N, Surname: S, Year: 2000}
    }
    return Entry{Name: N, Surname: S, Year: Y}
}
```

在这种情况下，用户初始化了新的结构体变量。此外，initS()函数将会检查 Year 字段的值是否小于 2000，并相应地采取行动。如果它小于 2000，那么 Year 字段的值就变成了 2000。这个条件是特定于正在开发的应用程序的要求，表明了初始化结构体是检查输入的好地方。

```
// Initialized by Go - returns pointer
func zeroPtoS() *Entry {
    t := &Entry{}
    return t
}
```

zeroPtoS()函数返回一个指向零初始化结构体的指针。

```
// Initialized by the user - returns pointer
func initPtoS(N, S string, Y int) *Entry {
    if len(S) == 0 {
        return &Entry{Name: N, Surname: "Unknown", Year: Y}
    }
    return &Entry{Name: N, Surname: S, Year: Y}
}
```

initPtoS()函数同样返回一个指向结构体的指针，并且还检查用户输入的长度。再次强调，这种检查是特定于应用程序的。

```
func main() {
```

```
    s1 := zeroS()
    p1 := zeroPtoS()
    fmt.Println("s1:", s1, "p1:", *p1)

    s2 := initS("Mihalis", "Tsoukalos", 2020)
    p2 := initPtoS("Mihalis", "Tsoukalos", 2020)
    fmt.Println("s2:", s2, "p2:", *p2)

    fmt.Println("Year:", s1.Year, s2.Year, p1.Year, p2.Year)

    pS := new(Entry)
    fmt.Println("pS:", pS)
}
```

new(Entry)调用返回一个指向 Entry 结构体的指针。一般来说，当需要初始化大量结构体变量时，创建一个函数来执行此操作是一个好习惯，因为这样做不太容易出错。

运行 structures.go 会产生以下输出。

```
s1: { 0} p1: { 0}
s2: {Mihalis Tsoukalos 2020} p2: {Mihalis Tsoukalos 2020}
Year: 0 2020 0 2020
pS: &{ 0}
```

由于字符串的零值是空字符串，s1、p1 和 pS 在 Name 和 Surname 字段上没有显示任何数据。

下一节将展示如何将相同数据类型结构体组合起来，并把它们作为切片的元素使用。

3.2.3 结构体切片

您可以创建结构体的切片，以便在单个变量名下组织和处理多个结构体。然而，访问给定结构体的字段需要知道结构体在切片中的确切位置。

现在，首先查看一下图 3.1，以更好地理解结构体切片的工作原理以及如何访问特定切片元素的字段。

可知，每个切片元素都是一个结构体，并通过切片索引来访问。一旦选择了想要的切片元素，即可选择它的字段。

由于整个过程可能有点令人困惑，这一节的代码提供了一些启示并澄清相关问题。输入以下代码并将其保存为 sliceStruct.go。读者也可以在本书的 GitHub 库的 ch03 目录中找到它。

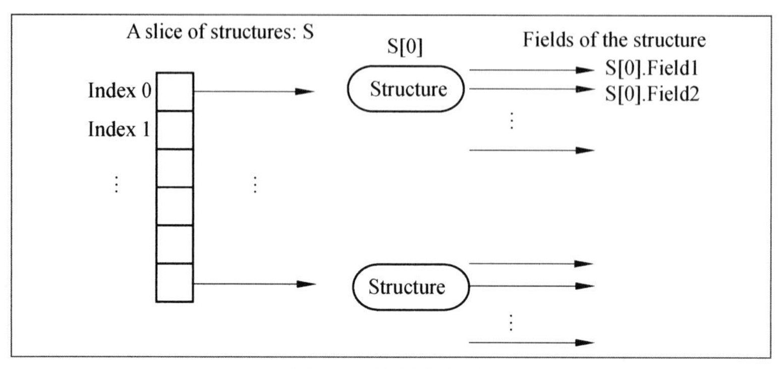

图 3.1　结构体切片

```
package main

import (
    "fmt"
    "strconv"
)

type record struct {
    Field1 int
    Field2 string
}

func main() {
    S := []record{}
    for i := 0; i < 10; i++ {
        text := "text" + strconv.Itoa(i)
        temp := record{Field1: i, Field2: text}
        S = append(S, temp)
}
```

这里，我们仍然需要使用 append()函数将新结构体添加到切片中。

```
    // Accessing the fields of the first element
    fmt.Println("Index 0:", S[0].Field1, S[0].Field2)
    fmt.Println("Number of structures:", len(S))
    sum := 0
    for _, k := range S {
        sum += k.Field1
    }
    fmt.Println("Sum:", sum)
}
```

运行 sliceStruct.go 将生成下列输出。

```
Index 0: 0 text0
Number of structures: 10
Sum: 45
```

在第 4 章中，我们会重新讨论结构体，届时还会探讨反射，以及在第 6 章中，我们将学习如何使用结构体处理 JSON 数据。接下来将讨论正则表达式和模式匹配。

3.3　正则表达式和模式匹配

正则表达式是定义搜索模式的字符序列。每个正则表达式都通过构建一个称为有限自动机的通用转移图来编译成一个识别器。有限自动机可以是确定性的或非确定性的。其中非确定性意味着对于相同的输入，一个状态可能有多个转移。识别器是一个程序，它以字符串 x 作为输入，并能够判断 x 是否是给定语言的一个句子。

语法是形式语言中字符串的一组产生规则。产生规则描述了如何根据语言的字母表创建符合语言语法的有效字符串。语法不描述字符串的含义，或在任何上下文中可以对它做什么，它只描述其形式。这里，重要的是要意识到语法是正则表达式的核心，因为没有语法，就无法定义或使用正则表达式。

模式匹配是一种搜索技术，它根据基于正则表达式和语法的特定搜索模式在字符串中查找某些字符集。

那么，读者可能想知道为什么我们在这一章讨论正则表达式和模式匹配。原因是下面我们将学习如何存储和从纯文本文件中读取 CSV 数据，您应该能够判断正在读取的数据是否有效。

3.3.1　Go 语言中的正则表达式

首先介绍一些用于构建正则表达式的常用匹配模式，如表 3.1 所示。

表 3.1　构建正则表达式的常用匹配模式

表达式	描述
.	匹配任何字符
*	表示任意次数，且不能单独使用
?	0 次或一次，且不能单独使用

续表

表达式	描述
+	一次或多次，且不能单独使用
^	表示行的开始
^	表示行的结束
[]	用于对字符进行分组
[A-Z]	意味着从大写字母 A 到大写字母 Z 的所有字符
\d	0-9 的任意数字
\D	一个非数字字符
\w	任何单词字符：[0-9A-Za-z_]
\W	任何非单词字符
\s	一个空白字符
\S	一个非空白字符

表 3.1 中展示的字符表示为构建和定义正则表达式的语法。Go 语言中负责定义正则表达式和执行模式匹配的包被称为 regexp。我们使用 regexp.MustCompile()函数创建正则表达式，并使用 Match()函数判断给定的字符串是否匹配。

regexp.MustCompile()函数解析给定的正则表达式，并返回一个 regexp.Regexp 变量，该变量可用于匹配。regexp.Regexp 是编译后的正则表达式的表示。如果表达式无法解析，函数将导致 panic，这是一个好消息，因为可以尽早知道表达式无效。如果给定的字节切片与 re 正则表达式（一个 regexp.Regexp 变量）匹配，那么 re.Match()方法返回 true，否则返回 false。

提示

创建独立的模式匹配函数也很有用，因为它允许重用函数而不必担心程序的上下文。

记住，尽管正则表达式和模式匹配初看之下似乎方便易用，但它们也是许多错误的根源。笔者的建议是，使用能够解决问题的最简单的正则表达式。然而，如果能够完全避免使用正则表达式，这一问题从长远来看将会更好。

3.3.2　匹配姓名和姓氏

这里，提供的工具用于匹配姓名和姓氏，即以大写字母开头，后跟小写字母的字符串。输入不应包含任何数字或其他字符。

该工具的源代码可以在 ch03 目录中的 nameSurRE.go 文件中找到。支持所需功能的函数名为 matchNameSur()，其实现如下所示。

```
func matchNameSur(s string) bool {
    t := []byte(s)
    re := regexp.MustCompile('^[A-Z][a-z]*$')
    return re.Match(t)
}
```

函数的逻辑位于^[A-Z][a-z]*$正则表达式中，其中 ^ 表示行的开始，$ 表示行的结束。正则表达式所执行的任务是，匹配任何以大写字母（[A-Z]）开头并后跟任意数量的小写字母（[a-z]*）的内容。这意味着 Z 是一个匹配项，但 ZA 不匹配，因为第二个字母是大写的。同样，Jo+也不是一个匹配项，因为它包含一个+字符。

使用 nameSurRE.go 运行不同类型的输入将产生以下输出：

```
$ go run nameSurRE.go Z
true
$ go run nameSurRE.go ZA
false
$ go run nameSurRE.go Mihalis
True
```

这种技术可以帮助您检查用户输入。

3.3.3　匹配整数

这里提供的工具可以匹配有符号和无符号整数，这是通过定义正则表达式的方式来实现的。如果只想匹配无符号整数，那么应该从正则表达式中移除 [-+]? 或者将其替换为 [+]?。

该工具的源代码可以在 ch03 目录中的 intRE.go 文件中找到。支持所需功能的 matchInt()函数的实现如下所示。

```
func matchInt(s string) bool {
    t := []byte(s)
    re := regexp.MustCompile('^[-+]?\d+$')
    return re.Match(t)
}
```

与往常一样，函数的逻辑体现在用于匹配整数的正则表达式中，即'^[-+]?\d+$'。也就是说，此处想要匹配以负号或正号开头的数字，这个符号是可选的（?），后面跟着任意数量的数字（\d+），在检查的字符串末尾之前（$）至少需要有一个数字。运行 intRE.go 并输入不同类型的数据会产生以下输出。

```
$ go run intRE.go 123
true
$ go run intRE.go /123
false
$ go run intRE.go +123.2
false
$ go run intRE.go +
false
$ go run intRE.go -123.2
false
```

在本书后面的章节中，我们将学习如何通过编写测试函数来测试 Go 代码。目前，大部分测试将采用手动方式进行。

3.3.4　匹配记录中的字段

这里采取了不同的方法，我们在进行任何检查之前先读取整个记录并进行分割。此外，还额外进行了一项检查，以确保正在处理的记录包含正确数量的字段。具体来说，每条记录应包含 3 个字段：姓名、姓氏和电话号码。

该实用工具的完整代码可以在 ch03 目录下的 fieldsRE.go 文件中找到。支持所需功能的函数实现如下所示。

```
func matchRecord(s string) bool {
    fields := strings.Split(s, ",")
    if len(fields) != 3 {
    return false
    }

    if !matchNameSur(fields[0]) {
    return false
    }

    if !matchNameSur(fields[1]) {
    return false
    }
    return matchTel(fields[2])
}
```

matchRecord()函数首先根据逗号（,）字符分隔记录的字段，然后在确保记录具有正确数量的字段之后，将每个单独的字段发送到适当的函数进行进一步检查，这是一种常见做法。字段的分割是通过 strings.Split(s, ",") 完成的，该函数返回一个切片，其元素数量与记录的字段数量相同。

如果前两个字段的检查成功，那么函数将返回 matchTel(fields[2]) 的返回值，因为正是最后一项检查决定了最终结果。

运行 fieldsRE.go 并输入不同类型的数据会产生以下输出。

```
$ go run fieldsRE.go Name,Surname,2109416471
true
$ go run fieldsRE.go Name,Surname,OtherName
false
$ go run fieldsRE.go One,Two,Three,Four
false
```

第一条记录是正确的，因此返回了真值，但第二条记录的情况并非如此，因为电话号码字段不正确。最后一项失败是因为它包含 4 个字段而不是 3 个。

3.4　改进电话簿应用程序

本节将更新电话簿应用程序。电话簿工具的新版本包含以下改进措施。

（1）支持插入和删除命令。

（2）能够从文件中读取数据，并在退出前写入数据。

（3）每个条目都有一个最后访问字段，该字段会被更新。

（4）使用 Go 映射实现数据库索引。

（5）使用正则表达式验证读取的电话号码。

3.4.1　处理 CSV 文件

大多数时候，用户不希望丢失数据或每次执行应用程序时都从头开始，有许多方法可以做到这一点。其中，最简单的方法是将数据保存在本地。CSV 是一种简单且广泛使用的格式，稍后在电话簿应用程序中将对此进行解释并使用。相应地，Go 提供了一个专用的包来处理 CSV 数据，名为 encoding/csv（https://golang.org/pkg/encoding/csv/）。这里，对于所展示的实用工具，输入和输出文件都作为命令行参数给出。

提示

存在两个非常流行的 Go 接口，名为 io.Reader 和 io.Writer，它们与文件读取和文件写入有关。Go 中几乎所有的读写操作都使用这两个接口。使用相同的接口进行读取，允许读取器共享一些共同的特性，但最重要的是允许创建自己的读取器，并在 Go 期望出现 io.Reader 读取器的任何地方使用它们。同样的原则也适用于满足 io.Write 接口的写入器。读者将在第 4 章中了解更多关于接口的内容。

当前需要实现的主要任务如下。

（1）从磁盘加载 CSV 数据并将其放入结构体切片中。

（2）使用 CSV 格式将数据保存到磁盘。

encoding/csv 包包含了可以读写 CSV 文件的函数。由于我们处理的是小型 CSV 文件，因而可使用 csv.NewReader(f).ReadAll()一次性读取整个输入文件。如果想要检查输入或在读取输入时进行任何更改，使用 Read()逐行读取则会更好，而不是使用 ReadAll()。

Go 假定 CSV 文件使用逗号字符（,）来分隔每一行的不同字段。如果想要改变这种行为，可以更改 CSV 读取器或写入器的 Comma 变量的值。相应地，我们在输出 CSV 文件中改变了这种行为，是使用制表符字符作为字段分隔符。

提示

考虑到兼容性问题，最好让输入和输出 CSV 文件使用相同的字段分隔符。我们只是在输出文件中使用制表符作为字段分隔符，以示例说明 Comma 变量的使用。

由于处理 CSV 文件是一个新主题，在本书的 GitHub 库的 ch03 目录中有一个名为 csvData.go 的独立工具，它展示了读取和写入 CSV 文件的技术。csvData.go 的源代码是分块展示的。首先，我们展示 csvData.go 的前言部分，其中包含 import 部分以及 Record 结构体和 myData 全局变量，后者是一个 Record 类型的切片。

```
package main

import (
    "encoding/csv"
    "fmt"
    "os"
)

type Record struct {
    Name string
    Surname string
```

```
    Number string
    LastAccess string
}

var myData = []Record{}
```

随后，介绍 readCSVFile()函数，它读取包含 CSV 数据的纯文本文件。

```
func readCSVFile(filepath string) ([][]string, error) {
    _, err := os.Stat(filepath)
    if err != nil {
        return nil, err
    }

    f, err := os.Open(filepath)
    if err != nil {
        return nil, err
    }
    defer f.Close()

    // CSV file read all at once
    // lines data type is [][]string
    lines, err := csv.NewReader(f).ReadAll()
    if err != nil {
        return [][]string{}, err
    }

    return lines, nil
}
```

注意，我们需要在函数内部检查给定的文件路径是否存在，并且是否与一个普通文件相关联。在哪里执行该项检查并没有正确或错误的决定，只需要保持一致性即可。readCSVFile()函数返回一个[][]string 切片，其中包含读取的所有行。另外，csv.NewReader()确实会分隔每行输入的字段，这是需要一个二维切片来存储输入的主要原因。

之后，借助 saveCSVFile()函数展示了写入 CSV 文件的技术。

```
func saveCSVFile(filepath string) error {
    csvfile, err := os.Create(filepath)
    if err != nil {
        return err
    }
    defer csvfile.Close()
```

```
    csvwriter := csv.NewWriter(csvfile)
    // Changing the default field delimiter to tab
    csvwriter.Comma = '\t'
    for _, row := range myData {
        temp := []string{row.Name, row.Surname, row.Number, row.
        LastAccess}
        _ = csvwriter.Write(temp)
    }
    csvwriter.Flush()
    return nil
}
```

注意，csvwriter.Comma 的默认值发生了变化。

最后，我们查看 main()函数的实现。

```
func main() {
    if len(os.Args) != 3 {
        fmt.Println("csvData input output!")
        return
    }

    input := os.Args[1]
    output := os.Args[2]
    lines, err := readCSVFile(input)
    if err != nil {
        fmt.Println(err)
        return
    }

    // CSV data is read in columns - each line is a slice
    for _, line := range lines {
        temp := Record{
            Name: line[0],
            Surname: line[1],
            Number: line[2],
            LastAccess: line[3],
        }
        myData = append(myData, temp)
        fmt.Println(temp)
    }
```

```
    err = saveCSVFile(output)
    if err != nil {
        fmt.Println(err)
        return
    }
}
```

main()函数将 readCSVFile()读取的内容放入 myData 切片中。记住，lines 是一个二维切片，并且 lines 中的每一行已经被分隔成字段。

在这种情况下，输入的每一行包含 4 个字段。用作输入的 CSV 数据文件的内容如下所示。

```
$ cat ~/csv.data
Dimitris,Tsoukalos,2101112223,1600665563
Mihalis,Tsoukalos,2109416471,1600665563
Jane,Doe,0800123456,1608559903
```

运行 csvData.go 将生成下列输出。

```
$ go run csvData.go ~/csv.data /tmp/output.data
{Dimitris Tsoukalos 2101112223 1600665563}
{Mihalis Tsoukalos 2109416471 1600665563}
{Jane Doe 0800123456 1608559903}
```

输出 CSV 文件的内容如下所示。

```
$ cat /tmp/output.data
Dimitris Tsoukalos 2101112223 1600665563
Mihalis Tsoukalos 2109416471 1600665563
Jane Doe 0800123456 1608559903
```

输出的 data 文件使用制表符字符分隔每个记录的不同字段。csvData.go 工具对于在不同类型的 CSV 文件之间进行转换非常有用。

3.4.2 添加索引

下面将介绍如何利用映射（map）实现数据库索引。数据库中的索引基于一个或多个唯一的键。在实践中，我们需要对那些唯一且想要快速访问的内容进行索引。在数据库中，默认情况下主键是唯一的，且不能在多于一条的记录中出现。在当前例子中，电话号码被用作主键，这意味着索引是基于结构体中的电话号码字段构建的。

注意

一般来说，我们会对用于搜索的字段建立索引。创建一个不用于查询的索引是没有意义的。

现在让我们看看这在实践中意味着什么。设想有一个名为 S 的切片，且包含以下类型的数据。

```
S[0]={0800123123, ...}
S[1]={0800123000, ...}
S[2]={2109416471, ...}
.
.
.
```

因此，每个切片元素是一个结构体，除电话号码之外，它还可以包含更多的数据。那么，我们如何为它创建索引呢？名为 Index 的索引将具有以下数据和格式。

```
Index["0800123123"] = 0
Index["0800123000"] = 1
Index["2109416471"] = 2
.
.
.
```

这意味着，如果想查找电话号码 0800123000，我们应该检查 0800123000 是否作为键存在于 Index 中。如果存在，那么即可知道 0800123000 的值（即 Index["0800123000"]）是包含所需记录的切片元素的索引。因此，由于知道要访问哪个切片元素，就不必搜索整个切片。考虑到这一点，让我们更新应用程序。

3.4.3　电话簿应用程序的改进版本

将电话簿应用程序的条目硬编码在代码中并不是一种好方法。这一次，地址簿的条目从包含 CSV 格式数据的外部文件中读取。同样，新版本将其数据保存到同一个 CSV 文件中，用户可以之后读取它。

电话簿应用程序的每个条目都基于以下结构。

```
type Entry struct {
    Name string
    Surname string
```

```
    Tel string
    LastAccess string
}
```

条目的关键是 Tel 字段及其值。在实践中，这意味着如果尝试添加一个使用现有 Tel 值的条目，该过程将失败。这也意味着应用程序使用 Tel 值来搜索电话簿。数据库使用主键来标识唯一记录，电话簿应用程序包含一个小型数据库，实现为 Entry 结构体的切片。最后，保存电话号码时不包含任何“-”字符。如果存在，该工具在保存之前会从电话号码中移除所有的“-”字符。

提示

个人而言，笔者倾向于通过创建较小的程序来探索更大应用程序的不同部分，当这些小程序组合在一起时，可以实现大程序的部分或全部功能。这有助于理解大程序需要如何实现。之后，我们可以更容易地将所有点连接起来，从而开发出最终产品。

作为一个命令行实用工具，它应该支持数据操作和搜索命令。实用工具的更新功能在以下内容中进行了解释。

（1）使用 insert 命令插入数据。

（2）使用 delete 命令删除数据。

（3）使用 search 命令搜索数据。

（4）通过 list 命令列出可用的记录。

为了简化代码，CSV 数据文件的路径被硬编码。此外，当执行实用工具时，CSV 文件会自动读取，但在执行 insert 和 delete 命令时会自动更新。

提示

尽管 Go 语言支持 CSV 格式，但 JSON 是一种更受欢迎的数据交换格式，常用于网络服务中。然而，处理 CSV 数据比处理 JSON 格式的数据要简单。第 6 章将讨论如何处理 JSON 数据。

如前所述，电话簿应用程序的当前版本支持索引，以便更快地找到所需的记录，而无须对包含电话簿数据的切片进行线性搜索。这里所使用的索引技术并不复杂，但它确实使搜索变得非常快速。假设搜索过程基于电话号码，我们将创建一个映射，将每个电话号码与包含该电话号码的结构体切片中的记录的索引号相关联。这样，一个简单快速的映射查找就可以告诉我们一个电话号码是否存在。如果电话号码存在，即可直接访问其记录，而无须在整个结构体切片中搜索它。这种技术的唯一缺点，以及每种索引技术的缺点，就是必须始终保持映射的更新。

上述过程被称为应用程序的高级设计。对于如此简单的应用程序，我们不必对应用程序的功能过于分析，说明支持的命令和 CSV 数据文件的位置就可以了。然而，对于实现 REST API 的 RESTful 服务器，设计阶段或程序的依赖性与开发阶段本身同样重要。

更新后的电话簿实用工具的全部代码可以在 ch03 中找到，文件名为 phoneBook.go。和往常一样，我们指的是本书的 GitHub 库。这是我们最后一次做出这种澄清——从现在开始，除非有特定的原因，否则我们只会展示源文件的名称。

phoneBook.go 文件最有趣的部分将在这里展示，从 main()函数的实现开始，该函数将分为两部分。第一部分是获取要执行的命令，并持有一个有效的 CSV 文件进行工作。

```
func main() {
    arguments := os.Args
    if len(arguments) == 1 {
        fmt.Println("Usage: insert|delete|search|list <arguments>")
        return
    }

    // If the CSVFILE does not exist, create an empty one
    _, err := os.Stat(CSVFILE)
    // If error is not nil, it means that the file does not exist
    if err != nil {
        fmt.Println("Creating", CSVFILE)
        f, err := os.Create(CSVFILE)
        if err != nil {
            f.Close()
            fmt.Println(err)
            return
        }
        f.Close()
    }
```

如果由 CSVFILE 全局变量指定的文件路径不存在，我们必须为其创建，以便程序的其余部分可以使用它。这是通过 os.Stat(CSVFILE)调用的返回值来确定的。

```
fileInfo, err := os.Stat(CSVFILE)
// Is it a regular file?
mode := fileInfo.Mode()
if !mode.IsRegular() {
    fmt.Println(CSVFILE, "not a regular file!")
    return
}
```

CSVFILE 不仅必须存在，还应该是一个常规的 UNIX 文件，这是通过调用 mode.IsRegular()函数来确定的。如果它不是一个常规文件，实用工具会打印一条错误消息并退出。

```
err = readCSVFile(CSVFILE)
if err != nil {
    fmt.Println(err)
    return
}
```

这是我们读取 CSVFILE 的地方，即使它是空的。CSVFILE 的内容被保存在定义为[]Entry{}的 data 全局变量中，这是一个 Entry 变量的切片。

```
err = createIndex()
if err != nil {
    fmt.Println("Cannot create index.")
    return
}
```

这是我们调用 createIndex()创建索引的地方。索引被保存在定义为 map[string]int 的 index 全局变量中。

main()的第二部分是运行正确的命令并理解命令是否成功执行。

```
// Differentiating between the commands
switch arguments[1] {
case "insert":
    if len(arguments) != 5 {
        fmt.Println("Usage: insert Name Surname Telephone")
        return
    }
    t := strings.ReplaceAll(arguments[4], "-", "")
    if !matchTel(t) {
        fmt.Println("Not a valid telephone number:", t)
        return
}
```

在存储电话号码之前，需要使用 strings.ReplaceAll()移除其中的所有“-”字符。如果没有“-”字符，则不进行替换。

```
    temp := initS(arguments[2], arguments[3], t)
    // If it was nil, there was an error
    if temp != nil {
        err := insert(temp)
```

```
        if err != nil {
            fmt.Println(err)
            return
        }
    }
case "delete":
    if len(arguments) != 3 {
        fmt.Println("Usage: delete Number")
        return
    }
    t := strings.ReplaceAll(arguments[2], "-", "")
    if !matchTel(t) {
        fmt.Println("Not a valid telephone number:", t)
        return
    }
    err := deleteEntry(t)
    if err != nil {
        fmt.Println(err)
    }
    case "search":
    if len(arguments) != 3 {
        fmt.Println("Usage: search Number")
        return
    }
    t := strings.ReplaceAll(arguments[2], "-", "")
    if !matchTel(t) {
        fmt.Println("Not a valid telephone number:", t)
        return
    }
    temp := search(t)
    if temp == nil {
        fmt.Println("Number not found:", t)
        return
    }
    fmt.Println(*temp)
    case "list":
        list()
    default:
        fmt.Println("Not a valid option")
    }
}
```

在这个相对较大的 switch 块中，可以看到每个给定命令执行的内容如下所示。

（1）对于 insert 命令，执行 insert()函数。

（2）对于 list 命令，执行 list()函数，这是唯一需要参数的函数。

（3）对于 delete 命令，执行 deleteEntry()函数。

（4）对于 search 命令，执行 search()函数。

其他的命令由默认分支处理。索引是通过 createIndex()函数创建和更新的，该函数实现如下。

```
func createIndex() error {
    index = make(map[string]int)
    for i, k := range data {
        key := k.Tel
        index[key] = i
    }
    return nil
}
```

简单来说，我们访问整个 data 切片，并将切片中的索引和值对放入一个映射中，同时使用值作为映射的键，切片索引作为映射的值。

delete 命令的实现如下所示。

```
func deleteEntry(key string) error {
    i, ok := index[key]
    if !ok {
        return fmt.Errorf("%s cannot be found!", key)
    }
    data = append(data[:i], data[i+1:]...)
    // Update the index - key does not exist any more
    delete(index, key)

    err := saveCSVFile(CSVFILE)
    if err != nil {
        return err
    }
    return nil
}
```

deleteEntry()函数的操作很简单。首先在索引中搜索电话号码，以找到数据切片中的条目位置。如果电话号码不存在，那么简单地使用 fmt.Errorf("%s cannot be found!", key)创建一个错误消息，然后函数返回。如果电话号码可以找到，那么使用 append(data[:i],data[i+

1:]...)从数据切片中删除相关的条目。

随后必须更新索引——小心维护索引是为索引提供的额外速度付出的代价。此外，在删除条目后，还应该通过调用 saveCSVFile(CSVFILE)保存更新后的数据，以便更改生效。

注意

严格来说，由于当前版本的电话簿应用程序一次处理一个请求，因而不需要更新索引，因为每次使用应用程序时都是从头开始创建的。在数据库管理系统中，索引也存储在磁盘上，以避免从头开始创建它们所产生的重大成本。

insert 命令的实现如下所示。

```
func insert(pS *Entry) error {
	// If it already exists, do not add it
	_, ok := index[(*pS).Tel]
	if ok {
		return fmt.Errorf("%s already exists", pS.Tel)
	}
	data = append(data, *pS)
	// Update the index
	_ = createIndex()

	err := saveCSVFile(CSVFILE)
	if err != nil {
		return err
	}
	return nil
}
```

这里的索引有助于确定尝试添加的电话号码是否已经存在。如前所述，如果尝试添加一个使用现有 Tel 值的条目，那么该过程将失败。如果该测试通过，我们将在数据切片中添加新记录，更新索引，并将数据保存到 CSV 文件中。

使用索引的 search 命令实现如下所示。

```
func search(key string) *Entry {
	i, ok := index[key]
	if !ok {
		return nil
	}
	data[i].LastAccess = strconv.FormatInt(time.Now().Unix(), 10)
	return &data[i]
}
```

由于索引的存在，搜索电话号码变得简单、直接，代码只需在索引中查找所需的电话号码即可。如果电话号码存在，代码就返回相应的记录；否则，代码返回 nil，这是因为函数返回了一个指向 Entry 变量的指针。在返回记录之前，search()函数会更新即将返回的结构体的 LastAccess 字段，以便知道它最后一次被访问的时间。

用作输入的 CSV 数据文件的初始内容如下。

```
$ cat ~/csv.data
Dimitris,Tsoukalos,2101112223,1600665563
Mihalis,Tsoukalos,2109416471,1600665563
Mihalis,Tsoukalos,2109416771,1600665563
Efipanios,Savva,2101231234,1600665582
```

只要电话号码是唯一的，姓名和姓氏字段就可以多次出现。运行 phoneBook.go 会产生以下类型的输出。

```
$ go run phoneBook.go list
{Dimitris Tsoukalos 2101112223 1600665563}
{Mihalis Tsoukalos 2109416471 1600665563}
{Mihalis Tsoukalos 2109416771 1600665563}
{Efipanios Savva 2101231234 1600665582}
$ go run phoneBook.go delete 2109416771
$ go run phoneBook.go search 2101231234
{Efipanios Savva 2101231234 1608559833}
$ go run phoneBook.go search 210-1231-234
{Efipanios Savva 2101231234 1608559840}
```

经代码处理后，210-1231-234 被转换为 2101231234。

```
$ go run phoneBook.go delete 210-1231-234
$ go run phoneBook.go search 210-1231-234
Number not found: 2101231234
$ go run phoneBook.go insert Jane Doe 0800-123-456
$ go run phoneBook.go insert Jane Doe 0800-123-456
0800123456 already exists
$ go run phoneBook.go search 2101112223
{Dimitris Tsoukalos 2101112223 1608559928}
```

可以看到，该实用工具将 0800-123-456 转换为 0800123456，这也是期望的行为。

尽管比之前的版本有了很大的改进，但电话簿实用工具的新版本仍然不完美。以下内容是一些可以改进的地方。

（1）根据电话号码对输出进行排序的能力。

（2）根据姓氏对输出进行排序的能力。

（3）使用 JSON 记录和 JSON 切片代替 CSV 文件存储数据的能力。

电话簿应用程序将继续改进，从第 4 章开始，我们将实现对包含结构体元素的切片进行排序。

3.5 本章练习

（1）编写一个 Go 程序，将现有的数组转换为映射。

（2）编写一个 Go 程序，将现有的映射转换为两个切片。其中，第一个切片包含映射的键，而第二个切片包含映射的值。两个切片中索引为 n 的值应该对应于原始映射中可以找到的键值对。

（3）对 nameSurRE.go 进行必要的更改，以便能够处理多个命令行参数。

（4）更改 intRE.go 的代码，以处理多个命令行参数，并在最后显示真值和假值的总数。

（5）对 csvData.go 进行更改，以便根据#字符分隔记录的字段。

（6）编写一个 Go 实用工具，将 os.Args 转换为具有字段的结构体切片，用于存储每个命令行参数的索引和值。读者应该自行定义要使用的结构体。

（7）对 phoneBook.go 进行必要的更改，以便基于 LastAccess 字段创建索引。思考：该操作实用吗？它工作正常吗？为什么？

（8）更改 csvData.go，以便根据作为命令行参数给出的字符分隔记录的字段。

3.6 本章小结

在本章中，我们讨论了 Go 语言的复合数据类型，即映射和结构体。此外，还讨论了处理 CSV 文件，以及在 Go 语言中使用正则表达式和模式匹配。现在我们可以将数据保存在适当的结构体中，如果可能的话，应使用正则表达式进行验证，并将数据存储在 CSV 文件中以实现数据持久性。

3.7 附加资源

（1）encoding/csv 文档：https://golang.org/pkg/encoding/csv/。

（2）runtime 包文档：https://golang.org/pkg/runtime/。

第 4 章　反射和接口

对于第 3 章的电话簿应用程序，读者可能会想知道，如果根据自定义数据结构（如电话簿记录），并按照自己的标准（如姓氏或名字）进行排序，情况又如何？当对共享一些共同行为的不同数据集进行排序，而不必为每一种不同的数据类型使用多个函数从头开始实现排序时，这将会发生什么？现在想象一下，假设持有一个像电话簿应用程序这样的工具，它可以基于给定的输入文件处理两种不同格式的 CSV 数据文件。每种 CSV 记录都存储在不同的 Go 结构体中，这意味着每种 CSV 记录可能会以不同的方式进行排序。那么，如何实现这一点，而不必编写两个不同的命令行工具？最后，如果打算编写一个用于排序特殊数据的工具，例如，对一个包含各种 3D 形状的切片根据它们的体积进行排序，我们是否能够以一种有意义的方式进行？

所有这些问题和关切的答案都在于使用接口。然而，接口不仅仅是关于数据操作和排序，还是关于表达抽象概念、识别和定义可以在不同数据类型之间共享的行为。一旦为一个数据类型实现了接口，这个类型的变量和值就会获得一个全新的功能，从而可以节省时间并提高效率。接口与类型上的方法或类型方法一起工作，这些方法就像附加给特定数据类型（在 Go 语言中通常是结构体）的函数。记住，一旦实现了接口所需的类型方法，该接口就会隐式地被满足，这也包括本章解释的空接口的情况。

另一个方便的 Go 特性是反射（reflection），它允许在执行时检查数据类型的结构。然而，由于反射是 Go 的一个高级特性，因而使用较少。

本章主要涉及下列主题。

（1）反射。

（2）类型方法。

（3）接口。

（4）处理两种不同的 CSV 文件格式。

（5）Go 语言中的面向对象编程。

（6）更新电话簿应用程序。

4.1　反　　射

我们从反射开始本章的学习，这是 Go 语言的一项高级特性，它将帮助你理解 Go 语言如何处理不同的数据类型，包括接口，以及为什么它们是必需的。

读者可能会感到好奇，在运行时如何确定结构体字段的名称。在这种情况下，需要使用反射。反射不仅能打印结构体的字段和值，还能探索和操作未知的结构体，例如从 JSON 数据解码创建的结构体。

当第一次接触到反射时，须考虑以下两个主要问题。

（1）为什么 Go 语言中要包含反射？

（2）什么时候应该使用反射？

对于第一个问题，反射允许动态地了解任意对象的类型及其结构信息。Go 提供了 reflect 包来处理反射。回忆一下，第 3 章提到的 fmt.Println()函数足够智能，并能够理解其参数的数据类型并据此行动。实际上，fmt 包在后台就是利用反射来实现这一点的。

关于第二个问题，反射能够处理和使用那些编写代码时尚未存在，但将来可能会出现的数据类型，这种情况通常发生在使用带有用户自定义数据类型的现有包时。

此外，当需要处理没有实现公共接口的数据类型，因此具有不常见或未知行为时，反射可能会派上用场。这并不意味着它们具有不良或错误的操作，只是行为不常见，如用户定义的结构体。

注意

Go 中泛型的引入可能会在某些情况下减少对反射的使用频率，因为有了泛型，可以更轻松地处理不同类型的数据，而无须提前知道它们的确切数据类型。然而，当全面考察一个变量的结构和数据类型时，没有什么能比得上反射。我们将在第 13 章中对反射与泛型进行比较。

reflect 包中最有用的部分是 reflect.Value 和 reflect.Type。其中，reflect.Value 用于存储任何类型的值，而 reflect.Type 用于表示 Go 类型。相应地，存在两个名为 reflect.TypeOf()和 reflect.ValueOf()的函数，分别返回 reflect.Type 和 reflect.Value 的值。注意，reflect.TypeOf()返回变量的实际类型。如果我们正在检查一个结构体，它将返回结构体的名称。

由于结构体在 Go 中非常重要，reflect 包提供了 reflect.NumField()方法，用于列出结构体中的字段数量；以及 Field()方法，用于获取结构体特定字段的 reflect.Value 值。

reflect 包还定义了 reflect.Kind 数据类型，用于表示变量的特定数据类型，如 int、struct 等。reflect 包的文档列出了 reflect.Kind 数据类型的所有可能值。Kind()函数则返回一个变量的种类。

最后，Int()和 String()方法分别返回 reflect.Value 的整数值和字符串值。

注意

反射代码有时看起来可能不太悦目，难以阅读。因此，根据 Go 的哲学，除非绝对必要，否则应该较少使用反射，因为尽管它很巧妙，但不会产生清晰的代码。

4.1.1　Go 结构体的内部结构

本节所介绍的实用工具展示了如何使用反射来发现 Go 结构体变量的内部结构和字段。输入下列代码并保存为 reflection.go。

```
package main

import (
    "fmt"
    "reflect"
)

type Secret struct {
    Username string
    Password string
}

type Record struct {
    Field1 string
    Field2 float64
    Field3 Secret
}

func main() {
    A := Record{"String value", -12.123, Secret{"Mihalis",
    "Tsoukalos"}}
```

首先定义一个包含另一个结构体值（Secret{"Mihalis", "Tsoukalos"}）的 Record 结构体变量。

```
r := reflect.ValueOf(A)
fmt.Println("String value:", r.String())
```

这是返回了 A 变量的 reflect.Value。

```
iType := r.Type()
```

使用 Type()方法可以获取一个变量的数据类型，在本例中是变量 A。

```
fmt.Printf("i Type: %s\n", iType)
fmt.Printf("The %d fields of %s are\n", r.NumField(), iType)

for i := 0; i < r.NumField(); i++ {
```

上述 for 循环允许访问结构体的所有字段并检查它们的特征。

```
fmt.Printf("\t%s ", iType.Field(i).Name)
fmt.Printf("\twith type: %s ", r.Field(i).Type())
fmt.Printf("\tand value _%v_\n", r.Field(i).Interface())
```

上述 fmt.Printf()语句返回字段的名称、数据类型和值。

```
// Check whether there are other structures embedded in Record
k := reflect.TypeOf(r.Field(i).Interface()).Kind()
// Need to convert it to string in order to compare it
if k.String() == "struct" {
```

为了使用字符串来检查变量的数据类型，需要先将数据类型转换为 string 变量。

```
    fmt.Println(r.Field(i).Type())
}

// Same as before but using the internal value
if k == reflect.Struct {
```

另外，也可以在检查过程中使用数据类型的内部表示。然而，这比使用字符串值的意义要小。

```
            fmt.Println(r.Field(i).Type())
        }
    }
}
```

运行 reflection.go 将产生下列输出。

```
$ go run reflection.go
String value: <main.Record Value>
i Type: main.Record
The 3 fields of main.Record are
    Field1 with type: string and value _String value_
    Field2 with type: float64 and value _-12.123_
```

```
    Field3 with type: main.Secret and value _{Mihalis Tsoukalos}_
main.Secret
main.Secret
```

main.Record 是 Go 定义的结构的完整唯一名称，main 是包名，Record 是结构体名称。这样做是为了使 Go 能够区分不同包中的元素。

这里所提供的代码没有修改结构的任何值。如果想更改结构字段的值，可使用 Elem()方法，并将结构体作为指针传递给 ValueOf()。记住，指针允许更改实际变量。相应地，存在一些方法允许修改现有值。在我们的例子中，将使用 SetString()来修改字符串字段，并使用 SetInt()来修改整型字段。

这种技术将在下一小节中进行说明。

4.1.2　使用反射修改结构体值

了解 Go 结构体的内部结构很有用，但更实用的技能是能够在 Go 结构体中修改值，这正是本节的主题。

输入以下 Go 代码并将其保存为 setValues.go。对应代码也可以在本书的 GitHub 库中找到。

```
package main

import (
    "fmt"
    "reflect"
)

type T struct {
    F1 int
    F2 string
    F3 float64
}

func main() {
    A := T{1, "F2", 3.0}
```

其中，A 是该程序中被检查的变量。

```
fmt.Println("A:", A)
```

```
r := reflect.ValueOf(&A).Elem()
```

通过 Elem()方法和变量 A 的指针，必要时可以修改变量 A。

```
fmt.Println("String value:", r.String())
typeOfA := r.Type()
for i := 0; i < r.NumField(); i++ {
     f := r.Field(i)
     tOfA := typeOfA.Field(i).Name
     fmt.Printf("%d: %s %s = %v\n", i, tOfA, f.Type(),
     f.Interface())

     k := reflect.TypeOf(r.Field(i).Interface()).Kind()
     if k == reflect.Int {
          r.Field(i).SetInt(-100)
     } else if k == reflect.String {
          r.Field(i).SetString("Changed!")
     }
}
```

我们使用 SetInt()修改整数值，使用 SetString()修改字符串 string 值。这里，整数值被设置为-100，字符串值被设置为"Changed!"。

运行 setValues.go 将生成下列输出。

```
$ go run setValues.go
A: {1 F2 3}
String value: <main.T Value>
0: F1 int = 1
1: F2 string = F2
2: F3 float64 = 3
A: {-100 Changed! 3}
```

输出的第一行显示了 A 的初始版本，而最后一行显示了 A 的最终版本，其中包括了修改后的字段。这类代码的主要作用是动态地改变结构体字段的值。

4.1.3 反射的 3 个缺点

应该谨慎使用反射，这主要有以下 3 个原因。

（1）过度使用反射会使程序难以阅读和维护。解决这个问题的一个潜在方法是编写良好的文档。

（2）使用反射的 Go 代码会使程序变慢。一般来说，使用特定数据类型的 Go 代码总是比使用反射动态处理任何 Go 数据类型的 Go 代码要快。此外，这样的动态代码使工具难以重构或分析代码。

（3）反射错误不能在构建时捕获，而是作为运行时的 panics 报告出现，这意味着反射错误可能会使程序崩溃。这可能发生在 Go 程序开发后的几个月甚至几年。解决这个问题的一个方法是在危险函数调用前进行广泛的测试。然而，这将为程序增加更多的 Go 代码，从而使它们变得更慢。

现在我们已经了解了反射及其功能，接下来开始讨论类型方法，这是使用接口所必需的。

4.2　类型方法

类型方法是一个附加到特定数据类型的函数。尽管类型方法（或类型上的方法）实际上是函数，但它们的定义和使用方式略有不同。

注意

类型方法的特性为 Go 语言提供了一些面向对象的能力，这非常有用，并且在 Go 中被广泛使用。此外，接口的运作也需要类型方法。

定义新类型方法就像创建新函数一样简单，只要遵循将函数与数据类型相关联的某些规则即可。

4.2.1　创建类型方法

假设要对 2×2 矩阵进行计算。实现这一点的一个非常自然的方式是定义一个新的数据类型，并为使用该新数据类型定义 2×2 矩阵的加法、减法和乘法类型方法。对此，我们将创建一个命令行实用工具，它接收两个 2×2 矩阵的元素作为命令行参数，总共是 8 个整数值，并使用定义的类型方法对它们执行所有 3 种计算。

当持有一个名为 ar2x2 的数据类型时，我们可以为它创建一个名为 FunctionName 的类型方法，如下所示。

```
func (a ar2x2) FunctionName(parameters) <return values> {
    ...
}
```

(a ar2x2)部分使得 FunctionName()函数成为类型方法，因为它将 FunctionName()与 ar2x2 数据类型相关联。注意，没有其他数据类型可以使用该函数。然而，我们可以自由地为其他数据类型实现 FunctionName()或者一个常规函数。如果有一个名为 varAr 的 ar2x2 变量，我们可以作为 varAr.FunctionName(...)调用 FunctionName()函数，这看起来像是选择结构体变量的字段。

用户并没有义务开发类型方法（如果不想的话）。实际上，每个类型方法都可以改写为常规函数。因此，FunctionName()可以改写如下。

```
func FunctionName(a ar2x2, parameters...) <return values> {
    ...
}
```

记住，在幕后，Go 编译器确实将方法转换为常规函数调用，并将 self 值作为第一个参数。然而，接口的运作需要使用类型方法。

注意

用于选择结构体字段或数据类型的类型方法的表达式被称为选择器，这些表达式将替换上面变量名后的省略号。

对给定大小的矩阵进行计算（使用数组而不是切片）是较有意义的少数情况之一，因为我们不需要修改矩阵的大小。有些人可能会争辩说，使用切片而不是数组指针是更好的做法，当然，你可以使用对你来说更有意义的方法。

大多数时候，如果有这样的需求，类型方法的结果会保存在调用类型方法的变量中。为了对 ar2x2 数据类型实现这一点，我们传递一个指向调用类型方法的数组的指针，如 func (a *ar2x2)。

接下来的一节展示了类型方法的实际应用。

4.2.2 使用类型方法

本节以 ar2x2 数据类型为例，展示了类型方法的使用。Add()函数和 Add()方法在矩阵加法时使用完全相同的算法。它们之间的区别在于调用方式，此外，函数返回一个数组，而方法将结果保存到调用变量中。

尽管矩阵的加法和减法是一个直接的过程，只需将第一个矩阵的每个元素与位于相同位置的第二个矩阵的元素相加或相减，但矩阵乘法则是一个更复杂的过程。这就是为什么加法和减法都使用 for 循环的原因，这意味着代码也可以用于更大的矩阵；而乘法则使用静态代码，如果不进行重大更改，那么对应代码不能应用于更大的矩阵。

注意

如果正在为结构体定义类型方法，应确保类型方法的名称不与结构体的任何字段名称相冲突，因为 Go 编译器会拒绝此类歧义。

输入下列代码并将其保存为 methods.go。

```
package main

import (
	"fmt"
	"os"
	"strconv"
)

type ar2x2 [2][2]int

// Traditional Add() function
func Add(a, b ar2x2) ar2x2 {
	c := ar2x2{}
	for i := 0; i < 2; i++ {
		for j := 0; j < 2; j++ {
			c[i][j] = a[i][j] + b[i][j]
		}
	}
	return c
}
```

这里，我们有一个传统的函数，用于相加两个 ar2x2 变量并返回它们的计算结果。

```
// Type method Add()
func (a *ar2x2) Add(b ar2x2) {
	for i := 0; i < 2; i++ {
		for j := 0; j < 2; j++ {
			a[i][j] = a[i][j] + b[i][j]
		}
	}
}
```

这里我们有一个名为 Add()的类型方法，它附加在 ar2x2 数据类型上，且加法的结果不会被返回。具体情况是，调用 Add()方法的 ar2x2 变量将被修改并保存结果，这就是在定义类型方法时使用指针的原因。如果不希望出现这种行为，那么应该修改类型方法的签名和实现以满足您的需求。

```
// Type method Subtract()
func (a *ar2x2) Subtract(b ar2x2) {
    for i := 0; i < 2; i++ {
        for j := 0; j < 2; j++ {
            a[i][j] = a[i][j] - b[i][j]
        }
    }
}
```

上述方法从 ar2x2 类型的变量 a 中减去 ar2x2 类型的变量 b，并将结果保存在 a 中。

```
// Type method Multiply()
func (a *ar2x2) Multiply(b ar2x2) {
    a[0][0] = a[0][0]*b[0][0] + a[0][1]*b[1][0]
    a[1][0] = a[1][0]*b[0][0] + a[1][1]*b[1][0]
    a[0][1] = a[0][0]*b[0][1] + a[0][1]*b[1][1]
    a[1][1] = a[1][0]*b[0][1] + a[1][1]*b[1][1]
}
```

由于我们正在处理小型数组，因而进行乘法运算时不使用 for 循环。

```
func main() {
    if len(os.Args) != 9 {
        fmt.Println("Need 8 integers")
        return
    }

    k := [8]int{}
    for index, i := range os.Args[1:] {
        v, err := strconv.Atoi(i)
        if err != nil {
            fmt.Println(err)
            return
        }
        k[index] = v
    }
    a := ar2x2{{k[0], k[1]}, {k[2], k[3]}}
    b := ar2x2{{k[4], k[5]}, {k[6], k[7]}}
```

main()函数获取输入并创建两个 2×2 矩阵。之后，main()函数对这两个矩阵执行所需的计算。

```
fmt.Println("Traditional a+b:", Add(a, b))
a.Add(b)
fmt.Println("a+b:", a)
a.Subtract(a)
fmt.Println("a-a:", a)

a = ar2x2{{k[0], k[1]}, {k[2], k[3]}}
```

我们用两种不同的方法计算 a+b，即使用普通函数和使用类型方法。由于 a.Add(b)和 a.Subtract(a)都会改变 a 的值，我们必须在使用 a 之前重新初始化它。

```
    a.Multiply(b)
    fmt.Println("a*b:", a)

    a = ar2x2{{k[0], k[1]}, {k[2], k[3]}}
    b.Multiply(a)
    fmt.Println("b*a:", b)
}
```

最后，我们计算 a*b 和 b*a 并展示二者是不同的，因为交换律不适用于矩阵乘法。

运行 methods.go 将产生以下输出。

```
$ go run methods.go 1 2 0 0 2 1 1 1
Traditional a+b: [[3 3] [1 1]]
a+b: [[3 3] [1 1]]
a-a: [[0 0] [0 0]]
a*b: [[4 6] [0 0]]
b*a: [[2 4] [1 2]]
```

这里的输入是两个 2×2 矩阵，即[[1 2] [0 0]] 和 [[2 1] [1 1]]，输出是它们的计算结果。

现在我们已经了解了类型方法，接下来将考察接口，因为接口的实现离不开类型方法。

4.3　接　　口

接口是 Go 语言中定义行为的一种机制，它通过一组方法来实现。接口在 Go 语言中扮演着关键角色，当程序需要处理执行相同任务的多种数据类型时，接口可以简化代码。回忆一下，fmt.Println()几乎适用于所有数据类型。但接口不应该过于复杂。如果决定创建自己的接口，那么应该从多个数据类型想要使用的共同行为开始。

接口与类型上的方法（或类型方法）一起工作，这些方法类似于附加给特定数据类型的函数，在 Go 语言中通常是结构体（尽管可以使用任何想要的数据类型）。

空接口定义为 interface{}。由于空接口没有方法，这意味着它已经被所有数据类型实现了。

注意

一旦为数据类型实现了接口的方法，该数据类型就自动满足了接口。

以更正式的方式来说，Go 接口类型通过指定一组需要实现的方法来定义（或描述）其他类型的行为。为了让数据类型满足一个接口，它需要实现该接口所要求的所有类型方法。因此，接口是抽象类型，它们指定了需要实现的一组方法，以便另一种类型可以被认为是接口的一个实例。所以，接口是两件事情：一组方法和一个类型。记住，小而明确定义的接口通常是最受欢迎的。

提示

经验法则是，只有想要在两个或更多的具体数据类型之间共享共同行为时，才创建一个新的接口。这基本上是鸭子类型（duck typing）的概念。

接口提供的最大优势是，如果需要，可以将实现特定接口的数据类型的变量传递给任何期望该特定接口参数的函数，从而免于为每种支持的数据类型编写单独的函数。然而，Go 通过最近添加的泛型提供了一种替代方案。

接口也可以用来提供 Go 语言中的一种多态性，这是一种面向对象的概念。多态性提供了一种在不同类型对象共享共同行为时以相同统一方式访问对象的方法。

最后，接口还可用于组合。在实践中，这意味着可以组合现有的接口并创建新的接口，这些新接口提供了组合在一起的接口的组合行为。图 4.1 以图形化的方式展示了接口组合。

图 4.1 说明，根据其定义，要满足接口 ABC，需要满足 InterfaceA、InterfaceB 和 InterfaceC。此外，任何 ABC 类型的变量都可以替代 InterfaceA、InterfaceB 和 InterfaceC 的变量，因为它支持这三种行为。最后，只有 ABC 类型的变量才能在期望 ABC 变量的地方使用。如果现有接口的组合不能准确描述所需的行为，那么可在 ABC 接口的定义中包含额外的方法。

注意

当组合现有接口时，最好使接口不包含同名的方法。

记住，没有必要让接口显得“印象深刻”并要求实现大量方法。实际上，接口拥有的方法越少，它就越通用，使用范围就越广，这提高了它的可用性，因此也提高了它的使用率。

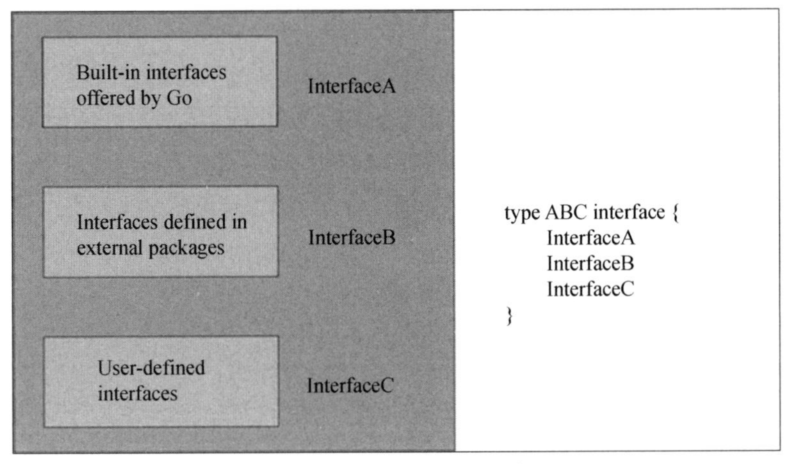

图 4.1　接口组合

接下来的小节将说明如何使用 sort.Interface。

4.3.1　sort.Interface 接口

sort 包中包含一个名为 sort.Interface 的接口，并可根据需要和数据对切片进行排序，前提是必须为存储在切片中的自定义数据类型实现 sort.Interface。sort 包按照下列方式定义 sort.Interface。

```
type Interface interface {
    // Len is the number of elements in the collection.
    Len() int
    // Less reports whether the element with
    // index i should sort before the element with index j.
    Less(i, j int) bool
    // Swap swaps the elements with indexes i and j.
    Swap(i, j int)
}
```

从 sort.Interface 的定义中可以了解到，为了实现 sort.Interface，我们需要实现以下 3 个类型方法。

（1）Len() int。

（2）Less(i, j int) bool。

（3）Swap(i, j int)。

Len()方法返回将被排序的切片的长度，并帮助接口处理所有切片元素；Less()方法比较并成对排序元素，同时还定义了元素将如何被比较和排序。Less()的返回值是 bool 类型，这意味着 Less()只关心在比较过程中，索引为 i 的元素是否比索引为 j 的元素大；Swap()方法用于交换切片中的两个元素，这是排序算法工作所必需的。

下列代码可以在 sort.go 中找到，并展示了 sort.Interface 的使用。

```
package main

import (
    "fmt"
    "sort"
)

type S1 struct {
    F1 int
    F2 string
    F3 int
}

// We want to sort S2 records based on the value of F3.F1,
// Which is equivalent to S1.F1 as F3 is an S1 structure
type S2 struct {
    F1 int
    F2 string
    F3 S1
}
```

S2 结构体包括一个名为 F3 的字段，该字段是 S1 数据类型，且 S1 也是一个结构体。

```
type S2slice []S2
```

您需要持有一个切片，因为所有排序操作都在切片上进行。对于这个切片，它应该是一个新的数据类型，在本例中称为 S2slice，您将实现 sort.Interface 的 3 个类型方法。

```
// Implementing sort.Interface for S2slice
func (a S2slice) Len() int {
    return len(a)
}
```

这是 S2slice 数据类型的 Len()实现，它看起来十分简单。

```
// What field to use when comparing
```

```
func (a S2slice) Less(i, j int) bool {
    return a[i].F3.F1 < a[j].F3.F1
}
```

这是 S2slice 数据类型的 Less()实现。该方法定义了元素排序的方式。在这个例子中，通过使用嵌入数据结构（F3.F1）的字段来排序。

```
func (a S2slice) Swap(i, j int) {
    a[i], a[j] = a[j], a[i]
}
```

这是 Swap()类型方法的实现，它定义了在排序过程中交换切片元素的方式，且看上去十分简单。

```
func main() {
    data := []S2{
        S2{1, "One", S1{1, "S1_1", 10}},
        S2{2, "Two", S1{2, "S1_1", 20}},
        S2{-1, "Two", S1{-1, "S1_1", -20}},
    }
    fmt.Println("Before:", data)
    sort.Sort(S2slice(data))
    fmt.Println("After:", data)

    // Reverse sorting works automatically
    sort.Sort(sort.Reverse(S2slice(data)))
    fmt.Println("Reverse:", data)
}
```

一旦实现了 sort.Interface 接口，则 sort.Reverse()将自动工作，该函数用于对切片进行逆序排序。

运行 sort.go 将产生以下输出。

```
$ go run sort.go
Before: [{1 One {1 S1_1 10}} {2 Two {2 S1_1 20}} {-1 Two {-1 S1_1
-20}}]
After: [{-1 Two {-1 S1_1 -20}} {1 One {1 S1_1 10}} {2 Two {2 S1_1 20}}]
Reverse: [{2 Two {2 S1_1 20}} {1 One {1 S1_1 10}} {-1 Two {-1 S1_1
-20}}]
```

其中，第一行显示了切片最初存储的元素，第二行显示了排序后的版本，而最后一行则显示了逆序排序的版本。

4.3.2　空接口

如前所述，空接口被定义为 interface{}，并且已被所有数据类型实现。任何数据类型的变量都可以放在空接口数据类型的参数位置。因此，具有 interface{}参数的函数可以在此处接收任何数据类型的变量。然而，如果打算在不检查函数内部数据类型的情况下使用 interface{}函数参数，那么应该使用适用于所有数据类型的语句来处理它们，否则代码可能会崩溃或出现异常行为。

下面定义了两个名为 S1 和 S2 的结构体，但只有一个名为 Print()的函数用于打印二者。这是允许的，因为 Print()需要一个 interface{}类型的参数，可以接收 S1 和 S2 变量。函数 Print()内部的 fmt.Println(s)语句可以同时用于 S1 和 S2。

注意

如果创建了一个接收一个或多个 interface{}参数的函数，并且运行了一个只能应用于有限数量数据类型的语句，事情将不会顺利进行。例如，并非所有的 interface{}参数都可以乘 5，或者在 fmt.Printf()中与%d 控制字符串一起使用。

empty.go 的源代码如下所示。

```
package main

import "fmt"

type S1 struct {
    F1 int
    F2 string
}

type S2 struct {
    F1 int
    F2 S1
}

func Print(s interface{}) {
    fmt.Println(s)
}

func main() {
    v1 := S1{10, "Hello"}
    v2 := S2{F1: -1, F2: v1}
```

```
    Print(v1)
    Print(v2)
```

尽管 v1 和 v2 是不同类型的数据，但 Print()函数可以同时处理二者。

```
    // Printing an integer
    Print(123)
    // Printing a string
    Print("Go is the best!")
}
```

Print()函数也可以处理整数和字符串。

运行 empty.go 将产生以下输出。

```
{10 Hello}
{-1 {10 Hello}}
123
Go is the best!
```

只要意识到，可以传递任何类型的变量来代替 interface{}参数，也可以返回任何数据类型作为 interface{}返回值，那么使用空接口就变得十分简单了。然而，对于 interface{}参数及其返回值，你应该非常小心，因为要使用它们的真实值，必须确定它们的底层数据类型。我们将在下一节讨论这个问题。

4.3.3　类型断言和类型开关

类型断言是用于处理接口底层具体值的一种机制。这主要是因为接口是虚拟数据类型，且没有它们自己的值——接口只定义行为，不持有自己的数据。但是，当在尝试类型断言之前不知道数据类型时会发生什么？如何区分支持的数据类型？如何为每种支持的数据类型选择不同的操作？答案是使用类型开关。类型开关使用 switch 块对数据类型进行操作，允许区分类型断言值，即数据类型，并以想要的方式处理每种数据类型。另外，为了在类型开关中使用空接口，您需要使用类型断言。

提示

可以对各种接口和一般数据类型使用类型开关。

因此，真正的工作始于进入函数时，因为这是需要定义支持的数据类型以及每种支持的数据类型所采取的行动的地方。

类型断言使用 x.(T)符号，其中 x 是接口类型，T 是类型，它帮助我们提取隐藏在空接口后面的值。要使类型断言起作用，x 不应为 nil，x 的动态类型应当与 T 类型完全相同。

以下代码可以在 typeSwitch.go 文件中找到。

```
package main

import "fmt"

type Secret struct {
    SecretValue string
}

type Entry struct {
    F1 int
    F2 string
    F3 Secret
}

func Teststruct(x interface{}) {
    // type switch
    switch T := x.(type) {
    case Secret:
        fmt.Println("Secret type")
    case Entry:
        fmt.Println("Entry type")
    default:
        fmt.Printf("Not supported type: %T\n", T)
    }
}
```

这是一个支持 Secret 和 Entry 数据类型的类型开关。

```
func Learn(x interface{}) {
    switch T := x.(type) {
    default:
        fmt.Printf("Data type: %T\n", T)
    }
}
```

Learn()函数打印其输入参数的数据类型。

```
func main() {
    A := Entry{100, "F2", Secret{"myPassword"}}
    Teststruct(A)
```

```
    Teststruct(A.F3)
    Teststruct("A string")

    Learn(12.23)
    Learn('€')
}
```

代码的最后一部分调用了所需的函数来考察变量 A。运行 typeSwitch.go 将产生以下输出。

可以看到，我们已经成功地根据不同的数据类型执行了不同的代码，这些代码是由传递给 TestStruct()和 Learn()的变量所决定的。

严格来说，类型断言允许执行两项主要任务。

（1）检查接口值是否保持特定类型。当以这种方式使用时，类型断言返回两个值：底层值和一个 bool 变量值。底层值是您可能想要使用的。然而，bool 变量的值告诉您类型断言是否成功，进而是否可以使用底层值。检查名为 aVar 的变量是否为 int 类型需要使用 aVar.(int)符号，它返回两个值。如果成功，它返回 aVar 的真实 int 值和 true；否则，它作为第二个值返回 false，这意味着类型断言不成功，则无法提取真实值。

（2）使用存储在接口中的具体值或将其分配给一个新变量。这意味着如果接口中有一个 float64 变量，类型断言允许您获取该值。

注意

reflect 包提供的功能帮助 Go 识别 interface{}变量的底层数据类型和真实值。

到目前为止，我们已经看到了第一种情况的变体，即提取存储在空接口变量中的数据类型。现在，我们将学习如何提取存储在空接口变量中的真实值。

尝试使用类型断言从接口中提取具体值可能有两种结果。

（1）如果使用正确的具体数据类型，可以正常地获得底层值。

（2）如果使用错误的具体数据类型，程序将会崩溃。

所有这些在 assertions.go 中都有说明，该文件包含了接下来的代码以及许多代码注释，这些注释解释了整个过程。

```
package main

import (
    "fmt"
)
```

```
func returnNumber() interface{} {
    return 12
}

func main() {
    anInt := returnNumber()
```

returnNumber()函数返回一个被空接口包装的 int 值。

```
number := anInt.(int)
number++
fmt.Println(number)
```

在上述代码中，我们获取了一个被空接口变量包装的 int 值（anInt）。

```
    // The next statement would fail because there
    // is no type assertion to get the value:
    // anInt++

    // The next statement fails but the failure is under
    // control because of the ok bool variable that tells
    // whether the type assertion is successful or not
    value, ok := anInt.(int64)
    if ok {
        fmt.Println("Type assertion successful: ", value)
    } else {
        fmt.Println("Type assertion failed!")
    }

    // The next statement is successful but
    // dangerous because it does not make sure that
    // the type assertion is successful.
    // It just happens to be successful
    i := anInt.(int)
    fmt.Println("i:", i)

    // The following will PANIC because anInt is not bool
    _ = anInt.(bool)
}
```

最后一条语句使程序崩溃，因为 anInt 变量不包含 bool 值。运行 assertions.go 将生成以下输出。

```
$ go run assertions.go
13
Type assertion failed!
i: 12
panic: interface conversion: interface {} is int, not bool

goroutine 1 [running]:
main.main()
        /Users/mtsouk/Desktop/mGo3rd/code/ch04/assertions.go:39 +0x192
```

程序崩溃的原因已在屏幕上显示：panic: interface conversion: interface {} is int, not bool。

接下来我们将讨论 map[string]interface{}映射及其使用。

4.3.4 map[string]interface{}映射

假设读者持有一个实用工具，它处理其命令行参数；如果一切按预期进行，那么将得到支持的命令行参数类型，并且一切进展顺利。但是，当出现意想不到的事情时会发生什么？在这种情况下，map[string]interface{}映射可提供帮助，本小节将对此加以讨论。

记住，使用 map[string]interface{}映射，或任何存储 interface{}值的映射的最大优势在于，您仍然以原始状态和数据类型拥有数据。如果使用 map[string]string 或任何类似的映射，那么拥有的任何数据都将被转换为字符串，这意味着将丢失有关存储在映射中的原始数据类型和数据结构的信息。

如今，Web 服务通过交换 JSON 记录来工作。如果收到一个所支持格式的 JSON 记录，那么可以按预期处理它，一切都会很好。然而，在某些时候，可能会收到一个错误的记录或一个不支持的 JSON 格式记录。在这些情况下，使用 map[string]interface{}映射来存储这些未知的 JSON 记录（任意数据）是一个很好的选择，因为 map[string]interface{}映射擅长存储未知类型的 JSON 记录。我们将通过一个名为 mapEmpty.go 的实用工具来说明这一点，该工具处理作为命令行参数给出的任意 JSON 记录。我们以两种类似但不相同的方式处理输入的 JSON 记录。exploreMap()和 typeSwitch()函数之间没有真正的区别，除了 typeSwitch()生成了更丰富的输出。mapEmpty.go 的代码如下所示。

```
package main

import (
    "encoding/json"
    "fmt"
    "os"
```

```
)

var JSONrecord = `{
    "Flag": true,
    "Array": ["a","b","c"],
    "Entity": {
      "a1": "b1",
      "a2": "b2",
      "Value": -456,
      "Null": null
    },
    "Message": "Hello Go!"
}`
```

这个全局变量保存了 JSONrecord 的默认值，以防止缺少用户输入。

```
func typeSwitch(m map[string]interface{}) {
    for k, v := range m {
        switch c := v.(type) {
        case string:
            fmt.Println("Is a string!", k, c)
        case float64:
            fmt.Println("Is a float64!", k, c)
        case bool:
            fmt.Println("Is a Boolean!", k, c)
        case map[string]interface{}:
            fmt.Println("Is a map!", k, c)
            typeSwitch(v.(map[string]interface{}))
        default:
            fmt.Printf("...Is %v: %T!\n", k, c)
        }
    }
    return
}
```

typeSwitch()函数使用类型开关区分其输入映射中的值。如果发现了一个映射，那么将递归地调用 typeSwitch()检查新的映射，以便进一步审查它。

for 循环允许检查 map[string]interface{}映射的所有元素。

```
func exploreMap(m map[string]interface{}) {
    for k, v := range m {
        embMap, ok := v.(map[string]interface{})
```

```
        // If it is a map, explore deeper
        if ok {
            fmt.Printf("{\"%v\": \n", k)
            exploreMap(embMap)
            fmt.Printf("}\n")
        } else {
            fmt.Printf("%v: %v\n", k, v)
        }
    }
}
```

exploreMap()函数检查其输入映射的内容。如果找到一个映射，那么我们会递归地在新的映射上调用 exploreMap()，以便单独检查它。

```
func main() {
    if len(os.Args) == 1 {
        fmt.Println("*** Using default JSON record.")
    } else {
        JSONrecord = os.Args[1]
    }

    JSONMap := make(map[string]interface{})
    err := json.Unmarshal([]byte(JSONrecord), &JSONMap)
```

正如将在第 6 章中学到的，json.Unmarshal()处理 JSON 数据并将其转换为 Go 值。虽然这个值通常是 Go 结构体，但在当前示例中，我们使用的是由 map[string]interface{}变量指定的映射。严格来说，json.Unmarshal()的第二个参数是空接口数据类型，这意味着它的数据类型可以是任何类型。

```
if err != nil {
    fmt.Println(err)
    return
}
    exploreMap(JSONMap)
    typeSwitch(JSONMap)
}
```

注意

map[string]interface{}映射在存储事先不知道其模式的 JSON 记录时极为方便。换句话说，map[string]interface{}映射擅长存储未知模式的任意 JSON 数据。

运行 mapEmpty.go 将生成下列输出。

```
$ go run mapEmpty.go
*** Using default JSON record.
Message: Hello Go!
Flag: true
Array: [a b c]
{"Entity":
Value: -456
Null: <nil>
a1: b1
a2: b2
}
Is a Boolean! Flag true
...Is Array: []interface {}!
Is a map! Entity map[Null:<nil> Value:-456 a1:b1 a2:b2]
Is a string! a2 b2
Is a float64! Value -456
...Is Null: <nil>!
Is a string! a1 b1
Is a string! Message Hello Go!
$ go run mapEmpty.go '{"Array": [3, 4], "Null": null, "String": "Hello
Go!"}'
Array: [3 4]
Null: <nil>
String: Hello Go!
...Is Array: []interface {}!
...Is Null: <nil>!
Is a string! String Hello Go!
$ go run mapEmpty.go '{"Array":"Error"'
unexpected end of JSON input
```

第一次执行没有命令行参数，这意味着它使用 JSONrecord 的默认值，因此输出的是硬编码的数据。其他两次执行使用用户数据，首先是有效数据，然后是不代表有效 JSON 记录的数据。第三次执行中的错误信息由 json.Unmarshal()生成，因为它无法理解 JSON 记录的模式。

4.3.5 error 数据类型

如前所述，我们将重新审视错误数据类型，因为它是一个接口，其定义如下所示。

```
type error interface {
    Error() string
}
```

因此，要满足错误接口的要求，只需实现 Error() string 类型方法即可。这并没有改变我们使用错误来查明函数或方法的执行是否成功的方式，但却显示了接口在 Go 语言中的重要性，因为它们一直都在被透明地使用。然而，关键问题是，何时应该自己实现错误接口，而不是使用默认接口。这个问题的答案是，当您想为错误条件提供更多上下文时。

现在，让我们在更实际的情况下讨论 error 接口。当从文件中没有更多可读内容时，Go 返回一个 io.EOF 错误，严格来说，这不是一个错误条件，而是读取文件的一个逻辑部分。如果一个文件完全是空的，当尝试读取它时，仍然会得到 io.EOF。然而，这在某些情况下可能会导致问题，您可能需要一种区分一个完全为空的文件和一个已经被完全读取且没有更多可读内容的文件的方法。处理这个问题的一种方法是借助 error 接口。

注意

这里展示的代码示例与文件 I/O 相关，将其放在这里可能会引发一些关于在 Go 中读取文件的问题——然而，我认为这是放置它的合适位置，因为它与错误及其处理的关联程度要大于与文件读取的关联。

errorInt.go 的代码（不包含包和导入模块的部分），如下所示。

```
type emptyFile struct {
    Ended bool
    Read int
}
```

这是一个在程序中使用的新数据类型。

```
// Implement error interface
func (e emptyFile) Error() string {
    return fmt.Sprintf("Ended with io.EOF (%t) but read (%d) bytes",
e.Ended, e.Read)
}
```

这是 emptyFile 的 error 接口实现。

```
// Check values
func isFileEmpty(e error) bool {
    // Type assertion
    v, ok := e.(emptyFile)
```

这是从 error 变量中获取 emptyFile 结构体的类型断言。

```
    if ok {
        if v.Read == 0 && v.Ended == true {
            return true
        }
    }
    return false
}
```

这是一个用于检查文件是否为空的方法。if 条件可解释为：如果读取了 0 字节（v.Read == 0）并且到达了文件的末尾（v.Ended == true），那么该文件为空。

如果正在处理多个错误变量，那么应该在类型断言之后，将一个类型开关添加到 isFileEmpty()函数中。

```
func readFile(file string) error {
    var err error
    fd, err := os.Open(file)
    if err != nil {
        return err
    }

    defer fd.Close()
    reader := bufio.NewReader(fd)
    n := 0
    for {
        line, err := reader.ReadString('\n')
        n += len(line)
```

此处逐行读取输入文件。读者可在第 6 章中了解更多关于文件 I/O 的内容。

```
if err == io.EOF {
// End of File: nothing more to read
if n == 0 {
    return emptyFile{true, n}
}
```

如果到达了一个文件的末尾（io.EOF）并且读取了 0 个字符，那么我们正在处理一个空文件。这种上下文被添加到 emptyFile 结构中，并作为错误值返回。

```
            break
        } else if err != nil {
```

```
            return err
        }
    }
    return nil
}

func main() {
    flag.Parse()
    if len(flag.Args()) == 0 {
        fmt.Println("usage: errorInt <file1> [<file2> ...]")
        return
    }

    for _, file := range flag.Args() {
        err := readFile(file)
        if isFileEmpty(err) {
            fmt.Println(file, err)
```

这是我们检查 readFile()函数的错误消息的地方。这里，进行检查的顺序很重要，因为只有第一次匹配会被执行。这意味着必须从更具体的情况过渡到更通用的条件。

```
        } else if err != nil {
            fmt.Println(file, err)
        } else {
            fmt.Println(file, "is OK.")
        }
    }
}
```

运行 errorInt.go 将产生下列输出。

```
$ go run errorInt.go /etc/hosts /tmp/doesNotExist /tmp/empty /tmp /tmp/
Empty.txt
/etc/hosts is OK.
/tmp/doesNotExist open /tmp/doesNotExist: no such file or directory
/tmp/empty open /tmp/empty: permission denied
/tmp read /tmp: is a directory
/tmp/Empty.txt Ended with io.EOF (true) but read (0) bytes
```

其中，第 1 个文件（/etc/hosts）被顺利读取，且没有出现任何问题；而第 2 个文件（/tmp/doesNotExist）未被找到；第 3 个文件（/tmp/empty）存在，但我们没有所需的文件权限来读取它；而第 4 个文件（/tmp）实际上是一个目录。最后一个文件（/tmp/Empty.txt）存在，但是是空的——这是我们想要捕获的错误情况。

4.3.6　编写自己的接口

在学习了如何使用现有的接口之后，我们将编写另一个命令行实用工具，并根据体积对 3D 形状进行排序。这项任务需要学习以下内容。

（1）创建新的接口。

（2）组合现有的接口。

（3）为 3D 形状实现 sort.Interface。

创建自己的接口很容易。出于简单考虑，我们将自己的接口包含在 main 包中。然而，这种情况很少见，因为我们通常想要共享接口，这意味着接口通常包含在除 main 包之外的其他 Go 包中。

以下代码片段定义了一个新的接口。

```
type Shape2D interface {
    Perimeter() float64
}
```

该接口具有以下属性。

（1）它被称为 Shape2D。

（2）它要求实现一个名为 Perimeter()的单一方法。该方法返回一个 float64 值。

与 Go 内置接口相比，这个用户定义的接口并没有特别之处。我们可以像使用所有其他现有接口一样使用它。因此，为了让一个数据类型满足 Shape2D 接口，它需要实现一个名为 Perimeter()的类型方法。该方法返回一个 float64 值。

1. 使用 Go 接口

接下来的代码展示了使用接口的最简单方式，即直接调用其方法，就像它是一个函数一样，进而获得结果。尽管这是允许的，但这种情况很少见，因为我们通常创建接收接口参数的函数，以便这些函数能够与多种数据类型一起工作。

代码使用了一种方便的技术，用于快速判断给定变量是否为之前在 assertions.go 中介绍的特定数据类型。在这种情况下，我们使用 interface{}(a).(Shape2D)符号来检查一个变量是否为 Shape2D 接口，其中 a 是正在被检查的变量，Shape2D 是正在被检查的变量的数据类型。

下一个程序称为 Shape2D.go，它最有趣的部分如下所示。

```
type Shape2D interface {
    Perimeter() float64
}
```

这是 Shape2D 接口的定义，它要求实现 Perimeter()类型方法。

```
type circle struct {
    R float64
}

func (c circle) Perimeter() float64 {
    return 2 * math.Pi * c.R
}
```

这里，circle 类型通过实现 Perimeter()类型方法来实现 Shape2D 接口。

```
func main() {
    a := circle{R: 1.5}
    fmt.Printf("R %.2f -> Perimeter %.3f \n", a.R, a.Perimeter())

    _, ok := interface{}(a).(Shape2D)
    if ok {
        fmt.Println("a is a Shape2D!")
    }
}
```

如前所述，interface{}(a).(Shape2D)符号检查变量 a 是否满足 Shape2D 接口，而无须使用其底层值（circle{R: 1.5}）。

运行 Shape2D.go 将产生以下输出。

```
R 1.50 -> Perimeter 9.425
a is a Shape2D!
```

2. 实现用于三维形状的 sort.Interface 接口

这里将创建一个实用工具，并根据体积对各种三维形状进行排序，这清楚地展示了 Go 接口的强大和多功能性。这里，我们将使用一个单一的切片来存储所有满足给定接口的结构体类型。Go 将接口视为数据类型这一事实，使我们能够创建包含满足特定接口的元素的切片，而不会收到任何错误消息。这在多种情况下都很有用，因为它展示了如何在同一个切片上存储具有不同数据类型但都满足共同接口的元素，以及如何使用 sort.Interface 对它们进行排序。简单来说，所展示的实用工具通过接口实现，对具有不同数量和名称字段、但都共享共同行为的不同结构体进行排序。形状的尺寸是使用随机数生成的，这意味着每次执行实用工具时，都会得到不同的输出。

接口的名称是 Shape3D，它要求实现 Vol() float64 类型方法。该接口由 Cube、Cuboid 和 Sphere 数据类型满足。sort.Interface 接口是为 shapes 数据类型实现的，该类型被定义为 Shape3D 元素的切片。

所有浮点数都是使用 rF64(min, max float64) float64 函数随机生成的。由于浮点数包含很多小数位，打印操作是通过一个名为 PrintShapes()的独立函数实现的，因而该函数使用 fmt.Printf("%.2f ", v)语句来指定在屏幕上显示的小数位数——在这种情况下，我们打印每个浮点值的前两位小数。

提示

回忆一下，一旦实现了 sort.Interface 接口，还可以使用 sort.Reverse()对数据进行逆序排序。

在编辑器中输入以下代码，并将其保存为 sortShapes.go。该代码展示了如何根据三维形状的体积进行排序。

```
package main

import (
    "fmt"
    "math"
    "math/rand"
    "sort"
    "time"
)

const min = 1
const max = 5

func rF64(min, max float64) float64 {
    return min + rand.Float64()*(max-min)
}
```

rF64()函数生成 float64 类型的随机值。

```
type Shape3D interface {
    Vol() float64
}
```

上述代码表示为 Shape3D 接口的定义。

```
type Cube struct {
    x float64
}

type Cuboid struct {
    x float64
    y float64
    z float64
}

type Sphere struct {
    r float64
}

func (c Cube) Vol() float64 {
    return c.x * c.x * c.x
}
```

Cube 函数实现了 Shape3D 接口。

```
func (c Cuboid) Vol() float64 {
    return c.x * c.y * c.z
}
```

Cuboid 函数实现了 Shape3D 接口。

```
func (c Sphere) Vol() float64 {
    return 4 / 3 * math.Pi * c.r * c.r * c.r
}
```

Sphere 函数实现了 Shape3D 接口。

```
type shapes []Shape3D
```

这是使用 sort.Interface 接口的数据类型。

```
// Implementing sort.Interface
func (a shapes) Len() int {
    return len(a)
}

func (a shapes) Less(i, j int) bool {
```

```
    return a[i].Vol() < a[j].Vol()
}

func (a shapes) Swap(i, j int) {
    a[i], a[j] = a[j], a[i]
}
```

上述 3 个函数实现了 sort.Interface。

```
func PrintShapes(a shapes) {
    for _, v := range a {
        switch v.(type) {
        case Cube:
            fmt.Printf("Cube: volume %.2f\n", v.Vol())
        case Cuboid:
            fmt.Printf("Cuboid: volume %.2f\n", v.Vol())
        case Sphere:
            fmt.Printf("Sphere: volume %.2f\n", v.Vol())
        default:
            fmt.Println("Unknown data type!")
        }
    }
    fmt.Println()
}

func main() {
    data := shapes{}
    rand.Seed(time.Now().Unix())
```

PrintShapes()函数用于定制输出。

```
    for i := 0; i < 3; i++ {
        cube := Cube{rF64(min, max)}
        cuboid := Cuboid{rF64(min, max), rF64(min, max), rF64(min,
        max)}
        sphere := Sphere{rF64(min, max)}
        data = append(data, cube)
        data = append(data, cuboid)
        data = append(data, sphere)
    }
    PrintShapes(data)

    // Sorting
    sort.Sort(shapes(data))
```

```
    PrintShapes(data)

    // Reverse sorting
    sort.Sort(sort.Reverse(shapes(data)))
    PrintShapes(data)
}
```

以下代码使用 rF64()函数生成具有随机尺寸的形状。

运行 sortShapes.go 将产生以下输出。

```
Cube: volume 105.27
Cuboid: volume 34.88
Sphere: volume 212.31
Cube: volume 55.76
Cuboid: volume 28.84
Sphere: volume 46.50
Cube: volume 52.41
Cuboid: volume 36.90
Sphere: volume 257.03
```

这是程序的未排序输出。

```
Cuboid: volume 28.84
Cuboid: volume 34.88
Cuboid: volume 36.90
Sphere: volume 46.50
Cube: volume 52.41
...
Sphere: volume 257.03
```

这是程序从小到大形状的排序输出。

```
Sphere: volume 257.03
...
Cuboid: volume 28.84
```

这是程序从大到小形状的逆序排序输出。

下一节将展示一种在程序中处理两种不同的 CSV 文件格式的技术。

4.4　处理两种不同的 CSV 文件格式

在本节中，我们将实现一个独立的命令行实用工具，用于处理两种不同的 CSV 文件格式。我们之所以这样做，是因为有时需要实用工具能够处理多种数据格式。记住，每种 CSV 文件格式的记录都使用它们自己的 Go 结构体在不同的变量名下存储。因此，我们需要为两种 CSV 文件格式以及两个切片变量都实现 sort.Interface 接口。

具体支持的两种格式如下所示。

（1）格式 1：姓名，姓氏，电话号码，上次访问时间。

（2）格式 2：姓名，姓氏，区号，电话号码，上次访问时间。

由于要使用的两种 CSV 文件格式具有不同数量的字段，实用工具通过读取的第一条记录中的字段数量来确定所使用的格式，并相应地进行操作。之后，数据将使用 sort.Sort()函数进行排序——保存数据的切片的数据类型帮助 Go 确定要使用的排序实现，而无须开发者的任何帮助。

提示

从使用空接口变量的函数中获得的主要好处是，可以在以后轻松地添加对额外数据类型的支持，且无须实现额外的函数，也无须破坏现有代码。

紧随其后的是实用工具中最重要的函数的实现，并从 readCSVFile()函数开始，因为实用工具的逻辑位于 readCSVFile()函数中。

```
func readCSVFile(filepath string) error {
.
.
.
```

为了简洁起见，读取输入文件并确保其存在的代码已被省略。

```
var firstLine bool = true
var format1 = true
```

CSV 文件的第一行决定了其格式。因此，我们需要一个标志变量来指定是否在处理第一行（firstLine）。此外，我们还需要第二个变量来指定正在使用的格式（即 format1）。

```
for _, line := range lines {
    if firstLine {
        if len(line) == 4 {
            format1 = true
        } else if len(line) == 5 {
            format1 = false
```

第一种格式有 4 个字段，而第二种格式有 5 个字段。

```
    } else {
        return errors.New("Unknown File Format!")
    }
    firstLine = false
}
```

如果 CSV 文件的第一行既不是 4 个字段也不是 5 个字段，那么就会出现错误，函数将返回一个自定义的错误信息。

```
if format1 {
    if len(line) == 4 {
        temp := F1{
            Name: line[0],
            Surname: line[1],
            Tel: line[2],
            LastAccess: line[3],
        }
        d1 = append(d1, temp)
    }
```

如果正在使用 format1，那么将数据添加到 d1 全局变量中。

```
} else {
    if len(line) == 5 {
        temp := F2{
            Name: line[0],
            Surname: line[1],
            Areacode: line[2],
            Tel: line[3],
            LastAccess: line[4],
        }
        d2 = append(d2, temp)
    }
```

如果正在使用 format2，那么将数据添加到 d2 全局变量中。

```
        }
    }
    return nil
}
```

sortData()函数接收一个空接口参数。该函数的代码使用类型开关确定作为空接口传递给该函数的切片的数据类型。之后，类型断言允许使用存储在空接口参数下的实际数据。

其完整实现如下所示。

```
func sortData(data interface{}) {
    // type switch
    switch T := data.(type) {
    case Book1:
        d := data.(Book1)
        sort.Sort(Book1(d))
        list(d)
    case Book2:
        d := data.(Book2)
        sort.Sort(Book2(d))
        list(d)
    default:
        fmt.Printf("Not supported type: %T\n", T)
    }
}
```

类型开关的工作是确定正在使用的数据类型，可以是 Book1 或 Book2。如果想查看 sort.Interface 的实现，那么应该考察 sortCSV.go 源代码文件。

最后，list()使用 sortData()中的技术打印 data 变量的数据。尽管处理 Book1 和 Book2 的代码与 sortData()中的相同，但仍然需要类型断言从空接口变量中获取数据。

```
func list(d interface{}) {
    switch T := d.(type) {
    case Book1:
        data := d.(Book1)
        for _, v := range data {
            fmt.Println(v)
        }
    case Book2:
        data := d.(Book2)
        for _, v := range data {
            fmt.Println(v)
        }
    default:
        fmt.Printf("Not supported type: %T\n", T)
    }
}
```

运行 sortCSV.go 将产生以下类型的输出。

```
$ go run sortCSV.go /tmp/csv.file
{Jane Doe 0800123456 1609310777}
{Dimitris Tsoukalos 2109416871 1609310731}
{Dimitris Tsoukalos 2109416971 1609310734}
{Mihalis Tsoukalos 2109416471 1609310706}
{Mihalis Tsoukalos 2109416571 1609310717}
```

程序正确识别了/tmp/csv.file 的格式，并与之协作，尽管它支持两种 CSV 文件格式。尝试使用不受支持的格式将生成以下输出。

```
$ go run sortCSV.go /tmp/differentFormat.csv
Unknown File Format
```

这意味着代码成功地了解到我们正在处理的是一个不支持的格式。

下一节将探讨 Go 语言中的面向对象的能力。

4.5　Go 语言中的面向对象编程

由于 Go 并不支持所有面向对象的功能，因此它不能完全取代面向对象的编程语言。不过，它可以模仿一些面向对象的概念。

第一，带有类型方法的 Go 结构就像带有方法的对象。

第二，接口就像抽象数据类型，定义了同类的行为和对象，这与多态性类似。

第三，Go 支持封装，这意味着它支持隐藏数据和函数，使其成为结构和当前 Go 包的私有数据和函数。

第四，结合接口和结构就像面向对象术语中的组合。

注意

如果想使用面向对象的方法开发应用程序，那么选择 Go 可能不是最佳选择，因而建议考虑使用 C++或 Python。

下面的例子名为 objO.go，展示了组合和多态性，以及将一个匿名结构嵌入现有的结构中，以获取其所有字段。

```
package main

import (
    "fmt"
)
```

```
type IntA interface {
    foo()
}

type IntB interface {
    bar()
}

type IntC interface {
    IntA
    IntB
}
```

接口 IntC 结合了接口 IntA 和 IntB。如果有一个数据类型实现了 IntA 和 IntB，那么该数据类型就隐式地满足了 IntC。

```
func processA(s IntA) {
    fmt.Printf("%T\n", s)
}
```

这个函数适用于满足 IntA 接口的数据类型。

```
type a struct {
    XX int
    YY int
}

// Satisfying IntA
func (varC c) foo() {
    fmt.Println("Foo Processing", varC)
}
```

结构体 c 满足 IntA 接口，因为它实现了 foo()方法。

```
// Satisfying IntB
func (varC c) bar() {
    fmt.Println("Bar Processing", varC)
}
```

结构体 c 满足 IntB 接口。由于结构体 c 同时满足 IntA 和 IntB 接口，因而它隐式地满足了 IntC 接口，IntC 是由 IntA 和 IntB 接口组合而成的。

```
type b struct {
    AA string
    XX int
}

// Structure c has two fields
type c struct {
    A a
    B b
}
```

此结构体包含两个字段，分别命名为 A 和 B，它们分别属于 a 和 b 数据类型。

```
// Structure compose gets the fields of structure a
type compose struct {
    field1 int
    a
}
```

这个新结构体使用了一个匿名结构体（a），这意味着它获得了该匿名结构体的字段。

```
// Different structures can have methods with the same name
func (A a) A() {
    fmt.Println("Function A() for A")
}

func (B b) A() {
    fmt.Println("Function A() for B")
}

func main() {
    var iC c = c{a{120, 12}, b{"-12", -12}}
```

在此，我们定义了一个 c 变量，它由 a 结构体和 b 结构体组成。

```
iC.A.A()
iC.B.A()
```

在此，我们访问了 a 结构体的一个方法（A.A()）以及 b 结构体的一个方法（B.A()）。

```
// The following will not work
// iComp := compose{field1: 123, a{456, 789}}
// iComp := compose{field1: 123, XX: 456, YY: 789}
iComp := compose{123, a{456, 789}}
```

```
fmt.Println(iComp.XX, iComp.YY, iComp.field1)
```

当在另一个结构体内部使用匿名结构体时，正如我们对 a{456, 789}所做的那样，您可以直接以 iComp.XX 和 iComp.YY 的方式访问匿名结构体的字段，这里的匿名结构体即为 a{456, 789}结构体。

```
    iC.bar()
    processA(iC)
}
```

尽管 processA()函数是为 IntA 变量设计的，但它也可以与 IntC 变量一起工作，因为 IntC 接口满足了 IntA 的要求。

与支持抽象类和继承的真正面向对象编程语言的代码相比，objO.go 中的所有代码都相当简单。然而，它完全足以生成具有结构的类型和元素，以及具有相同方法名称的不同数据类型。

运行 objO.go 将产生以下输出。

```
$ go run objO.go
Function A() for A
Function A() for B
456 789 123
Bar Processing {{120 12} {-12 -12}}
main.c
```

输出的前两行显示，两个不同的结构体可以有一个同名的方法。第 3 行证明了当在一个结构体内部使用另一个匿名结构体时，可以直接访问匿名结构体的字段。第 4 行是 iC.bar()调用的输出，其中 iC 是一个 c 变量，它访问了来自 IntB 接口的方法。最后一行是 processA(iC)的输出，它需要一个 IntA 参数，并打印其参数的真实数据类型，在这种情况下是 main.c。

显然，尽管 Go 不是面向对象的编程语言，但它可以模拟一些面向对象编程的特性。接下来，将通过读取环境变量来更新电话簿应用程序，并对其输出进行排序。

4.6　更新电话簿应用程序

电话簿工具的新版本增加了以下功能。

（1）CSV 文件路径可以作为名为 PHONEBOOK 的环境变量来选择性提供。

（2）list 命令根据姓氏字段对输出进行排序。

虽然可以将 CSV 文件的路径作为命令行参数而不是环境变量的值来提供，但这会使代码复杂化，特别是如果该参数是可选的。更高级的 Go 包，如将在第 6 章中介绍的 viper，通过使用命令行选项（如-f 后跟文件路径或--filepath）简化了解析命令行参数的过程。

注意

当前 CSVFILE 的默认值设置为 macOS Big Sur 机器上的主目录——您应该根据需要更改该默认值，或为 PHONEBOOK 环境变量使用适当的值。

最后，如果 PHONEBOOK 环境变量没有设置，那么该工具将使用 CSV 文件路径的默认值。一般来说，不必为了用户定义的数据重新编译软件被认为是一种良好的实践。

4.6.1　设置 CSV 文件值

CSV 文件的值是在 setCSVFILE()函数中设置的，该函数的定义如下所示。

```
func setCSVFILE() error {
    filepath := os.Getenv("PHONEBOOK")
    if filepath != "" {
        CSVFILE = filepath
}
```

此处读取 PHONEBOOK 环境变量。其余代码确保我们可以使用该文件路径，或者在 PHONEBOOK 未设置的情况下使用默认路径。

```
_, err := os.Stat(CSVFILE)
if err != nil {
    fmt.Println("Creating", CSVFILE)
    f, err := os.Create(CSVFILE)
    if err != nil {
        f.Close()
        return err
    }
    f.Close()
}
```

如果指定的文件不存在，将使用 os.Create()函数创建该文件。

```
fileInfo, err := os.Stat(CSVFILE)
mode := fileInfo.Mode()
```

```
if !mode.IsRegular() {
    return fmt.Errorf("%s not a regular file", CSVFILE)
}
```

然后，我们确保指定的路径属于一个常规文件，该文件可用于保存数据。

```
    return nil
}
```

为了简化 main()函数的执行，我们将与 CSV 文件路径的存在和访问相关的代码移到了 setCSVFILE()中。

第一次设置 PHONEBOOK 环境变量并执行电话簿应用程序时，对应的输出结果如下所示。

```
$ export PHONEBOOK="/tmp/csv.file"
$ go run phoneBook.go list
Creating /tmp/csv.file
```

由于/tmp/csv.file 不存在，phoneBook.go 从头开始创建了它。这验证了 setCSVFILE()函数的 Go 代码按预期工作。

我们已经知道从哪里获取和写入数据，接下来将学习如何使用 sort.Interface 对数据进行排序，这也是下一小节的主题。

4.6.2　使用 sort 包

在尝试对数据进行排序时首先要决定的是用于排序的字段。之后需要决定当两个或更多记录在用于排序的主字段中具有相同值时我们将要采取的措施。

使用 sort.Interface 进行排序的相关代码如下：

```
type PhoneBook []Entry
```

您需要有一个单独的数据类型，并为此数据类型实现了 sort.Interface 接口。

```
var data = PhoneBook{}
```

由于持有一个单独的数据类型来实现 sort.Interface 接口，数据变量的数据类型需要改变，并变为 PhoneBook。然后 PhoneBook 实现了 sort.Interface 接口。

```
// Implement sort.Interface
func (a PhoneBook) Len() int {
    return len(a)
```

```
}
```

Len()函数具有标准的实现方式。

```
// First based on surname. If they have the same
// surname take into account the name.
func (a PhoneBook) Less(i, j int) bool {
    if a[i].Surname == a[j].Surname {
        return a[i].Name < a[j].Name
    }
```

Less()函数是定义如何对切片中的元素进行排序的地方。这里所说的是，如果比较的条目是具有相同 Surname 字段值的 Go 结构体，那么就使用它们的 Name 字段值来比较这些条目。

```
    return a[i].Surname < a[j].Surname
}
```

如果条目在 Surname 字段中有不同的值，那么就使用 Surname 字段进行比较。

```
func (a PhoneBook) Swap(i, j int) {
    a[i], a[j] = a[j], a[i]
}
```

Swap()函数具有标准的实现方式。在实现了所需的接口之后，需要告诉代码对数据进行排序，这发生在 list()函数的实现中。

```
func list() {
    sort.Sort(PhoneBook(data))
    for _, v := range data {
        fmt.Println(v)
    }
}
```

我们已经知道了排序是如何实现的，接下来将对该工具加以使用。首先，我们添加一些条目。

```
$ go run phoneBook.go insert Mihalis Tsoukalos 2109416471
$ go run phoneBook.go insert Mihalis Tsoukalos 2109416571
$ go run phoneBook.go insert Dimitris Tsoukalos 2109416871
$ go run phoneBook.go insert Dimitris Tsoukalos 2109416971
$ go run phoneBook.go insert Jane Doe 0800123456
```

其次，我们使用 list 命令打印电话簿的内容。

```
$ go run phoneBook.go list
{Jane Doe 0800123456 1609310777}
{Dimitris Tsoukalos 2109416871 1609310731}
{Dimitris Tsoukalos 2109416971 1609310734}
{Mihalis Tsoukalos 2109416471 1609310706}
{Mihalis Tsoukalos 2109416571 1609310717}
```

由于 Dimitris 在字母顺序上排在 Mihalis 之前，所有相关条目也会相应地首先出现，这意味着我们的排序按预期工作。

4.7 本章练习

（1）使用您创建的结构体创建结构体切片，并使用结构体中的字段对切片中的元素进行排序。

（2）将 sortCSV.go 的功能集成到 phonebook.go 中。

（3）在 phonebook.go 中增加对 reverse 命令的支持，以便以逆序列出其条目。

（4）使用空接口和一个函数来区分创建的两个不同结构体。

4.8 本章小结

在本章中，我们学习了接口，它们就像合同一样工作。同时，还学习了类型方法、类型断言和反射。尽管反射是一个非常强大的 Go 特性，但它可能会减慢 Go 程序的速度，因为它在运行时增加了一层复杂性。此外，如果不小心使用了反射，Go 程序可能会崩溃。最后，讨论了遵循面向对象编程原则的 Go 代码。记住，Go 不是面向对象的编程语言，但它可以模拟由面向对象编程语言提供的一些功能，如 Java、Python 和 C++。

4.9 附加资源

（1）reflect 包文档：https://golang.org/pkg/reflect/。

（2）sort 包文档：https://golang.org/pkg/sort/。

（3）Go 1.13 中错误的处理方式：https://blog.golang.org/go1.13-errors。

（4）sort 包的实现：https://golang.org/src/sort/。

第 5 章　Go 包和函数

本章的重点是 Go 包，这是 Go 组织、交付和使用代码的方式。包中最常见的组件是函数，它们非常灵活强大，用于数据处理和操作。此外，Go 还支持模块，这是带有版本号的包。最后，本章还将解释 defer 的操作，它用于清理和释放资源。

关于包元素的可见性，Go 遵循一条简单规则，即以大写字母开头的函数、变量、数据类型、结构体字段等是公开的，而以小写字母开头的函数、变量、数据类型等是私有的。这就是为什么 fmt.Println()被命名为 Println()而不是 println()。这条规则不仅适用于结构体变量的名称，还适用于结构体变量的字段。在实践中，这意味着可以拥有具有私有和公共字段的结构体变量。然而，这条规则不影响包名，包名以大写或小写字母开头也可以。

本章主要涉及下列主题。

（1）Go 包。

（2）函数。

（3）开发自己的包。

（4）使用 GitHub 存储 Go 包。

（5）用于操作数据库的包。

（6）模块。

（7）创建更好的包。

（8）生成文档。

（9）GitLab Runners 与 Go。

（10）GitHub Actions 与 Go。

（11）版本控制工具。

5.1　Go 包

在 Go 语言中，一切都是以包的形式交付的。Go 包是一个以 package 关键字开始的 Go 源文件，后面跟着包的名称。

注意

包可以包含结构。例如，net 包有多个子目录，分别命名为 http、mail、rpc、smtp、textproto 和 url，它们应分别以 net/http、net/mail、net/rpc、net/smtp、net/textproto 和 net/url 的形式导入。

除 Go 标准库的包之外，还有一些外部包可以通过它们的完整地址导入，并应在首次使用前下载到本地机器上。例如，存储在 GitHub 上的 https://github.com/spf13/cobra。

包主要用于将相关的函数、变量和常数进行分组，以便可以轻松地传输并在自己的 Go 程序中使用它们。注意，除 main 包之外，Go 包不是自主程序，也不能单独编译成可执行文件。因此，如果尝试像执行自治程序一样执行 Go 包，将得到下列信息。

```
$ go run aPackage.go
go run: cannot run non-main package
```

相反，包需要直接或间接地从 main 包中调用才能使用，正如我们在前几章中所看到的那样。

在本节中，读者将学习如何以 https://github.com/spf13/cobra 为例下载外部 Go 包。下载 cobra 包的 go get 命令如下所示。

```
$ go get github.com/spf13/cobra
```

注意，可以在地址中不使用 https://来下载包。结果可以在~/go 目录中找到 ，完整路径是~/go/src/github.com/spf13/cobra。由于 cobra 包附带了一个二进制文件，可帮助构建和创建命令行工具，您可以在~/go/bin 中找到该可执行文件，命名为 cobra。

下面输出是在 tree(1)实用工具的帮助下创建的，显示了在笔者的机器上~/go 结构的高层视图，详细程度为 3 级。

```
$ tree ~/go -L 3
/Users/mtsouk/go
├── bin
│   ├── cobra
│   ├── go-outline
│   ├── gocode
│   ├── gocode-gomod
│   ├── godef
│   ├── golint
│   ├── gopkgs
│   └── goreturns
├── pkg
│   ├── darwin_amd64
```

```
│ │ ├── github.com
│ │ ├── golang.org
│ │ ├── gonum.org
│ │ └── google.golang.org
│ ├── mod
│ │ ├── 9fans.net
│ │ ├── cache
│ │ ├── cloud.google.com
│ │ ├── github.com
│ │ ├── go.opencensus.io@v0.22.4
│ │ ├── golang.org
│ │ └── google.golang.org
│ └── sumdb
│ └── sum.golang.org
└── src
├── github.com
│ ├── sirupsen
│ └── spf13
└── golang.org
└── x

23 directories, 8 files
```

注意

最后显示的 x 路径，是由 Go 团队使用的。

基本上，在~/go 下有 3 个主要目录，且具有以下属性。

（1）bin 目录：是放置二进制工具的地方。

（2）pkg 目录：是放置可重用包的地方。darwin_amd64 目录只能在 macOS 机器上找到，包含已安装包的编译版本。在 Linux 机器上，则会找到一个替代 darwin_amd64 的 linux_amd64 目录。

（3）src 目录：是包的源代码所在位置。其底层结构基于正在查找的包的 URL。因此，github.com/spf13/viper 包的 URL 是~/go/src/github.com/spf13/viper。如果一个包作为模块被下载，那么它将位于~/go/pkg/mod 下。

注意

从 Go 1.16 开始，go install 是在模块模式下构建和安装软件包的推荐方式。go get 已被弃用，但本章仍使用 go get，因为它在网上很常用，且值得了解。不过，本书的大部分章节都使用 go mod init 和 go mod tidy 下载外部依赖关系，以获取自己的源文件。

如果想要升级一个现有的包，应该执行带有-u 选项的 go get 命令。此外，如果想要看到幕后发生了什么，请将-v 选项添加到 go get 命令中。在这种情况下，我们以 viper 包作为示例，但省略了输出结果。

```
$ go get -v github.com/spf13/viper
github.com/spf13/viper (download)
...
github.com/spf13/afero (download)
get "golang.org/x/text/transform": found meta tag get.
metaImport{Prefix:"golang.org/x/text", VCS:"git", RepoRoot:"https://
go.googlesource.com/text"} at //golang.org/x/text/transform?go-get=1
get "golang.org/x/text/transform": verifying non-authoritative meta tag
...
github.com/fsnotify/fsnotify
github.com/spf13/viper
```

基本上，在输出中可以看到的是，初始包的依赖项在所需包之前被下载。大多数时候，用户并不想知道这些内容。

接下来将考察包中最重要的元素：函数。

5.2　函　　数

包的主要元素是函数，这也是本节的主题。

提示

类型方法和函数以相同的方式实现。有时，函数和类型方法这两个术语可以互换使用。

这里的建议是，函数之间必须尽可能独立，并且必须完成一项工作（且仅此一项）。因此，如果发现自己正在编写执行多项任务的函数，可能需要考虑用多个函数来替代它们。

读者已经知道，所有函数定义都以 func 关键字开始，后跟函数的签名及其实现，函数可以不接收参数、接收一个或多个参数，并返回 0 个、一个或多个值。

最受欢迎的 Go 函数是 main()，它在每个可执行的 Go 程序中都被使用。main()函数不接收参数，也不返回任何内容，但它是每个 Go 程序的起点。此外，当 main()函数结束时，整个程序也随之结束。

5.2.1　匿名函数

匿名函数可以内联定义，且无须名称，它们通常用于实现需要少量代码的功能。在 Go 语言中，一个函数可以返回一个匿名函数，或者将一个匿名函数作为其参数之一。此外，匿名函数可以附加到 Go 变量上。注意，在函数式编程术语中，匿名函数被称为 lambda。类似地，闭包是一种特定类型的匿名函数，它携带或封闭定义时与匿名函数处于同一词法作用域内的变量。

匿名函数具有较小的实现和局部焦点（local focus）是一种良好的实践。如果匿名函数没有局部焦点，那么可能需要考虑将其制作成常规函数。当匿名函数适合某项工作时，它非常方便，可以使工作更轻松，只是不要在没有充分理由的情况下在程序中使用太多的匿名函数。下面我们将介绍匿名函数的实际应用。

5.2.2　返回多个值的函数

多个不同的值可以避免必须创建一个专门的结构来从函数返回和接收多个值。然而，如果持有一个返回超过 3 个值的函数，那么应该重新考虑这个决定，或许可以重新设计它，使用单个结构或切片来组合并作为单一实体返回所需的值。这使得处理返回的值变得更简单、更容易。函数、匿名函数以及返回多个值的函数都在 functions.go 中进行了说明，如以下代码所示。

```
package main

import "fmt"

func doubleSquare(x int) (int, int) {
    return x * 2, x * x
}
```

该函数返回两个 int 类型的值，且无须采用独立的变量来保存它们，返回的值是即时创建的。注意，当一个函数返回多个值时，必须使用括号。

```
// Sorting from smaller to bigger value
func sortTwo(x, y int) (int, int) {
    if x > y {
        return y, x
    }
    return x, y
}
```

上述函数也返回两个 int 类型的值。

```
func main() {
    n := 10
    d, s := doubleSquare(n)
```

上述语句读取 doubleSquare()的两个返回值，并将它们保存在变量 d 和 s 中。

```
fmt.Println("Double of", n, "is", d)
fmt.Println("Square of", n, "is", s)

// An anonymous function
anF := func(param int) int {
    return param * param
}
```

anF 变量包含一个匿名函数，它需要一个单一的参数作为输入，并返回一个单一的值。匿名函数与常规函数的唯一区别在于匿名函数的名称是 func()，并且没有 func 关键字。

```
    fmt.Println("anF of", n, "is", anF(n))

    fmt.Println(sortTwo(1, -3))
    fmt.Println(sortTwo(-1, 0))
}
```

最后两个语句打印了 sortTwo()的返回值。运行 functions.go 将产生以下输出。

```
Double of 10 is 20
Square of 10 is 100
anF of 10 is 100
-3 1
-1 0
```

接下来的小节将展示具有命名返回值的函数。

5.2.3 可以命名的函数返回值

与 C 语言不同，Go 语言允许命名 Go 函数的返回值。此外，当这样的函数包含没有任何参数的返回语句时，函数将自动按照它们在函数签名中声明的顺序返回每个命名返回值的当前值。

下列函数包含在 namedReturn.go 文件中。

```
func minMax(x, y int) (min, max int) {
    if x > y {
        min = y
        max = x
        return min, max
```

return 语句返回存储在 min 和 max 变量中的值——min 和 max 都在函数签名中定义，而不是在函数体中定义。

```
    }

    min = x
    max = y
    return
}
```

return 语句等同于 return min, max，这基于函数签名和命名返回值的使用。

运行 namedReturn.go 会产生以下输出。

```
$ go run namedReturn.go 1 -2
-2 1
-2 1
```

5.2.4　接收其他函数作为参数的函数

函数可以接收其他函数作为参数。sort 包中提供了一个最佳示例，说明一个函数如何接收另一个函数作为参数。我们可以向 sort.Slice()函数提供一个函数作为参数，该函数指定了排序的实现方式。sort.Slice()的签名是 func Slice(slice interface{}, less func(i, j int) bool)。这意味着以下几点内容。

（1）sort.Slice()函数不返回任何数据。

（2）sort.Slice()函数需要两个参数，一个是类型为 interface{}的切片，另一个是一个函数。切片变量会在 sort.Slice()内部被修改。

（3）sort.Slice()的函数参数名为 less，并且应该具有 func(i, j int) bool 这样的签名——无须为匿名函数命名。参数名 less 是必需的，因为所有函数参数都应有名称。

（4）less 函数的参数 i 和 j 是切片参数中的索引。

类似地，在 sort 包中还有一个名为 sort.SliceIsSorted()的函数，定义为 func SliceIsSorted(slice interface{}, less func(i, j int) bool) bool。sort.SliceIsSorted()返回一个 bool 值，检查切片参数是否根据第二个参数（一个函数）的规则进行排序。

注意

无须在 sort.Slice()或 sort.SliceIsSorted()中使用匿名函数。可以定义一个带有所需签名的常规函数并使用它。然而，使用匿名函数更加方便。

sort.Slice()和 sort.SliceIsSorted()的使用方法在下面的 Go 程序中进行了演示，对应的源文件的名称是 sorting.go。

```
package main

import (
    "fmt"
    "sort"
)

type Grades struct {
    Name string
    Surname string
    Grade int
}

func main() {
    data := []Grades{{"J.", "Lewis", 10}, {"M.", "Tsoukalos", 7},
        {"D.", "Tsoukalos", 8}, {"J.", "Lewis", 9}}

    isSorted := sort.SliceIsSorted(data, func(i, j int) bool {
        return data[i].Grade < data[j].Grade
})
```

接下来的 if-else 块检查 sort.SliceIsSorted()的 bool 值，以确定切片是否已排序。

```
if isSorted {
    fmt.Println("It is sorted!")
} else {
    fmt.Println("It is NOT sorted!")
}

sort.Slice(data,
    func(i, j int) bool { return data[i].Grade < data[j].Grade })
fmt.Println("By Grade:", data)
}
```

对 sort.Slice()函数的调用会根据作为第二个参数传递给 sort.Slice()的匿名函数对数据

进行排序。

运行 sorting.go 会产生以下输出。

```
It is NOT sorted!
By Grade: [{M. Tsoukalos 7} {D. Tsoukalos 8} {J. Lewis 9} {J. Lewis
10}]
```

5.2.5　函数可以返回其他函数

除了可以接收函数作为参数外，函数还可以返回匿名函数，这在返回的函数不总是相同，而是取决于函数的输入或其他外部参数时非常有用。这一点在 returnFunction.go 中进行了演示。

```
package main

import "fmt"

func funRet(i int) func(int) int {
    if i < 0 {
        return func(k int) int {
            k = -k
            return k + k
        }
    }

    return func(k int) int {
        return k * k
    }
}
```

funRet()的签名声明，该函数返回另一个具有 func(int) int 签名的函数。函数的实现尚不清楚，但它将在运行时被定义。另外，可使用 return 关键字返回函数。开发者应该注意保存返回的函数。

```
func main() {
    n := 10
    i := funRet(n)
    j := funRet(-4)
```

注意，n 和-4 仅用于确定将从 funRet()返回的匿名函数。

```
fmt.Printf("%T\n", i)
fmt.Printf("%T %v\n", j, j)
fmt.Println("j", j, j(-5))
```

第一条语句打印函数的签名，而第二条语句打印函数签名及其内存地址。最后一条语句同样返回了 j 的内存地址，因为 j 是指向匿名函数的指针，以及 j(-5)的值。

```
    // Same input parameter but DIFFERENT
    // anonymous functions assigned to i and j
    fmt.Println(i(10))
    fmt.Println(j(10))
}
```

尽管 i 和 j 都使用相同的输入（10）进行调用，但它们将返回不同的值，因为它们存储了不同的匿名函数。

运行 returnFunction.go 将生成以下输出。

```
func(int) int
func(int) int 0x10a8d40
j 0x10a8d40 10
100
-20
```

输出的第一行显示了变量 i 的数据类型，它保存了 funRet(n)的返回值，即 func(int) int，因为它保存的是一个函数。第二行输出显示了 j 的数据类型以及存储匿名函数的内存地址。第三行显示了存储在 j 变量中的匿名函数的内存地址，以及 j(-5)的返回值。最后两行分别是 i(10)和 j(10)的返回值。

因此，在本节中，我们学习了函数返回函数的概念。这使得 Go 成了一种函数式编程语言，尽管不是纯粹的，但它允许 Go 从函数式编程范式中受益。

接下来将考察可变参数函数，这些函数具有可变的参数数量。

5.2.6　可变参数函数

可变参数函数是可以接收可变数量参数的函数。例如，fmt.Println()和 append()，它们都是广泛使用的可变参数函数。实际上，fmt 包中的大多数函数都是可变参数。

可变参数函数背后的一般思想和规则如下所示。

（1）可变参数函数使用打包操作符（pack operator），该操作符由...组成，后跟数据类型。因此，对于一个可变参数函数要接收可变数量的 int 值，打包操作符应该是...int。

（2）打包操作符只能在任何给定函数中使用一次。

（3）保存打包操作的变量是一个切片，因此，在可变参数函数内部作为切片访问。

（4）与打包操作符相关的变量名始终在函数参数列表中的最后。

（5）当调用可变参数函数时，应该在带有打包操作符的变量或使用解包操作符（unpack operator）的切片的位置，放置由逗号分隔的值列表。

列表包含了需要知道的所有规则，以便定义和使用可变参数函数。

打包操作符也可以与空接口一起使用。实际上，fmt 包中的大多数函数都使用...interface{}来接收所有数据类型的可变数量的参数。读者可以在 https://golang.org/src/fmt/上找到 fmt 的最新实现源代码。

然而，这里有一个需要特别注意的情况。如果尝试将 os.Args（一个字符串切片，[]string）作为...interface{}传递给可变参数函数，您的代码将无法编译，并会生成一个错误消息，类似于 cannot use os.Args (type []string) as type []interface {} in argument to <function_name>。这是因为这两种数据类型（[]string 和[]interface{}）在内存中没有相同的表示形式。这适用于所有数据类型。在实践中，这意味着不能编写 os.Args...将 os.Args 切片的每个单独值传递给可变参数函数。

另外，如果只使用 os.Args，它可以工作，但这会将整个切片作为一个单一实体传递，而不是它的各个值。这意味着 everything(os.Args, os.Args)语句可以工作，但不会按照预期进行。

解决这个问题的方法是将字符串切片（或任何其他切片）转换为 interface{}类型的切片。实现这一点的一种方法是使用以下代码。

```
empty := make([]interface{}, len(os.Args[1:]))
for i, v := range os.Args {
    empty[i] = v
}
```

现在，您可以使用 empty...作为可变参数函数的参数。这是与可变参数函数和打包操作符有关的唯一微妙之处。

注意

由于没有标准库函数为您执行该转换，因而必须编写自己的代码。注意，转换需要时间，因为代码必须访问所有切片元素。切片拥有的元素越多，转换所需时间就越长。该主题也在 https://github.com/golang/go/wiki/InterfaceSlice 上进行了讨论。

下面讨论可变参数函数的实际应用。使用文本编辑器输入以下 Go 代码，并将其保存为 variadic.go。

```
package main

import (
    "fmt"
    "os"
)
```

由于可变参数函数内建于语言的语法中，因而不需要任何额外的内容来支持可变参数函数。

```
func addFloats(message string, s ...float64) float64 {
```

这是一个接收一个 string 和任意数量的 float64 值的可变参数函数。它打印 string 变量并计算 float64 值的总和。

```
fmt.Println(message)
sum := float64(0)
for _, a := range s {
    sum = sum + a
}
```

像以往一样，for 循环将打包操作符作为切片来访问，且没有什么特别之处。

```
    s[0] = -1000
    return sum
}
```

此外，也可以访问 s 切片中的各个元素。

```
func everything(input ...interface{}) {
    fmt.Println(input)
}
```

这是另一个接收任意数量 interface{}值的可变参数函数。

```
func main() {
    sum := addFloats("Adding numbers...", 1.1, 2.12, 3.14, 4, 5, -1,
    10)
```

此处可以将可变参数函数的参数内联放置。

```
fmt.Println("Sum:", sum)
```

```
s := []float64{1.1, 2.12, 3.14}
```

但通常使用带有解包操作符的切片变量。

```
sum = addFloats("Adding numbers...", s...)
fmt.Println("Sum:", sum)
everything(s)
```

上述代码可以正常工作，因为 s 的内容没有被解包。

```
// Cannot directly pass []string as []interface{}
// You have to convert it first!
empty := make([]interface{}, len(os.Args[1:]))
```

可以将[]string 转换为[]interface{}，以便使用解包操作符。

```
for i, v := range os.Args[1:] {
    empty[i] = v
}
everything(empty...)
```

现在，我们可以解包 empty 的内容。

```
arguments := os.Args[1:]
empty = make([]interface{}, len(arguments))
for i := range arguments {
    empty[i] = arguments[i]
}
```

这是一种将[]string 转换为[]interface{}的方式，且略有不同。

```
    everything(empty...)
    // This will work!
    str := []string{"One", "Two", "Three"}
    everything(str, str, str)
}
```

上述语句有效，因为我们传递了整个 str 变量 3 次，而不是它的内容。因此，切片包有 3 个元素，每个元素等于 str 变量的内容。

运行 variadic.go 会产生以下输出。

```
$ go run variadic.go
Adding numbers...
Sum: 24.36
```

```
Adding numbers...
Sum: 6.36
[[-1000 2.12 3.14]]
[]
[]
[[One Two Three] [One Two Three] [One Two Three]]
```

输出的最后一行显示已将 str 变量作为 3 个独立的实体传递给 everything()函数 3 次。

当希望在函数中持有未知数量的参数时，可变参数函数非常有用。下一节将讨论 defer 的使用。

5.2.7　defer 关键字

到目前为止，我们已经在 ch03/csvData.go 中以及电话簿应用程序的实现中看到了 defer 的使用。但是，defer 有什么作用呢？defer 关键字将一个函数的执行推迟到外围函数返回时。

通常，defer 在文件 I/O 操作中使用，目的是将关闭打开文件的函数调用放置在打开文件的调用附近，这样就不必记住在函数退出前关闭已经打开的文件。

记住，延迟函数是在外围函数返回后按后进先出（LIFO）顺序执行的。简单地说，这意味着如果在同一个外围函数中，首先执行函数 f1()，其次执行函数 f2()，最后执行函数 f3()；那么当外围函数即将返回时，函数 f3()将首先执行，函数 f2()其次执行，而函数 f1()将最后执行。

在这一部分中，我们将讨论如果不小心使用 defer 可能带来的危险，并通过一个简单的程序进行说明。defer.go 的代码如下所示。

```
package main

import (
    "fmt"
)

func d1() {
   for i := 3; i > 0; i-- {
      defer fmt.Print(i, " ")
   }
}
```

在函数 d1()中，defer 在函数体内部执行，仅仅是一个 fmt.Print()调用。记住，这些对

fmt.Print()的调用是在函数 d1()返回前立即执行的。

```
func d2() {
    for i := 3; i > 0; i-- {
        defer func() {
            fmt.Print(i, " ")
        }()
    }
    fmt.Println()
}
```

在函数 d2()中，defer 附加到一个不接收任何参数的匿名函数上。在实践中，这意味着匿名函数应该自己获取 i 的值——这是危险的，因为 i 的当前值取决于匿名函数何时执行。

注意

匿名函数是一个闭包，这就是为什么它能访问通常不在作用域内的变量。

```
func d3() {
    for i := 3; i > 0; i-- {
        defer func(n int) {
            fmt.Print(n, " ")
        }(i)
    }
}
```

在这种情况下，i 的当前值作为参数传递给匿名函数，用来初始化 n 函数参数。这意味着关于 i 的值没有任何歧义。

```
func main() {
    d1()
    d2()
    fmt.Println()
    d3()
    fmt.Println()
}
```

main()的任务是调用 d1()、d2()和 d3()。

运行 defer.go 会产生以下输出。

```
$ go run defer.go
1 2 3
0 0 0
1 2 3
```

您很可能会发现生成的输出复杂且难以理解，这证明了如果代码不清晰和明确，defer 的操作和结果可能会很棘手。接下来将对结果加以解释，以便更好地理解代码。

让我们从由 d1()函数生成的输出的第一行(1 2 3)开始。d1()中的 i 值按顺序是 3、2 和 1。在 d1()中被推迟的函数是 fmt.Print()语句；因此，当 d1()函数即将返回时，将会得到 for 循环中 i 变量的 3 个值（以相反的顺序）。这是因为推迟执行的函数按照后进先出（LIFO）的顺序执行。

接下来解释由 d2()函数产生的输出的第 2 行内容。我们在输出中得到 3 个 0 而不是 1、2、3，原因是 for 循环结束后，i 的值变为 0，因为正是这个值使得 for 循环终止。但是，这里的棘手之处在于，由于匿名函数没有参数，推迟执行的匿名函数在 for 循环结束后被求值，这意味着它被求值了 3 次，每次 i 的值都是 0，因此产生了生成的输出结果。这种令人困惑的代码可能会导致项目中产生一些棘手的错误，因此尽量避免这种情况。

最后，我们将讨论由 d3()函数生成的输出的第 3 行内容。由于匿名函数的参数，每次推迟执行匿名函数时，它都会获取并因此使用 i 的当前值。因此，匿名函数的每次执行都有不同的值进行处理，且没有任何歧义，因此产生了生成的输出结果。

自此，我们清楚地知道使用 defer 的最佳方法是第 3 种，即在 d3()函数中展示的代码，因为我们有意以易于阅读的方式在匿名函数中传递所需的变量。现在我们已经学习了 defer 的使用，接下来将讨论如何开发自己的包。

5.3　开发自己的包

在某些时候，您将需要开发自己的包来组织代码，并在需要时进行分发。正如本章开头所述，所有以大写字母开头的内容都被视为公共的，并且可以从其包外部访问，而所有其他元素都被视为私有的。Go 语言规则的唯一例外是包名——尽管允许使用大写字母的包名，但最佳实践是使用小写包名。

手动编译 Go 包可以在本地机器上进行，如果包已经存在的话，但从互联网上下载包后也会自动进行编译，因此无须担心。此外，如果下载的包包含任何错误，您将在下载时得知。

然而，如果想自己编译已保存在 post05.go 文件中的包（PostgreSQL 和第 5 章的结合），您可以使用以下命令。

```
$ go build -o post.a post05.go
```

因此，上述命令编译了 post05.go 文件，并将输出保存在 post.a 文件中。

```
$ file post.a
post.a: current ar archive
```

其中，post.a 文件是一个 ar 归档文件。

注意

编译 Go 包的主要原因是为了检查代码中的语法或其他类型的错误。此外，还可以将 Go 包构建为插件（https://golang.org/pkg/plugin/）或共享库，这里不做更详细的讨论。

5.3.1　init()函数

每个 Go 包都可以选择性地拥有一个名为 init()的私有函数，它在执行开始时自动运行。也就是说，init()函数在程序执行开始、包被初始化时运行。init()函数具有以下特点。

（1）init()函数不接受任何参数。

（2）init()函数不返回任何值。

（3）init()函数是可选的。

（4）init()函数由 Go 隐式调用。

（5）可以在 main 包中有一个 init()函数。在这种情况下，init()函数在 main()函数之前执行。实际上，所有的 init()函数总是在 main()函数之前执行。

（6）一个源文件可以包含多个 init()函数，这些函数按照声明的顺序执行。

（7）包的 init()函数或函数只执行一次，即使包被导入多次。

（8）Go 包可以包含多个文件。每个源文件可以包含一个或多个 init()函数。

init()函数被设计为私有函数，这意味着它不能从包含它的包之外被调用。此外，由于包的使用者对 init()函数没有控制权，因此在公共包中使用 init()函数或在 init()函数中更改任何全局状态之前，都应该仔细考虑。

init()函数的使用在某些情况下是有意义的。

（1）在执行包函数或方法之前初始化可能需要时间的网络连接。

（2）在执行包函数或方法之前初始化与一个或多个服务器的连接。

（3）创建所需的文件和目录。

（4）检查所需的资源是否可用或不可用。

由于执行顺序有时可能令人困惑，在下一小节中，我们将更详细地解释执行顺序。

5.3.2　执行顺序

本节说明了 Go 代码是如何执行的。例如，如果 main 包导入了包 A，而包 A 依赖于包

B，那么将发生以下情况。

（1）过程从 main 包开始。

（2）main 包导入了包 A。

（3）包 A 导入了包 B。

（4）如果存在，包 B 中的全局变量被初始化。

（5）如果存在，包 B 的 init()函数或函数将运行。这是第一个被执行的 init()函数。

（6）如果存在，包 A 中的全局变量被初始化。

（7）如果存在，包 A 的 init()函数或函数将运行。

（8）main 包中的全局变量被初始化。

（9）如果存在，main 包的 init()函数或函数将运行。

（10）main 包的 main()函数开始执行。

注意

如果 main 包自身也导入了包 B，将不会发生任何事情，因为与包 B 相关的一切都由包 A 触发。这是因为包 A 首先导入了包 B。

图 5.1 展示了 Go 语言中代码执行顺序背后发生的情况。

读者可以通过阅读 Go 语言规范文档中的 https://golang.org/ref/spec#Order_of_evaluation 了解有关 Go 代码执行顺序的更多信息，以及通过 https://golang.org/ref/spec#Package_ initialization 了解有关包初始化的信息。

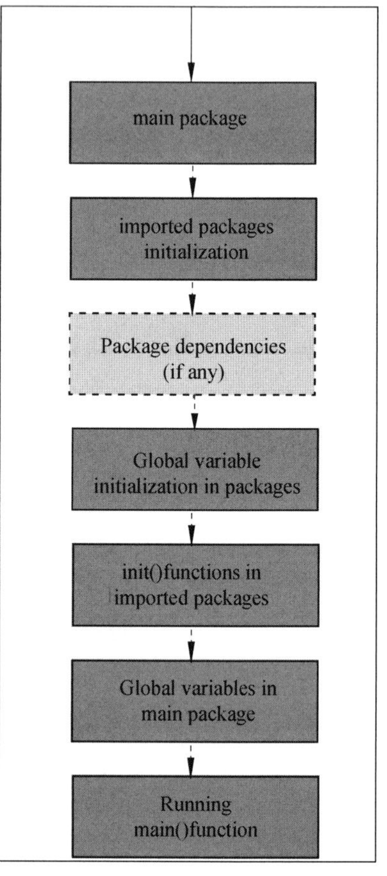

图 5.1　Go 语言中的代码执行顺序

5.4　使用 GitHub 存储 Go 包

本节将讨论如何创建一个 GitHub 库，您可以在其中保存 Go 包并将其提供给外界。

首先需要自己创建 GitHub 库。创建一个新的 GitHub 库最简便的方式是访问 GitHub 网站并转到 Repositories 标签页，在那里可以看到现有的库并创建新的库。按下 New 按钮并输入创建新 GitHub 库所需的必要信息。如果用户将库设置为公开，那么每个人都能看到它；如果它是一个私有仓库，那么只有您选择的人才能查看它。

注意

在 GitHub 仓库中拥有一个清晰的 README.md 文件，并解释 Go 包的工作方式，可视为一种很好的实践方式。

接下来需要将仓库克隆到本地计算机上。笔者通常使用 git(1)工具来克隆。由于库的名称是 post05，并且笔者的 GitHub 用户名是 mactsouk，因此 git 克隆命令如下所示。

```
$ git clone git@github.com:mactsouk/post05.git
```

输入 cd post05 后即完成了设置。之后只需编写 Go 包的代码，并记得使用 git commit 和 git push 将代码提交到 GitHub 库即可。图 5.2 显示了一个库在使用一段时间后的样子，读者将很快了解到更多关于 post05 库的信息。

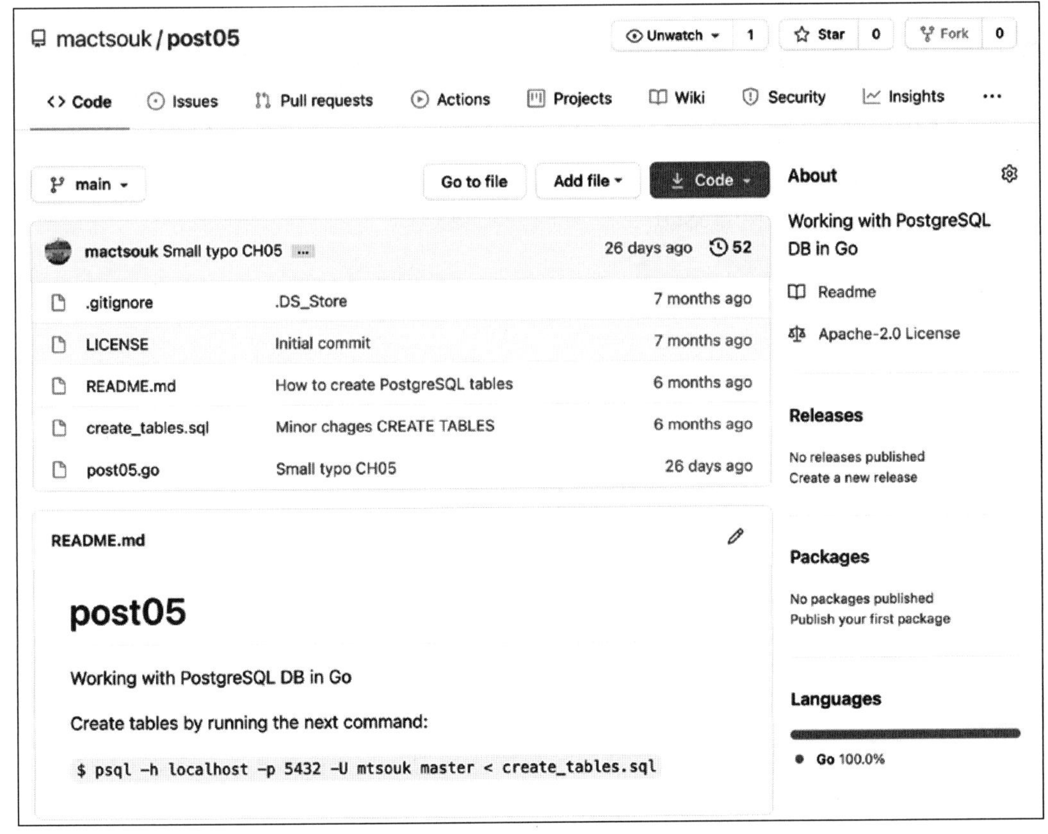

图 5.2　包含 Go 包的 GitHub 库

注意

使用 GitLab 而不是 GitHub 来托管代码，不需要您改变工作方式。

如果想使用该包，只需要通过其 URL 使用 go get 命令获取该包即可，并在 import 块中包含它，我们将在实际程序中使用包时看到这一点。

下一节将介绍一个 Go 包，它允许用户与数据库进行交互。

5.5　用于操作数据库的包

本节将开发一个用于操作存储在 Postgres 数据库中的、给定数据库模式的 Go 包，最终目标是展示如何开发、存储和使用一个包。在应用程序中与特定的模式和表交互时，通常会创建单独的包，包含所有与数据库相关的函数，这也适用于 NoSQL 数据库。

Go 提供了一个通用包（https://golang.org/pkg/database/sql/），用于操作数据库。然而，每个数据库都需要一个特定的包作为驱动程序，允许 Go 连接并操作这个特定的数据库。

创建所需 Go 包的步骤如下所示。

（1）下载用于操作 PostgreSQL 的必要的外部 Go 包。

（2）创建包文件。

（3）开发所需的函数。

（4）使用 Go 包开发实用工具。

（5）使用 CI/CD 工具进行自动化（这是可选的）。

读者可能想知道，为什么要创建这样一个用于操作数据库的包，而不是在程序需要时直接编写实际命令？这样做的原因包括以下几点。

（1）一个 Go 包可以被所有与应用程序合作的团队成员共享。

（2）一个 Go 包允许用户以文档化的方式使用数据库。

（3）在 Go 包中放置的专用函数更能满足您的需求。

（4）用户不需要对数据库进行完全访问，他们只使用包函数及其提供的功能性。

（5）如果对数据库进行了更改，只要 Go 包的函数保持不变，用户就不需要知道这些更改。

简而言之，您创建的函数可以与特定的数据库架构交互，包括其表和数据——如果不知道表是如何相互连接的，几乎不可能在不了解的数据库架构上工作。

简单来说，创建的函数可以与特定的数据库模式交互，包括表和数据。如果不了解表之间的连接关系，几乎不可能操作一个未知的数据库模式。

注意

除所有这些技术原因之外，创建被多个开发者共享的 Go 包也也不失为一件有趣的事情。

接下来让我们继续深入了解数据库及其表。

5.5.1　了解数据库

您很可能需要下载一个额外的包来与 Postgres、MySQL 或 MongoDB 等数据库服务器一起工作。由于我们正在使用 PostgreSQL，因此需要下载一个 Go 包，以便能够与 PostgreSQL 通信。连接 PostgreSQL 主要涉及两个 Go 包，这里将使用 github.com/lib/pq 包，但具体选择哪个包则由您决定。

注意

还有一个用于操作 PostgreSQL 的 Go 包，名为 jackc/pgx，读者可以在 https://github.com/JackC/pgx 中找到。

您可以按照以下方式下载该包。

```
$ go get github.com/lib/pq
```

为了简化操作，PostgreSQL 服务器是通过一个 Docker 镜像执行的，并使用 docker-compose.yml 文件，其内容如下所示。

```
version: '3'

services:
  postgres:
    image: postgres
    container_name: postgres
    environment:
      - POSTGRES_USER=mtsouk
      - POSTGRES_PASSWORD=pass
      - POSTGRES_DB=master
    volumes:
    - ./postgres:/var/lib/postgresql/data/
    networks:
    - psql
    ports:
```

```
  - "5432:5432"

volumes:
  postgres:

networks:
  psql:
      driver: bridge
```

PostgreSQL 服务器默认监听的端口号是 5432。由于我们从同一台机器连接到该 PostgreSQL 服务器，将要使用的主机名是 localhost；或者如果您更喜欢使用 IP 地址，那么为 127.0.0.1。如果使用的是不同的 PostgreSQL 服务器，那么需相应更改后续代码中的连接详情。

注意

在 PostgreSQL 中，模式是一个包含命名数据库对象（如表、视图和索引）的命名空间。PostgreSQL 为每个新数据库自动创建一个名为 public 的模式。

下面的 Go 实用工具名为 getSchema.go，验证能否成功连接到 PostgreSQL 数据库，并获取给定数据库及公共模式中可用数据库和表的列表。所有连接信息都作为命令行参数提供。

```
package main

import (
    "database/sql"
    "fmt"
    "os"
    "strconv"

    _ "github.com/lib/pq"
)
```

lib/pq 包，即与 PostgreSQL 数据库的接口，在代码中并不直接使用。因此，需要使用下画线（_）导入 lib/pq 包，以防止 Go 编译器生成与导入包而没有“使用”它相关的错误信息。

大多数情况下，不需要使用下画线（_）导入包，但这是其中的一个例外。这种导入通常是因为导入的包具有副作用，例如将自身注册为 sql 包的数据库处理器。

```
func main() {
```

```
    arguments := os.Args
    if len(arguments) != 6 {
        fmt.Println("Please provide: hostname port username password
        db")
        return
}
```

可以看到，好的帮助消息对于此类实用工具所需的信息来说非常方便。

```
host := arguments[1]
p := arguments[2]
user := arguments[3]
pass := arguments[4]
database := arguments[5]
```

此处是用来收集数据库连接的详细信息的地方。

```
    // Port number SHOULD BE an integer
    port, err := strconv.Atoi(p)
    if err != nil {
        fmt.Println("Not a valid port number:", err)
        return
    }

    // connection string
    conn := fmt.Sprintf("host=%s port=%d user=%s password=%s dbname=%s
sslmode=disable", host, port, user, pass, database)
```

上述代码显示了如何定义连接字符串，其中包含连接到 PostgreSQL 数据库服务器的详细信息。连接字符串应该传递给 sql.Open()函数以建立连接。到目前为止，我们还没有建立连接。

```
// open PostgreSQL database
db, err := sql.Open("postgres", conn)
if err != nil {
    fmt.Println("Open():", err)
    return
}
defer db.Close()
```

sql.Open()函数打开数据库连接，并保持其开启状态，直到程序结束，或者直到执行 Close()以正确关闭数据库连接。

```
// Get all databases
rows, err := db.Query('SELECT "datname" FROM "pg_database"
WHERE datistemplate = false')
if err != nil {
    fmt.Println("Query", err)
    return
}
```

为了执行一个 SELECT 查询，需要首先创建该查询。由于所展示的 SELECT 查询不包含参数，这意味着它不会根据变量而改变，此处可以将它传递给 Query()函数并执行查询。SELECT 查询的实时结果被保存在 rows 变量中，这是一个游标。我们不会一次性从数据库中获取所有结果，因为一个查询可能会返回数百万条记录，但我们会逐条获取它们——这就是使用游标的意义。

```
for rows.Next() {
    var name string
    err = rows.Scan(&name)
    if err != nil {
        fmt.Println("Scan", err)
        return
    }
    fmt.Println("*", name)
}
defer rows.Close()
```

之前的代码展示了如何处理 SELECT 查询的结果，这些结果可能从无到多行不等。由于 rows 变量是一个游标，因而可以通过调用 Next()方法逐行前进。之后需要将 SELECT 查询返回的值赋给 Go 语言变量以便使用它们。这是通过调用 Scan()方法实现的，该方法需要指针参数。如果 SELECT 查询返回多个值，则需要在 Scan()函数中放置多个参数。最后，必须对 rows 变量使用 defer 并调用 Close()方法，以关闭语句并释放使用的各种资源。

```
// Get all tables from __current__ database
query := 'SELECT table_name FROM information_schema.tables WHERE
    table_schema = 'public' ORDER BY table_name'
rows, err = db.Query(query)
if err != nil {
    fmt.Println("Query", err)
    return
}
```

我们打算在当前数据库中执行另一个由用户提供的 SELECT 查询。为了简化和创建易于阅读的代码，SELECT 查询的定义被保存在 query 变量中。query 变量的内容被传递给 db.Query()方法。

```
    // This is how you process the rows that are returned from SELECT
    for rows.Next() {
        var name string
        err = rows.Scan(&name)
        if err != nil {
            fmt.Println("Scan", err)
            return
        }
        fmt.Println("+T", name)
    }
    defer rows.Close()
}
```

再次强调，我们需要使用 rows 游标和 Next()方法处理 SELECT 语句返回的行。

运行 getSchema.go 将生成以下类型的输出。

```
$ go run getSchema.go localhost 5432 mtsouk pass go
* postgres
* master
* go
+T userdata
+T users
```

输出结果表明，以*开头的行显示 PostgreSQL 数据库，而以+T 开头的行显示数据库表。因此，这个特定的 PostgreSQL 安装包含 3 个名为 postgres、master 和 go 的数据库。由最后一个命令行参数指定的 go 数据库的公共模式包含两个名为 userdata 和 users 的表。

getSchema.go 工具的主要优点是它是通用的，可以用来了解更多关于 PostgreSQL 服务器的信息，这也是它需要如此多命令行参数才能工作的主要原因。

现在我们知道了如何使用 Go 语言访问和查询 PostgreSQL 数据库，下一个任务应该是创建一个 GitHub 或 GitLab 仓库，用于保存和分发即将开发的 Go 包。

5.5.2　存储 Go 包

首先应创建一个存储 Go 包的库。在当前情况下，我们将使用一个 GitHub 库来保存该包。在向外界公开之前，在开发期间保持 GitHub 库的私密性不失为一个好主意，特别是正在创建一些关键性的内容时。

注意

保持 GitHub 仓库的私密性不会影响开发过程，但它可能会使共享 Go 包变得更加困难，因此在某些情况下，将其设为公开可能是一个好的选择。

出于简单考虑，我们将使用一个名为 post05 的公共 Go，其完整 URL 是 https://github.com/mactsouk/post05。要在机器上使用该包，应该首先使用 go get 获取它。然而，在开发过程中，您应该从 git clone git@github.com:mactsouk/post05.git 开始，以获取 GitHub 库的内容并对其进行更改。

5.5.3 Go 包的设计

图 5.3 展示了 Go 包所操作的数据库模式。记住，在与特定数据库和架构工作时，需要在 Go 代码中“包含”架构信息。简单来说，Go 代码应该了解它所操作的模式。

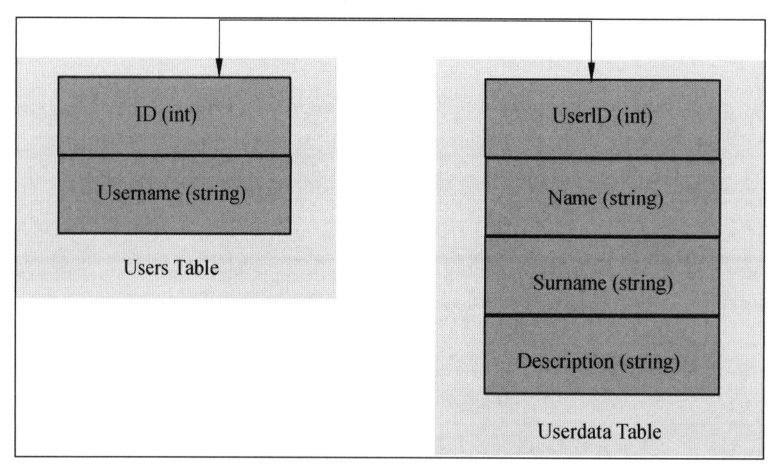

图 5.3　Go 包所操作的两个数据库表

这是一个简单的架构，允许保存用户数据并进行更新。连接这两个表的是用户 ID，并且应该是唯一的。此外，Users 表上的 Username 字段也应该是唯一的，因为两个或更多的用户不能共享同一个用户名。

该模式已经存在于 PostgreSQL 数据库服务器中，这意味着 Go 代码假定相关表位于正确的位置，并且存储在正确的 PostgreSQL 数据库中。除 Users 之外，还有一个名为 Userdata 的表，用于保存关于每个用户的信息。一旦在 Userdata 中输入了记录，它就不能被更改。然而，可以改变的是存储在 Userdata 表中的数据。

如果想在名为 go 的数据库中创建 Users 数据库以及两个表，可以执行以下语句，这些语句保存在名为 create_tables.sql 的文件中，并使用 psgl 工具执行。

```
DROP DATABASE IF EXISTS go;
CREATE DATABASE go;

DROP TABLE IF EXISTS Users;
DROP TABLE IF EXISTS Userdata;

\c go;

CREATE TABLE Users (
    ID SERIAL,
    Username VARCHAR(100) PRIMARY KEY
);

CREATE TABLE Userdata (
    UserID Int NOT NULL,
    Name VARCHAR(100),
    Surname VARCHAR(100),
    Description VARCHAR(200)
);
```

用于操作 Postgres 的命令行工具称为 psql。执行 create_tables.sql 代码的 psql 命令如下所示。

```
$ psql -h localhost -p 5432 -U mtsouk master < create_tables.sql
```

接下来开始讨论 Go 包。为了简化查和做，Go 包应该执行以下任务。

（1）创建一个新用户。

（2）删除现有用户。

（3）更新现有用户。

（4）列出所有用户 。

每项任务都应该有一个或多个 Go 函数或方法来支持，这正是我们将要在 Go 包中实现的内容。

（1）一个用于初始化 Postgres 连接的函数——连接详情应由用户提供，并且该包应该能够使用这些信息。然而，用于初始化连接的辅助函数可以是私有的。

（2）某些连接详情中应存在默认值。

（3）一个检查给定用户名是否存在的函数，这可能是一个私有的辅助函数。

（4）一个将新用户插入数据库的函数。

（5）一个从数据库中删除现有用户的函数。

（6）一个用于更新现有用户的函数。

（7）一个列出所有用户的函数。

现在我们已经了解了 Go 包的整体结构和功能，接下来将讨论其实现方式。

5.5.4　Go 包的实现

在本节中，我们将实现用于操作 Postgres 数据库及给定数据库模式的 Go 语言包，并将分别展示每个函数。如果将所有这些函数合并在一起，那么我们就拥有了整个包的功能。

注意

在包开发过程中，应该定期将更改提交到 GitHub 或 GitLab 代码库。

Go 包中所需的第一个元素是一个或多个能够存储数据库表中数据的结构体。大多数情况下，我们需要与数据库表一样多的结构体。因此，我们将定义以下结构体。

```
type User struct {
    ID int
    Username string
}

type Userdata struct {
    ID int
    Name string
    Surname string
    Description string
}
```

可以看到，创建两个独立的 Go 结构体是没有意义的。这是因为 User 结构体并不包含实际的数据，而且将多个结构体传递给处理 Users 和 Userdata PostgreSQL 表数据的函数也是没有意义的。因此，可以创建一个单一的 Go 结构体来存储所有已定义的数据，如下所示。

```
type Userdata struct {
    ID int
    Username string
    Name string
    Surname string
```

```
    Description string
}
```

为了简单起见，可按照数据库表的名称来命名这个结构体。然而，在这种情况下，这并不完全准确，因为 Userdata 结构体拥有比 Userdata 数据库表更多的字段。事实上，我们并不需要 Userdata 数据库表中的所有内容。

这里，包的前言如下所示。

```
package post05

import (
    "database/sql"
    "errors"
    "fmt"
    "strings"
    _ "github.com/lib/pq"
)
```

此处将首次看到一个不同于 main 的包名，这种情况下是 post05。由于该包与 PostgreSQL 通信，因此我们导入了 github.com/lib/pq 包，并在包路径前使用了下画线(_)。正如之前讨论的，这是因为导入的包正在将自身注册为 sql 包的数据库处理器，但它并没有在代码中被直接使用，只是通过 sql 包被使用。

接下来应该确定用于存储连接详情的变量。在 post05 包的情况下，这可以通过以下全局变量来实现。

```
// Connection details
var (
    Hostname = ""
    Port = 2345
    Username = ""
    Password = ""
    Database = ""
)
```

除 Port 变量具有初始值外，其他全局变量都具有其数据类型的默认值，即 string 类型。所有这些变量必须由使用 post05 包的 Go 代码正确初始化，并且应该能够从包外部访问，这意味着它们的第一个字母应该是大写的。

定义为私有的 openConnection()函数仅在包的作用域内访问，如下所示。

```
func openConnection() (*sql.DB, error) {
```

```
    // connection string
    conn := fmt.Sprintf("host=%s port=%d user=%s password=%s dbname=%s
    sslmode=disable", Hostname, Port, Username, Password, Database)

    // open database
    db, err := sql.Open("postgres", conn)
    if err != nil {
    return nil, err
    }
    return db, nil
}
```

前述内容已经介绍了 getSchema.go 工具中的代码，其间创建了连接字符串并将其传递给 sql.Open()。

下面考察 exists()函数，该函数同样是私有的。

```
// The function returns the User ID of the username
// -1 if the user does not exist
func exists(username string) int {
    username = strings.ToLower(username)

    db, err := openConnection()
    if err != nil {
        fmt.Println(err)
        return -1
    }
    defer db.Close()

    userID := -1
    statement := fmt.Sprintf('SELECT "id" FROM "users" where username =
    '%s'',username)
    rows, err := db.Query(statement)
```

这是我们定义查询的地方，用以显示提供的用户名是否存在于数据库中。由于所有的数据都存储在数据库中，因而需要不断地与数据库进行交互。

```
for rows.Next() {
    var id int
    err = rows.Scan(&id)
    if err != nil {
        fmt.Println("Scan", err)
        return -1
    }
```

如果 rows.Scan(&id)调用没有出现任何错误，即可知道已经返回了一个结果，即所需的用户 ID。

```
        userID = id
    }
    defer rows.Close()
    return userID
}
```

exists()函数的最后一部分设置或关闭查询以释放资源，并返回作为参数传递给 exists()的用户名的 ID 值。

注意

在开发过程中，笔者在包代码中包含了许多 fmt.Println()语句，并用于调试目的。然而，笔者在 Go 包的最终版本中移除了大部分这些语句，并用错误值替代了它们。这些错误值被传递给使用包功能的程序，该程序负责决定如何处理错误消息和错误条件。读者也可以为此使用日志记录——输出可以发送到标准输出，甚至可以发送到/dev/null 中。

AddUser()函数实现如下所示。

```
// AddUser adds a new user to the database
// Returns new User ID
// -1 if there was an error
func AddUser(d Userdata) int {
    d.Username = strings.ToLower(d.Username)
```

所有用户名都转换为小写，以避免重复。这可视为一种设计决策。

```
db, err := openConnection()
if err != nil {
    fmt.Println(err)
    return -1
}
defer db.Close()

userID := exists(d.Username)
if userID != -1 {
    fmt.Println("User already exists:", Username)
    return -1
}

insertStatement := 'insert into "users" ("username") values ($1)'
```

这是我们构建接收参数的查询方式。所展示的查询需要一个名为$1 的值。

```
_, err = db.Exec(insertStatement, d.Username)
```

这是将所需的值，即 d.Username，传递到 insertStatement 变量的方式。

```
if err != nil {
	fmt.Println(err)
	return -1
}

userID = exists(d.Username)
if userID == -1 {
	return userID
}

insertStatement = 'insert into "userdata" ("userid", "name",
"surname", "description") values ($1, $2, $3, $4)'
```

所展示的查询需要 4 个值，分别命名为$1、$2、$3 和$4。

```
_, err = db.Exec(insertStatement, userID, d.Name, d.Surname,
d.Description)
if err != nil {
	fmt.Println("db.Exec()", err)
	return -1
}
```

由于需要向 insertStatement 传递 4 个变量，我们将在 db.Exec()调用中放入 4 个值。

```
	return userID
}
```

函数的结束部分将新用户添加到数据库中。DeleteUser()函数的实现如下所示。

```
// DeleteUser deletes an existing user
func DeleteUser(id int) error {
	db, err := openConnection()
	if err != nil {
		return err
	}
	defer db.Close()

	// Does the ID exist?
```

```
    statement := fmt.Sprintf('SELECT "username" FROM "users" where id =
    %d', id)
    rows, err := db.Query(statement)
```

这里，我们再次检查给定的用户 ID 是否存在于用户表中。

```
var username string
for rows.Next() {
    err = rows.Scan(&username)
    if err != nil {
        return err
    }
}
defer rows.Close()

if exists(username) != id {
    return fmt.Errorf("User with ID %d does not exist", id)
}
```

如果之前返回的用户名存在，并且与 DeleteUser()函数的参数具有相同的用户 ID，那么可以继续执行包含两个步骤的删除过程：首先，从 userdata 表中删除相关的用户数据；其次，从 users 表中删除数据。

```
    // Delete from Userdata
    deleteStatement := 'delete from "userdata" where userid=$1'
    _, err = db.Exec(deleteStatement, id)
    if err != nil {
        return err
    }

    // Delete from Users
    deleteStatement = 'delete from "users" where id=$1'
    _, err = db.Exec(deleteStatement, id)
    if err != nil {
        return err
    }

    return nil
}
```

接下来考察 ListUsers()函数实现。

```
func ListUsers() ([]Userdata, error) {
```

```
    Data := []Userdata{}
    db, err := openConnection()
    if err != nil {
        return Data, err
    }
    defer db.Close()
```

再次强调，在执行数据库查询之前需要打开数据库的连接。

```
rows, err := db.Query('SELECT
    "id","username","name","surname","description"
    FROM "users","userdata"
    WHERE users.id = userdata.userid')
if err != nil {
    return Data, err
}

for rows.Next() {
    var id int
    var username string
    var name string
    var surname string
    var description string
    err = rows.Scan(&id, &username, &name, &surname, &description)
    temp := Userdata{ID: id, Username: username, Name: name,
    Surname: surname, Description: description}
```

此处将把从 SELECT 查询中接收到的数据存储到 Userdata 结构体中。这将被添加到从 ListUsers()函数返回的切片中。该过程会持续进行，直到没有剩余内容可读取。

```
        Data = append(Data, temp)
        if err != nil {
            return Data, err
        }
    }
    defer rows.Close()
    return Data, nil
}
```

在更新了 Data 的内容之后，我们结束了查询，函数返回了存储在 Data 中的可用用户列表。

最后将考察 UpdateUser()函数。

```
// UpdateUser is for updating an existing user
func UpdateUser(d Userdata) error {
    db, err := openConnection()
    if err != nil {
        return err
    }
    defer db.Close()

    userID := exists(d.Username)
    if userID == -1 {
        return errors.New("User does not exist")
}
```

首先需要确保给定的用户名存在于数据库中——更新过程是基于用户名进行的。

```
    d.ID = userID
    updateStatement := 'update "userdata" set "name"=$1, "surname"=$2,
    "description"=$3 where "userid"=$4'
    _, err = db.Exec(updateStatement, d.Name, d.Surname, d.Description,
    d.ID)
    if err != nil {
        return err
    }

    return nil
}
```

存储在updateStatement中的更新语句，使用db.Exec()函数和所需的参数执行，以更新用户数据。

现在我们已经了解了如何在post05包中实现每个函数的细节，接下来将考察如何使用包。

5.5.5　测试Go包

为了测试包，必须开发一个名为postGo.go的命令行工具。

注意

由于postGo.go使用了一个外部包，即使我们开发了该包，也不应该忘记使用go get或go get -u下载外部包的最新版本。

由于 postGo.go 仅用于测试目的，因此除了存入数据库的用户名，大多数数据都是硬编码的，所有用户名都是随机生成的。

postGo.go 的代码如下所示。

```
package main

import (
    "fmt"
    "math/rand"
    "time"

    "github.com/mactsouk/post05"
)
```

由于 post05 包与 Postgres 协作，因此这里无须导入 lib/pq 库。

```
var MIN = 0
var MAX = 26

func random(min, max int) int {
    return rand.Intn(max-min) + min
}

func getString(length int64) string {
    startChar := "A"
    temp := ""
    var i int64 = 1
    for {
        myRand := random(MIN, MAX)
        newChar := string(startChar[0] + byte(myRand))
        temp = temp + newChar
        if i == length {
            break
        }
        i++
    }
    return temp
}
```

random()和 getString()都是辅助函数，用于生成用作用户名的随机字符串。

```
func main() {
```

```
    post05.Hostname = "localhost"
    post05.Port = 5432
    post05.Username = "mtsouk"
    post05.Password = "pass"
    post05.Database = "go"
```

这里定义与 Postgres 服务器的连接参数，以及要使用的数据库（go）。由于所有这些变量都在 post05 软件包中，因此它们就是以这种方式被访问的。

```
data, err := post05.ListUsers()
if err != nil {
    fmt.Println(err)
    return
}
for _, v := range data {
    fmt.Println(v)
}
```

这里，首先列出现有用户。

```
SEED := time.Now().Unix()
rand.Seed(SEED)
random_username := getString(5)
```

然后我们生成一个用作用户名的随机字符串。所有随机生成的用户名都是 5 个字符长，这是由于 getString(5)调用的结果。如果需要，您可以更改这个值。

```
t := post05.Userdata{
    Username: random_username,
    Name: "Mihalis",
    Surname: "Tsoukalos",
    Description: "This is me!"}

id := post05.AddUser(t)
if id == -1 {
    fmt.Println("There was an error adding user", t.Username)
}
```

上述代码将新用户添加到数据库中，即用户数据，包括用户名，并存储在 post05.Userdata 结构体中。post05.Userdata 结构体被传递给 post05.AddUser()函数，该函数返回新用户的用户 ID。

```
err = post05.DeleteUser(id)
```

```
if err != nil {
    fmt.Println(err)
}
```

这里，我们使用由 post05.AddUser(t)返回的用户 ID 值删除创建的用户。

```
// Trying to delete it again!
err = post05.DeleteUser(id)
if err != nil {
    fmt.Println(err)
}
```

如果尝试再次删除同一个用户，此过程将会失败，因为该用户已不存在。

```
id = post05.AddUser(t)
if id == -1 {
    fmt.Println("There was an error adding user", t.Username)
}
```

这里，我们再次添加同一个用户。然而，由于用户 ID 值是由 Postgres 生成的，这一次，该用户将拥有与之前不同的用户 ID 值。

```
t = post05.Userdata{
    Username: random_username,
    Name: "Mihalis",
    Surname: "Tsoukalos",
    Description: "This might not be me!"}
```

这里，我们在将 post05.Userdata 结构体传递给 post05.UpdateUser()之前，更新了 Description 字段，以便更新存储在数据库中的信息。

```
    err = post05.UpdateUser(t)
    if err != nil {
        fmt.Println(err)
    }
}
```

运行 postGo.go 将会产生以下类型的输出。

```
$ go run postGo.go
{4 mhmxz Mihalis Tsoukalos This might not be me!}
{6 wsdlg Mihalis Tsoukalos This might not be me!}
User with ID 7 does not exist
```

上述输出确认了 postGo.go 按预期工作，因为它能够连接到数据库，添加新用户，以及删除现有用户。这也意味着 post05 包按预期工作。现在我们已经知道如何创建 Go 包，接下来将简要讨论 Go 模块。

5.6 模　　块

Go 模块类似于带有版本的 Go 包。然而，Go 模块可以由多个包组成。Go 使用语义化版本控制来管理模块的版本。这意味着版本号以字母 v 开始，后面跟着 major.minor.patch。因此，用户可以拥有像 v1.0.0、v1.0.5 和 v2.0.2 这样的版本。v1、v2 和 v3 部分表示 Go 包的主要版本，通常与旧版本不兼容。这意味着如果 Go 程序与 v1 版本兼容，它不一定与 v2 或 v3 版本兼容——可能兼容，但不能指望它一定兼容。版本中的第二个数字与功能相关。通常，v1.1.0 比 v1.0.2 或 v1.0.0 包含更多的功能，同时与所有旧版本兼容。最后，第三个数字只与错误修复相关，而没有引入任何新功能。注意，语义化版本控制也用于 Go 的版本。

注意

Go 模块在 Go 语言的 v1.11 版本中被引入，但在 v1.13 版本中才最终确定。

如果想进一步了解模块，可以访问并阅读 https://blog.golang.org/using-go-modules，它分为 5 个部分，以及 https://golang.org/doc/modules/developing。记住，Go 模块与常规的带版本的 Go 包相似，但并不完全相同，而且一个模块可以包含多个包。

5.7 创建更好的包

本节提供了一些有用的建议，可以帮助您创建更好的 Go 包。以下是创建高级 Go 包时应遵循的规则。

（1）包的第一个非官方规则是，它的元素必须以某种方式相互关联。因此，可以创建一个支持汽车的包，但创建同时支持汽车、自行车和飞机的单一包并不是一个好主意。简单来说，将一个包的功能拆分成多个包，比在一个单一的 Go 包中添加太多功能要好。

（2）第二个实用规则是，在将包公开给外界之前，应该首先自己使用它们一段合理的时间。这有助于发现错误，并确保包按预期运行。在使包公开可用之前，应该让一些同行开发者进行额外的测试。此外，应该始终为使用的包编写测试。

（3）接下来，确保包拥有一个清晰且实用的 API，以便任何使用者都能迅速地使用它提高生产力。

（4）尝试将包的公共 API 限制在绝对必要的范围内。此外，函数名应具有描述性且短小精悍。

（5）接口，以及在未来 Go 版本中可能出现的泛型，可以提升函数的实用性。因此，适当时，应使用接口而不是单一类型作为函数的参数或返回类型。

（6）在更新包时，尽量避免破坏现有功能并造成与旧版本的不兼容性，除非绝对必要。

（7）在开发一个新的 Go 包时，尝试使用多个文件以便将相似的任务或概念进行分组。

（8）不要从头开始创建一个已经存在的包。可对现有的包进行修改，并创建自己的版本。

（9）没有人希望一个 Go 包在屏幕上打印日志信息。在需要时通过标志开启日志记录将显得更加专业。另外，包的 Go 代码应该与程序的 Go 代码保持和谐。这意味着，如果查看一个使用包的程序，并且函数名称在代码中以不良方式突出显示，那么最好更改函数名称。由于包的名称几乎在所有地方都使用，因此应尝试使用简洁且富有表现力的包名称。

（10）如果将新的 Go 类型定义放在它们首次使用的附近，那么这样会更方便，因为没有人愿意在源文件中搜索新数据类型的定义。

（11）尝试为包创建测试文件，因为包含测试文件的包可视为一种更专业的行为。另外，细节决定一切，应让人们相信您是一名认真的开发者。请注意，为包编写测试不是可有可无的，应该避免使用不包含测试的包。读者将在第 11 章中了解更多关于测试的内容。

记住，除包中的实际 Go 代码应该是正确的之外，一个成功包的下一个最重要的要素是它的文档，以及一些阐明其用途并展示包中函数特性的代码示例。下一节将讨论在 Go 中生成文档。

5.8　生成文档

本节将讨论如何以 post05 包的代码为例，为 Go 代码生成文档。当前，新包已重命名，现在称为 document。

Go 遵循一个简单的规则来编写文档。为了记录一个函数、方法、变量，甚至是包本身，我们可以像平常一样写注释，这些注释应该直接位于想要记录的元素之前，其间不能有空行。您可以使用一个或多个单行注释，这些注释以//开头，或者使用块注释，这些注释以/*开头并以*/结尾，两者之间的一切内容都被视为注释。

注意

强烈建议为生成的每个 Go 包编写一个块注释，并放在包声明之前，以向开发者介绍该包，并解释该包的功能。

我们将不展示 post05 包的全部代码，而只展示重要的部分，这意味着函数实现只包含返回语句。post05.go 的新版本称为 document.go，并附带以下代码和注释。

```
/*

The package works on 2 tables on a PostgreSQL data base server.

The names of the tables are:

* Users
* Userdata

The definitions of the tables in the PostgreSQL server are:

CREATE TABLE Users (
ID SERIAL,
Username VARCHAR(100) PRIMARY KEY
);

CREATE TABLE Userdata (
UserID Int NOT NULL,
Name VARCHAR(100),
Surname VARCHAR(100),
Description VARCHAR(200)
);

This is rendered as code

This is not rendered as code

*/
package document
```

这是位于包名称之前的第一块文档，并可视为记录包功能以及其他重要信息的适当位置。在这种情况下，我们展示了 SQL 创建命令，这些命令充分描述了将要工作的数据库表。另一个重要元素是指定此包与之交互的数据库服务器。您可以在包开头放置的其他信息包括作者、许可证和包的版本。

如果在块注释中的一行以制表符开始，那么它在图形输出中将以不同的方式呈现，这有利于区分文档中不同类型的信息。

```
// BUG(1): Function ListUsers() not working as expected
// BUG(2): Function AddUser() is too slow
```

BUG 关键词在编写文档时是特殊的。由于 Go 语言知道漏洞是代码的一部分，因此也应该被记录下来。您可以在 BUG 关键词后写上想要的任何信息，并且可以根据需要将它们放置在任何位置——最好是靠近它们描述的漏洞。

```
import (
    "database/sql"
    "fmt"
    "strings"
)
```

github.com/lib/pq 包已从导入块中移除，以使文件尺寸变小。

```
/*
This block of global variables holds the connection details to the
Postgres server
Hostname: is the IP or the hostname of the server
Port: is the TCP port the DB server listens to
Username: is the username of the database user
Password: is the password of the database user
Database: is the name of the Database in PostgreSQL
*/
var (
    Hostname = ""
    Port = 2345
    Username = ""
    Password = ""
    Database = ""
)
```

上述代码展示了一种同时记录多个变量的方法——在这种情况下是全局变量。这种方法的好处是，不必在每个全局变量前都放置注释，从而使代码更易于阅读。这种方法唯一的缺点是，如果希望对代码进行任何更改，应该记得更新注释。然而，一次性记录多个变量可能在基于 Web 的 godoc 页面中无法正确呈现。因此，您可能希望直接对每个字段进行文档记录。

```
// The Userdata structure is for holding full user data
// from the Userdata table and the Username from the
// Users table
type Userdata struct {
    ID int
    Username string
    Name string
    Surname string
    Description string
}
```

上述代码展示了如何对 Go 语言中的结构体进行文档化，这在源文件中拥有许多结构体，并且想要快速查看它们时特别有用。

```
// openConnection() is for opening the Postgres connection
// in order to be used by the other functions of the package.
func openConnection() (*sql.DB, error) {
    var db *sql.DB
    return db, nil
}
```

在记录函数时，最好在注释的第一行以函数名称开始。除此之外，还可以在注释中写下您认为重要的任何信息。

```
// The function returns the User ID of the username
// -1 if the user does not exist
func exists(username string) int {
    fmt.Println("Searching user", username)
    return 0
}
```

在这种情况下，我们将解释 exists()函数的返回值，因为它们具有特殊的含义。

```
// AddUser adds a new user to the database
//
// Returns new User ID
// -1 if there was an error
func AddUser(d Userdata) int {
    d.Username = strings.ToLower(d.Username)
    return -1
}

/*
```

```
DeleteUser deletes an existing user if the user exists.
It requires the User ID of the user to be deleted.
*/
func DeleteUser(id int) error {
    fmt.Println(id)
    return nil
}
```

您可以在任何需要的地方使用块注释，不仅仅局限于包的开头。

```
// ListUsers lists all users in the database
// and returns a slice of Userdata.
func ListUsers() ([]Userdata, error) {
    // Data holds the records returned by the SQL query
    Data := []Userdata{}
    return Data, nil
}
```

当请求 Userdata 结构体的文档时，Go 会自动展示使用 Userdata 作为输入或输出，或两者兼有的函数。

```
// UpdateUser is for updating an existing user
// given a Userdata structure.
// The user ID of the user to be updated is found
// inside the function.
func UpdateUser(d Userdata) error {
    fmt.Println(d)
    return nil
}
```

任务尚未完成，因为我们需要某种方式来查看文档。有两种方法可以查看包的文档。第一种方法是使用 go get，这意味着要为包创建一个 GitHub 代码库。然而，出于测试目的，此处将采取第二种方法：我们将把它复制到~/go/src 中，并从那里访问它。由于包被称为 document，我们将在~/go/src 内部创建一个同名的目录。之后将把 document.go 复制到~/go/src/document 中。对于更复杂的包，过程也会更复杂。在这种情况下，最好从其代码库中获取包。

无论哪种方法，go doc 命令都能很好地与 document 包一起工作。

```
$ go doc document
package document // import "document"
```

```
The package works on 2 tables on a PostgreSQL data base server.

The names of the tables are:

    * Users
    * Userdata

The definitions of the tables in the PostgreSQL server are:

CREATE TABLE Users (
    ID SERIAL,
    Username VARCHAR(100) PRIMARY KEY
);

CREATE TABLE Userdata (
    UserID Int NOT NULL,
    Name VARCHAR(100),
    Surname VARCHAR(100),
    Description VARCHAR(200)
);

This is rendered as code

This is not rendered as code

var Hostname = "" ...
func AddUser(d Userdata) int
func DeleteUser(id int) error
func UpdateUser(d Userdata) error
type Userdata struct{ ... }
    func ListUsers() ([]Userdata, error)

BUG: Function ListUsers() not working as expected

BUG: Function AddUser() is too slow
```

如果想查看有关特定函数的信息，应该使用 go doc 命令，如下所示。

```
$ go doc document ListUsers
package document // import "document"

func ListUsers() ([]Userdata, error)
    ListUsers lists all users in the database and returns a slice of
Userdata.
```

此外，还可以使用 Go 文档的 Web 版本，该版本可以在运行 godoc 实用程序后访问，并转到第三方部分。默认情况下，由 godoc 启动的 Web 服务器监听端口号 6060，并可以通过 http://localhost:6060 访问。

document 包的文档页面的一部分如图 5.4 所示。

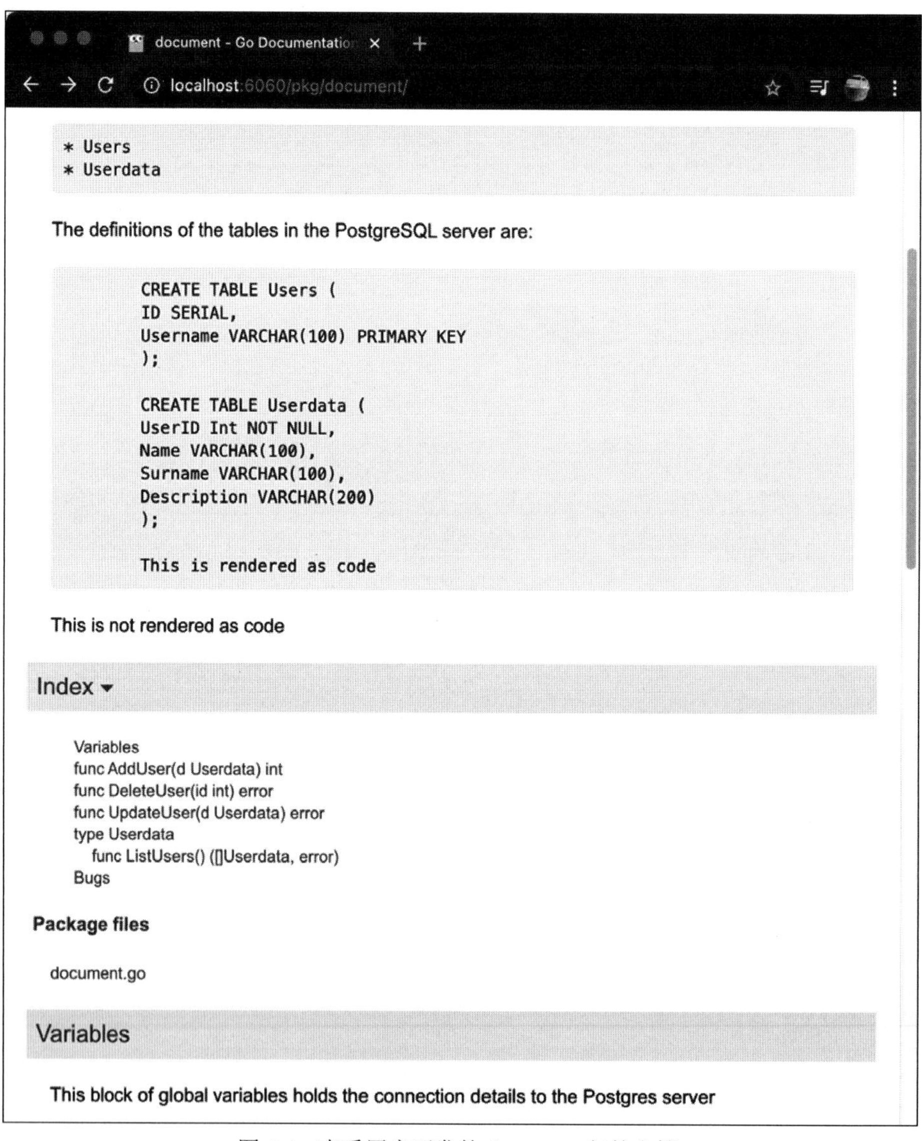

图 5.4　查看用户开发的 document 包的文档

注意

Go 会自动将漏洞放置在文本和图形输出的末尾。

就个人实践来看，当使用图形界面渲染文档时，其效果要好得多，这在不清楚自己寻找什么时尤其有用。另外，从命令行使用 go doc 要快得多，并且它允许使用传统的 UNIX 命令行工具来处理输出。

下一节将从 GitLab Runners 开始，简要介绍 GitLab 和 GitHub 的 CI/CD 系统，这对于自动化包的开发和部署可能很有帮助。

5.9　GitLab Runners 和 Go

在开发 Go 包和文档时，用户希望能够尽快测试结果并发现漏洞。当一切按预期工作时，可能希望自动将结果发布到外界，而不必在这方面花费更多时间，解决这个问题的最佳方案之一是使用 CI/CD 系统来自动化任务。本节将简要介绍如何使用 GitLab Runners 来自动化 Go 项目。

注意

为了理解本节内容，读者需要有一个 GitLab 账户，创建一个专用的 GitLab 代码库，并将相关文件存储于其中。

我们将从一个包含以下文件的 GitLab 代码库开始。

（1）hw.go：这是一个示例程序，用来确保一切正常工作。

（2）.gitignore：拥有这样一个文件并不是必需的，但它对于忽略一些文件和目录非常有用。

（3）usePost05.go：这是一个示例 Go 文件，它使用了一个外部包，请参考 https://gitlab.com/mactsouk/runners-go/ 代码库了解其内容。

（4）README.md：该文件会在代码库的网页上自动显示，通常用于解释代码库。

此外，还有一个名为.git 的目录，其中包含有关代码库的信息和元数据。

5.9.1　初始版本的配置文件

配置文件的第一个版本用于确保 GitLab 设置一切正常。配置文件的名称是.gitlab-ci.yml，它是一个 YAML 文件，应该位于 GitLab 代码库的根目录中。这个.gitlab-ci.yml 配置文件的初始版本会编译 hw.go 并创建一个二进制文件，该文件在不同于其创建阶段的另一个阶段执行。这意味着应该创建一个工件（artifact）来保存和传输这个二进制文件。

```
$ cat .gitlab-ci.yml
image: golang:1.15.7

stages:
    - download
    - execute

compile:
    stage: download
    script:
        - echo "Getting System Info"
        - uname -a
        - mkdir bin
        - go version
        - go build -o ./bin/hw hw.go
    artifacts:
        paths:
            - bin/

execute:
    stage: execute
    script:
        - echo "Executing Hello World!"
        - ls -l bin
        - ./bin/hw
```

关于上述配置文件，重要的是，我们使用的镜像已经预装了 Go，这使我们无须从头开始安装它，并允许指定想要使用的 Go 版本。

然而，如果想安装额外的软件，可以根据所使用的 Linux 发行版来进行安装。保存文件后，需要将更改推送到 GitLab 以启动管道。为了查看结果，应该点击 GitLab UI 左侧栏中的 CI/CD 选项。

图 5.5 显示了 GitLab 管道的进度。所有显示为绿色的都是正常情况，而红色则用于错误情况。如果想了解有关特定阶段的更多信息，可以单击其按钮并查看更详细的输出。

接下来准备创建.gitlab-ci.yml 的最终版本。注意，如果工作流中出现错误，用户很可能会收到一封电子邮件，邮件将发送到在注册 GitLab 时使用的电子邮件地址。如果一切正常，将不会发送电子邮件。

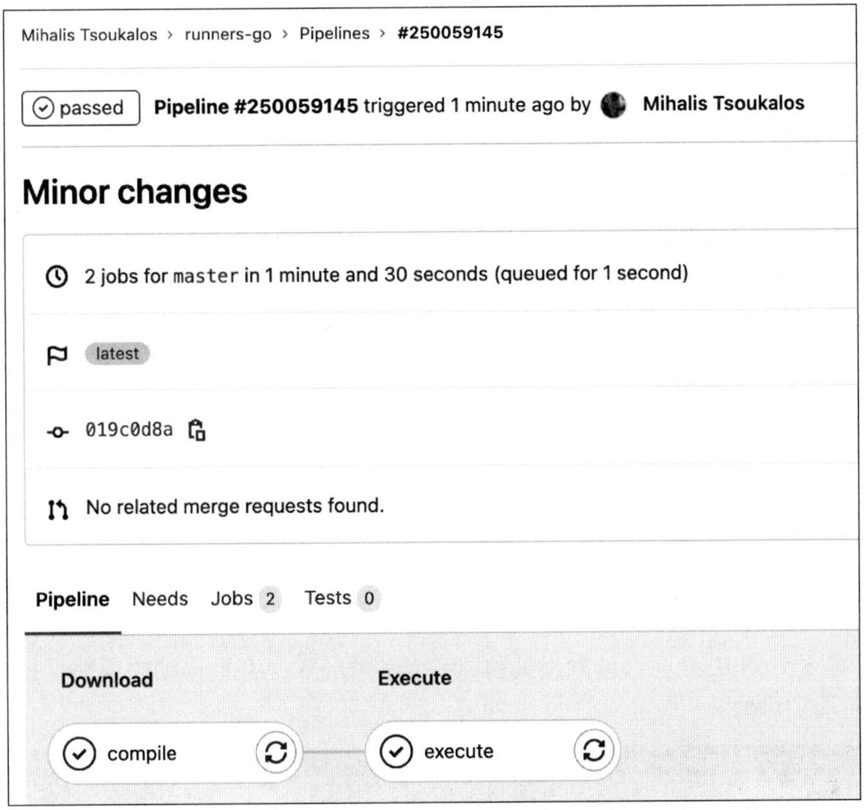

图 5.5　查看 GitLab 管道的进度

5.9.2　最终版本的配置文件

最终版本的 CI/CD 配置文件会编译 usePost05.go，该文件导入了 post05 包。这用于示范如何下载外部包。.gitlab-ci.yml 的内容如下所示。

```
image: golang:1.15.7

stages:
    - download
    - execute

compile:
    stage: download
    script:
```

```
        - echo "Compiling usePost05.go"
        - mkdir bin
        - go get -v -d ./...
```

go get -v -d ./...命令是 Go 语言下载项目的所有包依赖项的方式。之后可以自由地构建项目并生成可执行文件。

```
    - go build -o ./bin/usePost05 usePost05.go
artifacts:
    paths:
        - bin/
```

bin 目录及其内容将在 execute 阶段可用。

```
execute:
    stage: execute
    script:
        - echo "Executing usePost05"
        - ls -l bin
        - ./bin/usePost05
```

将其推送到 GitLab 会自动触发其执行。这在图 5.6 中有更详细的说明，图中展示了 compile 阶段的进展。

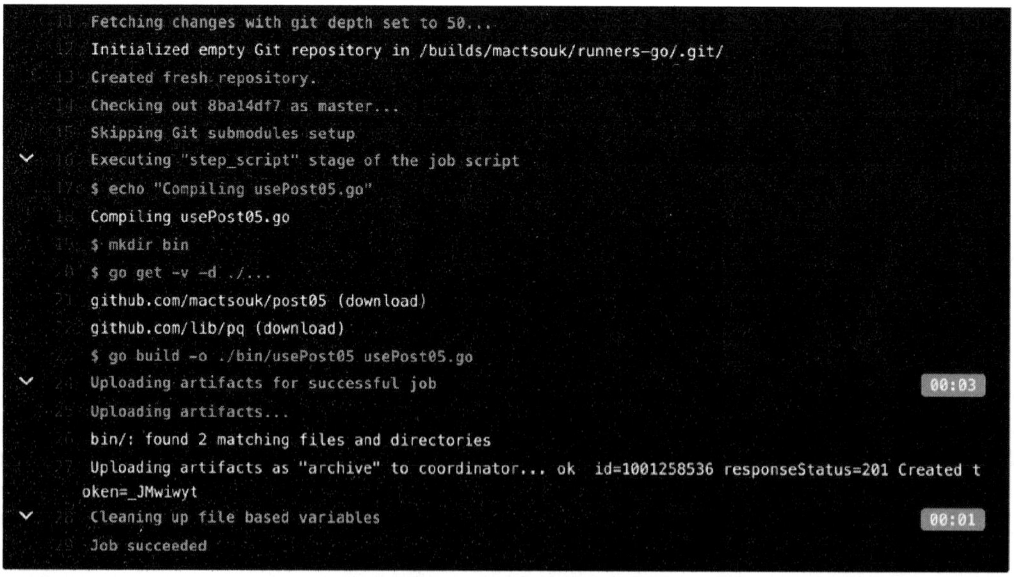

```
Fetching changes with git depth set to 50...
Initialized empty Git repository in /builds/mactsouk/runners-go/.git/
Created fresh repository.
Checking out 8ba14df7 as master...
Skipping Git submodules setup
Executing "step_script" stage of the job script
$ echo "Compiling usePost05.go"
Compiling usePost05.go
$ mkdir bin
$ go get -v -d ./...
github.com/mactsouk/post05 (download)
github.com/lib/pq (download)
$ go build -o ./bin/usePost05 usePost05.go
Uploading artifacts for successful job                                00:03
Uploading artifacts...
bin/: found 2 matching files and directories
Uploading artifacts as "archive" to coordinator... ok  id=1001258536 responseStatus=201 Created t
oken=_JMwiwyt
Cleaning up file based variables                                      00:01
Job succeeded
```

图 5.6　查看一个阶段的详细视图

图 5-6 中可以看到，所有需要的包都在被下载，usePost05.go 被编译且没有任何问题。由于我们没有可用的 PostgreSQL 实例，因而无法尝试与 PostgreSQL 交互，但可以执行 usePost05.go 并查看全局变量 Hostname 和 Port 的值，如图 5.7 所示。

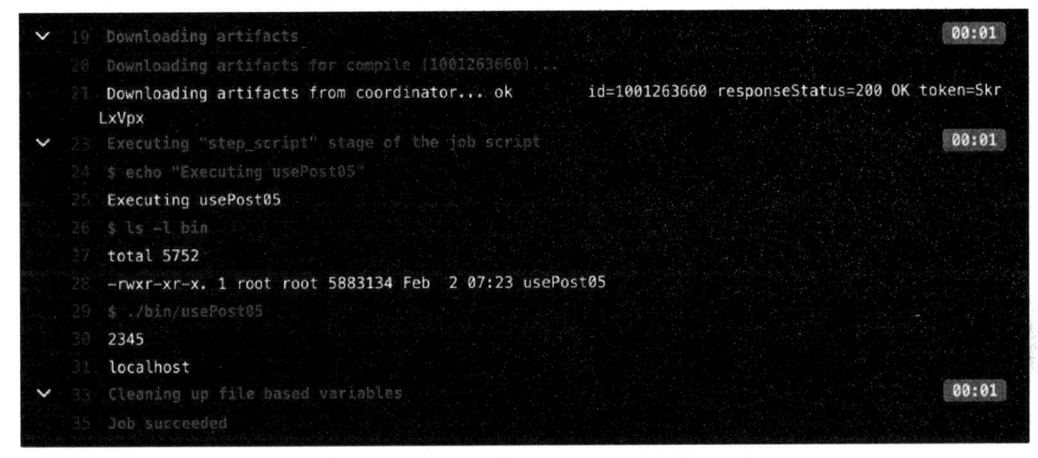

图 5.7　查看执行阶段的更多细节

到目前为止，我们已经考察了如何使用 GitLab Runners 来自动化 Go 包的开发和测试。接下来将在 GitHub 上使用 GitHub Actions 创建一个 CI/CD 场景，并作为自动化软件发布的另一种方法。

5.10　GitHub Actions 和 Go

本节将使用 GitHub Actions 将包含 Go 可执行文件的 Docker 镜像推送到 Docker Hub。

注意

为了理解本节内容，读者必须拥有一个 GitHub 账户，创建一个专用的 GitHub 代码库，并于其中存储相关文件。

我们将从一个包含以下文件的 GitHub 代码库开始。

（1）.gitignore：这是一个可选文件，用于在 git push 操作期间忽略文件和目录。

（2）usePost05.go：与之前相同的文件。

（3）Dockerfile：这个文件用于创建包含 Go 可执行文件的 Docker 镜像。具体内容请参考 https://github.com/mactsouk/actions-with-go。

（4）README.md：和以前一样，这是一个包含有关代码库信息的 Markdown 文件。

为了设置 GitHub Actions，我们需要先创建一个名为.github 的目录，然后在其中创建另一个名为 workflows 的目录。.github/workflows 目录包含有管道配置的 YAML 文件。

图 5.8 显示了与给定 GitHub 代码库关联的工作流程的概览。

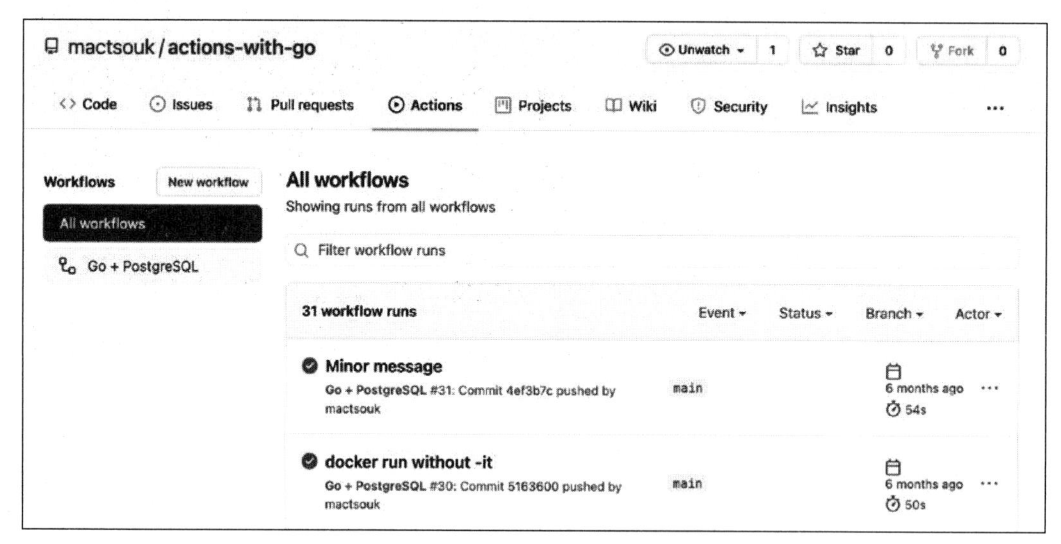

图 5.8　显示与给定 GitHub 代码库关联的工作流程

要将镜像推送到 Docker Hub，读者需要执行登录操作。由于该过程需要使用密码这一敏感信息，接下来的小节将说明如何在 GitHub 中存储密钥。

连接 Docker Hub 的凭证，通过几乎存在于所有 CI/CD 系统中的密钥功能，存储在 GitHub 中。然而，具体的实现方式可能有所不同。

注意

也可以使用 HashiCorp Vault 作为存储密码和其他敏感数据的中心点，但介绍 HashiCorp Vault 则超出了本书的范围。

在 GitHub 代码库中，转到 Settings 选项卡，并从左侧列中选择 Secrets。如果存在，用户将看到现有的密钥，以及一个 Add new secret 的链接（需要单击该链接）。您需要执行此过程两次，以存储 Docker Hub 用户名和密码。

5.11　版本控制工具

自动且唯一地对命令行工具进行版本控制是一项非常困难的任务，特别是当使用 CI/CD 系统时。本节介绍了一种技术，它使用 GitHub 的值对本地机器上的命令行工具进行版本控制。

注意

可以将相同的技术应用于 GitLab——只需搜索可用的 GitLab 变量和值，并选择一个符合需求的即可。

这项技术被 docker 和 kubectl 等工具使用。

```
$ docker version
Client: Docker Engine - Community
  Cloud integration: 1.0.4
  Version: 20.10.0
  API version: 1.41
  Go version: go1.13.15
  Git commit: 7287ab3
  Built: Tue Dec 8 18:55:43 2020
  OS/Arch: darwin/amd64
...
```

上述输出显示，docker 使用 Git 的提交值来进行版本控制，我们将使用一个稍有不同的值，它比 docker 使用的值更长。

实用程序保存为 gitVersion.go，其实现如下所示。

```
package main

import (
    "fmt"
    "os"
)

var VERSION string
```

VERSION 是在运行时使用 Go 语言链接程序设置的变量。

```
func main() {
    if len(os.Args) == 2 {
        if os.Args[1] == "version" {
            fmt.Println("Version:", VERSION)
        }
    }
}
```

上述代码表明，如果存在命令行参数且其值为 version，那么可在 VERSION 变量的帮助下打印版本信息。

我们需要做的是告诉 Go 链接程序将要定义 VERSION 变量的值。这是通过-ldflags 标志来实现的，它代表链接器标志——这将值传递给 cmd/link 包，允许在构建时更改导入包中的值。这里，使用的-X 值需要一个键/值对，其中键是变量名，值是想要为该键设置的值。在当前示例中，键具有 main.Variable 的形式，因为我们更改了 main 包中变量的值。由于 gitVersion.go 中的变量名为 VERSION，因此键是 main.VERSION。

首先，我们需要决定将哪个 GitHub 值用作版本字符串。git rev-list HEAD 命令返回当前代码库从最新到最旧的完整提交列表。我们只需要最后一个值，即最近的一个值，并使用 git rev-list -1 HEAD 或 git rev-list HEAD | head -1 来获取。因此，我们需要将该值赋给一个环境变量，并将该环境变量传递给 Go 编译器。由于每次提交时这个值都会变化，而我们始终希望拥有最新的值，所以每次执行 go build 时都应该重新评估它，这将在稍后展示。

为了给 gitVersion.go 提供所需的环境变量值，我们应该按以下方式执行它。

```
$ export VERSION=$(git rev-list -1 HEAD)
$ go build -ldflags "-X main.VERSION=$VERSION" gitVersion.go
```

注意

这在 bash 和 zsh shell 中都能正常工作。如果使用的是其他 shell，应该确保以正确的方式定义环境变量。

如果想同时执行这两个命令，可执行下列操作。

```
$ export VERSION=$(git rev-list -1 HEAD) && go build -ldflags "-X main.
VERSION=$VERSION" gitVersion.go
```

运行生成的名为 gitVersion 的可执行文件，将产生以下输出。

```
$ ./gitVersion version
```

```
Version: 99745c8fbaff94790b5818edf55f15d309f5bfeb
```

读者的输出将会有所不同，因为 GitHub 代码库不同。由于 GitHub 生成的是随机且唯一的值，因此您不会两次拥有相同的版本号。

5.12 本章练习

（1）编写一个对 3 个整数值进行排序的函数。尝试编写两个版本的函数：一个使用命名返回值，另一个不使用命名返回值。

（2）重写 getSchema.go 工具，使其能够与 jackc/pgx 包一起工作。

（3）重写 getSchema.go 工具，使其能够与 MySQL 数据库一起工作。

（4）使用 GitLab CI/CD 将 Docker 镜像推送到 Docker Hub。

5.13 本章小结

本章介绍了两个主要主题，即函数和包。在 Go 语言中，函数的功能强大且易于使用。记住，以大写字母开头的一切都是公共的，唯一的例外是包名。私有变量、函数、数据类型名称和结构体字段只能在包内严格使用和调用，而公共的内容则对所有人可用。此外，我们还了解了 defer 关键字。另外，记住，Go 包不像 Java 类，一个 Go 包可以按需变得尽可能大。关于 Go 模块，要记住 Go 模块是带有版本的多个包。最后，本章讨论了如何生成文档、GitHub Actions 和 GitLab Runners，以及这两个 CI/CD 系统如何帮助您自动化烦琐的流程，如何为工具分配唯一版本号。

5.14 附加资源

（1）Go 1.16 中的新模块变更：https://blog.golang.org/go116-modulechanges。

（2）如何构建 Go 应用程序？Kat Zien 在 2018 年于 GopherCon UK 的演讲：https://www.youtube.com/watch?v=1rxDzs0zgcE。

（3）PostgreSQL：https://www.postgresql.org/。

（4）PostgreSQL Go 包：https://github.com/jackc/pgx。

（5）HashiCorp Vault：https://www.vaultproject.io/。

（6）数据库文档/sql：https://golang.org/pkg/database/sql/。

（7）更多关于 GitHub Actions 环境变量的信息：https://docs.github.com/en/actions/reference/environment-variables。

（8）GitLab CI/CD 变量：https://docs.gitlab.com/ee/ci/variables/。

（9）cmd/link 包文档：https://golang.org/cmd/link/。

（10）golang.org 迁移至 go.dev：https://go.dev/blog/tidy-web。

第 6 章　告诉 UNIX 系统该做什么

本章将讨论有关 Go 语言在系统编程方面的知识。系统编程涉及文件和目录操作、进程控制、信号处理、网络编程、系统文件、配置文件以及文件输入输出（I/O）。回忆一下，在第 1 章中，编写以 Linux 为考量的系统实用程序的原因是，通常 Go 软件是在 Docker 环境中执行的，Docker 镜像使用的是 Linux 操作系统，这意味着可能需要以 Linux 操作系统为考量来开发实用程序。然而，由于 Go 代码具有可移植性，大多数系统实用程序在 Windows 机器上无须任何更改或只需进行微小修改即可工作。除其他事项之外，本章还实现了两个实用程序，一个用于发现 UNIX 文件系统中的循环，另一个用于将 JSON 数据转换为 XML 数据，反之亦然。此外，在本章中，我们将借助 cobra 包的帮助改进电话簿应用程序。

注意

从 Go 1.16 版本开始，GO111MODULE 环境变量默认设置为 on，这影响了不属于 Go 标准库的 Go 包的使用。实际上，这意味着必须将代码放在~/go/src 目录下。您可以通过将 GO111MODULE 设置为 auto 来恢复到之前的行为，但您不会想那么做——模块是未来的趋势。在本章中提到这一点的原因是，viper 和 cobra 更愿意被视为 Go 模块而不是包，这改变了开发过程，但并没有改变代码。

本章主要涉及下列主题。

（1）stdin、stdout 和 stderr。

（2）UNIX 进程。

（3）处理 UNIX 信号。

（4）文件 I/O。

（5）读取文本文件。

（6）写入文件。

（7）处理 JSON 数据。

（8）处理 XML 数据。

（9）处理 YAML 数据。

（10）viper 包。

（11）cobra 包。

（12）在 UNIX 文件系统中查找循环。

（13）Go 1.16 中的新特性。

（14）更新电话簿应用程序。

6.1　stdin、stdout 和 stderr

每个 UNIX 操作系统都为其进程始终打开 3 个文件。记住，UNIX 将一切（包括打印机或鼠标）都视为文件。UNIX 使用文件描述符，即正整数值，作为访问打开文件的内部表示，这比使用长路径要优雅得多。因此，默认情况下，所有 UNIX 系统都支持 3 个特殊且标准的文件名：/dev/stdin、/dev/stdout 和/dev/stderr，它们也可以分别使用文件描述符 0、1 和 2 来访问。这 3 个文件描述符也分别被称为标准输入、标准输出和标准错误。此外，在 macOS 机器上，文件描述符 0 可以作为/dev/fd/0 访问；在 Debian Linux 机器上，文件描述符 0 可以作为/dev/fd/0 和/dev/pts/0 访问。

Go 语言使用 os.Stdin 来访问标准输入，使用 os.Stdout 来访问标准输出，使用 os.Stderr 来访问标准错误。尽管仍然可以使用/dev/stdin、/dev/stdout 和/dev/stderr 或相关的文件描述符值来访问相同的设备，但坚持使用 os.Stdin、os.Stdout 和 os.Stderr 更好、更安全，也更具可移植性。

6.2　UNIX 进程

因为 Go 语言编写的服务器、实用工具和 Docker 镜像主要在 Linux 上执行，因此有必要了解 Linux 的进程和线程。

严格来说，进程是一个包含指令、用户数据和系统数据部分，以及在运行时获取的其他类型资源的执行环境。另外，程序是一个包含用于初始化进程的指令和用户数据部分的二进制文件。每个运行中的 UNIX 进程都由一个无符号整数唯一标识，这被称为进程的进程 ID。

进程分为 3 类：用户进程、守护进程和内核进程。用户进程在用户空间运行，通常没有特殊访问权限。守护进程是可以在用户空间找到的程序，它们在后台运行，且无须终端。内核进程仅在内核空间执行，并且可以完全访问所有内核数据结构。

C 语言创建新进程的方式涉及调用 fork(2)系统调用。fork(2)的返回值允许区分父进程和子进程。尽管您可以使用 Go 的 exec 包来 fork 一个新进程，但 Go 不允许您控制线程——Go 提供了协程（goroutine），用户可以在 Go 运行时创建和处理的线程之上创建它们。

6.3　处理 UNIX 信号

UNIX 信号提供了一种非常方便的方法，并以异步方式与应用程序交互。然而，UNIX 信号处理需要使用 Go 的通道（channel），这些通道专门用于此任务。因此，Go 的并发模型需要使用协程和通道来处理信号。

协程是最小的可执行 Go 实体。为了创建一个新的协程，必须使用 go 关键字，后跟一个预定义的函数或匿名函数，两种方法等价。Go 语言中的通道是一种机制，除其他事项之外，它允许协程进行通信和数据交换。在第 7 章中，我们将更详细地解释协程和通道。

注意

为了让一个协程或函数终止整个 Go 应用程序，应该调用 os.Exit()而不是 return。然而，大多数情况下，应该使用 return 来退出一个协程或函数，因为您只想退出那个特定的协程或函数，而不是停止整个应用程序。

所展示的程序分别处理 SIGINT（在 Go 中称为 syscall.SIGINT）和 SIGINFO，并在 switch 语句块中使用一个 default 来处理其余情况（其他信号）。该 switch 语句块的实现允许根据需要区分不同的信号。

这里，存在一个专用的通道，根据 signal.Notify()函数的定义，用于接收所有信号。Go 中的通道可以有一个容量，这个特定通道的容量是 1，以便一次只能接收并保持一个信号。这是完全合理的，因为一个信号可以终止程序，且没有必要同时尝试处理另一个信号。通常有一个匿名函数作为协程执行，只执行信号处理，且不执行其他操作。该协程的主要任务是监听通道中的数据。一旦接收到信号，它就被发送到对应的通道，被协程读取，并存储到一个变量中。此时，通道可以接收更多信号。该变量由一个 switch 语句处理。

注意

有些信号是无法被捕获的，操作系统也无法忽略它们。因此，SIGKILL 和 SIGSTOP 信号不能被阻塞、捕获或忽略，原因是它们允许特权用户以及 UNIX 内核终止它们想要的任何进程。

创建一个文本文件，输入以下代码并将其命名为 signals.go。

```
package main

import (
	"fmt"
	"os"
	"os/signal"
	"syscall"
	"time"
)
func handleSignal(sig os.Signal) {
	fmt.Println("handleSignal() Caught:", sig)
}
```

handleSignal()是一个用于处理信号的独立函数。然而，您也可以在 switch 语句的分支中内联处理信号。

```
func main() {
	fmt.Printf("Process ID: %d\n", os.Getpid())
	sigs := make(chan os.Signal, 1)
```

我们创建了一个数据类型为 os.Signal 的通道，因为所有的通道都必须有一个类型。

```
signal.Notify(sigs)
```

上述语句意味着处理所有可以处理的信号。

```
start := time.Now()
go func() {
	for {
		sig := <-sigs
```

等待从 sigs 通道接收数据（<-）并将其存储在 sig 变量中。

```
switch sig {
```

根据读取的值执行相应的操作。这就是区分不同信号的方式。

```
case syscall.SIGINT:
	duration := time.Since(start)
	fmt.Println("Execution time:", duration)
```

对于处理 syscall.SIGINT，我们计算自程序执行开始以来经过的时间，并将它打印在屏幕上。

```
case syscall.SIGINFO:
    handleSignal(sig)
```

代码中的 syscall.SIGINFO 调用了 handleSignal()函数——开发者需要自行决定实现的细节。在 Linux 机器上，应该将 syscall.SIGINFO 替换为另一个信号，如 syscall.SIGUSR1 或 syscall.SIGUSR2，因为 syscall.SIGINFO 在 Linux 上不可用（https://github.com/golang/go/issues/1653）。

```
    // do not use return here because the goroutine exits
    // but the time.Sleep() will continue to work!
    os.Exit(0)
default:
    fmt.Println("Caught:", sig)
}
```

如果没有匹配项，default 将处理其余的值，并且仅打印一条消息。

```
        }
    }()

    for {
        fmt.Print("+")
        time.Sleep(10 * time.Second)
    }
}
```

main()函数末尾的无尽 for 循环是为了模拟真实程序的操作。否则，程序几乎会立即退出。

运行 signals.go 并与其交互会产生以下类型的输出。

```
$ go run signals.go
Process ID: 74252
+Execution time: 9.989863093s
+Caught: user defined signal 1
+signal: killed
```

输出的第 2 行是通过在键盘上按下 Ctrl + C 组合键生成的，这在 UNIX 机器上会向程序发送 syscall.SIGINT 信号。第 3 行输出是由在另一个终端执行 kill -USR1 74252 引起的。输出的最后一行是由 kill -9 74252 命令生成的。由于 KILL 信号（也用数字 9 表示）不能被处理，因而它终止了程序，并由shell打印了killed消息。

如果想处理有限数量的信号，而不是全部信号，应该将signal.Notify(sigs)语句替换为以下语句。

```
signal.Notify(sigs, syscall.SIGINT, syscall.SIGINFO)
```

在此之后，需要对负责信号处理的协程的代码进行适当的修改，以便识别并处理syscall.SIGINT和syscall.SIGINFO——当前版本（signals.go）已经处理了这两者。

接下来将讨论Go语言中文件的读写操作。

6.4　文件I/O

本节将讨论Go语言中的文件I/O，包括使用io.Reader和io.Writer接口、缓冲和非缓冲I/O，以及bufio包。

注意

io/ioutil包（https://golang.org/pkg/io/ioutil/）在Go 1.16版本中已被弃用。使用io/ioutil功能的现有Go代码仍将正常工作，但最好停止使用该包。

6.4.1　io.Reader和io.Writer接口

本节介绍了流行的io.Reader和io.Writer接口的定义，因为这两个接口是Go中文件I/O的基础。前者允许从文件中读取，而后者允许向文件中写入。io.Reader接口的定义如下所示。

```
type Reader interface {
    Read(p []byte) (n int, err error)
}
```

当数据类型满足io.Reader接口时应重新审视这一定义，该定义表明：

（1）Reader接口要求实现一个单一的方法。

（2）Read()的参数是一个字节切片。

（3）Read()的返回值是一个整数和一个错误。

Read()方法接受一个字节切片作为输入，该切片将被填充数据（直至其长度），并返回读取的字节数以及一个error变量。

io.Writer 接口的定义如下所示。

```
type Writer interface {
    Write(p []byte) (n int, err error)
}
```

当数据类型满足 io.Writer 接口并写入文件时，应该重新审视这一定义，该定义表明：

（1）接口要求实现一个单一的方法。

（2）Write()的参数是一个字节切片。

（3）Write()的返回值是一个整数和一个 error 值。

Write()方法作为输入接收一个写入数据的字节切片，并返回写入的字节数和一个 error 变量。

6.4.2　使用和滥用 io.Reader 和 io.Writer

后续代码展示了如何将 io.Reader 和 io.Writer 用于自定义数据类型，在本例中是两个名为 S1 和 S2 的 Go 结构体。

对于 S1 结构体，所展示的代码实现了两个接口，分别用于从终端读取用户数据和向终端打印数据。尽管这有些多余，因为我们已经有了 fmt.Scanln()和 fmt.Printf()，但这是一个较好的练习，展示了这两个接口的多功能性和灵活性。在不同的情况下，用户可能使用 io.Writer 来写入日志服务，或保留数据的第二份备份，或任何其他符合您需求的事情。然而，这也体现了接口不寻常的一面，即取决于开发者使用适当的 Go 概念和特性来创建所需的功能。

Read()方法使用 fmt.Scanln()从终端获取用户输入，而 Write()方法则使用 fmt.Printf()将其缓冲区参数的内容按照结构体 F1 字段的值打印多次。

对于 S2 结构体，所展示的代码仅以传统方式实现了 io.Reader 接口。Read()方法读取 S2 结构体的 text 字段，这是一个字节切片。当没有剩余内容可读时，Read()方法返回预期的 io.EOF 错误，实际上这并不是一个错误，而是一种预期的情况。除了 Read()方法，还有两个辅助方法，一个名为 eof()，它声明没有更多内容可读；另一个名为 readByte()，它逐字节地读取 S2 结构体的 text 字段。Read()方法完成后，S2 结构体的 text 字段（即用作缓冲区的字段）将被清空。

通过这种实现，S2 的 io.Reader 可以传统方式用于读取，在这个例子中是使用 bufio.NewReader()和多次 Read()调用，Read()调用的数量取决于所使用的缓冲区大小，在这个例子中是一个有两个数据位置的字节切片。

输入以下代码，并将其保存为 ioInterface.go。

```
package main

import (
    "bufio"
    "fmt"
    "io"
)
```

上述代码展示了我们正在使用 io 和 bufio 包来处理文件。

```
type S1 struct {
    F1 int
    F2 string
}

type S2 struct {
    F1 S1
    text []byte
}
```

这是我们将要处理的两个结构体。

```
// Using pointer to S1 for changes to be persistent when the method
exits
func (s *S1) Read(p []byte) (n int, err error) {
    fmt.Print("Give me your name: ")
    fmt.Scanln(&p)
    s.F2 = string(p)
    return len(p), nil
}
```

在上述代码中，我们实现了 S1 的 io.Reader()接口。

```
func (s *S1) Write(p []byte) (n int, err error) {
    if s.F1 < 0 {
        return -1, nil
    }

    for i := 0; i < s.F1; i++ {
        fmt.Printf("%s ", p)
    }
```

```
    fmt.Println()
    return s.F1, nil
}
```

上述方法实现了 S1 的 io.Writer 接口。

```
func (s S2) eof() bool {
    return len(s.text) == 0
}

func (s *S2) readByte() byte {
    // this function assumes that eof() check was done before
    temp := s.text[0]
    s.text = s.text[1:]
    return temp
}
```

上述函数是标准库中 bytes.Buffer.ReadByte 的一个实现。

```
func (s *S2) Read(p []byte) (n int, err error) {
    if s.eof() {
        err = io.EOF
        return
    }

    l := len(p)
    if l > 0 {
        for n < l {
```

上述函数从给定的缓冲区读取数据，直到缓冲区为空。这里我们为 S2 实现了 io.Reader 接口。

```
            p[n] = s.readByte()
            n++
            if s.eof() {
                s.text = s.text[0:0]
                break
            }
        }
    }
    return
}
```

当所有数据被读取后，相关的结构体字段将被清空。前述方法为 S2 实现了 io.Reader 接口。然而，Read()的操作是由 eof()和 readByte()支持的，它们也是用户定义的。

我们知道，Go 允许命名函数的返回值。在这种情况下，如果没有额外的参数，return 语句将自动返回每个命名返回变量的当前值，对应顺序是它们在函数签名中出现的顺序。Read()方法使用了这一特性。

```
func main() {
    s1var := S1{4, "Hello"}
    fmt.Println(s1var)
```

这里，我们初始化了一个名为 s1var 的 S1 变量。

```
buf := make([]byte, 2)
_, err := s1var.Read(buf)
```

上述代码行使用一个 2 字节的缓冲区来读取 s1var 变量。

```
if err != nil {
    fmt.Println(err)
    return
}
fmt.Println("Read:", s1var.F2)
_, _ = s1var.Write([]byte("Hello There!"))
```

在上述代码中，我们调用了 s1var 的 Write()方法，以便写入一个字节切片的内容。

```
s2var := S2{F1: s1var, text: []byte("Hello world!!")}
```

上述代码初始化了一个名为 s2var 的 S2 变量。

```
// Read s2var.text
r := bufio.NewReader(&s2var)
```

现在为 s2var 创建一个读取器。

```
for {
    n, err := r.Read(buf)
    if err == io.EOF {
        break
```

我们持续从 s2var 读取，直到出现 io.EOF 条件。

```
    } else if err != nil {
        fmt.Println("*", err)
```

```
            break
        }
        fmt.Println("**", n, string(buf[:n]))
    }
}
```

运行 ioInterface.go 将生成下列结果。

```
$ go run ioInterface.go
{4 Hello}

$ go run ioInterface.go
{4 Hello}
```

输出的第一行显示了 s1var 变量的内容。

```
Give me your name: Mike
```

接下来调用 s1var 变量的 Read()方法。

```
Read: Mike
Hello There! Hello There! Hello There! Hello There!
```

上述代码表示为 s1var.Write([]byte("Hello There!"))的输出。

```
** 2 He
** 2 ll
** 2 o
** 2 wo
** 2 rl
** 2 d!
** 1 !
```

输出的最后一部分展示了使用大小为 2 的缓冲区的读取过程。下一节将讨论缓冲和非缓冲文件 I/O 操作。

6.4.3　缓冲和非缓冲文件 I/O

缓冲文件 I/O 发生在在读取数据或写入数据之前，以及使用缓冲区临时存储数据时。因此，与其逐字节读取文件，不如一次读取多个字节。我们将数据放入缓冲区，并等待用户以所需的方式读取它。

非缓冲文件 I/O 发生在在实际读取或写入数据之前，且没有缓冲区临时存储数据时，这可能会影响到程序的性能。

这里的问题是，如何决定何时使用缓冲，何时使用非缓冲文件 I/O。在处理关键数据时，通常来说，非缓冲文件 I/O 是更好的选择，因为缓冲读取可能会导致数据过时，而缓冲写入在计算机电源中断时可能会导致数据丢失。然而，大多数时候，这个问题并没有明确的答案。这意味着您可以使用任何使任务更容易实现的方法。但是，缓冲读取器也可以通过减少从文件或套接字读取所需的系统调用数量来提高性能，因此你决定使用什么可能会对性能产生真正的影响。

此外，还有 bufio 包，顾名思义，bufio 与缓冲 I/O 相关。在内部，bufio 包实现了 io.Reader 和 io.Writer 接口，它分别包装这些接口以创建 bufio.Reader 和 bufio.Writer 对象。bufio 包在处理纯文本文件时非常常见，在下一节将介绍它的实际应用。

6.5　读取文本文件

在本节中，将学习如何读取纯文本文件，以及如何使用/dev/random UNIX 设备，该设备提供了获取随机数的方法。

6.5.1　逐行读取文本文件

逐行读取文本文件的函数位于 byLine.go 中，名为 lineByLine()。逐行读取文本文件的技术也用于逐字读取纯文本文件以及逐字符读取纯文本文件，因为用户通常按行处理纯文本文件。所展示的实用工具打印出它读取的每一行，这使它成为 cat(1)实用工具的简化版本。

首先使用 bufio.NewReader()创建一个新读取器。然后将使用该读取器与 bufio. ReadString()结合使用，以便逐行读取输入文件。这里的技巧是通过 bufio.ReadString()的参数来完成的，该参数是一个字符，它告诉 bufio.ReadString()继续读取直到找到该字符。当参数是换行字符(\n)时，不断调用 bufio.ReadString()将逐行读取输入文件。

lineByLine()的实现如下所示。

```
func lineByLine(file string) error {
    f, err := os.Open(file)
    if err != nil {
        return err
    }
    defer f.Close()

    r := bufio.NewReader(f)
```

在确保可以打开给定文件进行读取（os.Open()）之后，将使用 bufio.NewReader()创建一个新的读取器。

```
for {
    line, err := r.ReadString('\n')
```

bufio.ReadString()返回两个值：被读取的字符串和一个 error 变量。

```
if err == io.EOF {
    break
} else if err != nil {
    fmt.Printf("error reading file %s", err)
    break
}
fmt.Print(line)
```

使用 fmt.Print()而不是 fmt.Println()来打印输入行表明每行输入都包含了换行字符。

```
    }
    return nil
}
```

运行 byLine.go 将生成下列输出。

```
$ go run byLine.go ~/csv.data
Dimitris,Tsoukalos,2101112223,1600665563
Mihalis,Tsoukalos,2109416471,1600665563
Jane,Doe,0800123456,1608559903
```

上述输出显示了~/csv.data 的内容，并通过 byLine.go 逐行展示。接下来将展示如何逐字读取纯文本文件。

6.5.2　逐字读取文本文件

逐字读取纯文本文件是在文件上执行的最有用功能之一，因为用户通常希望按单词处理文件，这在本小节中通过 byWord.go 中的代码进行了说明。所需的功能在 wordByWord()函数中实现。wordByWord()函数使用正则表达式来分隔输入文件每行中发现的单词。在 regexp.MustCompile("[^\\s]+")语句中定义的正则表达式说明，我们使用空白字符来分隔一个单词和另一个单词。

wordByWord()的函数实现如下所示。

```
func wordByWord(file string) error {
```

```
    f, err := os.Open(file)
    if err != nil {
        return err
    }
    defer f.Close()
    r := bufio.NewReader(f)

    for {
        line, err := r.ReadString('\n')
        if err == io.EOF {
            break
        } else if err != nil {
            fmt.Printf("error reading file %s", err)
            return err
        }

        r := regexp.MustCompile("[^\\s]+")
```

这是定义想要使用的正则表达式的地方。

```
words := r.FindAllString(line, -1)
```

这是应用正则表达式将 line 变量分割成字段的地方。

```
for i := 0; i < len(words); i++ {
    fmt.Println(words[i])
}
```

for 循环仅打印 words 切片的字段。如果想知道输入行中发现的单词数量，可以直接查看 len(words)调用的值。

```
    }
    return nil
}
```

运行 byWord.go 将生成下列输出。

```
$ go run byWord.go ~/csv.data
Dimitris,Tsoukalos,2101112223,1600665563
Mihalis,Tsoukalos,2109416471,1600665563
Jane,Doe,0800123456,1608559903
```

由于~/csv.data 不包含任何空白字符，因此每一行都被视为一个单独的单词。

6.5.3　逐字符读取文本文件

逐字符读取文本文件是一个相当少见的需求，一般在读者想要开发一个文本编辑器时使用。用户读取的每一行都使用带有 range 的 for 循环来分割，这会返回两个值。我们忽略第一个值，它是行变量中当前字符的位置，并使用第二个值。然而，该值是一个 rune，这意味着需要使用 string()函数将其转换为字符。

charByChar()函数实现如下所示。

```
func charByChar(file string) error {
    f, err := os.Open(file)
    if err != nil {
        return err
    }
    defer f.Close()

    r := bufio.NewReader(f)
    for {
        line, err := r.ReadString('\n')
        if err == io.EOF {
        break
    } else if err != nil {
        fmt.Printf("error reading file %s", err)
        return err
    }

    for _, x := range line {
        fmt.Println(string(x))
    }
```

注意，由于 fmt.Println(string(x))语句，每个字符都会在不同的行打印，这意味着程序的输出将会很长。如果想要更紧凑的输出，那么应该使用 fmt.Print()函数代替。

运行 byCharacter.go 并通过不带任何参数的 head(1)进行过滤，会产生以下类型的输出。

```
$ go run byCharacter.go ~/csv.data | head
D
...
,
T
```

使用不带任何参数的 head(1)实用工具将输出限制为仅 10 行。

下一节介绍与/dev/random 读取相关的内容，这是一个 UNIX 系统文件。

6.5.4　从/dev/random 读取

在本节中，我们将学习如何从/dev/random 系统设备读取。/dev/random 系统设备的目的是生成随机数据，并用于测试程序，或者在本例中，作为随机数生成器的种子。从/dev/random 获取数据可能有点棘手，这就是在这里特别讨论它的主要原因。

devRandom.go 的代码如下所示。

```
package main

import (
    "encoding/binary"
    "fmt"
    "os"
)
```

此处需要使用 encoding/binary 包，因为我们正在从/dev/random 读取二进制数据，并将其转换为整数值。

```
func main() {
    f, err := os.Open("/dev/random")
    defer f.Close()

    if err != nil {
        fmt.Println(err)
        return
    }

    var seed int64
    binary.Read(f, binary.LittleEndian, &seed)
    fmt.Println("Seed:", seed)
}
```

这里存在两种表示方法，称为小端（little endian）和大端（big endian），它们都与内部表示中的字节顺序有关。在当前例子中，我们使用的是小端。字节序与不同的计算系统对多字节信息的排序方式有关。

注意

一个关于字节序的实际例子是，不同语言以不同方式阅读文本：欧洲语言倾向于从左到右阅读，而阿拉伯文则是从右到左阅读。

在大端表示法中，从左到右读取字节，而小端表示法则是从右到左读取字节。对于需要 4 个字节存储的 0x01234567 值，大端表示法是 01 | 23 | 45 | 67，而小端表示法是 67 | 45 | 23 | 01。

运行 devRandom.go 将产生下列输出。

```
$ go run devRandom.go
Seed: 422907465220227415
```

这意味着/dev/random 设备是获取随机数据的好地方，包括为随机数生成器提供种子值。

6.5.5　从文件中读取特定数量的数据

本节将讨论如何从文件中读取特定数量的数据。所展示的实用工具在想要查看文件的一小部分时非常有用。作为命令行参数给出的数值指定了用于读取的缓冲区的大小。readSize.go 中最重要的代码是 readSize()函数的实现。

```
func readSize(f *os.File, size int) []byte {
    buffer := make([]byte, size)
    n, err := f.Read(buffer)
```

所有神奇的操作都发生在缓冲区变量的定义中，因为这就是定义想要读取的最大数据量的地方。因此，每次调用 readSize()时，该函数将从 f 中读取最多 size 个字符。

```
    // io.EOF is a special case and is treated as such
    if err == io.EOF {
        return nil
    }

    if err != nil {
        fmt.Println(err)
        return nil
    }
    return buffer[0:n]
}
```

剩余的代码与错误情况相关。io.EOF 是一个特殊且预期的条件，应该单独处理，并将读取的字符作为字节切片返回给调用函数。

运行 readSize.go 将产生下列输出。

```
$ go run readSize.go 12 readSize.go
package main
```

在这种情况下，由于参数为 12，我们从 readSize.go 中读取了 12 个字符。

现在我们已经知道如何读取文件，接下来将学习如何写入文件。

6.6 写入文件

到目前为止，我们已经看到了读取文件的方法。本节将展示如何以 4 种不同的方式将数据写入文件，以及如何向现有文件追加数据。writeFile.go 的代码如下所示。

```
package main

import (
    "bufio"
    "fmt"
    "io"
    "os"
)

func main() {
    buffer := []byte("Data to write\n")
    f1, err := os.Create("/tmp/f1.txt")
```

os.Create()返回一个与作为参数传递的文件路径相关联的*os.File 值。注意，如果文件已存在，os.Create()会截断它。

```
if err != nil {
    fmt.Println("Cannot create file", err)
    return
}
defer f1.Close()
fmt.Fprintf(f1, string(buffer))
```

fmt.Fprintf()函数需要一个字符串变量，它可以帮助您使用想要的格式将数据写入自己的文件。唯一的要求是拥有一个 io.Writer 来写入。在这种情况下，一个有效的*os.File 变量（它满足 io.Writer 接口）可以完成这项工作。

```
f2, err := os.Create("/tmp/f2.txt")
if err != nil {
    fmt.Println("Cannot create file", err)
    return
```

```
}
defer f2.Close()
n, err := f2.WriteString(string(buffer))
```

os.WriteString()方法将字符串的内容写入一个有效的*os.File 变量中。

```
fmt.Printf("wrote %d bytes\n", n)

f3, err := os.Create("/tmp/f3.txt")
```

在这里，我们自己创建了一个临时文件。在本章后面的内容中，我们将学习如何使用 os.CreateTemp()来创建临时文件。

```
if err != nil {
    fmt.Println(err)
    return
}
w := bufio.NewWriter(f3)
```

这个函数返回一个 bufio.Writer，它实现了 io.Writer 接口。

```
n, err = w.WriteString(string(buffer))
fmt.Printf("wrote %d bytes\n", n)
w.Flush()

f := "/tmp/f4.txt"
f4, err := os.Create(f)
if err != nil {
    fmt.Println(err)
    return
}
defer f4.Close()

for i := 0; i < 5; i++ {
    n, err = io.WriteString(f4, string(buffer))
    if err != nil {
        fmt.Println(err)
        return
    }

    fmt.Printf("wrote %d bytes\n", n)
}
// Append to a file
f4, err = os.OpenFile(f, os.O_APPEND|os.O_CREATE|os.O_WRONLY, 0644)
```

os.OpenFile()提供了一种更好的方式，用于创建或打开一个用于写入的文件。os.O_APPEND 表示如果文件已经存在，那么应该在其后追加内容，而不是截断它。os.O_CREATE 表示如果文件尚不存在，那么应该创建它。最后，os.O_WRONLY 表示程序应该仅以写入模式打开文件。

```
if err != nil {
    fmt.Println(err)
    return
}
defer f4.Close()

// Write() needs a byte slice
n, err = f4.Write([]byte("Put some more data at the end.\n"))
```

Write()方法从字节切片获取输入，这是 Go 语言编写数据的方式。所有之前的技术都使用了字符串，这不是最佳方式，特别是在处理二进制数据时。然而，使用字符串而不是字节切片在操作上更为方便，尤其是在处理 Unicode 字符时，因为字符串值的操控比字节切片的元素更为便捷。另外，使用字符串值会增加内存分配，并可能引起大量的垃圾回收压力。

```
if err != nil {
    fmt.Println(err)
    return
}
fmt.Printf("wrote %d bytes\n", n)
}
```

运行 writeFile.go 会输出一些有关写入磁盘的字节的信息。真正有趣的是查看在 /tmp 文件夹中创建的文件。

```
$ ls -l /tmp/f?.txt
-rw-r--r-- 1 mtsouk wheel 14 Feb 27 19:44 /tmp/f1.txt
-rw-r--r-- 1 mtsouk wheel 14 Feb 27 19:44 /tmp/f2.txt
-rw-r--r-- 1 mtsouk wheel 14 Feb 27 19:44 /tmp/f3.txt
-rw-r--r-- 1 mtsouk wheel 101 Feb 27 19:44 /tmp/f4.txt
```

上述输出显示，在 f1.txt、f2.txt 和 f3.txt 中写入了相同数量的信息，这意味着所展示的写入技术是等价的。

下一节将展示如何在 Go 中使用 JSON 数据。

6.7　处理 JSON 数据

Go 标准库包含了 encoding/json，它用于处理 JSON 数据。此外，Go 允许通过标签为 Go 结构体添加对 JSON 字段的支持，这是 6.7.2 节的主题。标签控制着 JSON 记录与 Go 结构体之间的编码和解码。但首先我们应该讨论 JSON 记录的序列化和反序列化。

6.7.1　使用 Marshal()和 Unmarshal()

JSON 数据的序列化和反序列化是使用 Go 结构体处理 JSON 数据的重要过程。序列化是将 Go 结构体转换为 JSON 记录的过程。通常，当需要通过计算机网络传输 JSON 数据或将其保存到磁盘时，会进行序列化。反序列化是将作为字节切片提供的 JSON 记录转换为 Go 结构体的过程。通常，当通过计算机网络接收 JSON 数据或从磁盘文件加载 JSON 数据时，会进行反序列化。

提示

在将 JSON 记录转换为 Go 结构体以及相反操作时，排名第一的错误是没有将 Go 结构体中的必填字段设置为导出状态。当遇到序列化和反序列化问题时，应该从这里开始您的调试过程。

encodeDecode.go 中的代码展示了使用硬编码数据进行 JSON 记录的序列化和反序列化，这样做是为了简化示例。

```
package main

import (
    "encoding/json"
    "fmt"
)

type UseAll struct {
    Name string 'json:"username"'
    Surname string 'json:"surname"'
    Year int 'json:"created"'
}
```

之前的元数据告诉我们，UseAll 结构体中的 Name 字段在 JSON 记录中被转换为

username，反之亦然；Surname 字段被转换为 surname，Year 结构体字段被转换为 JSON 记录中的 created，反之亦然。这些信息都与 JSON 数据的序列化和反序列化有关。除此之外，您可以像使用常规 Go 结构体一样对待和使用 UseAll。

```
func main() {
    useall := UseAll{Name: "Mike", Surname: "Tsoukalos", Year: 2021}

    // Regular Structure
    // Encoding JSON data -> Convert Go Structure to JSON record with
    //fields
    t, err := json.Marshal(&useall)
```

json.Marshal()函数需要一个指向结构体变量的指针——其真实的数据类型是一个空接口变量——并返回一个包含编码信息的字节切片和一个 error 变量。

```
if err != nil {
    fmt.Println(err)
} else {
    fmt.Printf("Value %s\n", t)
}

// Decoding JSON data given as a string
str := '{"username": "M.", "surname": "Ts", "created":2020}'
```

JSON 数据通常以字符串的形式出现。

```
// Convert string into a byte slice
jsonRecord := []byte(str)
```

然而，由于 json.Unmarshal()需要一个字节切片，您需要在将其传递给 json.Unmarshal()之前将该字符串转换为字节切片。

```
// Create a structure variable to store the result
temp := UseAll{}
err = json.Unmarshal(jsonRecord, &temp)
```

json.Unmarshal()函数需要一个包含 JSON 记录的字节切片，以及一个指向将要存储 JSON 记录的 Go 结构体变量的指针，并返回一个 error 变量。

```
    if err != nil {
        fmt.Println(err)
    } else {
        fmt.Printf("Data type: %T with value %v\n", temp, temp)
```

```
    }
}
```

运行 encodeDecode.go 将产生下列输出。

```
$ go run encodeDecode.go
Value {"username":"Mike","surname":"Tsoukalos","created":2021}
Data type: main.UseAll with value {M. Ts 2020}
```

下一节将更详细地展示如何在 Go 结构体中定义 JSON 标签。

6.7.2　Go 结构体和 JSON

设想有一个 Go 结构体，您希望在不包含任何空字段的情况下将其转换为 JSON 记录。接下来的代码示例展示了如何使用 omitempty 来执行这项任务：

```
// Ignoring empty fields in JSON
type NoEmpty struct {
    Name string 'json:"username"'
    Surname string 'json:"surname"'
    Year int 'json:"creationyear,omitempty"'
}
```

最后，假设在 Go 结构体的一些字段中有一些敏感数据，您不希望将这些数据包含在 JSON 记录中。对此，可以通过在所需的 json:结构体标签中包含特殊值 "-" 来实现这一点，如下所示。

```
// Removing private fields and ignoring empty fields
type Password struct {
    Name string 'json:"username"'
    Surname string 'json:"surname,omitempty"'
    Year int 'json:"creationyear,omitempty"'
    Pass string 'json:"-"'
}
```

因此，当使用 json.Marshal()将 Password 结构体转换为 JSON 记录时，Pass 字段将被忽略。

这两种技术在 tagsJSON.go 中进行了演示，可以在本书 GitHub 库的 ch06 目录中找到。运行 tagsJSON.go 会产生以下输出。

```
$ go run tagsJSON.go
```

```
noEmptyVar decoded with value {"username":"Mihalis","surname":""}
password decoded with value {"username":"Mihalis"}
```

对于输出的第一行：noEmpty 的值被转换为名为 noEmptyVar 的 NoEmpty 结构体变量，其值为 NoEmpty{Name: "Mihalis"}。NoEmpty 结构体的 Surname 和 Year 字段具有默认值。然而，由于它们没有明确定义，json.Marshal()忽略了带有 omitempty 标签的 Year 字段，但没有忽略具有空字符串值的 Surname 字段。

对于输出的第二行：password 变量的值是 Password{Name: "Mihalis", Pass: "my Password"}。当 password 变量被转换为 JSON 记录时，Pass 字段不包含在输出中。由于 omitempty 标签的存在，Password 结构体中剩余的两个字段 Surname 和 Year 被省略，因此剩下的是 username 字段。

到目前为止，我们已经学习了处理单个 JSON 记录的工作方式。但是，当需要处理多个记录时，情况又当如何？下一节将对此予以讨论。

6.7.3　以流的形式读取和写入 JSON 数据

假设有一个 Go 结构体切片，代表想要处理的 JSON 记录。您应该逐个处理这些记录吗？虽然可以这样做，但这看起来效率高吗？答案是否定的。好消息是 Go 支持将多个 JSON 记录作为流而不是单个记录来处理，这样更快且更有效率。本节将讨论如何使用包含以下两个函数的 JSONstreams.go 实用工具来执行此操作。

```
// DeSerialize decodes a serialized slice with JSON records
func DeSerialize(e *json.Decoder, slice interface{}) error {
    return e.Decode(slice)
}
```

DeSerialize()函数用于读取 JSON 记录形式的输入，对其进行解码，并将其放入切片中。该函数写入作为参数给出的 interface{}数据类型的切片，并从*json.Decoder 参数的缓冲区中获取输入。为了避免频繁分配内存，从而失去这种类型的性能和效率，*json.Decoder 参数及其缓冲区在 main()函数中定义。同样的原则也适用于随后使用的*json.Encoder。

```
// Serialize serializes a slice with JSON records
func Serialize(e *json.Encoder, slice interface{}) error {
    return e.Encode(slice)
}
```

Serialize()函数接收两个参数：一个*json.Encoder 和一个任何数据类型的切片，因此使用了 interface{}。该函数处理切片，并将输出写入 json.Encoder 的缓冲区，该缓冲区在创建编码器时作为参数传递给了编码器。

注意

由于使用了 interface{}、Serialize()和 DeSerialize()函数，因此可以处理任何类型的 JSON 记录。

JSONstreams.go 工具生成随机数据。运行 JSONstreams.go 会产生以下输出。

```
$ go run JSONstreams.go
After Serialize:[{"key":"XVLBZ","value":16},{"key":"BAICM","value":89}]
After DeSerialize:
0 {XVLBZ 16}
1 {BAICM 89}
```

在 main()函数中生成的结构体切片作为输入，在输出的第一行中可以看到它被序列化了。之后，它被反序列化回原始的结构体切片。

6.7.4　美观打印 JSON 记录

本节展示了如何美观打印 JSON 记录，这意味着以一种愉快且易于阅读的格式打印 JSON 记录，而无须知道存储 JSON 记录的 Go 结构体的格式。由于存在两种读取 JSON 记录的方式，即单独读取和作为流读取，因此也存在两种美观打印 JSON 数据的方式：作为单个 JSON 记录和作为流。因此，我们将分别实现两个独立的函数，且分别命名为 prettyPrint()和 JSONstream()。

prettyPrint()函数的实现如下所示。

```
func PrettyPrint(v interface{}) (err error) {
    b, err := json.MarshalIndent(v, "", "\t")
    if err == nil {
        fmt.Println(string(b))
    }
    return err
}
```

所有的工作都是由 json.MarshalIndent()完成的，它应用缩进来格式化输出。

尽管 json.MarshalIndent()和 json.Marshal()都能生成 JSON 文本结果（字节切片），但只有 json.MarshalIndent()允许应用自定义的缩进，而 json.Marshal()生成的输出更加紧凑。

为了美观地打印 JSON 数据流，您应该使用 JSONstream()函数。

```
func JSONstream(data interface{}) (string, error) {
    buffer := new(bytes.Buffer)
    encoder := json.NewEncoder(buffer)
    encoder.SetIndent("", "\t")
```

json.NewEncoder()函数返回一个新的 Encoder 对象，该对象写入作为 json.NewEncoder()参数传递的写入器中。Encoder 将 JSON 值写入输出流中。与 json.MarshalIndent()类似，SetIndent()方法允许对流应用自定义的缩进。

```
    err := encoder.Encode(data)
    if err != nil {
        return "", err
    }
    return buffer.String(), nil
}
```

在完成编码器的配置之后，可以使用 Encode()方法来处理 JSON 流。

这两个函数在 prettyPrint.go 中进行了演示，它使用随机数据生成 JSON 记录。运行 prettyPrint.go 会产生以下类型的输出。

```
Last record: {BAICM 89}
{
    "key": "BAICM",
    "value": 89
}
[
    {
        "key": "XVLBZ",
        "value": 16
    },
    {
        "key": "BAICM",
        "value": 89
    }
]
```

上述输出展示了一个美观后的单个 JSON 记录的输出，紧接着是包含两个 JSON 记录的切片的美观输出——所有 JSON 记录都以 Go 结构体的形式表示。

下一节将介绍如何在 Go 中使用 XML 数据。

6.8　处理 XML 数据

本节将讨论如何在 Go 语言中使用记录来处理 XML 数据。XML 和 Go 的理念与 JSON 和 Go 的理念相同。您可以在 Go 结构体中放置标签以指定 XML 标签，并且仍然可以使用 encoding/xml 包中的 xml.Unmarshal()和 xml.Marshal()对 XML 记录进行序列化和反序列化。然而，二者仍存在一些差异，这些差异在 xml.go 中进行了演示。

```
package main

import (
    "encoding/xml"
    "fmt"
)

type Employee struct {
    XMLName xml.Name 'xml:"employee"'
    ID int 'xml:"id,attr"'
    FirstName string 'xml:"name>first"'
    LastName string 'xml:"name>last"'
    Height float32 'xml:"height,omitempty"'
    Address
    Comment string 'xml:",comment"'
}
```

这里定义了 XML 数据的结构。然而，每个 XML 元素的名称和类型还包含额外的信息。XMLName 字段提供了 XML 记录的名称，在本例中将是 employee。

带有 ",comment" 标签的字段是一个注释，并且在输出中就是这样格式化的。带有 attr 标签的字段在输出中显示为所提供字段名称的属性（在本例中是 id）。name>first 表示法告诉 Go 将名为 first 的标签嵌入名为 name 的标签内。

最后，带有 omitempty 选项的字段在其为空时将从输出中省略。空值包括 0、false、nil 指针或接口，以及长度为 0 的任何数组、切片、映射或字符串。

```
type Address struct {
    City, Country string
}

func main() {
```

```
    r := Employee{ID: 7, FirstName: "Mihalis", LastName: "Tsoukalos"}
    r.Comment = "Technical Writer + DevOps"
    r.Address = Address{"SomeWhere 12", "12312, Greece"}

    output, err := xml.MarshalIndent(&r, " ", " ")
```

与 JSON 的情况一样，xml.MarshalIndent()也用于美观输出。

```
    if err != nil {
        fmt.Println("Error:", err)
    }
    output = []byte(xml.Header + string(output))
    fmt.Printf("%s\n", output)
}
```

xml.go 的输出如下所示。

```
<?xml version="1.0" encoding="UTF-8"?>
 <employee id="7">
    <name>
        <first>Mihalis</first>
        <last>Tsoukalos</last>
    </name>
    <City>SomeWhere 12</City>
    <Country>12312, Greece</Country>
    <!--Technical Writer + DevOps-->
 </employee>
```

上述输出展示了作为输入提供给程序的 Go 结构体的 XML 版本。

下面我们将开发一个实用工具，用于将 JSON 记录转换为 XML 记录，反之亦然。

如前所述，我们将开发一个工具，用于在 JSON 和 XML 格式之间转换记录。输入以命令行参数的形式给出。该工具尝试从 XML 格式开始推测输入的格式。如果 xml.Unmarshal()失败，那么工具尝试使用 json.Unmarshal()。如果没有匹配的格式，用户将被告知错误情况。另外，如果 xml.Unmarshal()成功，数据将存储到一个名为 XMLrec 的变量中，然后转换成一个名为 JSONrec 的变量；如果 xml.Unmarshal()调用不成功，json.Unmarshal()也会进行类似的转换。

该工具的逻辑可以在 Go 语言的结构体中找到。

```
type XMLrec struct {
    Name string 'xml:"username"'
    Surname string 'xml:"surname,omitempty"'
```

```
    Year int 'xml:"creationyear,omitempty"'
}

type JSONrec struct {
    Name string 'json:"username"'
    Surname string 'json:"surname,omitempty"'
    Year int 'json:"creationyear,omitempty"'
}
```

两个结构体存储相同的数据。然而，前者（XMLrec）用于存储 XML 数据，而后者（JSONrec）用于存储 JSON 数据。

运行 JSON2XML.go 会产生以下类型的输出。

```
$ go run JSON2XML.go '<XMLrec><username>Mihalis</username></XMLrec>'
<XMLrec><username>Mihalis</username></XMLrec>
{"username":"Mihalis"}
```

因此，我们提供了一个 XML 记录作为输入，它被转换成了一个 JSON 记录。

下列输出展示了相反的过程。

```
$ go run JSON2XML.go '{"username": "Mihalis"}'
{"username": "Mihalis"}
<XMLrec><username>Mihalis</username></XMLrec>
```

在上述输出中，输入是一个 JSON 记录，而输出是一个 XML 记录。

下一节将讨论在 Go 语言中处理 YAML 数据。

6.9　处理 YAML 数据

在本节中，我们将简要讨论如何在 Go 语言中操作 YAML 文件。Go 标准库不包括对 YAML 文件的支持，这意味着应该寻找外部包来实现对 YAML 的支持。目前有 3 个主要的包允许从 Go 语言中使用 YAML。

（1）https://github.com/kylelemons/go-gypsy。

（2）https://github.com/go-yaml/yaml。

（3）https://github.com/goccy/go-yaml。

在本节中，我们将使用 go-yaml 包，并使用 yaml.go 中的代码。由于使用了 Go 模块，yaml.go 是在~/go/src/github.com/mactsouk/yaml 中开发的，也可以在本书的 GitHub 库中找到它。其中最重要的部分如下所示。

```
var yamlfile = '
image: Golang
matrix:
    docker: python
    version: [2.7, 3.9]
```

yamlfile 变量包含了 YAML 数据。通常情况下，我们会从文件中读取这些数据 ，这里使用它只是为了节省空间。

```
type Mat struct {
    DockerImage string 'yaml:"docker"'
    Version []float32 'yaml:",flow"'
}
```

Mat 结构体定义了两个字段以及它们与 YAML 文件的关联。Version 字段是一个 float32 类型的切片。由于 Version 字段没有指定名称，因此其名称将默认为 version。flow 关键字表明使用了流式（flow style）序列化方式，这对于结构体、序列和映射来说非常有用。

```
type YAML struct {
    Image string
    Matrix Mat
}
```

YAML 结构体嵌入了一个 Mat 结构体，并包含一个名为 Image 的字段，该字段与 YAML 文件中的 image 字段相关联。main()函数包含了预期的 yaml.Unmarshal()和 yaml.Marshal()调用。

一旦将源文件放置在所需位置，即可运行以下命令。如果需要运行任何额外的命令，go 二进制文件会很友好地为您提供帮助：

```
$ go mod init
$ go mod tidy
```

go mod init 命令在当前目录中初始化并写入一个新的 go.mod 文件，而 go mod tidy 命令则将 go.mod 与源代码同步。

注意

如果您希望稳妥行事，并且使用的是非标准库的包，那么在~/go/src 目录下开发，提交到 GitHub 库，并为所有依赖项使用 Go 模块可能是最佳选择。然而，这并不意味着必须以 Go 模块的形式开发自己的包。

运行 yaml.go 将生成下列输出。

```
$ go run yaml.go
After Unmarshal (Structure):
{Golang {python [2.7 3.9]}}

After Marshal (YAML code):
image: Golang
matrix:
  docker: python
  version: [2.7, 3.9]
```

先前的输出展示了如何将 Golang {python [2.7 3.9]}文本转换成 YAML 文件，反之亦然。现在我们已经了解了如何在 Go 中处理 JSON、XML 和 YAML 数据，接下来将准备学习 viper 包。

6.10　viper 包

标志（Flags）是传递给程序的特殊格式字符串，用于控制程序的行为。如果需要支持多个标志和选项，自己处理标志可能会变得非常复杂。Go 语言提供了 flag 包来处理命令行选项、参数和标志。尽管 flag 包可以做很多事情，但它并不像其他外部 Go 包那样功能强大。因此，如果正在开发简单的 UNIX 系统命令行工具，您可能会发现 flag 包非常有趣且有用。但读者阅读本书的目的不是创建简单的命令行工具，因此，这里将跳过 flag 包，并介绍一个名为 viper 的外部包，这是一个功能强大的 Go 包，支持众多选项。viper 使用 pflag 包而不是 flag，这也会在接下来要查看的代码中展示。

所有的 viper 项目都遵循一个模式。首先初始化 viper，然后定义感兴趣的元素，最后获取这些元素并读取它们的值以便使用。所需值可以直接获取，就像使用 Go 标准库中的 flag 包时那样，也可以通过配置文件间接使用。当使用格式化的配置文件，如 JSON、YAML、TOML、HCL 或 Java 属性文件格式时， viper 完成了所有的解析工作，这节省了编写和调试大量 Go 代码的时间。viper 还允许从 Go 结构体中提取和保存值。然而，这要求 Go 结构体的字段与配置文件的键相匹配。

viper 的主页位于 GitHub 上（https://github.com/spf13/viper）。注意，并不需要在工具中使用 viper 的每一项功能——只使用您需要的特性即可。一般规则是使用那些能够简化代码的 Viper 特性。简单来说，如果命令行工具需要太多的命令行参数和标志，那么使用配置文件会是更好的选择。

6.10.1 使用命令行标志

第一个示例展示了如何编写一个简单的工具，该工具接收两个作为命令行参数的值，并将它们打印在屏幕上以供验证。这意味着我们将需要两个命令行标志来获取这些参数。

从 Go 1.16 版本开始，使用模块是默认行为，这也是 viper 包需要使用的。因此，需要将源文件命名为 useViper.go，并放入~/go 目录中以使一切正常工作。由于笔者的 GitHub 用户名是 mactsouk，因而必须运行以下命令。

```
$ mkdir ~/go/src/github.com/mactsouk/useViper
$ cd ~/go/src/github.com/mactsouk/useViper
$ vi useViper.go
$ go mod init
$ go mod tidy
```

读者可以自行编辑 useViper.go，或者从本书的 GitHub 仓库中复制它。记住，当 useViper.go 准备好并包含了所有所需的外部包时，应该执行最后两个命令。

useViper.go 的实现如下所示。

```
package main

import (
    "fmt"

    "github.com/spf13/pflag"
    "github.com/spf13/viper"
)
```

我们需要同时导入 pflag 包和 viper 包，因为我们将使用这两个包的功能。

```
func aliasNormalizeFunc(f *pflag.FlagSet, n string) pflag.
NormalizedName {
    switch n {
    case "pass":
        n = "password"
        break
    case "ps":
        n = "password"
        break
    }
    return pflag.NormalizedName(n)
}
```

aliasNormalizeFunc()函数用于为一个标志创建额外的别名——在当前情况下，是为--password 标志创建别名。根据现有代码，--password 标志可以作为--pass 或--ps 来访问。

```
func main() {
    pflag.StringP("name", "n", "Mike", "Name parameter")
```

在上述代码中，我们创建了一个新的名为 name 的标志，也可以通过-n 来访问。它的默认值是 Mike，它在工具使用说明中显示的描述是 Name parameter。

```
pflag.StringP("password", "p", "hardToGuess", "Password")
pflag.CommandLine.SetNormalizeFunc(aliasNormalizeFunc)
```

我们创建了另一个名为 password 的标志，也可以通过-p 访问，它有一个默认值 hardToGuess 和一个描述。此外，我们为 password 标志注册了一个规范化函数，用于生成别名。

```
pflag.Parse()
viper.BindPFlags(pflag.CommandLine)
```

pflag.Parse()调用应该在所有命令行标志定义之后使用，它的目的是将命令行标志解析到已定义的标志中。此外，viper.BindPFlags()调用使得所有标志都可以被 viper 包使用——严格来讲，我们说 viper.BindPFlags()调用将现有的一组 pflag 标志 (pflag.FlagSet) 绑定到 viper 上。

```
name := viper.GetString("name")
password := viper.GetString("password")
```

上述命令展示了如何读取两个字符串类型的命令行标志的值。

```
fmt.Println(name, password)

// Reading an Environment variable
viper.BindEnv("GOMAXPROCS")
val := viper.Get("GOMAXPROCS")
if val != nil {
    fmt.Println("GOMAXPROCS:", val)
}
```

viper 包可以处理环境变量。我们首先需要调用 viper.BindEnv()来告诉 viper 感兴趣的环境变量，然后可以通过调用 viper.Get()来读取它的值。如果 GOMAXPROCS 尚未设置，fmt.Println()调用将不会被执行。

```
    // Setting an Environment variable
```

```
    viper.Set("GOMAXPROCS", 16)
    val = viper.Get("GOMAXPROCS")
    fmt.Println("GOMAXPROCS:", val)
}
```

类似地，我们可以使用 viper.Set()方法来更改环境变量的当前值。

好处是，viper 自动提供了使用信息。

```
$ go run useViper.go --help
Usage of useViper:
  -n, --name string Name parameter (default "Mike")
  -p, --password string Password (default "hardToGuess")
pflag: help requested
exit status 2
```

使用不带任何命令行参数的 useViper.go 会产生以下类型的输出。记住，我们位于~/go/src/github.com/mactsouk/useViper 目录中。

```
$ go run useViper.go
Mike hardToGuess
GOMAXPROCS: 16
```

然而，如果我们为命令行标志提供了值，输出将会稍有不同。

```
$ go run useViper.go -n mtsouk -p hardToGuess
mtsouk hardToGuess
GOMAXPROCS: 16
```

在第二种情况中，我们使用了命令行标志的快捷方式，因为这样更加快捷。

接下来的一节将讨论使用 JSON 文件存储配置信息的方法。

6.10.2　读取 JSON 配置文件

viper 包可以读取 JSON 文件来获取其配置，本节将展示如何做到这一点。使用文本文件存储配置细节在编写需要大量数据和设置复杂应用程序时非常有用。这一点在 json Viper.go 中有所演示。

这里，需要将 jsonViper.go 放在~/go/src/github.com/mactsouk/jsonViper'目录下，请调整该命令以适应自己的 GitHub 用户名，如果用户没有创建 GitHub 库，那么可以使用 mactsouk。jsonViper.go 的代码如下所示。

```
package main
```

```
import (
    "encoding/json"
    "fmt"
    "os"

    "github.com/spf13/viper"
)

type ConfigStructure struct {
    MacPass string 'mapstructure:"macos"'
    LinuxPass string 'mapstructure:"linux"'
    WindowsPass string 'mapstructure:"windows"'
    PostHost string 'mapstructure:"postgres"'
    MySQLHost string 'mapstructure:"mysql"'
    MongoHost string 'mapstructure:"mongodb"'
}
```

需要注意的是，虽然我们使用 JSON 文件来存储配置，但 Go 语言的结构体使用的是 mapstructure 而不是 json 作为 JSON 配置文件的字段。

```
var CONFIG = ".config.json"

func main() {
    if len(os.Args) == 1 {
        fmt.Println("Using default file", CONFIG)
    } else {
        CONFIG = os.Args[1]
    }
    viper.SetConfigType("json")
    viper.SetConfigFile(CONFIG)
    fmt.Printf("Using config: %s\n", viper.ConfigFileUsed())
    viper.ReadInConfig()
```

前 4 条语句表明我们正在使用一个 JSON 文件、让 viper 知道配置文件的路径、打印所使用的配置文件，并读取和解析该配置文件。

记住，viper 不会检查配置文件是否真的存在和可读。如果文件找不到或无法读取，viper.ReadInConfig()的行为就像是处理一个空的配置文件。

```
if viper.IsSet("macos") {
    fmt.Println("macos:", viper.Get("macos"))
} else {
```

```
    fmt.Println("macos not set!")
}
```

viper.IsSet()调用检查是否可以在配置中找到一个名为 macos 的键。如果已设置，它将使用 viper.Get("macos")读取其值，并将其打印在屏幕上。

```
if viper.IsSet("active") {
    value := viper.GetBool("active")
    if value {
        postgres := viper.Get("postgres")
        mysql := viper.Get("mysql")
        mongo := viper.Get("mongodb")
        fmt.Println("P:", postgres, "My:", mysql, "Mo:", mongo)
    }
} else {
    fmt.Println("active is not set!")
}
```

在上述代码中，我们在读取值之前应检查 active 键是否存在。如果它的值等于 true，那么我们将从另外 3 个名为 postgres、mysql 和 mongodb 的键中读取值。

由于 active 键应该包含一个布尔值，因此我们使用 viper.GetBool()来读取它。

```
if !viper.IsSet("DoesNotExist") {
    fmt.Println("DoesNotExist is not set!")
}
```

正如预期的那样，尝试读取不存在的键将会失败。

```
var t ConfigStructure
err := viper.Unmarshal(&t)
if err != nil {
    fmt.Println(err)
    return
}
```

调用 viper.Unmarshal()允许将 JSON 配置文件中的信息放入一个适当定义的 Go 结构体中——这是可选的，但非常方便。

```
    PrettyPrint(t)
}
```

本章前面已经介绍了 PrettyPrint()函数的实现，它位于 prettyPrint.go 中。

现在您需要下载 jsonViper.go 的依赖项。

```
$ go mod init
$ go mod tidy # This command is not always required
```

当前目录内容如下所示。

```
$ ls -l
total 44
-rw-r--r-- 1 mtsouk users 85 Feb 22 18:46 go.mod
-rw-r--r-- 1 mtsouk users 29678 Feb 22 18:46 go.sum
-rw-r--r-- 1 mtsouk users 1418 Feb 22 18:45 jsonViper.go
-rw-r--r-- 1 mtsouk users 189 Feb 22 18:46 myConfig.json
```

用于测试的 myConfig.json 文件的内容如下所示。

```
{
    "macos": "pass_macos",
    "linux": "pass_linux",
    "windows": "pass_windows",

    "active": true,
    "postgres": "machine1",
    "mysql": "machine2",
    "mongodb": "machine3"
}
```

运行前述 JSON 文件中的 jsonViper.go 会产生以下输出。

```
$ go run jsonViper.go myConfig.json
Using config: myConfig.json
macos: pass_macos
P: machine1 My: machine2 Mo: machine3
DoesNotExist is not set!
{
    "MacPass": "pass_macos",
    "LinuxPass": "pass_linux",
    "WindowsPass": "pass_windows",
    "PostHost": "machine1",
    "MySQLHost": "machine2",
    "MongoHost": "machine3"
}
```

上述输出是由 jsonViper.go 在解析 myConfig.json 并尝试查找所需信息时生成的。

下一节将讨论一个用于创建功能强大且专业的命令行工具的 cobra 包，如 docker 和 kubectl。

6.11　cobra 包

cobra 是一个非常实用且广受欢迎的 Go 语言包，它允许使用命令、子命令和别名来开发命令行工具。如果读者曾经使用过 hugo、docker 或 kubectl，将会立刻明白 cobra 包的作用，因为所有这些工具都是使用 cobra 开发的。相应地，命令可以有一个或多个别名，这在您希望同时满足业余和专业用户时非常有用。cobra 还支持持久性标志和局部标志，分别是指对所有命令都可用的标志和仅对特定命令可用的标志。此外，默认情况下，cobra 使用 viper 来解析其命令行参数。

所有的 cobra 项目都遵循相同的开发模式。用户使用 cobra 工具，然后创建命令，接着对生成的 Go 源代码文件进行所需的更改，以实现所需的功能。根据工具的复杂性，可能需要对创建的文件进行大量更改。尽管 cobra 节省了大量时间，但仍然需要编写代码来实现每个命令所需的功能。

用户需要采取一些额外的步骤来正确下载 cobra 二进制文件。

```
$ GO111MODULE=on go get -u -v github.com/spf13/cobra/cobra
```

上述命令使用 Go 模块下载了 cobra 二进制文件及其所需的依赖项，即使使用的 Go 版本早于 1.16。

注意

不必了解所有支持的环境变量，如 GO111MODULE，但有时它们可以帮助解决 Go 安装中的棘手问题。因此，如果想了解当前的 Go 环境，可以使用 go env 命令。

在本节中，我们将需要一个 GitHub 库——这是可选的，但这是本书读者能够访问所展示代码的唯一方式。

GitHub 仓库的路径是 https://github.com/mactsouk/go-cobra。首先要做的是将 GitHub 库的文件放置在正确的位置。如果将其放在 ~/go 里面，一切将会变得更加容易；确切的放置位置取决于 GitHub 仓库的设置，因为 Go 编译器将不必去搜索 Go 文件。

在当前例子中，我们将把它放在 ~/go/src/github.com/mactsouk 下，因为 mactsouk 是笔者的 GitHub 用户名。这需要执行以下命令。

```
$ cd ~/go/src/github.com
$ mkdir mactsouk # only required if the directory is not there
$ cd mactsouk
```

```
$ git clone git@github.com:mactsouk/go-cobra.git
$ cd go-cobra
$ ~/go/bin/cobra init --pkg-name github.com/mactsouk/go-cobra
Using config file: /Users/mtsouk/.cobra.yaml
Your Cobra application is ready at
/Users/mtsouk/go/src/github.com/mactsouk/go-cobra
$ go mod init
go: creating new go.mod: module github.com/mactsouk/go-cobra
```

由于 cobra 包与模块一起使用效果更好，因此我们使用 Go 模块定义项目依赖项。为了确定一个 Go 项目使用 Go 模块，应该执行 go mod init。这个命令会创建两个名为 go.sum 和 go.mod 的文件。

```
$ go run main.go
go: finding module for package github.com/spf13/cobra
go: finding module for package github.com/mitchellh/go-homedir
go: finding module for package github.com/spf13/viper
go: found github.com/mitchellh/go-homedir in github.com/mitchellh/gohomedir
v1.1.0
go: found github.com/spf13/cobra in github.com/spf13/cobra v1.1.3
go: found github.com/spf13/viper in github.com/spf13/viper v1.7.1
A longer description that spans multiple lines and likely contains
examples and usage of using your application. For example:

Cobra is a CLI library for Go that empowers applications.
This application is a tool to generate the needed files
to quickly create a Cobra application.
```

所有以 go:开头的行都与 Go 模块有关，并且只会出现一次。最后一行是 cobra 项目的默认消息，稍后将修改这个消息。现在您可以开始使用 cobra 工具进行工作了。

6.11.1　基于 3 条命令的实用工具

本小节展示了使用 cobra add 命令的用法，该命令用于向 cobra 项目中添加新命令。这些命令的名称分别为 one、two 和 three。

```
$ ~/go/bin/cobra add one
Using config file: /Users/mtsouk/.cobra.yaml
one created at /Users/mtsouk/go/src/github.com/mactsouk/go-cobra
$ ~/go/bin/cobra add two
```

```
$ ~/go/bin/cobra add three
```

先前的命令在 cmd 文件夹中创建了 3 个新文件，分别命名为 one.go、two.go 和 three.go，这些文件是 3 个命令的初始实现。

通常，首先应该做的是删除 root.go 中不需要的代码，并根据 Short 和 Long 字段中的描述更改实用工具和每个命令的消息。然而，如果您愿意，也可以保持源文件不变。接下来的一节将通过向命令添加命令行标志来丰富实用工具。

6.11.2 添加命令行标志

我们将创建两个全局命令行标志以及一个附加到特定命令（two）的命令行标志，并且其他两个命令不支持。全局命令行标志在./cmd/root.go 文件中定义。我们将定义两个名为 directory 的全局标志，是一个字符串，以及 depth，是一个无符号整数。

两个全局标志都在./cmd/root.go 的 init()函数中定义。

```
rootCmd.PersistentFlags().StringP("directory", "d", "/tmp", "Path to
use.")
rootCmd.PersistentFlags().Uint("depth", 2, "Depth of search.")
viper.BindPFlag("directory", rootCmd.PersistentFlags().
Lookup("directory"))
viper.BindPFlag("depth", rootCmd.PersistentFlags().Lookup("depth"))
```

我们将使用 rootCmd.PersistentFlags()来定义全局标志，随后指定标志的数据类型。第一个标志的名称是 directory，其快捷键是 d；第二个标志的名称是 depth，且没有快捷键——如果想为它添加快捷键，应该使用 UintP()方法。定义了这两个标志之后，我们通过调用 viper.BindPFlag()将它们的控制权传递给 viper。第一个标志是一个字符串，而第二个标志是一个 uint 值。由于它们都在 cobra 项目中可用，我们调用 viper.GetString("directory")来获取 directory 标志的值，以及 viper.GetUint("depth")来获取 depth 标志的值。

最后，我们在./cmd/two.go 文件中使用以下行添加一个仅对 two 命令有效的命令行标志。

```
twoCmd.Flags().StringP("username", "u", "Mike", "Username value")
```

这个标志的名称是 username，其快捷键是 u。由于这是一个仅对 two 命令可用的局部标志，我们只能在./cmd/two.go 文件中通过调用 cmd.Flags().GetString("username")来获取它的值。

接下来的一节将为现有命令创建命令别名。

6.11.3　创建命令行别名

在本节中，我们继续在前一小节的代码基础上构建，并为现有命令创建别名。这意味着命令 one、two 和 three 也将分别作为 cmd1、cmd2 和 cmd3 来访问。

为了实现这一点，需要在每个命令的 cobra.Command 结构中添加一个名为 Aliases 的额外字段，Aliases 字段的数据类型是字符串切片。因此，对于 one 命令，在./cmd/one.go 中 cobra.Command 结构的开始看起来会像这样。

```
var oneCmd = &cobra.Command{
    Use: "one",
    Aliases: []string{"cmd1"},
    Short: "Command one",
```

您应该对./cmd/two.go 和./cmd/three.go 进行类似的更改。注意，one 命令的内部名称是 oneCmd，其他命令也具有类似的内部名称。

注意

如果不小心将别名 cmd1 或任何其他别名放在了多个命令中，Go 编译器不会报错。然而，只有它第一次出现的地方会被执行。

下一节通过为 one 和 two 命令添加子命令来丰富这个实用工具。

6.11.4　创建子命令

本小节展示了如何为名为 three 的命令创建两个子命令。这两个子命令的名称将是 list 和 delete。使用 cobra 工具创建它们的方法如下所示。

```
$ ~/go/bin/cobra add list -p 'threeCmd'
Using config file: /Users/mtsouk/.cobra.yaml
list created at /Users/mtsouk/go/src/github.com/mactsouk/go-cobra
$ ~/go/bin/cobra add delete -p 'threeCmd'
Using config file: /Users/mtsouk/.cobra.yaml
delete created at /Users/mtsouk/go/src/github.com/mactsouk/go-cobra
```

上述命令在./cmd 目录内创建了两个新文件，分别命名为 delete.go 和 list.go。-p 标志后跟想要与子命令关联的命令的内部名称。three 命令的内部名称是 threeCmd。您可以按照以下方式验证这两个命令是否与 three 命令关联。

```
$ go run main.go three delete
```

```
delete called
$ go run main.go three list
list called
```

如果您运行命令 go run main.go two list，Go 会将 list 视为 two 命令的命令行参数，而不会执行./cmd/list.go 中的代码。go-cobra 项目的最终版本具有以下结构，并包含以下文件，这些文件由 tree(1)实用工具生成。

```
$ tree
.
├── LICENSE
├── README.md
├── cmd
│   ├── delete.go
│   ├── list.go
│   ├── one.go
│   ├── root.go
│   ├── three.go
│   └── two.go
├── go.mod
├── go.sum
└── main.go

1 directory, 11 files
```

提示

在这一点上，读者可能会感到好奇，如果想为两个不同的命令创建两个同名的子命令会发生什么。在这种情况下，可以首先创建第一个子命令，然后在创建第二个子命令之前重命名其文件。

由于没有必要展示大量的代码列表，读者可以在 https://github.com/mactsouk/go-cobra 上找到 go-cobra 项目的代码。在 6.14 节中，我们将更新电话簿应用程序，以展示 cobra 包的使用。

6.12　在 UNIX 文件系统中查找循环

本节实现了一个实用的 UNIX 命令行工具，该工具可以查找 UNIX 文件系统中的循环。该工具背后的思想是，使用 UNIX 符号链接，将有可能在文件系统中创建循环。这可能会使诸如 tar(1)的备份软件或 find(1)等工具感到困惑，并可能引发与安全相关的问题。这里所介绍的工具，名为 FScycles.go，将尝试告知我们这些情况。

该解决方案背后的思想是，我们将每个访问过的目录路径保存在一个映射中，如果一个路径第二次出现，那么我们就有一个循环。这个映射被称为 visited，并定义为 map[string]int。

注意

如果想知道为什么我们使用字符串而不是字节切片或其他类型的切片作为 visited 映射的键，那是因为映射不能使用切片作为键，因为切片不可比较。

该工具的输出取决于用于初始化搜索过程的根路径，该路径作为命令行参数提供给工具。

filepath.Walk()函数按设计不遍历符号链接以避免循环。然而，在当前情况下，我们想要遍历指向目录的符号链接以发现循环。稍后将解决这个问题。

该工具使用 IsDir()函数，该函数帮助您识别目录——我们只对目录感兴趣，因为只有目录和指向目录的符号链接才能在文件系统中创建循环。最后，该工具使用 os.Lstat()，因为它可以处理符号链接。此外，os.Lstat()返回有关符号链接的信息而不跟踪它，这与 os.Stat()的情况不同。在当前情况下，我们不想自动跟踪符号链接。

FScycles.go 的关键代码可以在 walkFunction()的实现中找到。

```
func walkFunction(path string, info os.FileInfo, err error) error {
    fileInfo, err := os.Stat(path)
    if err != nil {
        return nil
    }

    fileInfo, _ = os.Lstat(path)
    mode := fileInfo.Mode()
```

首先确保路径确实存在，然后调用 os.Lstat()。

```
// Find regular directories first
if mode.IsDir() {
    abs, _ := filepath.Abs(path)
    _, ok := visited[abs]
    if ok {
        fmt.Println("Found cycle:", abs)
        return nil
```

```
    }
    visited[abs]++
    return nil
}
```

如果一个常规目录已经被访问过，那么我们就遇到了一个循环。visited映射记录了所有已访问的目录。

```
// Find symbolic links to directories
if fileInfo.Mode()&os.ModeSymlink != 0 {
    temp, err := os.Readlink(path)
    if err != nil {
        fmt.Println("os.Readlink():", err)
        return err
    }

    newPath, err := filepath.EvalSymlinks(temp)
    if err != nil {
        return nil
    }
```

filepath.EvalSymlinks()函数用于找出符号链接指向的位置。如果对应的目的地是另一个目录，那么随后的代码也会通过额外调用filepath.Walk()来访问它。

```
linkFileInfo, err := os.Stat(newPath)
if err != nil {
    return err
}

linkMode := linkFileInfo.Mode()
if linkMode.IsDir() {
    fmt.Println("Following...", path, "-->", newPath)
```

linkMode.IsDir()语句确保只有目录被跟踪。

```
abs, _ := filepath.Abs(newPath)
```

对给定参数的路径调用filepath.Abs()会返回其绝对路径。visited切片的键是filepath.Abs()返回的值。

```
        _, ok := visited[abs]
        if ok {
            fmt.Println("Found cycle!", abs)
```

```
            return nil
        }
        visited[abs]++
        err = filepath.Walk(newPath, walkFunction)
        if err != nil {
            return err
        }
        return nil
        }
    }
    return nil
}
```

运行 FScycles.go 会产生以下类型的输出。

```
$ go run FScycles.go ~
Following... /home/mtsouk/.local/share/epiphany/databases/indexeddb/v0
--> /home/mtsouk/.local/share/epiphany/databases/indexeddb
Found cycle! /home/mtsouk/.local/share/epiphany/databases/indexeddb
```

上述输出表明，当前用户的主目录中存在一个循环。一旦识别出这个循环，我们应该自行将其移除。

接下来将讨论 Go 1.16 版本引入的一些新特性。

6.13　Go 1.16 中的新特性

Go 1.16 版本带来了一些新特性，包括将文件嵌入 Go 二进制文件中，以及引入了 os.ReadDir()函数、os.DirEntry 类型和 io/fs 包。

由于这些特性与系统编程相关，因而它们被包含在当前章节中进行探讨。我们首先介绍将文件嵌入 Go 二进制可执行文件中的方法。

6.13.1　嵌入文件

本节将介绍首次出现在 Go 1.16 版本中的一个特性，它允许将静态资源嵌入 Go 二进制文件中。存储嵌入文件所允许的数据类型包括 string、[]byte 和 embed.FS。这意味着，Go 二进制文件可能包含一个文件，您在执行 Go 二进制文件时不必手动下载。这里所介绍的实用工具嵌入了两个不同的文件，它可以根据给定的命令行参数检索这些文件。

接下来的代码保存为 embedFiles.go，并展示了这项新的 Go 特性。

```
package main

import (
	_ "embed"
	"fmt"
	"os"
)
```

我们需要 embed 包才能将任何文件嵌入 Go 二进制文件中。由于 embed 包不是直接使用的，因此需要在其前面加上下画线，以便 Go 编译器不会报错。

```
//go:embed static/image.png
var f1 []byte
```

此处需要以//go:embed 开始一行，这表示一个 Go 注释，但以一种特殊的方式处理，后面跟着想要嵌入的文件的路径。在当前情况下，我们嵌入了 static/image.png，这是一个二进制文件。下一行应该定义将要保存嵌入文件数据的变量，在这个例子中是一个名为 f1 的字节切片。这里推荐对二进制文件使用字节切片，因为我们将直接使用该字节切片来保存对应的二进制文件。

```
//go:embed static/textfile
var f2 string
```

在这种情况下，我们将纯文本文件的内容，即 static/textfile，保存在一个名为 f2 的字符串变量中。

```
func writeToFile(s []byte, path string) error {
	fd, err := os.OpenFile(path, os.O_CREATE|os.O_WRONLY, 0644)
	if err != nil {
		return err
	}
	defer fd.Close()

	n, err := fd.Write(s)
	if err != nil {
		return err
	}
	fmt.Printf("wrote %d bytes\n", n)
	return nil
}
```

writeToFile()函数用于将字节切片存储到文件中，它是一个辅助函数，也可以在其他情况下使用。

```
func main() {
    arguments := os.Args
    if len(arguments) == 1 {
    fmt.Println("Print select 1|2")
    return
    }

    fmt.Println("f1:", len(f1), "f2:", len(f2))
```

上述语句打印出 f1 和 f2 变量的长度，以确保它们代表了嵌入文件的大小。

```
    switch arguments[1] {
    case "1":
        filename := "/tmp/temporary.png"
        err := writeToFile(f1, filename)
        if err != nil {
            fmt.Println(err)
            return
        }
    case "2":
        fmt.Print(f2)
    default:
        fmt.Println("Not a valid option!")
    }
}
```

switch 语句块负责将所需的文件返回给用户——在 static/textfile 的情况下，文件内容会打印在屏幕上。对于二进制文件，我们决定将其存储为/tmp/temporary.png。

这次将编译 embedFiles.go，以使情况更加真实，因为正是可执行的二进制文件包含了嵌入的文件。我们使用 go build embedFiles.go 来构建二进制文件。运行 embedFiles 会产生以下类型的输出。

```
$ ./embedFiles 2
f1: 75072 f2: 14
Data to write
$ ./embedFiles 1
f1: 75072 f2: 14
wrote 75072 bytes
```

下列输出验证了 temporary.png 位于正确的路径(/tmp/temporary.png)。

```
$ ls -l /tmp/temporary.png
-rw-r--r-- 1 mtsouk wheel 75072 Feb 25 15:20 /tmp/temporary.png
```

使用嵌入功能，我们可以创建一个实用工具，它嵌入自己的源代码，并在执行时将其打印在屏幕上。这是使用嵌入文件的一种有趣方式。printSource.go 的源代码如下所示。

```
package main
import (
    _ "embed"
    "fmt"
)

//go:embed printSource.go
var src string

func main() {
    fmt.Print(src)
}
```

如同之前，嵌入的文件在//go:embed 行中定义。运行 printSource.go 会在屏幕上打印上述代码。

6.13.2　ReadDir 和 DirEntry

本节将讨论函数 os.ReadDir()和 os.DirEntry。然而，它是从讨论 io/ioutil 包的弃用开始的——io/ioutil 包的功能已经转移到了其他包。因此，我们有以下情况。

（1）os.ReadDir()，这是一个新函数，返回[]DirEntry。这意味着它不能直接替换返回[]FileInfo 的 ioutil.ReadDir()。尽管 os.ReadDir()和 os.DirEntry 都没有提供任何新功能，但它们使事情变得更快更简单，这很重要。

（2）os.ReadFile()函数可以直接替换 ioutil.ReadFile()。

（3）os.WriteFile()函数可以直接替换 ioutil.WriteFile()。

（4）类似地，os.MkdirTemp()可以不加任何改动地替换 ioutil.TempDir()。然而，由于 os.TempDir()的名称已经被使用，因而新的函数名称将有所不同。

（5）os.CreateTemp()函数与 ioutil.TempFile()相同。尽管 os.TempFile()的名称没有被使用，但 Go 团队决定将其命名为 os.CreateTemp()，以便与 os.MkdirTemp()保持一致。

提示

os.ReadDir()和 os.DirEntry 也可以在 io/fs 包中以 fs.ReadDir()和 fs.DirEntry 的形式找到，并与 io/fs 中的文件系统接口协同工作。

ReadDirEntry.go 实用工具展示了 os.ReadDir()的使用。此外，我们将在下一节中看到 fs.DirEntry 与 fs.WalkDir()的结合使用。io/fs 仅支持 WalkDir()，它默认使用 DirEntry。fs.WalkDir()和 filepath.WalkDir()都使用 DirEntry 而不是 FileInfo。这意味着为了在遍历目录树时看到性能提升，需要将 filepath.Walk()调用更改为 filepath.WalkDir()调用。

这里所展示的实用工具使用 os.ReadDir()计算目录树的大小，并借助下列函数来实现。

```
func GetSize(path string) (int64, error) {
    contents, err := os.ReadDir(path)
    if err != nil {
        return -1, err
    }

    var total int64
    for _, entry := range contents {
        // Visit directory entries
        if entry.IsDir() {
```

如果正在处理一个目录，那么需要继续深入挖掘。

```
    temp, err := GetSize(filepath.Join(path, entry.Name()))
    if err != nil {
        return -1, err
    }
    total += temp
    // Get size of each non-directory entry
} else {
```

如果它是一个文件，那么我们只需要获取其大小。这涉及调用 Info()来获取关于文件的一般信息，然后调用 Size()来获取文件的大小。

```
            info, err := entry.Info()
            if err != nil {
                return -1, err
            }
            // Returns an int64 value
            total += info.Size()
        }
```

```
    }
    return total, nil
}
```

运行 ReadDirEntry.go 产生的下列输出表明，该实用工具按预期工作。

```
$ go run ReadDirEntry.go /usr/bin
Total Size: 1170983337
```

记住，ReadDir 和 DirEntry 都是从 Python 编程语言借鉴过来的。

下一节将介绍 io/fs 包。

6.13.3 io/fs 包

本节展示了 io/fs 包的功能，该功能首次在 Go 1.16 版本中引入。由于 io/fs 提供了一种独特的功能，我们首先解释 io/fs 能做什么。简单来说，io/fs 提供了一个只读文件系统接口，名为 FS。注意，embed.FS 实现了 fs.FS 接口，因此 embed.FS 可以利用 io/fs 包提供的一些功能。这意味着应用程序可以创建自己的内部文件系统并处理其文件。

接下来的代码示例保存为 ioFS.go，使用 embed 创建了一个文件系统，并将./static 文件夹中的所有文件都放入其中。ioFS.go 支持以下功能：列出所有文件、搜索文件名，以及使用 list()、extract()和 search()分别提取文件。我们首先介绍 list()函数的实现。

```
func list(f embed.FS) error {
    return fs.WalkDir(f, ".", walkFunction)
}
```

所有的魔法都发生在 walkFunction()函数中，其实现如下所示。

```
func walkFunction(path string, d fs.DirEntry, err error) error {
    if err != nil {
        return err
    }
    fmt.Printf("Path=%q, isDir=%v\n", path, d.IsDir())
    return nil
}
```

walkFunction()函数相当简洁，因为所有功能都是由 Go 语言本身实现的。

接下来展示 extract()函数的实现。

```
func extract(f embed.FS, filepath string) ([]byte, error) {
    s, err := fs.ReadFile(f, filepath)
```

```
    if err != nil {
        return nil, err
    }
    return s, nil
}
```

ReadFile()函数用于从 embed.FS 文件系统中以字节片的形式检索文件，该文件由文件路径标识，并由 extract()函数返回。

最后是 search()函数的实现，它基于 walkSearch()函数：

```
func walkSearch(path string, d fs.DirEntry, err error) error {
    if err != nil {
        return err
    }
    if d.Name() == searchString {
```

searchString 是一个全局变量，用于保存搜索字符串。当找到匹配项时，匹配的路径会被打印在屏幕上。

```
    fileInfo, err := fs.Stat(f, path)
    if err != nil {
        return err
    }
    fmt.Println("Found", path, "with size", fileInfo.Size())
    return nil
}
```

在打印匹配项之前，我们会调用 fs.Stat()以获取更多关于它的详细信息。

```
    return nil
}
```

特别地，main()函数将调用这 3 个函数。运行 ioFS.go 会产生以下类型的输出。

```
$ go run ioFS.go
Path=".", isDir=true
Path="static", isDir=true
Path="static/file.txt", isDir=false
Path="static/image.png", isDir=false
Path="static/textfile", isDir=false
Found static/file.txt with size 14
wrote 14 bytes
```

起初，该实用工具列出了文件系统中的所有文件（以Path开头的行）。然后，它验证static/file.txt是否可以在文件系统中找到。最后，它验证了将14字节写入新文件是否成功，因为所有14字节都已写入。

因此，Go 1.16版本引入了重要的补充，并在性能方面得到了改进。

6.14　更新电话簿应用程序

在本节中，我们将改变电话应用程序用于存储数据的格式。这一次，电话簿应用程序全面使用JSON。此外，它使用cobra包来实现支持的命令。结果，所有相关代码都位于其自己的GitHub库中，而不是本书的GitHub库的ch06目录中。GitHub库的路径是https://github.com/mactsouk/phonebook，读者可以git clone该目录，如果您愿意的话，也可尝试创建自己的版本。

提示

在开发实际应用程序时，不要忘记定期执行git commit和git push来提交更改，以确保在GitHub或GitLab上保留了开发阶段的历史记录。除此之外，这也是保持备份的好方法。

6.14.1　使用cobra

首先需要创建一个空的GitHub仓库并克隆它。

```
$ cd ~/go/src/github.com/mactsouk
$ git clone git@github.com:mactsouk/phonebook.git
$ cd phonebook
```

git clone命令的输出不重要，因此在此省略。

克隆GitHub库后的第一个任务（此时它几乎是空的）是使用适当的参数运行cobra init命令。

```
$ ~/go/bin/cobra init --pkg-name github.com/mactsouk/phonebook
Using config file: /Users/mtsouk/.cobra.yaml
Your Cobra application is ready at
/Users/mtsouk/go/src/github.com/mactsouk/phonebook
```

随后应该使用cobra二进制文件创建应用程序的结构。一旦有了结构，就很容易知道需要实现什么。应用程序的结构基于支持的命令。

```
$ ~/go/bin/cobra add list
Using config file: /Users/mtsouk/.cobra.yaml
list created at /Users/mtsouk/go/src/github.com/mactsouk/phonebook
$ ~/go/bin/cobra add delete
$ ~/go/bin/cobra add insert
$ ~/go/bin/cobra add search
```

此时，项目的结构如下所示。

```
$ tree
.
├── LICENSE
├── README.md
├── cmd
│ ├── delete.go
│ ├── insert.go
│ ├── list.go
│ ├── root.go
│ └── search.go
├── go.mod
├── go.sum
└── main.go

1 directory, 10 files
```

之后，应该通过执行以下命令声明想要使用 Go 模块。

```
$ go mod init
go: creating new go.mod: module github.com/mactsouk/phonebook
```

如果需要，可以在执行 go mod init 之后运行 go mod tidy。此时执行 go run main.go 应该会下载所有必需的包依赖项，并生成默认的 cobra 输出。

下一节将讨论在磁盘上存储和加载 JSON 数据。

6.14.2　存储和加载 JSON 数据

saveJSONFile()辅助函数的功能是在./cmd/root.go 中使用以下函数实现的。

```
func saveJSONFile(filepath string) error {
    f, err := os.Create(filepath)
```

```
    if err != nil {
        return err
    }
    defer f.Close()

    err = Serialize(&data, f)
    if err != nil {
        return err
    }
    return nil
}
```

因此，基本上您所要做的就是使用 Serialize()序列化结构体切片，并将结果保存到文件中。接下来需要从文件中加载 JSON 数据。加载功能是在./cmd/root.go 中使用 readJSONFile ()辅助函数实现的。您所要做的就是读取包含 JSON 数据的数据文件，并通过反序列化将这些数据放入结构体切片中。

6.14.3　实现 delete 命令

delete 命令用于从电话簿应用程序中删除现有条目，并在./cmd/delete.go 中实现。

```
var deleteCmd = &cobra.Command{
    Use: "delete",
    Short: "delete an entry",
    Long: 'delete an entry from the phone book application.',
    Run: func(cmd *cobra.Command, args []string) {
        // Get key
        key, _ := cmd.Flags().GetString("key")
        if key == "" {
            fmt.Println("Not a valid key:", key)
            return
        }
```

首先读取适当的命令行标志（key），以便能够识别将要被删除的记录。

```
        // Remove data
        err := deleteEntry(key)
        if err != nil {
            fmt.Println(err)
            return
        }
```

```
    },
}
```

随后调用 deleteEntry()辅助函数来实际删除该键。成功删除后，deleteEntry()调用 saveJSONFile()以使更改生效。

下一节将讨论 insert 命令。

6.14.4　实现 insert 命令

insert 命令需要用户输入，这意味着它首先应该支持本地命令行标志以实现此功能。由于每条记录有 3 个字段，命令需要 3 个命令行标志。然后它调用 insert()辅助函数将数据写入磁盘。读者可参阅./cmd/insert.go 源文件，了解 insert 命令实现的详细信息。

6.14.5　实现 list 命令

列表命令列出了电话簿应用程序中的内容。它不需要命令行参数，基本上是用 list()函数实现的。

```
func list() {
    sort.Sort(PhoneBook(data))
    text, err := PrettyPrintJSONstream(data)
    if err != nil {
        fmt.Println(err)
        return
    }
    fmt.Println(text)
    fmt.Printf("%d records in total.\n", len(data))
}
```

该函数在调用 PrettyPrintJSONstream()美观生成的输出之前先对数据进行排序。

6.14.6　实现 search 命令

search 命令用于在电话簿应用程序中查找给定的电话号码，它是用 search()函数实现的，该函数位于./cmd/search.go 中，用于在索引映射中查找给定的键。如果找到了键，则返回相应的记录。

提示

除与 JSON 相关的操作和更改（使用 JSON 和 cobra）之外，所有其他 Go 代码几乎与第 4 章中的电话簿应用程序版本相同。

使用电话簿实用工具会产生以下类型的输出。

```
$ go run main.go list
[
        {
                "name": "Mastering",
                "surname": "Go",
                "tel": "333123",
                "lastaccess": "1613503772"
        }
]

1 records in total.
```

这是来自 list 命令的输出结果。添加条目就像运行以下命令一样简单。

```
$ go run main.go insert -n Mike -s Tsoukalos -t 9416471
```

运行 list 命令验证了 insert 命令的成功。

```
$ go run main.go list
[
        {
                "name": "Mastering",
                "surname": "Go",
                "tel": "333123",
                "lastaccess": "1613503772"
        },
        {
                "name": "Mike",
        "surname": "Tsoukalos",
        "tel": "9416471",
        "lastaccess": "1614602404"
        }
]

2 records in total.
```

随后可以通过运行 go run main.go delete --key 9416471 来删除该条目。

如前所述，应用程序的键是电话号码，这意味着我们是根据电话号码来删除条目的。然而，也可根据其他属性实现删除。

如果未找到命令，那么用户将得到以下类型的输出。

```
$ go run main.go doesNotExist
Error: unknown command "doesNotExist" for "phonebook"
Run 'phonebook --help' for usage.
Error: unknown command "doesNotExist" for "phonebook"
exit status 1
```

由于 doesNotExist 命令不受命令行应用程序支持，cobra 会打印一个描述性错误信息（unknown command）。

6.15　本 章 练 习

（1）利用 byCharacter.go、byLine.go 和 byWord.go 的功能，创建 wc(1) UNIX 实用程序的简化版本。

（2）使用 viper 包处理命令行选项，创建 wc(1) UNIX 实用程序的完整版本。

（3）利用 cobra 包，通过命令而不是命令行选项，创建 wc(1) UNIX 实用程序的完整版本。

（4）修改 JSONstreams.go 以接受用户数据或来自文件的数据。

（5）修改 embedFiles.go 以便在用户选定的位置保存二进制文件。

（6）修改 ioFS.go 以通过命令行参数获取所需的命令以及搜索字符串。

（7）使 ioFS.go 成为一个 cobra 项目。

（8）byLine.go 实用工具使用 ReadString('\n')来读取输入文件。修改代码，使用 Scanner（https://golang.org/pkg/bufio/#Scanner）来执行读取操作。

（9）类似地，byWord.go 使用 ReadString('\n')来读取输入文件。修改代码并改用 Scanner。

（10）修改 yaml.go 的代码，以便从一个外部文件读取 YAML 数据。

6.16　本 章 小 结

本章讨论了 Go 中的系统编程和文件 I/O，包括信号处理、使用命令行参数、读写纯文本文件、处理 JSON 数据，以及使用 cobra 创建强大的命令行实用工具等主题。

这是本书中最重要的章节之一，因为我们需要与操作系统以及文件系统进行交互，进而创建实际的实用工具。

6.17　附加资源

（1）viper包：https://github.com/spf13/viper。

（2）cobra包：https://github.com/spf13/cobra。

（3）encoding/json: https文档：https://golang.org/pkg/encoding/json。

（4）io/fs文档：https://golang.org/pkg/io/fs/。

（5）字节序：https://en.wikipedia.org/wiki/Endianness。

（6）Go 1.16版本说明：https://golang.org/doc/go1.16。

第 7 章　Go 语言中的并发性

Go 并发模型的关键组成部分是协程（goroutine），这是 Go 语言中最小的可执行实体。Go 语言中的一切都作为协程执行，无论是透明地还是有意识地。每个可执行的 Go 程序至少有一个协程，用于运行主包中的 main()函数。每个协程都根据 Go 调度器的指令在单个操作系统线程上执行，该调度器负责执行协程。操作系统调度器并不决定 Go 运行时将要创建多少线程，因为 Go 运行时将生成足够的线程以确保有 GOMAXPROCS 个线程可用于运行 Go 代码。

然而，协程不能直接相互通信。Go 中的数据共享是通过使用通道或共享内存来实现的。通道充当连接多个协程的黏合剂。记住，尽管协程可以处理数据和执行命令，但它们不能直接相互通信，并可以通过其他方式进行通信，包括通道、本地套接字和共享内存。另外，通道不能处理数据或执行代码，但可以向协程发送数据，从协程接收数据，或者具有特殊用途。

当组合多个通道和协程时，可以创建数据流，在 Go 术语中也称为管道（pipeline）。因此，可能有一个协程先从数据库读取数据并将其发送到一个通道，第二个协程从该通道读取数据，处理这些数据，然后将其发送到另一个通道，以便被另一个协程读取，最后对数据进行修改并存储到不同的数据库中。

本章主要涉及下列主题。

（1）进程、线程和协程。

（2）Go 调度器。

（3）协程。

（4）通道。

（5）竞态条件。

（6）select 关键字。

（7）协程超时。

（8）重新审视 Go 通道。

（9）共享内存和共享变量。

（10）闭包变量和 go 语句。

（11）context 包。

（12）semaphore 包。

7.1　进程、线程和协程

一个进程是操作系统对运行程序的表示，而程序是磁盘上的一个二进制文件，包含了创建操作系统进程所需的所有必要信息。该二进制文件以特定格式（Linux 上的 ELF）编写，包含了 CPU 将要运行的所有指令以及其他许多有用的部分。该程序被加载到内存中，指令被执行，从而创建了一个运行中的进程。因此，一个进程携带了额外的资源，如内存、打开的文件描述符、用户数据以及在运行时获取的其他类型的资源。

线程是比进程更小、更轻量级的实体。进程由一个或多个线程组成，每个线程都有自己的控制流和栈。快速而简单地区分线程和进程的一种方法是，将进程视为运行中的二进制文件，将线程视为进程的一个子集。

协程是 Go 中可以并发执行的最小实体。这里使用“最小”这个词非常重要，因为协程不像 UNIX 进程那样是自治实体——协程存在于操作系统线程中，而这些线程又存在于操作系统进程中。好的是，协程比线程更轻量，而线程又比进程更轻量，在一台计算机上运行成千上万甚至数十万个协程是没有问题的。协程之所以比线程更轻量，原因之一是它们拥有可以增长的更小的栈，且有更快的启动时间，并且它们可以通过通道以低延迟相互通信。

在实践中，这意味着一个进程可以有多个线程以及大量的协程，而协程需要进程的环境才能存在。因此，要创建一个协程，需要一个至少包含一个线程的进程。操作系统负责进程和线程调度，而 Go 创建必要的线程，开发者创建所需的协程数量。

现在读者已经了解了进程、程序、线程和协程的基础知识，接下来将讨论 Go 调度器。

7.2　Go 调度器

操作系统内核调度器负责程序线程的执行。同样，Go 语言运行时也有自己的调度器，它负责使用一种称为 m:n 调度的技术来执行协程，其中 m 个协程使用 n 个操作系统线程通过多路复用执行。Go 调度器是 Go 组件，负责 Go 程序中协程的执行方式和顺序。这使得 Go 调度器成为 Go 编程语言中非常重要的一部分。Go 调度器作为一个协程来执行。

注意

由于 Go 调度器只处理单个程序的 goroutines，其操作比内核调度器的操作要简单、成本更低、速度更快。

Go 使用 fork-join 并发模型。fork 部分的模型，不应与 fork(2)系统调用混淆，它表明可以在程序的任何点创建一个子分支。类似地，Go 并发模型的 join 部分是子分支结束并与其父分支合并的地方。记住，sync.Wait()语句和收集协程结果的通道都是加入点，而每个新的协程都创建了一个子分支。

公平调度策略非常简单直接，实现也很简单，它将所有负载均匀地分配给所有可用的处理器。起初，这看起来像是完美的策略，因为它不需要考虑太多因素，同时保持所有处理器的等量占用。然而，事实并非完全如此，因为大多数分布式任务通常依赖于其他任务。因此，有些处理器的利用率不足，或者等价地说，有些处理器的利用率比其他的高。一个协程是一项任务，而协程调用语句之后的所有内容都是一个继续执行的部分。在使用 Go 调度器的工作窃取策略中，一个利用率不足的（逻辑）处理器会从其他处理器那里寻找额外的工作。

当它发现这些作业时，就会从其他一个或多个处理器上窃取这些作业，因此得名。此外，Go 的工作窃取算法会排队并窃取连续作业。停滞连接（stalling join），顾名思义，就是执行线程在连接处停滞，并开始寻找其他工作。

虽然任务窃取和连续窃取（continuation stealing）都涉及停滞连接，但连续性比任务发生得更频繁；因此，Go 调度算法是针对连续性而非任务进行工作的。

连续窃取的主要缺点是它需要编程语言的编译器执行额外的工作。但是，Go 提供了这种额外的帮助，因此在其工作窃取算法中使用连续窃取。连续窃取的好处之一是，当使用函数调用代替协程，或者使用单个线程与多个协程时，您会得到相同的结果。这很有意义，因为在这两种情况下，在任何给定点都只有一件事情被执行。

Go 调度器使用 3 种主要实体进行工作：操作系统线程（M）（它们与所使用的操作系统相关）、goroutines（G）、逻辑处理器（P）。Go 程序可以使用的处理器数量由 GOMAXPROCS 环境变量的值指定——在任何给定时刻，最多有 GOMAXPROCS 个处理器。现在，让我们回到 Go 语言中使用的 m:n 调度算法。严格来说，在任何时候，您有 m 个 goroutines 被执行，因此计划在 n 个操作系统线程上运行，且最多使用 GOMAXPROCS 数量的逻辑处理器。读者很快就会了解更多关于 GOMAXPROCS 的信息。

图 7.1 显示了两种不同类型的队列：一个全局运行队列和每个逻辑处理器附加的本地运行队列。来自全局队列的协程被分配到某个逻辑处理器的队列中，以便在某个时刻被执行。

每个逻辑处理器可以有多个线程，窃取发生在可用逻辑处理器的本地队列之间。另外，Go 调度器在需要时允许创建更多的操作系统线程。操作系统线程在资源方面相当昂贵，这意味着过多地处理操作系统线程可能会减慢 Go 应用程序的速度。

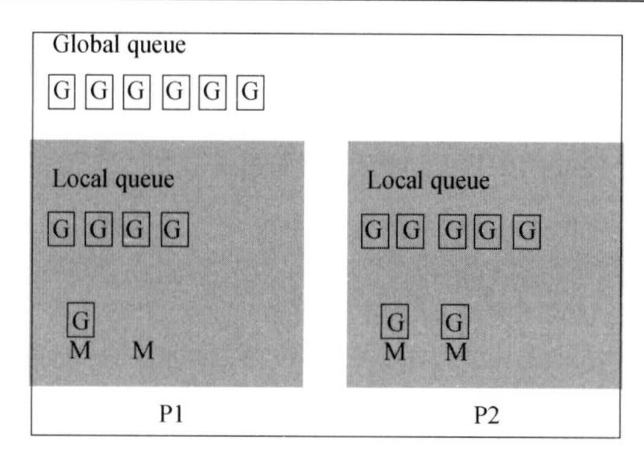

图 7.1　Go 调度器的运行

接下将讨论 GOMAXPROCS 环境变量的含义和使用。

7.2.1　GOMAXPROCS 环境变量

GOMAXPROCS 环境变量允许设置可以同时执行用户级 Go 代码的操作系统线程（CPU）的数量。从 Go 1.5 版本开始，默认的 GOMAXPROCS 值应该是机器中可用的逻辑核心数量。此外，runtime.GOMAXPROCS()函数允许以编程方式设置和获取 GOMAXPROCS 的值。

如果决定给 GOMAXPROCS 赋予一个小于机器核心数量的值，那么可能会影响程序的性能。然而，使用大于可用核心数量的 GOMAXPROCS 值并不一定会使 Go 程序运行得更快。

如前所述，可以以编程方式设置和获取 GOMAXPROCS 环境变量的值，这在 maxprocs.go 中进行了演示，此外还将展示 runtime 包的其他功能。main()函数的实现如下所示。

```
func main() {
    fmt.Print("You are using ", runtime.Compiler, " ")
    fmt.Println("on a", runtime.GOARCH, "machine")
    fmt.Println("Using Go version", runtime.Version())
```

runtime.Compiler 变量保存用于构建正在运行的二进制文件的编译器工具链。这里，两个最知名的值是 gc 和 gccgo。runtime.GOARCH 变量保存当前架构，而 runtime.Version()返回当前 Go 编译器的版本。这些信息对于使用 runtime.GOMAXPROCS()并非必要，但了解系统情况总是有益的。

```
    fmt.Printf("GOMAXPROCS: %d\n", runtime.GOMAXPROCS(0))
}
```

runtime.GOMAXPROCS(0)调用时会发生什么？runtime.GOMAXPROCS()始终返回可以同时执行的最大 CPU 数量的先前值。当 runtime.GOMAXPROCS()的参数等于或大于 1 时，runtime.GOMAXPROCS()还会更改当前设置。由于我们使用的是 0，因而调用不会改变当前设置。

运行 maxprocs.go 将会产生以下输出。

```
You are using gc on a amd64 machine
Using Go version go1.16.2
GOMAXPROCS: 8
```

我们可以使用以下技术动态更改 GOMAXPROCS 的值。

```
$ export GOMAXPROCS=100; go run maxprocs.go
You are using gc on a amd64 machine
Using Go version
```

上述命令临时将 GOMAXPROCS 的值更改为 100 并运行 maxprocs.go。

除使用较少的核心测试代码性能之外，您可能不需要更改 GOMAXPROCS。下一节将解释并发和并行之间的相似之处和差异。

7.2.2　并发和并行

一个常见的误解是并发与并行是相同的事物，这并不正确。并行是某种实体的同时执行，而并发是一种组织组件的方式，使它们在可能的情况下能够独立执行。

只有在并发构建软件组件时，才能在操作系统和硬件允许的情况下安全地并行执行它们。Erlang 编程语言在很久以前就做到了这一点，即早在 CPU 拥有多核和计算机拥有大量 RAM 之前。

在一个有效的并发设计中，增加并发实体可以使整个系统运行得更快，因为更多的事务可以并行执行。因此，期望的并行性来自更好的并发表达和实现。开发者负责在系统设计阶段考虑并发性，并从系统组件的潜在并行执行中受益。因此，开发者不应该考虑并行性，而应该考虑将事情分解为独立的组件，这些组件将在组合时解决初始问题。

即使机器无法并行运行函数，一个有效的并发设计仍然可以改善程序的设计和可维护性。

换句话说，并发优于并行。现在让我们在深入了解 Go 并发模型的主要组成部分——通道之前，先来讨论一下协程。

7.3 协　　程

您可以使用 go 关键字后跟函数名或匿名函数来定义、创建和执行一个新的协程。go 关键字使函数调用立即返回，而函数作为协程在后台开始运行，程序的其余部分继续执行。您无法控制或对协程的执行顺序做出任何假设，因为这取决于操作系统的调度器、Go 调度器以及操作系统的负载。

7.3.1 创建一个协程

在本节中，我们将学习如何创建协程。演示这种技术的程序称为 create.go。main()函数的实现如下所示。

```
func main() {
    go func(x int) {
        fmt.Printf("%d ", x)
    }(10)
```

这就是以协程方式运行匿名函数的方法。末尾的 (10) 是向匿名函数传递参数的方式。前述匿名函数只是在屏幕上打印一个值。

```
go printme(15)
```

这展示了如何将一个函数作为协程执行。作为一般的经验法则，作为协程执行的函数不会直接返回任何值。与协程交换数据是通过共享内存、通道或其他一些机制来完成的。

```
    time.Sleep(time.Second)
    fmt.Println("Exiting...")
}
```

作为一个 Go 程序，在退出之前不会等待其 goroutines 结束，我们需要手动延迟它，这就是 time.Sleep()调用的目的。稍后将会纠正这一点，以便在退出之前等待所有协程完成。

运行 create.go 将产生下列输出。

```
$ go run create.go
10 * 15
Exiting...
```

输出中的 10 来自匿名函数，而* 15 则来自 go printme(15)语句。然而，如果多次运行

create.go，则可能会得到不同的输出，因为这两个协程并不总是以相同的顺序执行。

```
$ go run create.go
* 15
10 Exiting...
```

下一节将展示如何运行一个可变的协程数量。

7.3.2　创建多个协程

本节将学习如何创建可变数量的协程。演示这种技术的程序称为 multiple.go。协程的数量作为命令行参数提供给程序。main()函数实现中的重要代码如下所示。

```
fmt.Printf("Going to create %d goroutines.\n", count)
for i := 0; i < count; i++ {
```

此处使用 for 循环来创建多个协程。

```
    go func(x int) {
        fmt.Printf("%d ", x)
    }(i)
}
time.Sleep(time.Second)
fmt.Println("\nExiting...")
```

再次说明，time.Sleep()延迟了 main()函数的终止。

运行 multiple.go 将产生以下类型的输出。

```
$ go run multiple.go 15
Going to create 15 goroutines.
3 0 8 4 5 6 7 11 9 12 14 13 1 2 10
Exiting...
```

如果多次运行 multiple.go，将得到不同的输出。因此，程序仍有改进的空间。下一节将展示如何去掉 time.Sleep()调用，并使程序等待协程完成。

7.3.3　等待协程完成

仅仅创建多个 goroutines 是不够的。在 main()函数结束之前，还需要等待它们完成。因此，本节展示了一种改进 multiple.go 代码的技术。改进后的版本称为 varGoroutines.go。但首先，我们需要解释这是如何工作的。

同步过程从定义一个 sync.WaitGroup 变量开始，并使用 Add()、Done()和 Wait()方法。如果查看 sync Go 包的源代码，更具体地说是 waitgroup.go 文件，将会发现 sync.WaitGroup 类型只不过是一个具有两个字段的结构体。

```
type WaitGroup struct {
    noCopy noCopy
    state1 [3]uint32
}
```

每次调用 sync.Add()都会在 state1 字段中的计数器增加，state1 是一个包含 3 个 uint32 元素的数组。注意，在 go 语句之前调用 sync.Add()非常重要，进而防止任何竞态条件，稍后将学习有关竞态条件的内容。当每个协程完成其工作时，应该执行 sync.Done()函数以将同一个计数器减少 1。在幕后，sync.Done()运行一个 Add(-1)调用。Wait()方法等待直到该计数器变为 0 才返回。Wait()在 main()函数中的返回意味着 main()将返回并且程序结束。

提示

可以调用 Add()方法并传入一个正整数值而不是 1，以避免多次调用 Add(1)。这在提前知道要创建的协程数量时非常有用。Done()不支持这项功能。

varGoroutines.go 的关键内容如下所示。

```
var waitGroup sync.WaitGroup
fmt.Printf("%#v\n", waitGroup)
```

这里创建了一个将要使用的 sync.WaitGroup 变量。fmt.Printf()调用打印 sync.WaitGroup 结构的内容——您通常不会这样做，但这对于更多地了解 sync.WaitGroup 结构很有帮助。

```
for i := 0; i < count; i++ {
    waitGroup.Add(1)
```

我们在创建协程之前调用 Add(1)，以避免竞态条件。

```
go func(x int) {
    defer waitGroup.Done()
```

Done()调用将在匿名函数因 defer 关键字返回之前执行。

```
        fmt.Printf("%d ", x)
    }(i)
}
```

```
fmt.Printf("%#v\n", waitGroup)
waitGroup.Wait()
```

Wait()函数将在 waitGroup 变量中的计数器变为 0 之前等待，这正是我们想要实现的。

```
fmt.Println("\nExiting...")
```

当 Wait()函数返回时，fmt.Println()语句将被执行。此处不再需要调用 time.Sleep()。

运行 varGoroutines.go 将产生以下输出。

```
$ go run varGoroutines.go 15
Going to create 15 goroutines.
sync.WaitGroup{noCopy:sync.noCopy{}, state1:[3]uint32{0x0, 0x0, 0x0}}
sync.WaitGroup{noCopy:sync.noCopy{}, state1:[3]uint32{0x0, 0x0, 0xf}}
14 8 9 10 11 5 0 4 1 2 3 6 13 12 7
Exiting...
```

state1 切片中的第 3 个值是 0xf，这是十进制中的 15，因为我们调用了 15 次 Add(1)。

注意

在程序中使用更多的协程并不是性能的万能良药，因为除各种对 sync.Add()、sync.Wait()和 sync.Done()的调用之外，更多的协程可能由于 Go 调度器需要执行的额外管理工作而减慢程序速度。

7.3.4　Add()和 Done()调用的次数不同

当 sync.Add()调用和 sync.Done()调用的次数相等时，程序一切都会正常。然而，本节将介绍当这两个数字不一致时会发生什么。

根据是否存在命令行参数，所展示的程序会存在不同的行为。如果没有命令行参数，Add()调用的次数少于 Done()调用的次数。如果有至少一个命令行参数，Done()调用的次数少于 Add()调用的次数。读者可以自己查看 addDone.go 的 Go 代码。这里，重要的是它生成的输出结果。在没有命令行参数的情况下运行 addDone.go 会产生以下错误信息。

```
$ go run addDone.go
Going to create 20 goroutines.
sync.WaitGroup{noCopy:sync.noCopy{}, state1:[3]uint32{0x0, 0x0, 0x0}}
sync.WaitGroup{noCopy:sync.noCopy{}, state1:[3]uint32{0x0, 0x0, 0x13}}
19 14 15 16 17 18 10 8 9 11 12 1 0 2 5 6 3 4 7 13
Exiting...
```

```
panic: sync: negative WaitGroup counter

goroutine 19 [running]:
sync.(*WaitGroup).Add(0xc000014094, 0xffffffffffffffff)
        /usr/local/Cellar/go/1.16/libexec/src/sync/waitgroup.go:74
+0x147
sync.(*WaitGroup).Done(0xc000014094)
        /usr/local/Cellar/go/1.16/libexec/src/sync/waitgroup.go:99
+0x34
main.main.func1(0xc000014094, 0xd)
        /Users/mtsouk/ch07/addDone.go:26 +0xdb
created by main.main
        /Users/mtsouk/ch07/addDone.go:23 +0x1c6
exit status 2
```

错误信息的原因可以在输出中找到：panic: sync: negative WaitGroup counter——由于 Done()调用次数多于 Add()调用。注意，有时 addDone.go 不会产生任何错误信息，并且能够正常终止。这是并发程序通常会遇到的问题，它们并不总是崩溃或表现异常，因为执行顺序可能会改变，这可能会改变程序的行为。这使得调试变得更加困难。

运行带有一个命令行参数的 addDone.go 会产生以下错误信息。

```
$ go run addDone.go 1
Going to create 20 goroutines.
sync.WaitGroup{noCopy:sync.noCopy{}, state1:[3]uint32{0x0, 0x0, 0x0}}
sync.WaitGroup{noCopy:sync.noCopy{}, state1:[3]uint32{0x0, 0x0, 0x15}}
19 5 6 7 8 9 0 1 3 14 11 12 13 4 17 10 2 15 16 18 fatal error: all
goroutines are asleep - deadlock!

goroutine 1 [semacquire]:
sync.runtime_Semacquire(0xc000014094)
        /usr/local/Cellar/go/1.16/libexec/src/runtime/sema.go:56 +0x45
sync.(*WaitGroup).Wait(0xc000014094)
        /usr/local/Cellar/go/1.16/libexec/src/sync/waitgroup.go:130
+0x65
main.main()
        /Users/mtsouk/ch07/addDone.go:38 +0x2b6
exit status 2
```

最后，崩溃的原因在屏幕上打印出来：fatal error: all goroutines are asleep - deadlock!。这意味着程序应该无限期地等待一个协程完成，也就是说，等待一个永远不会发生的 Done()调用。

7.3.5　使用协程创建多个文件

作为协程使用的一个实际例子，本节展示了一个命令行工具，它创建多个用随机生成的数据填充的文件，这样的文件可以用于测试文件系统或生成用于测试的数据。RandomFiles.go 的关键代码如下所示。

```
var waitGroup sync.WaitGroup
for i := start; i <= end; i++ {
    waitGroup.Add(1)
    filepath := fmt.Sprintf("%s/%s%d", path, filename, i)
    go func(f string) {
        defer waitGroup.Done()
        createFile(f)
    }(filepath)
}
waitGroup.Wait()
```

我们首先创建一个 sync.WaitGroup 变量，以便正确等待所有协程完成。每个文件仅由一个协程创建。这里重要的是每个文件都有一个唯一的文件名，这是通过包含 for 循环计数器值的 filepath 变量实现的。作为协程执行的多个 createFile()函数负责创建文件。这是一种简单但非常高效的创建多个文件的方法。

运行 randomFiles.go 将生成以下输出。

```
$ go run randomFiles.go
Usage: randomFiles firstInt lastInt filename directory
```

因此，该实用工具需要 4 个参数，即是 for 循环的初始值和结束值，以及将要写入的文件名和目录。那么，让我们用正确数量的参数来运行这个实用工具。

```
$ go run randomFiles.go 2 5 masterGo /tmp
/tmp/masterGo5 created!
/tmp/masterGo3 created!
/tmp/masterGo2 created!
/tmp/masterGo4 created!
```

一切看起来都很好，并根据指示已经创建了 4 个文件。现在我们已经了解了协程，接下来将继续学习通道。

7.4　通　　道

通道是一种通信机制，它允许协程交换数据，除此之外，通道还包含其他功能。首先，每个通道允许交换特定数据类型的数据，这也被称为通道的元素类型，其次，为了使通道正常工作，需要接收通过通道发送的内容。相应地，应该使用 make()和 chan 关键字声明一个新的通道（make(chan int)），并使用 close()函数关闭一个通道。用户可以通过编写类似 make(chan int, 1)来声明通道的大小。

管道是一种连接程序和通道的虚拟方法，通过使用通道传输数据，一个协程的输出将成为另一个协程的输入。使用管道的好处之一是，程序中的数据流可以保持恒定，因为没有任何一个协程或通道需要等待一切完成后才能开始执行。此外，由于无须将所有内容保存为变量，因此使用的变量更少，内存空间也更小。最后，管道的使用简化了程序的设计，提高了程序的可维护性。

7.4.1　向通道写入和从通道读取

将值 val 写入通道 ch 就像写 ch <- val 一样简单。其中，箭头表示值的方向，只要 var 和 ch 的数据类型相同，这条语句就不会有问题。

您可以通过执行 <-c 从名为 c 的通道读取单个值。在这种情况下，方向是从通道到外部世界。相应地，可以使用 aVar := <-c 将该值保存到变量中。

channels.go 对通道的读取和写入进行了说明，对应代码如下所示。

```
package main

import (
    "fmt"
    "sync"
)

func writeToChannel(c chan int, x int) {
    c <- x
    close(c)
}
```

该函数只是将一个值写入通道，然后立即关闭它。

```
func printer(ch chan bool) {
    ch <- true
}
```

该函数只是向一个 bool 类型的通道发送 true 值。

```
func main() {
```

```
    c := make(chan int, 1)
```

该通道的缓冲区大小为 1，这意味着只要填满缓冲区，即可关闭通道，协程会继续执行并返回。未缓冲的通道则包含不同的行为：当试图向该通道发送一个值时，它会永远阻塞，因为它在等待别人来获取该值。这种情况肯定需要一个缓冲通道，以避免阻塞。

```
var waitGroup sync.WaitGroup
waitGroup.Add(1)
go func(c chan int) {
    defer waitGroup.Done()
    writeToChannel(c, 10)
    fmt.Println("Exit.")
}(c)
fmt.Println("Read:", <-c)
```

这里，我们从通道中读取并打印值，而不是将其存储在单独的变量中。

```
_, ok := <-c
if ok {
    fmt.Println("Channel is open!")
} else {
    fmt.Println("Channel is closed!")
}
```

上述代码展示了一种判断通道是否关闭的技术。在这种情况下，我们忽略了读取的值——如果通道是打开的，那么读取的值将被丢弃。

```
waitGroup.Wait()

var ch chan bool = make(chan bool)
for i := 0; i < 5; i++ {
    go printer(ch)
}
```

这里，我们创建了一个无缓冲的通道，并创建了 5 个没有任何同步机制的协程，因为我们没有使用任何 Add()调用。

```
// Range on channels
// IMPORTANT: As the channel c is not closed,
// the range loop does not exit on its own.
n := 0
for i := range ch {
```

range 关键字可以与通道一起使用。然而，对通道的 range 循环仅在通道关闭或使用 break 关键字时退出。

```
    fmt.Println(i)
    if i == true {
        n++
    }
    if n > 2 {
        fmt.Println("n:", n)
        close(ch)
        break
    }
}
```

我们在满足某个条件时关闭 ch 通道，并使用 break 退出 for 循环。

```
    for i := 0; i < 5; i++ {
        fmt.Println(<-ch)
    }
}
```

当尝试从已关闭的通道读取时，我们会得到其数据类型的 0 值，因此这个 for 循环工作正常，且不会引起任何问题。

运行 channels.go 将生成以下输出。

```
Exit.
Read: 10
```

在使用 writeToChannel(c, 10)将值 10 写入通道后，我们将读回该值。

```
Channel is closed!
true
true
true
```

for 循环使用 range 关键字，在执行 3 次迭代后退出，每次迭代都会在屏幕上打印 true。

```
n: 3
false
false
false
false
false
```

这 5 个 false 值由程序的最后一个 for 循环打印出来。

尽管 channels.go 看起来一切正常，但它存在一个逻辑问题，我们将在“竞态条件”部分解释并解决这个问题。此外，如果我们多次运行 channels.go，它可能会崩溃。然而，大多数时候它不会崩溃，这也使得调试更加具有挑战性。

7.4.2　从已关闭的通道接收

从已关闭的通道读取会返回其数据类型的 0 值。然而，如果尝试向已关闭的通道写入，程序将以一种糟糕的方式崩溃。这两种情况在 readCloseCh.go 中进行了展示，更具体地说，是在 main()函数的实现中。

```
func main() {
    willClose := make(chan complex64, 10)
```

如果将其设置为非缓冲通道，程序将会崩溃。

```
// Write some data to the channel
willClose <- -1
willClose <- 1i
```

我们向 willClose 通道写入两个值。

```
// Read data and empty channel
<-willClose
<-willClose
close(willClose)
```

随后读取并丢弃这两个值，且关闭通道。

```
    // Read again - this is a closed channel
    read := <-willClose
    fmt.Println(read)
}
```

最后从通道中读取的值是一个 complex64 数据类型的 0 值。运行 readCloseCh.go 将生成以下输出。

```
(0+0i)
```

因此，我们得到了 complex64 数据类型的 0 值。接下来我们继续讨论如何使用接收通道作为参数的函数。

7.4.3　作为函数参数的通道

当将通道用作函数参数时，可以指定其方向，即它是否用于发送或接收数据。在笔者看来，如果事先知道通道的用途，那么应该使用此功能，因为它使程序更加健壮。用户应向一个只接收数据的通道发送数据，或者从一个只发送数据的通道接收数据。因此，如果声明一个通道函数参数将仅用于读取，并且尝试向其写入，您将收到一个错误消息，这很可能会在将来帮助用户避免一些严重的错误。

所有这些内容在 channelFunc.go 中得到了展示。接收通道参数的函数实现如下。

```
func printer(ch chan<- bool) {
    ch <- true
}
```

该函数接收一个仅用于写入的通道参数。

```
func writeToChannel(c chan<- int, x int) {
    fmt.Println("1", x)
    c <- x
    fmt.Println("2", x)
}
```

该函数的通道参数仅用于读取。

```
func f2(out <-chan int, in chan<- int) {
    x := <-out
    fmt.Println("Read (f2):", x)
    in <- x
    return
}
```

该函数接收两个通道参数。然而，out 仅用于读取，而 in 则用于写入。如果尝试对不允许的操作执行通道参数，Go 编译器将会报错。即使该函数未被使用，这种情况也会发生。

下一节的主题是竞态条件，读者应仔细阅读，以避免在处理多个协程时出现未定义的行为和不愉快的情况。

7.5　竞 态 条 件

数据竞态条件是指两个或多个运行元素（如线程和协程）尝试控制或修改程序的共享

资源或共享变量的情况。严格来说，当两个或多个指令访问相同的内存地址，并且至少其中一个执行写入（更改）操作时，就会产生数据竞态。如果所有操作都是读取操作，那么不存在竞态条件。在实践中，这意味着如果多次运行程序，则可能会得到不同的输出。

使用-race 标志在运行或构建 Go 源文件时会执行 Go 竞态检测器，这将使编译器创建一个典型的可执行文件的修改版本。该修改版本可以记录对共享变量的所有访问以及发生的所有同步事件，包括本章后面介绍的对 sync.Mutex 和 sync.WaitGroup 的调用。在分析相关事件后，竞态检测器会打印一份报告，可以帮助识别潜在问题，以便进行纠正。

可以使用 go run -race 命令来运行竞态条件检测工具。如果使用 go run -race 对 channels.go 进行测试，将得到以下输出。

```
$ go run -race channels.go
Exit.
Read: 10
Channel is closed!
true
true
true
n: 3
==================
WARNING: DATA RACE

Write at 0x00c00006e010 by main goroutine:
  runtime.closechan()
      /usr/local/Cellar/go/1.16.2/libexec/src/runtime/chan.go:355+0x0
  main.main()
      /Users/mtsouk/ch07/channels.go:54 +0x46c

Previous read at 0x00c00006e010 by goroutine 12:
  runtime.chansend()
      /usr/local/Cellar/go/1.16.2/libexec/src/runtime/chan.go:158+0x0
  main.printer()
      /Users/mtsouk/ch07/channels.go:14 +0x47

Goroutine 12 (running) created at:
main.main()
/Users/mtsouk/ch07/channels.go:40 +0x2b4
==================
false
false
false
```

```
false
false
Found 1 data race(s)
exit status 66
```

因此，尽管 channels.go 看起来没有问题，但存在一个潜在的竞态条件。现在让我们根据之前的输出来讨论 channels.go 的问题所在。

在 channels.go 的第 54 行有一个关闭通道的操作，而在第 14 行对同一个通道的写操作看起来是竞态条件情况的根源。第 54 行是 close(ch)，而第 14 行是 ch <- true。问题在于我们无法确定将要发生什么以及发生的顺序，即竞态条件。如果在没有竞态条件检测器的情况下执行 channels.go，它可能会工作，但如果尝试多次，您可能会收到一个"send on closed channel"错误消息，这主要与 Go 调度器将要运行程序的协程的顺序有关。因此，如果通道的关闭首先发生，那么写入该通道将会失败——这就是竞态条件。

修正 channels.go 需要改变代码，更具体地说，需要改变 printer()函数的实现。修正后的 channels.go 被命名为 chRace.go，并附带以下代码。

```
func printer(ch chan<- bool, times int) {
    for i := 0; i < times; i++ {
        ch <- true
    }
    close(ch)
}
```

需要注意的是，我们没有使用多个协程来向所需的通道写入数据，而是使用了一个单独的协程。一个单独的协程向通道写入数据后再关闭该通道，将不会产生任何竞态条件，因为事务是顺序发生的。

```
func main() {
    // This is an unbuffered channel
    var ch chan bool = make(chan bool)

    // Write 5 values to channel with a single goroutine
    go printer(ch, 5)

    // IMPORTANT: As the channel c is closed,
    // the range loop is going to exit on its own.
    for val := range ch {
        fmt.Print(val, " ")
    }
    fmt.Println()
```

```
    for i := 0; i < 15; i++ {
        fmt.Print(<-ch, " ")
    }
    fmt.Println()
}
```

执行 go run -race chRace.go 产生的输出表明，现在不再存在竞态条件。

```
true true true true true
false false false false false false false false false false false false
false false false
```

下一节将介绍重要且功能强大的 select 关键字。

7.6　select 关键字

select 关键字非常重要，因为它允许同时监听多个通道。select 语句可以有多个 case，以及一个可选的 default case，这模仿了 switch 语句。对于 select 语句来说，拥有一个超时选项是很好的，以防万一。最后，一个没有任何 case 的 select（即 select{}）将永远处于等待状态。

在实践中，这意味着 select 允许一个协程等待多个通信操作。因此，select 赋予了您使用单个 select 块来监听多个通道的能力。结果，只要 select 块实现得当，就可以在通道上进行非阻塞操作。

select 语句不是按顺序评估的，因为它的所有通道都是同时检查的。如果 select 语句中的所有通道都没有准备好，select 语句就会阻塞（等待），直到其中一个通道准备好。如果有多个通道在 select 语句中处于就绪状态，那么 Go 运行时会从这些准备好的通道集合中随机选择一个。

select.go 中的代码展示了一个在协程中运行的 select 的简单用法，它有 3 个 case。但首先，让我们看看包含 select 的协程是如何运行的。

```
wg.Add(1)
go func() {
    gen(0, 2*n, createNumber, end)
    wg.Done()
}()
```

上述代码表明，要执行 wg.Done()，gen()函数应该首先返回。gen() 函数的实现如下所示。

```
func gen(min, max int, createNumber chan int, end chan bool) {
    time.Sleep(time.Second)
    for {
        select {
        case createNumber <- rand.Intn(max-min) + min:
        case <-end:
            fmt.Println("Ended!")
            // return
```

这里，正确的做法是为 gen()添加 return 语句以完成函数。如果忘记了添加 return 语句，这意味着在与结束通道参数相关的 select 分支执行后，函数并不打算结束—— create Number 不会结束函数，因为它没有 return 语句。因此，select 块继续等待。下列代码提供了相应的解决方案。

```
        case <-time.After(4 * time.Second):
            fmt.Println("time.After()!")
            return
        }
    }
}
```

那么，整个 select 块的代码中究竟发生了什么？这个特定的 select 语句有 3 个 case。如前所述，select 不需要一个 default 分支。你可以将 select 语句的第 3 个分支视为一个巧妙的 default 分支。这是因为 time.After()等待指定的持续时间（4 * time.Second），然后打印一条消息，并正确地以 return 结束 gen()。如果其他所有通道由于某种原因被阻塞，这将解除 select 语句的阻塞。尽管从第二个分支中省略 return 是一个错误，但这表明拥有退出策略始终是件好事。

运行 select.go 产生的输出如下所示。

```
$ go run select.go 10
Going to create 10 random numbers.
13 0 2 8 12 4 13 15 14 19 Ended!
time.After()!
Exiting...
```

我们将在本章的剩余部分看到 select 的实际应用，下一节将讨论如何对协程进行超时处理。读者应该记住的是，select 允许我们从单一点监听多个通道。

7.7 协程超时

有时协程的执行时间超出预期，在这种情况下，我们希望对协程进行超时处理，以便可以解除程序的阻塞。本节介绍了两种这样的技术。

7.7.1 main()中的协程超时

本节介绍了一种简单的技术，用于对协程进行超时处理。相关代码可以在 timeOut1.go 的 main()函数中找到。

```
func main() {
    c1 := make(chan string)
    go func() {
        time.Sleep(3 * time.Second)
        c1 <- "c1 OK"
    }()
```

time.Sleep()调用用于模拟函数完成其操作所需的时间。在这种情况下，作为协程执行的匿名函数在向 c1 通道写入消息之前大约需要 3 秒。

```
select {
case res := <-c1:
    fmt.Println(res)
case <-time.After(time.Second):
    fmt.Println("timeout c1")
}
```

time.After()调用的目的是等待指定的时间后才执行——如果执行了另一个分支，等待时间会重置。在这种情况下，我们不关心 time.After()返回的实际值，而是关心 time.After()分支是否被执行了，这意味着等待时间已经过去。在本例中，由于传递给 time.After()函数的值小于之前执行的 time.Sleep()调用中使用的值，您很可能会得到一个超时消息。之所以说“很可能会”，是因为 Linux 不是一个实时操作系统，有时操作系统调度器在处理高负载和调度大量任务时，会进行一些奇怪的操作。

```
    c2 := make(chan string)
    go func() {
        time.Sleep(3 * time.Second)
```

```
        c2 <- "c2 OK"
    }()

    select {
    case res := <-c2:
        fmt.Println(res)
    case <-time.After(4 * time.Second):
        fmt.Println("timeout c2")
    }
}
```

上述代码执行了一个因为 time.Sleep()调用而大约需要 3 秒执行的协程，同时在 select 中使用 time.After(4 * time.Second)定义了一个 4 秒的超时周期。如果在 select 块的第一个 case 中从 c2 通道获取值之后 time.After(4 * time.Second)调用返回，那么就不会存在超时；否则将会出现超时情况。然而，在这种情况下，time.After()调用的值提供了足够的时间让 time.Sleep()调用返回，所以这里很可能不会收到超时消息。

接下来验证我们的想法。运行 timeOut1.go 产生的输出如下所示。

```
$ go run timeOut1.go
timeout c1
c2 OK
```

正如预期的那样，第一个协程出现了超时，而第二个协程则没有产生超时。接下来的一节将介绍另一种超时技术。

7.7.2　main()之外的协程超时

本节展示了另一种对协程进行超时处理的技术。这里，select 语句位于一个独立的函数中。此外，超时周期作为一个命令行参数给出。

timeOut2.go 的有趣之处在于 timeout()函数的实现。

```
func timeout(t time.Duration) {
    temp := make(chan int)
    go func() {
        time.Sleep(5 * time.Second)
        defer close(temp)
    }()

    select {
    case <-temp:
```

```
        result <- false
    case <-time.After(t):
        result <- true
    }
}
```

在 timeout()函数中，time.After()调用中使用的持续时间是一个函数参数，这意味着它可以变化。再次说明，select 块包含了超时逻辑。任何超过 5 秒的超时周期很可能会给协程提供足够的时间来完成。如果 timeout()向结果通道写入 false，则没有发生超时；而如果它写入 true，则表示发生了超时。运行 timeOut2.go 产生的输出如下所示。

```
$ go run timeOut2.go 100
Timeout period is 100ms
Time out!
```

超时周期是 100 毫秒，这意味着协程没有足够的时间完成，因此出现了超时消息。

```
$ go run timeOut2.go 5500
Timeout period is 5.5s
OK
```

这一次超时时间是 5500 毫秒，这意味着协程有足够的时间完成。

下一节将重新审视并介绍与 Go 通道相关的高级概念。

7.8　重新审视 Go 通道

到目前为止，我们已经了解了通道的基本用法，本节将介绍 nil 通道、信号通道和缓冲通道的定义和用法。

记住，通道类型的 0 值是 nil，如果向一个关闭的通道发送信息，程序就会崩溃。但是，如果试图从一个关闭的通道中读取信息，那么会得到该通道类型的 0 值。因此，关闭通道后，就不能再向其写入信息，但仍可从其读取信息。要关闭一个通道，该通道必须不是（只）接收通道

此外，一个 nil 通道总是会阻塞，这意味着从 nil 通道读取和写入都会阻塞。通道的这个特性在给通道变量赋 nil 值来禁用 select 语句的一个分支时非常有用。最后，如果尝试关闭一个 nil 通道，你的程序将会崩溃。这一点在 closeNil.go 程序中得到了最好的说明。

```
package main
```

```
func main() {
var c chan string
```

上述语句定义了一个名为 c 的 nil 通道，类型为 string。

```
close(c)
}
```

运行 closeNil.go 将生成下列输出。

```
panic: close of nil channel

goroutine 1 [running]:
main.main()
        /Users/mtsouk/ch07/closeNil.go:5 +0x2a
exit status 2
```

上述输出显示了如果尝试关闭一个 nil 通道将会得到的提示信息。

接下来让我们讨论缓冲通道。

7.8.1　缓冲通道

本节的主题是缓冲通道。这些通道允许快速地将作业放入队列中，以便能够处理更多的请求并在稍后处理这些请求。此外，还可以使用缓冲通道作为信号量，以限制应用程序的吞吐量。

这里所介绍的技术其工作方式如下：所有传入的请求都被转发到一个通道，该通道逐个处理它们。当通道完成一个请求的处理时，它会向原始调用者发送一条消息，表示它已准备好处理新的请求。因此，通道缓冲区的容量限制了它可以保持的同时请求的数量。

实现该技术的文件名为 bufChannel.go，并包含以下代码。

```
package main

import (
    "fmt"
)

func main() {
    numbers := make(chan int, 5)
```

numbers 通道不能存储超过 5 个整数——这是一个容量为 5 的缓冲通道。

```
counter := 10

for i := 0; i < counter; i++ {
    select {
    // This is where the processing takes place
    case numbers <- i * i:
        fmt.Println("About to process", i)
    default:
    fmt.Print("No space for ", i, " ")
    }
```

我们开始向 numbers 通道中放入数据。然而，当通道已满时，它将不再存储更多数据，而将执行默认分支。

```
    }
    fmt.Println()

    for {
        select {
        case num := <-numbers:
            fmt.Print("*", num, " ")
        default:
            fmt.Println("Nothing left to read!")
            return
        }
    }
}
```

类似地，我们尝试使用 for 循环从 numbers 通道读取数据。当通道中的所有数据都被读取后，将执行默认分支，并使用其 return 语句结束程序。

运行 bufChannel.go 产生的输出如下所示。

```
$ go run bufChannel.go
About to process 0
. . .
About to process 4
No space for 5 No space for 6 No space for 7 No space for 8 No space
for 9
*0 *1 *4 *9 *16 Nothing left to read!
```

接下来讨论 nil 通道。

7.8.2　nil 通道

nil 通道总是阻塞的。因此，当你有意需要这种行为时，则应该使用 nil 通道。以下代码示例说明了 nil 通道的使用情况。

```
package main


import (
    "fmt"
    "math/rand"
    "sync"
    "time"
)
var wg sync.WaitGroup
```

我们将 wg 设置为全局变量，以便在代码的任何地方都可以使用它，进而避免将其传递给需要它的每一个函数。

```
func add(c chan int) {
    sum := 0
    t := time.NewTimer(time.Second)

    for {
        select {
        case input := <-c:
            sum = sum + input
        case <-t.C:
            c = nil
            fmt.Println(sum)
            wg.Done()
        }
    }
}
```

send()函数持续向 c 通道发送随机数。不要将的 c 通道（作为通道函数参数）与 t.C 通道混淆，后者是计时器 t 的一部分。我们可以更改 c 变量的名称，但不能更改 C 字段的名称。当计时器 t 的时间到期时，计时器会向 t.C 通道发送一个值。

这触发了 select 语句相关分支的执行，该分支将通道 c 的值赋为 nil，打印 sum 变量的值，并且执行 wg.Done()，这将解除 main()函数中的 wg.Wait()的阻塞。此外，由于 c 变为

nil，它阻止/阻塞了 send()函数向其发送任何数据。

```
func send(c chan int) {
    for {
        c <- rand.Intn(10)
    }
}

func main() {
    c := make(chan int)
    rand.Seed(time.Now().Unix())
    wg.Add(1)
    go add(c)
    go send(c)
    wg.Wait()
}
```

运行 nilChannel.go 将产生下列输出。

```
$ go run nilChannel.go
11168960
```

由于 select 语句中的第一个分支在 add()函数中执行的次数是不固定的，因此每次执行 nilChannel.go 时都会得到不同的结果。

下一节将讨论工作池。

7.8.3　工作池

工作池是一组线程，用于处理分配给它们的工作。Apache 网络服务器和 Go 的 net/http 包或多或少都是这样工作的：主进程接收所有传入的请求，然后将它们转发给工作进程来提供服务。一旦工作进程完成了它的工作，它就准备好为新的客户端提供服务。由于 Go 语言没有线程，所展示的实现将使用协程代替线程。此外，线程在服务请求后通常不会结束，因为结束一个线程并创建一个新线程的成本太高，而协程在完成它们的工作后确实会结束。Go 语言中的工作池是通过缓冲通道来实现的，因为它们允许限制同时运行的协程的数量。

这里所提供的实用工具实现了一个简单的任务：它处理整数并使用单个协程为每个请求打印它们的平方值。wPools.go 的代码如下所示。

```
package main
```

```
import (
    "fmt"
    "os"
    "runtime"
    "strconv"
    "sync"
    "time"
)

type Client struct {
    id int
    integer int
}
```

Client结构体用于跟踪程序将要处理的请求。

```
type Result struct {
    job Client
    square int
}
```

Result结构体用于保存每个Client的数据以及由客户端生成的结果。简单来说，Client结构体保存每个请求的输入数据，而Result保存请求的结果——如果想处理复杂数据，您应该修改这些结构体。

```
var size = runtime.GOMAXPROCS(0)
var clients = make(chan Client, size)
var data = make(chan Result, size)
```

clients和data缓冲通道分别用于获取新的客户端请求和写入结果。如果希望程序运行得更快，那么可以增加size的值。

```
func worker(wg *sync.WaitGroup) {
    for c := range clients {
        square := c.integer * c.integer
        output := Result{c, square}
        data <- output
        time.Sleep(time.Second)
    }
    wg.Done()
}
```

worker()函数通过读取clients通道来处理请求。一旦处理完成，结果将被写入data通道。通过 time.Sleep()引入的延迟并不是必需的，但它可以让您更好地理解生成输出结果的打印方式。

```
func create(n int) {
    for i := 0; i < n; i++ {
        c := Client{i, i}
        clients <- c
    }
    close(clients)
}
```

create()函数的目的是首先正确地创建所有请求，然后将它们发送到 clients 缓冲通道进行处理。注意，clients 通道是由 worker()读取的。

```
func main() {
    if len(os.Args) != 3 {
        fmt.Println("Need #jobs and #workers!")
        return
    }
    nJobs, err := strconv.Atoi(os.Args[1])
    if err != nil {
        fmt.Println(err)
        return
    }
    nWorkers, err := strconv.Atoi(os.Args[2])
    if err != nil {
        fmt.Println(err)
        return
}
```

上述代码读取了定义作业数和工作线程（worker）数的命令行参数。如果工作线程数大于 clients 缓冲通道的大小，那么将要创建的协程数量将等于 clients 通道的大小。同样，如果作业数大于工作线程数，作业将以较小的块服务。

```
go create(nJobs)
```

create()调用模拟了将要处理的客户端请求。

```
finished := make(chan interface{})
```

finished 通道用于阻塞程序，因此不需要特定的数据类型。

```
go func() {
```

```
    for d := range data {
        fmt.Printf("Client ID: %d\tint: ", d.job.id)
        fmt.Printf("%d\tsquare: %d\n", d.job.integer, d.square)
    }
    finished <- true
```

finished <- true 语句用于在 for range 循环结束时立即解除对程序的阻塞。for range 循环在 data 通道关闭时结束，这发生在 wg.Wait()之后，并意味着所有工作线程都已完成工作。

```
}()

var wg sync.WaitGroup
for i := 0; i < nWorkers; i++ {
    wg.Add(1)
    go worker(&wg)
}
wg.Wait()
close(data)
```

上述 for 循环的目的是，生成所需数量的 worker()协程来处理所有请求。

```
    fmt.Printf("Finished: %v\n", <-finished)
}
```

<-finished 语句在 fmt.Printf()中阻塞，直到 finished 通道被关闭。

运行 wPools.go 会产生以下类型的输出。

```
$ go run wPools.go 10 4
Client ID: 1 int: 1 square: 1
Client ID: 0 int: 0 square: 0
Client ID: 2 int: 2 square: 4
Client ID: 3 int: 3 square: 9
Client ID: 4 int: 4 square: 16
Client ID: 5 int: 5 square: 25
Client ID: 6 int: 6 square: 36
Client ID: 7 int: 7 square: 49
Client ID: 8 int: 8 square: 64
Client ID: 9 int: 9 square: 81
Finished: true
```

上述输出显示所有请求都已处理完毕。这种技术允许服务一定数量的请求，从而避免了服务器过载。为此付出的代价是必须编写更多的代码。

下一节将介绍信号通道，并展示一种使用它们的技术，以定义少量协程的执行顺序。

7.8.4 信号通道

信号通道仅用于信号传递。简单来说，当想要通知另一个协程某件事情时，可以使用信号通道。信号通道不应用于数据传输。稍后将看到信号通道的实际应用，其中我们指定了协程的执行顺序。

本节展示了一种使用信号通道来指定协程执行顺序的技术。但是，当处理的协程数量较少时，这种技术效果最佳。这里所提供的代码示例中包含 4 个协程，我们希望按照期望的顺序执行它们——首先是 A()函数的协程，然后是 B()，接着是 C()，最后是 D()。

defineOrder.go 的代码（不包含 package 声明和 import 块）如下所示。

```
var wg sync.WaitGroup

func A(a, b chan struct{}) {
    <-a
    fmt.Println("A()!")
    time.Sleep(time.Second)
    close(b)
}
```

函数 A()将被阻塞，直到作为参数传递的通道 a 被关闭。在结束之前，它关闭了作为参数传递的通道 b，这将解除下一个协程的阻塞，该协程是函数 B()。

```
func B(a, b chan struct{}) {
    <-a
    fmt.Println("B()!")
    time.Sleep(3 * time.Second)
    close(b)
}
```

类似地，函数 B()将被阻塞，直到作为参数传递的通道 a 被关闭。在 B()结束之前，它关闭了作为参数传递的通道 b。和之前一样，这将解除下一个函数的阻塞。

```
func C(a, b chan struct{}) {
    <-a
    fmt.Println("C()!")
    close(b)
```

```
}
```

与函数 A()和 B()的情况一样，函数 C()的执行被通道 a 阻塞。在结束之前，它关闭了通道 b。

```
func D(a chan struct{}) {
	<-a
	fmt.Println("D()!")
	wg.Done()
}
```

这是将要执行的最后一个函数。因此，尽管它会被阻塞，但在退出前不会关闭任何通道。此外，作为最后一个函数意味着它可以被执行多次，对于函数 A()、B()和 C()来说，情况则并非如此，因为一个通道只能关闭一次。

```
func main() {
	x := make(chan struct{})
	y := make(chan struct{})
	z := make(chan struct{})
	w := make(chan struct{})
```

我们需要的通道数量与希望作为协程执行的函数的数量相同。

```
wg.Add(1)
go func() {
	D(w)
}()
```

这证明了由 Go 代码指定的执行顺序并不重要，因为 D()将最后被执行。

```
wg.Add(1)
go func() {
	D(w)
}()

go A(x, y)

wg.Add(1)
go func() {
	D(w)
}()

go C(z, w)
```

```
go B(y, z)
```

尽管我们先运行 C()再运行 B()，但 C()将在 B()完成后才会结束。

```
wg.Add(1)
go func() {
    D(w)
}()

// This triggers the process
close(x)
```

第一个通道的关闭触发了协程的执行，因为这解除了对 A()的阻塞。

运行 defineOrder.go 将产生下列输出。

```
$ go run defineOrder.go
A()!
B()!
C()!
D()! D()! D()! D()!
```

因此，这 4 个作为协程执行的函数将以期望的顺序执行，并且对于最后一个函数，将执行期望的次数。下一节将讨论共享内存和共享变量，这是让协程彼此通信的一种非常便利的方式。

7.9　共享内存和共享变量

共享内存和共享变量是并发编程中的重要主题，也是 UNIX 线程相互通信的最常用方式。这些原则同样适用于 Go 语言和协程，这也是本节讨论的内容。互斥变量主要用于线程同步和在多个写操作同时发生时保护共享数据。互斥锁的工作方式类似于容量为 1 的缓冲通道，它允许至多一个协程在任何给定时间访问共享变量。这意味着两个或更多的协程无法同时更新该变量。对此，Go 提供了 sync.Mutex 和 sync.RWMutex 这两种数据类型。

并发程序中的临界区是那些不能被所有进程、线程或协程同时执行的代码。这些代码需要通过互斥锁来保护。因此，识别代码中的临界区可以使整个编程过程变得简单得多，读者应该特别关注这项任务。当两个临界区使用相同的 sync.Mutex 或 sync.RWMutex 变量时，一个临界区不能嵌入另一个临界区中。

简单来说，尽量避免在函数之间传递互斥锁，因为这会使你很难判断是否发生了嵌套。

7.9.1　sync.Mutex 类型

sync.Mutex 数据类型是 Go 语言中互斥锁的实现。其定义可以在 sync 目录下的 mutex.go 文件中找到，如下所示。读者无须了解 sync.Mutex 的定义即可使用它。

```
type Mutex struct {
	state int32
	sema uint32
}
```

sync.Mutex 的定义并无特别之处。所有有趣的工作都是由 sync.Lock()和 sync.Unlock()函数完成的，它们分别可以锁定和解锁 sync.Mutex 变量。锁定互斥锁意味着在它被 sync.Unlock()函数释放之前，没有人能够再次锁定它。所有这些都在 mutex.go 中进行了说明，其中包含了以下代码。

```
package main

import (
	"fmt"
	"os"
	"strconv"
	"sync"
	"time"
)

var m sync.Mutex
var v1 int

func change(i int) {
	m.Lock()
```

该函数对 v1 的值进行了修改。临界区从这里开始。

```
time.Sleep(time.Second)
v1 = v1 + 1
if v1 == 10 {
	v1 = 0
	fmt.Print("* ")
}
m.Unlock()
```

这表示为临界区的结束。现在，另一个协程可以锁定互斥锁。

```
}
func read() int {
    m.Lock()
    a := v1
    m.Unlock()
    return a
}
```

该函数用于读取 v1 的值，因此它应该使用互斥锁来确保进程的并发安全性。更具体地说，我们要确保在读取 v1 的时候，没有人能够改变它的值。程序的其余部分包含了 main()函数的实现。读者可查看本书 GitHub 库中的 mutex.go 的完整代码。

运行 mutex.go 会产生以下输出。

```
$ go run -race mutex.go 10
0 -> 1-> 2-> 3-> 4-> 5-> 6-> 7-> 8-> 9* -> 0-> 0
```

上述输出显示，由于使用了互斥锁，协程无法访问共享数据，因此不存在隐藏的竞态条件。

稍后将讨论如果忘记解锁互斥锁可能会发生的情况。

忘记解锁一个 sync.Mutex 互斥锁，即使在最简单的程序中，也会造成异常情况。同样的情况也适用于下一节介绍的 sync.RWMutex 互斥锁。

现在让我们通过一个代码示例来更好地理解这种异常情况，对应代码是 forgetMutex.go 的一部分内容。

```
var m sync.Mutex
var w sync.WaitGroup

func function() {
    m.Lock()
    fmt.Println("Locked!")
}
```

这里，我们锁定了一个互斥锁，但之后没有释放它。这意味着如果多次以协程的形式运行 function()，第一次之后的所有实例都将被阻塞，并等待 Lock()锁定共享的互斥锁。在当前例子中，我们运行了两个协程。读者可以查看 forgetMutex.go 的完整代码以获取更多细节。

运行 forgetMutex.go 将生成以下输出。

```
Locked!
fatal error: all goroutines are asleep - deadlock!
```

```
goroutine 1 [semacquire]:
sync.runtime_Semacquire(0x118d3e8)
        /usr/local/Cellar/go/1.16.2/libexec/src/runtime/sema.go:56
+0x45
sync.(*WaitGroup).Wait(0x118d3e0)
        /usr/local/Cellar/go/1.16.2/libexec/src/sync/waitgroup.go:130
+0x65
main.main()
        /Users/mtsouk/ch07/forgetMutex.go:29 +0x95

goroutine 18 [semacquire]:
sync.runtime_SemacquireMutex(0x118d234, 0x0, 0x1)
        /usr/local/Cellar/go/1.16.2/libexec/src/runtime/sema.go:71
+0x47
sync.(*Mutex).lockSlow(0x118d230)
        /usr/local/Cellar/go/1.16.2/libexec/src/sync/mutex.go:138
+0x105
sync.(*Mutex).Lock(...)
        /usr/local/Cellar/go/1.16.2/libexec/src/sync/mutex.go:81
main.function()
        /Users/mtsouk/ch07/forgetMutex.go:12 +0xac
main.main.func1()
        /Users/mtsouk/ch07/forgetMutex.go:20 +0x4c
created by main.main
        /Users/mtsouk/ch07/forgetMutex.go:18 +0x52
exit status 2
```

正如预期的那样，程序因为死锁而崩溃。为了避免这种情况，应记得在程序中解锁任何创建的互斥锁。

接下来将介绍 sync.RWMutex，即 sync.Mutex 的改进版本。

7.9.2 sync.RWMutex 类型

sync.RWMutex 数据类型是 sync.Mutex 的改进版本，它在 Go 标准库的 sync 目录下的 rwmutex.go 文件中定义如下。

```
type RWMutex struct {
    w Mutex
    writerSem uint32
    readerSem uint32
    readerCount int32
```

```
    readerWait int32
}
```

换言之，sync.RWMutex 是基于 sync.Mutex 的，并进行了必要的补充和改进。那么，sync.RWMutex 如何改进了 sync.Mutex 呢？尽管使用 sync.RWMutex 互斥锁的单个函数被允许执行写操作，但可以有多个读取者拥有一个 sync.RWMutex 互斥锁，这意味着使用 sync.RWMutex 的读取操作通常更快。然而，有一个重要的细节应引起读者的注意：在所有 sync.RWMutex 互斥锁的读取者解锁该互斥锁之前，不能对其进行写锁定，这是为了获取性能提升（支持多个读取者）所必须付出的小小代价。

使用 sync.RWMutex 的函数是 RLock()和 RUnlock()，它们分别用于读取目的锁定和解锁互斥锁。当想要写入目的锁定和解锁 sync.RWMutex 互斥锁时，仍应使用 sync. Mutex 中的 Lock()和 Unlock()函数。最后，不应该在 RLock()和 RUnlock()代码块内对任何共享变量进行更改。

所有这些内容都在 rwMutex.go 中进行了说明，其中较为重要的代码如下所示。

```
var Password *secret
var wg sync.WaitGroup

type secret struct {
    RWM sync.RWMutex
    password string
}
```

这表示为程序的共享变量，我们可以共享任何想要的变量类型。

```
func Change(pass string) {
    fmt.Println("Change() function")
    Password.RWM.Lock()
```

这是临界区的开始部分。

```
fmt.Println("Change() Locked")
time.Sleep(4 * time.Second)
Password.password = pass
Password.RWM.Unlock()
```

这表示为临界区的结束部分。

```
    fmt.Println("Change() UnLocked")
}
```

Change()函数对共享变量 Password 进行修改，因此需要使用 Lock()函数，该函数只能由单个写入者持有。

```
func show () {
    defer wg.Done()
    Password.RWM.RLock()
    fmt.Println("Show function locked!")
    time.Sleep(2 * time.Second)
    fmt.Println("Pass value:", Password.password)
    defer Password.RWM.RUnlock()
}
```

show()函数读取共享变量 Password，因此可以使用 RLock()函数，该函数可以被多个读取者持有。在 main()函数中，在调用 Change()函数之前，作为协程执行了 3 个 show()函数，Change()函数本身也作为协程运行。此处的关键点在于不会产生任何竞态条件。运行 rwMutex.go 将产生以下输出。

```
$ go run rwMutex.go
Change() function
```

Change()函数已被执行，但由于一个或多个 show()协程已经占用了互斥锁，因而它无法获得互斥锁。

```
Show function locked!
Show function locked!
```

上述输出验证了两个 show()协程成功地获取了用于读取的互斥锁。

```
Change() function
```

此处可以看到第二个 Change()函数正在运行并等待获取互斥锁。

```
Pass value: myPass
Pass value: myPass
```

这是两个 show()协程的输出结果。

```
Change() Locked
Change() UnLocked
```

此处可以看到一个 Change()协程完成了它的工作。

```
Show function locked!
Pass value: 54321
```

之后另一个 show()协程结束。

```
Change() Locked
Change() UnLocked
Current password value: 123456
```

最后，第二个 Change()协程完成。最后的输出行是为了确保密码值已经更改。读者可查看 rwMutex.go 的完整代码以获取更多细节。

下一节将讨论使用 atomic 包来避免竞态条件。

7.9.3　atomic 包

原子操作是相对于其他线程或其他协程完成单一步骤的操作。这意味着原子操作在其进行中不能被中断。Go 标准库提供了 atomic 包，在一些简单的情况下，可以帮助避免使用互斥锁。使用 atomic 包可以让多个协程访问原子计数器，而无须担心同步问题和竞态条件。然而，互斥锁比原子操作更为通用。

如随后的代码所示，使用原子变量时，所有对原子变量的读写操作都必须使用 atomic 包提供的函数来完成，以避免竞态条件。

atomic.go 中的代码如下所示，并通过硬编码一些值使代码更加简洁。

```
package main

import (
    "fmt"
    "sync"
    "sync/atomic"
)

type atomCounter struct {
    val int64
}
```

这是一个用于保存所需的 int64 原子变量的结构体。

```
func (c *atomCounter) Value() int64 {
    return atomic.LoadInt64(&c.val)
}
```

上述辅助函数使用 atomic.LoadInt64()返回 int64 原子变量的当前值。

```
func main() {
    X := 100
    Y := 4
    var waitGroup sync.WaitGroup
    counter := atomCounter{}
    for i := 0; i < X; i++ {
```

我们正在创建许多改变共享变量的协程。如前所述，使用 atomic 包来操作共享变量提供了一种简单的方法，可以在改变共享变量的值时避免竞态条件。

```
waitGroup.Add(1)
go func(no int) {
    defer waitGroup.Done()
    for i := 0; i < Y; i++ {
        atomic.AddInt64(&counter.val, 1)
    }
```

atomic.AddInt64()函数以安全的方式改变 counter 结构体变量中的 val 字段的值。

```
        }(i)
    }

    waitGroup.Wait()
    fmt.Println(counter.Value())
}
```

运行 atomic.go 并检查竞态条件时，会产生以下类型的输出。

```
$ go run -race atomic.go
400
```

因此，原子变量被多个协程修改，且没有任何问题。

下一节将展示如何使用协程共享内存。

7.9.4 使用协程共享内存

本节将展示如何使用一个专门的协程来共享数据。尽管共享内存是线程之间相互通信的传统方式，但 Go 内置了同步特性，允许单个协程拥有一块共享数据。这意味着其他协程必须向拥有共享数据的单个协程发送消息，这可以防止数据的损坏。这样的协程被称为监视协程。在 Go 语言的术语中，这就是通过通信而共享，而不是通过共享而通信。

注意

就个人而言，笔者更倾向于使用监视协程而不是传统的共享内存技术，因为监视协程的实现更安全，更接近 Go 语言的哲学，也更容易理解。

程序的逻辑可以在 monitor()函数的实现中找到。具体来说， select 语句协调整个程序的操作。当存在读取请求时， read()函数尝试从 monitor()函数控制的 readValue 通道读取。

这返回了 value 变量的当前值。另外，当想要改变存储的值时，则需要调用 set()。这会写入 writeValue 通道，该通道也由同一个 select 语句处理。因此，如果不使用 monitor()函数，任何人都无法处理共享变量。

monitor.go 的代码如下所示。

```
package main

import (
	"fmt"
	"math/rand"
	"os"
	"strconv"
	"sync"
	"time"
)

var readValue = make(chan int)
var writeValue = make(chan int)

func set(newValue int) {
	writeValue <- newValue
}
```

该函数向 writeValue 通道发送数据。

```
func read() int {
	return <-readValue
}
```

当 read()函数被调用时，它从 readValue 通道读取数据，该读取操作发生在 monitor()函数内部。

```
func monitor() {
	var value int
	for {
```

```
        select {
        case newValue := <-writeValue:
            value = newValue
            fmt.Printf("%d ", value)
        case readValue <- value:
        }
    }
}
```

monitor()函数包含了程序的逻辑，它有一个无尽的 for 循环和 select 语句。第一个 case 从 writeValue 通道接收数据，相应地设置 value 变量，并打印出这个新值。第二个 case 将 value 变量的值发送到 readValue 通道。由于所有通信都通过 monitor()函数及其 select 块进行，且只有一个 monitor()实例在运行，因此不可能出现竞态条件。

```
func main() {
    if len(os.Args) != 2 {
        fmt.Println("Please give an integer!")
        return
    }
    n, err := strconv.Atoi(os.Args[1])
    if err != nil {
        fmt.Println(err)
        return
    }
    fmt.Printf("Going to create %d random numbers.\n", n)
    rand.Seed(time.Now().Unix())
    go monitor()
```

monitor()函数首先执行是很重要的，因为那是协调程序流程的协程。

```
var wg sync.WaitGroup

for r := 0; r < n; r++ {
    wg.Add(1)
    go func() {
        defer wg.Done()
        set(rand.Intn(10 * n))
    }()
}
```

当 for 循环结束时，意味着我们已经生成了所需的随机数数量。

```
    wg.Wait()
```

```
    fmt.Printf("\nLast value: %d\n", read())
}
```

在打印最后一个随机数之前，我们等待所有的 set()协程完成。

运行 monitor.go 会产生以下输出。

```
$ go run monitor.go 10
Going to create 10 random numbers.
98 22 5 84 20 26 45 36 0 16
Last value: 16
```

因此，10 个随机数由 10 个协程生成，所有这些协程将它们的输出发送到作为协程执行的 monitor()函数。除了接收结果外，monitor()函数还在屏幕上打印它们，因此所有这些输出都是由 monitor()函数生成的。

下一节将更详细地讨论 go 语句。

7.10　闭包变量和 go 语句

本节将讨论闭包变量，即闭包内的变量，以及 go 语句。注意，在协程中的闭包变量会在协程实际运行时，以及执行 go 语句以创建新协程时进行求值。这意味着当 Go 调度器决定执行相关代码时，闭包变量将被它们的值替换。这在 goClosure.go 的 main()函数中进行了说明。

```
func main() {
    for i := 0; i <= 20; i++ {
        go func() {
            fmt.Print(i, " ")
        }()
    }
    time.Sleep(time.Second)
    fmt.Println()
}
```

运行 goClosure.go 将产生下列输出。

```
$ go run goClosure.go
3 7 21 21 21 21 21 21 21 21 21 21 21 21 21 21 21 21 21 21 21
```

程序主要打印数字 21，这是 for 循环变量的最后一个值，而不是其他数字。由于 i 是一个闭包变量，因而它在执行时进行求值。由于协程开始后等待 Go 调度器允许它们执行，所以 for 循环结束时，使用的 i 的值是 21。最后，相同的问题也适用于 Go 的通道，因此要小心。

运行带有 Go 竞态检测器的 goClosure.go 揭示了这个问题。

```
$ go run -race goClosure.go
2 ==================
WARNING: DATA RACE
Read at 0x00c00013a008 by goroutine 7:
  main.main.func1()
      /Users/mtsouk/ch07/goClosure.go:11 +0x3c

Previous write at 0x00c00013a008 by main goroutine:
  main.main()
      /Users/mtsouk/ch07/goClosure.go:9 +0xa4

Goroutine 7 (running) created at:
  main.main()
      /Users/mtsouk/ch07/goClosure.go:10 +0x7e
==================
2 3 5 5 7 8 9 10 9 11 12 13 14 17 18 18 18 19 20 21
Found 1 data race(s)
exit status 66
```

下面修改 goClosure.go，新名称是 goClosureCorrect.go，它的 main()函数如下所示。

```
func main() {
    for i := 0; i <= 20; i++ {
        i := i
        go func() {
            fmt.Print(i, " ")
        }()
    }
```

这是纠正问题的一种方法。有效但看似奇怪的 i :=i 语句为协程创建了一个新的变量实例，该实例持有正确的值。

```
time.Sleep(time.Second)
fmt.Println()

for i := 0; i <= 20; i++ {
    go func(x int) {
```

```
        fmt.Print(x, " ")
    }(i)
}
```

这是一种完全不同的纠正竞态条件的方法：将 i 的当前值作为参数传递给匿名函数，且一切工作正常。

```
    time.Sleep(time.Second)
    fmt.Println()
}
```

使用竞态检测器测试 goClosureCorrect.go 产生了预期的输出，如下所示。

```
$ go run -race goClosureCorrect.go
0 1 2 4 3 5 6 9 8 7 10 11 13 12 14 16 15 17 18 20 19
0 1 2 3 4 5 6 7 8 10 9 12 13 11 14 15 16 17 18 19 20
```

下一节将介绍'context'包的功能。

7.11　context 包

context 包的主要目的是定义 Context 类型并支持取消操作。有时候出于某种原因，你可能想要放弃正在做的事情。然而，能够涵盖一些关于取消决策的额外信息将是非常大的帮助。context 包允许我们做到这一点。

如果查看 context 包的源代码，那么会发现它的实现相当简单，即使是 Context 类型的实现也相当简单，但 context 包非常重要。

Context 类型是一个包含 4 个方法的接口，分别命名为 Deadline()、Done()、Err()和 Value()。好消息是，我们不需要实现 Context 接口的所有这些函数——只需要使用诸如 context.WithCancel()、context.WithDeadline()和 context.WithTimeout()等方法来修改 Context 变量。

提示

这 3 个函数都返回一个派生的 Context（子 Context）和一个 CancelFunc()函数。调用 CancelFunc()函数会移除父 Context 对子 Context 的引用，并停止任何相关联的计时器。作为一种副作用，这意味着 Go 垃圾收集器可以自由地回收那些不再关联父协程的子协程。为了使垃圾收集正确工作，父协程需要保持对每个子协程的引用。如果一个子协程结束而父协程并不知情，那么就会在父协程被取消之前发生内存泄漏。

下面的例子展示了 context 包的使用。程序包含 4 个函数， 且 main()函数的 f1()、f2()和 f3()函数只需要一个参数，即时间延迟，其他内容都在它们的函数体内定义了。在这个例子中，我们使用 context.Background()来初始化一个空的 Context。另一个可以创建空 Context 的函数是 context.TODO()，这将在本章后面介绍。

```
package main

import (
	"context"
	"fmt"
	"os"
	"strconv"
	"time"
)

func f1(t int) {
	c1 := context.Background()
	c1, cancel := context.WithCancel(c1)
	defer cancel()
```

WithCancel()方法返回一个带有新 Done 通道的父 Context 的副本。注意，cancel 变量是一个函数，是 context.CancelFunc()的返回值之一。context.WithCancel()函数使用现有的 Context 并创建一个可以取消的子 Context。context.WithCancel()函数还返回一个 Done 通道，该通道可以在调用 cancel()函数时关闭（如前面的代码所示），也可以在关闭父 Context 的 Done 通道时关闭。

```
	go func() {
		time.Sleep(4 * time.Second)
		cancel()
	}()

	select {
	case <-c1.Done():
		fmt.Println("f1() Done:", c1.Err())
		return
	case r := <-time.After(time.Duration(t) * time.Second):
		fmt.Println("f1():", r)
	}
	return
}
```

f1()函数创建并执行一个协程。time.Sleep()调用模拟了一个真实协程完成其工作所需的时间。在这种情况下是 4 秒，但也可以设置任何想要的时间周期。如 c1 上下文在不到 4 秒的时间内调用了 Done()函数，那么协程将没有足够的时间完成。

```
func f2(t int) {
    c2 := context.Background()
    c2, cancel := context.WithTimeout(c2, time.Duration(t)*time.Second)
    defer cancel()
```

f2()中的 cancel 变量来自 context.WithTimeout()，它需要两个参数：一个 Context 参数和一个 time.Duration 参数。当超时期满时，cancel()函数会自动被调用。

```
go func() {
    time.Sleep(4 * time.Second)
    cancel()
}()

select {
case <-c2.Done():
    fmt.Println("f2() Done:", c2.Err())
    return
case r := <-time.After(time.Duration(t) * time.Second):
    fmt.Println("f2():", r)
}
return
}

func f3(t int) {
    c3 := context.Background()
    deadline := time.Now().Add(time.Duration(2*t) * time.Second)
    c3, cancel := context.WithDeadline(c3, deadline)
    defer cancel()
```

f3()中的 cancel 变量来自 context.WithDeadline()。context.WithDeadline()需要两个参数：一个 Context 变量和一个表示操作截止时间的未来时间。当截止时间到达时，cancel()函数会自动被调用。

f3()的逻辑与 f1()和 f2()相同——select 块负责协调进程。

```
func main() {
    if len(os.Args) != 2 {
        fmt.Println("Need a delay!")
```

```
        return
    }

    delay, err := strconv.Atoi(os.Args[1])
    if err != nil {
        fmt.Println(err)
        return
    }
    fmt.Println("Delay:", delay)

    f1(delay)
    f2(delay)
    f3(delay)
}
```

其中，3 个函数由 main()函数依次执行。运行 useContext.go 会产生以下类型的输出。

```
$ go run useContext.go 3
Delay: 3
f1(): 2021-03-18 13:10:24.739381 +0200 EET m=+3.001331808
f2(): 2021-03-18 13:10:27.742732 +0200 EET m=+6.004804424
f3(): 2021-03-18 13:10:30.742793 +0200 EET m=+9.004988055
```

输出中较长的行是 time.After()函数的返回值，它们显示了 After()函数在返回的通道上发送当前时间的次数。所有这些都表示程序正常运行。

如果定义了一个更长的延迟，那么输出将类似于以下情况。

```
$ go run useContext.go 13
Delay: 13
f1() Done: context canceled
f2() Done: context canceled
f3() Done: context canceled
```

这里的关键是，当程序执行出现延迟时，其操作会被取消。

稍后将展示 context 包的不同用法。

在本节中，我们在 Context 中传递值，并将其用作键值存储。在这种情况下，我们不会将值传递到上下文中，以便提供更多信息说明取消的原因。keyVal.go 程序展示了 context.TODO()函数以及 context.WithValue()函数的使用。所有这些以及更多内容都可以在 keyVal.go 中找到，如下所示。

```
package main
```

```
import (
	"context"
	"fmt"
)

type aKey string

func searchKey(ctx context.Context, k aKey) {
	v := ctx.Value(k)
	if v != nil {
		fmt.Println("found value:", v)
		return
	} else {
		fmt.Println("key not found:", k)
	}
}
```

searchKey()函数使用 Value()从 Context 变量中检索一个值，并检查该值是否存在。

```
func main() {
	myKey := aKey("mySecretValue")
	ctx := context.WithValue(context.Background(), myKey, "mySecret")
```

context.WithValue()函数在 main()中使用，提供了一种将值与 Context 关联的方法。接下来的两个语句在一个已存在的上下文（ctx）中搜索两个键的值。

```
searchKey(ctx, myKey)
searchKey(ctx, aKey("notThere"))
emptyCtx := context.TODO()
```

这次我们使用 context.TODO()而不是 context.Background()来创建上下文。虽然这两个函数都返回一个非 nil、空的 Context，但它们的目的不同。您绝不应传递一个 nil 上下文，而应使用 context.TODO()函数创建一个合适的上下文。此外，当不确定要使用的 Context 时，可使用 context.TODO()函数。context.TODO()函数表示我们打算使用一个操作上下文，但还不确定它是否合适。

```
	searchKey(emptyCtx, aKey("notThere"))
}
```

运行 keyVal.go 将会生成下列输出。

```
$ go run keyVal.go
found value: mySecret
key not found: notThere
key not found: notThere
```

第一次调用 searchKey()是成功的，然而接下来的两次调用无法在上下文中找到所需的键。因此，上下文允许我们存储键值对并搜索键。

我们并没有完全结束对 Context 的讨论，下一章将使用它在客户端连接的 HTTP 交互中设置超时。本章的最后一节讨论了 semaphore 包，它不是标准库的一部分。

7.12　semaphore 包

本章的最后一节介绍了由 Go 团队提供的 semaphore 包。信号量是一种可以限制或控制对共享资源访问的结构。由于我们讨论的是 Go，信号量可以限制协程对共享资源的访问，但最初，信号量被用来限制对线程的访问。信号量可以具有权重，以限制可以访问资源的线程或协程的数量。

这一过程是通过 Acquire()和 Release()方法来支持的，它们的定义如下所示。

```
func (s *Weighted) Acquire(ctx context.Context, n int64) error
func (s *Weighted) Release(n int64)
```

Acquire()的第二个参数定义了信号量的权重。

由于我们正在使用一个外部包，因而需要将代码放在~/go/src 目录下以便使用 Go 模块，即~/go/src/github.com/mactsouk/semaphore。下面讨论 semaphore.go 的代码，它展示了使用信号量的工作池的实现。

```
package main

import (
	"context"
	"fmt"
	"os"
	"strconv"
	"time"

	"golang.org/x/sync/semaphore"
)
```

```
var Workers = 4
```

该变量指定了程序可以执行的最大协程数量。

```
var sem = semaphore.NewWeighted(int64(Workers))
```

这里我们定义了信号量，其权重与可以同时执行的最大协程数量相同。这意味着不能有超过 Workers 的协程同时获取该信号量。

```
func worker(n int) int {
    square := n * n
    time.Sleep(time.Second)
    return square
}
```

worker()函数作为协程的一部分被运行。然而，由于我们使用了信号量，因而不需要将结果返回到一个通道中。

```
func main() {
    if len(os.Args) != 2 {
        fmt.Println("Need #jobs!")
        return
    }

    nJobs, err := strconv.Atoi(os.Args[1])
    if err != nil {
        fmt.Println(err)
        return
    }
```

上述代码读取了想要运行的作业数量。

```
// Where to store the results
var results = make([]int, nJobs)

// Needed by Acquire()
ctx := context.TODO()

for i := range results {
    err = sem.Acquire(ctx, 1)
    if err != nil {
        fmt.Println("Cannot acquire semaphore:", err)
        break
    }
```

在这部分中，我们尝试根据 nJobs 定义的作业数量获取信号量。如果 nJobs 大于 Workers，那么 Acquire()调用将会阻塞并等待 Release()调用以便解除阻塞。

```
    go func(i int) {
        defer sem.Release(1)
        temp := worker(i)
        results[i] = temp
    }(i)
}
```

这里我们运行协程，执行相关作业并将结果写入 results 切片。由于每个协程都写入不同的切片元素，因此不存在任何竞态条件。

```
err = sem.Acquire(ctx, int64(Workers))
if err != nil {
    fmt.Println(err)
}
```

这是一个巧妙的处理方式：我们获取所有的 token，以便 sem.Acquire()调用阻塞，直到所有工作线程/协程完成。这在功能上类似于一个 Wait()调用。

```
    for k, v := range results {
        fmt.Println(k, "->", v)
    }
}
```

程序的最后一部分与打印结果相关。在编写代码之后，我们需要运行以下命令以获取所需的 Go 模块。

```
$ go mod init
$ go mod tidy
$ mod download golang.org/x/sync
```

除第一个命令之外，这些命令都是由 go mod init 的输出指示的。

最后，运行 semaphore.go 会产生以下的输出。

```
$ go run semaphore.go 6
0 -> 0
1 -> 1
2 -> 4
3 -> 9
4 -> 16
5 -> 25
```

输出中的每一行显示了输入值和输出值，它们由 "->" 分隔。信号量的使用保持了事务的有序性。

7.13 本章练习

（1）尝试实现一个使用缓冲通道的 wc(1) 的并发版本。
（2）尝试实现一个使用共享内存的 wc(1) 的并发版本。
（3）尝试实现一个使用信号量的 wc(1) 的并发版本。
（4）尝试实现一个将其输出保存到文件的 wc(1) 的并发版本。
（5）修改 wPools.go，使得每个工作线程（worker）实现 wc(1) 的功能。

7.14 本章小结

本章讲述了 Go 并发性、协程、通道、select 关键字、共享内存和互斥锁，以及如何为协程设置超时和使用 context 包。所有这些知识将使您能够编写强大的并发 Go 应用程序。请尝试本章的概念和示例，以更好地理解协程、通道和共享内存。

7.15 附加资源

（1）sync 文档页面：https://golang.org/pkg/sync/。
（2）学习 semaphore：https://pkg.go.dev/golang.org/x/sync/semaphore。
（3）Go 调度器：https://www.ardanlabs.com/blog/2018/08/scheduling-in-go-part1.html。
（4）Go 调度器的实现：https://golang.org/src/runtime/proc.go。

第 8 章　构建 Web 服务

本章的核心主题是使用 net/http 包与 HTTP 进行交互。记住，所有 Web 服务都需要一个 Web 服务器才能运行。此外，在本章中，我们将把电话簿应用程序转换为一个接收 HTTP 连接的 Web 应用程序，并创建一个命令行客户端来与其交互。最后，我们将展示如何创建一个 FTP（文件传输协议）服务器，以及如何将来自 Go 应用程序的指标导出到 Prometheus 中，并使用 runtime/metrics 包来获取由 Go 运行时导出的实现定义的指标。

本章主要涉及下列主题。

（1）net/http 包。

（2）创建一个 Web 服务器。

（3）更新电话簿应用程序。

（4）将指标公开与 Prometheus。

（5）开发 Web 客户端。

（6）创建文件服务器。

（7）对 HTTP 连接进行超时设置。

8.1　net/http 包

net/http 包提供了开发 Web 服务器和客户端的功能。例如，http.Get()和 http.NewRequest()由客户端用于发起 HTTP 请求，而 http.ListenAndServe()用于指定服务器监听的 IP 地址和 TCP 端口来启动 Web 服务器。此外，http.HandleFunc()用于定义支持的 URL 以及将要处理这些 URL 的函数。

接下来将介绍 net/http 包中的 3 个重要数据结构，读者可以在阅读本章时将这些内容作为参考。

8.1.1　http.Response 类型

http.Response 结构体包含了来自 HTTP 请求的响应，http.Client 和 http.Transport 在接收到响应头后都会返回 http.Response 值，其定义可以在 https://golang.org/src/net/http/response.go 中找到。

```
type Response struct {
    Status string // e.g. "200 OK"
    StatusCode int // e.g. 200
    Proto string // e.g. "HTTP/1.0"
    ProtoMajor int // e.g. 1
    ProtoMinor int // e.g. 0
    Header Header
    Body io.ReadCloser
    ContentLength int64
    TransferEncoding []string
    Close bool
    Uncompressed bool
    Trailer Header
    Request *Request
    TLS *tls.ConnectionState
}
```

您不必使用结构体的所有字段，但了解它们的存在是有好处的。然而，其中一些字段，例如 Status、StatusCode 和 Body，比其他字段更为重要。Go 源文件以及 go doc http.Response 的输出包含了每个字段目的的更多信息，这同样适用于在标准 Go 库中出现的大多数结构体数据类型。

8.1.2　http.Request 类型

http.Request 结构体代表由客户端构造的 HTTP 请求，以便被 HTTP 服务器发送或接收。http.Request 的公共字段如下所示。

```
type Request struct {
    Method string
    URL *url.URL
    Proto string
    ProtoMajor int
    ProtoMinor int
    Header Header
    Body io.ReadCloser
    GetBody func() (io.ReadCloser, error)
    ContentLength int64
    TransferEncoding []string
    Close bool
    Host string
```

```
    Form url.Values
    PostForm url.Values
    MultipartForm *multipart.Form
    Trailer Header
    RemoteAddr string
    RequestURI string
    TLS *tls.ConnectionState
    Cancel <-chan struct{}
    Response *Response
}
```

Body 字段保存了请求的正文。在读取请求的正文之后，可以调用 GetBody()，它返回正文的新副本，该操作是可选的。

接下来介绍 http.Transport 结构体。

8.1.3　http.Transport 类型

http.Transport 的定义较长且复杂，并提供了对 HTTP 连接的更多控制。

```
type Transport struct {
    Proxy func(*Request) (*url.URL, error)
    DialContext func(ctx context.Context, network, addr string) (net.
    Conn, error)
    Dial func(network, addr string) (net.Conn, error)
    DialTLSContext func(ctx context.Context, network, addr string)
    (net.Conn, error)
    DialTLS func(network, addr string) (net.Conn, error)
    TLSClientConfig *tls.Config
    TLSHandshakeTimeout time.Duration
    DisableKeepAlives bool
    DisableCompression bool
    MaxIdleConns int
    MaxIdleConnsPerHost int
    MaxConnsPerHost int
    IdleConnTimeout time.Duration
    ResponseHeaderTimeout time.Duration
    ExpectContinueTimeout time.Duration
    TLSNextProto map[string]func(authority string, c *tls.Conn)
    RoundTripper
    ProxyConnectHeader Header
    GetProxyConnectHeader func(ctx context.Context, proxyURL *url.URL,
```

```
    target string) (Header, error)
    MaxResponseHeaderBytes int64
    WriteBufferSize int
    ReadBufferSize int
    ForceAttemptHTTP2 bool
}
```

注意，http.Transport 是相当底层的，而本章也使用 http.Client 实现了一个高层的 HTTP 客户端——每个 http.Client 都包含一个 Transport 字段。如果它的值是 nil，那么就会使用 DefaultTransport。您并不需要在所有程序中使用 http.Transport，也不需要每次使用它时都处理所有字段。如果想了解更多关于 DefaultTransport 的信息，请输入 go doc http.Default Transport 命令。

接下来学习如何创建一个 Web 服务器。

8.2　创建一个 Web 服务器

本节将介绍一个用 Go 语言创建的简单 Web 服务器，以便更好地理解这类应用程序背后的原理。

提示

尽管用 Go 语言编写的 Web 服务器可以高效且安全地完成许多任务，但如果您真正需要的是一个支持模块、多个网站和虚拟主机的强大 Web 服务器，那么最好使用像 Apache、Nginx 或 Caddy 这样用 Go 语言编写的 Web 服务器。

这里的问题是，为什么所展示的 Web 服务器使用的是 HTTP 而不是安全的 HTTP（HTTPS）？这个问题的答案是：大多数 Go Web 服务器被部署为 Docker 镜像，并且隐藏在如 Caddy 和 Nginx 这样的 Web 服务器后面，这些服务器使用适当的安全凭证提供安全的 HTTP 操作部分。在不知道应用程序将如何部署以及在哪个域名下部署的情况下，使用安全的 HTTP 协议及所需的安全凭证是没有意义的。这是微服务以及常规 Web 应用程序在 Docker 镜像中部署时的常见做法。

net/http 包提供了功能和数据类型，可以开发功能强大的 Web 服务器和客户端。http.Set()和 http.Get()方法可以用来发起 HTTP 和 HTTPS 请求，而 http.ListenAndServe()用于创建 Web 服务器，前提是用户提供了处理传入请求的处理程序函数，或多个处理程序函数。由于大多数 Web 服务需要支持多个端点，您最终需要多个独立的函数来处理传入的请求，这也有助于改善服务设计。

定义支持的端点以及响应每个客户端请求的处理函数的最简单方法是使用 http.Handle Func()函数，该函数可以被多次调用。

接下来将实现一个简单的 Web 服务器，如 wwwServer.go 所示。

```
package main

import (
    "fmt"
    "net/http"
    "os"
    "time"
)

func myHandler(w http.ResponseWriter, r *http.Request) {
    fmt.Fprintf(w, "Serving: %s\n", r.URL.Path)
    fmt.Printf("Served: %s\n", r.Host)
}
```

这是一个处理函数，它使用 w http.ResponseWriter 发送消息至客户端，http.Response Writer 也是一个接口，实现了 io.Writer，并用于发送服务器响应。

```
func timeHandler(w http.ResponseWriter, r *http.Request) {
    t := time.Now().Format(time.RFC1123)
    Body := "The current time is:"
    fmt.Fprintf(w, "<h1 align=\"center\">%s</h1>", Body)
    fmt.Fprintf(w, "<h2 align=\"center\">%s</h2>\n", t)

    fmt.Fprintf(w, "Serving: %s\n", r.URL.Path)
    fmt.Printf("Served time for: %s\n", r.Host)
}
```

这是一个名为 timeHandler 的另一个处理函数，它以 HTML 格式返回当前时间。所有的 fmt.Fprintf()调用都把数据发送回 HTTP 客户端，而 fmt.Printf()的输出则打印在 Web 服务器运行的终端上。fmt.Fprintf()的第一个参数是 w http.ResponseWriter，它实现了 io.Writer，因此可以接收数据。

```
func main() {
    PORT := ":8001"
```

这里定义了 Web 服务器所监听的端口号。

```
arguments := os.Args
if len(arguments) != 1 {
    PORT = ":" + arguments[1]
}
fmt.Println("Using port number: ", PORT)
```

如果不想使用预定义的端口号(8001),那么应该以命令行参数的形式为 wwwServer.go 提供自己的端口号。

```
http.HandleFunc("/time", timeHandler)
http.HandleFunc("/", myHandler)
```

因此，Web 服务器支持/time URL 以及/。/路径匹配其他处理程序未匹配的任何 URL。我们将 myHandler()与/相关联，使得 myHandler()成为默认的处理函数。

```
    err := http.ListenAndServe(PORT, nil)
    if err != nil {
        fmt.Println(err)
        return
    }
}
```

http.ListenAndServe()调用使用预定义的端口号启动 HTTP 服务器。由于 PORT 字符串中没有给定主机名，Web 服务器将监听所有可用的网络接口。端口号和主机名应该用冒号(:) 分隔，即使没有主机名也应该有冒号——在这种情况下，服务器将监听所有可用的网络接口，因此也监听所有支持的主机名。这就是 PORT 的值是 :8001 而不是仅是 8001 的原因。

net/http 包的一部分是 ServeMux 类型（go doc http.ServeMux），它是一个 HTTP 请求多路复用器，提供了一种与 wwwServer.go 中使用的默认方式略有不同的定义处理函数和端点的方式。因此，如果不创建和配置自己的 ServeMux 变量，那么 http.HandleFunc()将使用 DefaultServeMux，这是默认的 ServeMux。所以，在这种情况下，我们将使用默认的 Go 路由器来实现 Web 服务，这就是 http.ListenAndServe()的第二个参数为 nil 的原因。

运行 wwwServer.go 并使用 curl(1) 与之交互会产生以下的输出。

```
$ go run wwwServer.go
Using port number: :8001
Served: localhost:8001
Served time for: localhost:8001
Served: localhost:8001
```

注意，由于 wwwServer.go 不会自动终止，您需要自己停止它。

在 curl(1) 端，交互过程如下所示。

```
$ curl localhost:8001
Serving: /
```

在第一种情况中，我们访问了 Web 服务器的/路径，并由 myHandler()提供服务。

```
$ curl localhost:8001/time
<h1 align="center">The current time is:</h1><h2 align="center">Mon, 29
Mar 2021 08:26:27 EEST</h2>
Serving: /time
```

在这种情况下，我们访问了/time 并从 timeHandler()那里得到了 HTML 格式的输出。

```
$ curl localhost:8001/doesNotExist
Serving: /doesNotExist
```

在最后一种情况下，我们访问了不存在的/doesNotExist 路径。由于没有任何其他路径可以匹配，它由默认的处理程序提供服务，即 myHandler()函数。

下一节将讨论如何将电话簿应用程序变成一个 Web 应用程序。

8.3　更新电话簿应用程序

在本节中，电话簿应用程序将作为一个 Web 服务来工作。需要执行的两项主要任务是定义 API 以及端点，并实现 API。第 3 个需要确定的任务涉及应用程序服务器与其客户端之间的数据交换。关于数据交换，存在 4 种主要的方法，如下所示。

（1）使用纯文本。

（2）使用 HTML。

（3）使用 JSON。

（4）使用结合纯文本和 JSON 数据的混合方法。

JSON 将在第 10 章进行探讨，而 HTML 可能不是服务的最佳选择，因为需要将数据与 HTML 标签分离并解析数据，这里我们将采用第一种方法。因此，服务将使用纯文本数据。我们首先定义支持电话簿应用程序操作的 API。

8.3.1　定义 API

API 支持以下 URL：

（1）/list: 列出了所有可用的条目。

（2）/insert/name/surname/telephone/：插入了一个新的条目。稍后，我们将看到如何从包含用户数据的 URL 中提取所需的信息。

（3）/delete/telephone/：根据 telephone 的值删除一个条目。

（4）/search/telephone/：根据 telephone 的值搜索一个条目。

（5）/status：这是一个额外的 URL，返回电话簿中的条目数量。

注意

端点列表没有遵循标准的 REST 约定，所有这些内容将在第 10 章中介绍。

这一次我们不使用默认的 Go 路由器，这意味着要定义并配置自己的 http.New ServeMux()变量。这改变了我们提供处理函数的方式：一个带有 func(http.ResponseWriter, *http.Request)签名的处理函数必须被转换成 http.HandlerFunc 类型，并被 ServeMux 类型及其自身的 Handle()方法使用。因此，当使用不同于默认的 ServeMux 时，应该通过调用 http.HandlerFunc()显式地进行这种转换，这使得 http.HandlerFunc 类型充当一个适配器，允许使用具有所需签名的普通函数作为 HTTP 处理程序。当使用默认的 Go 路由器（Default ServeMux）时，这不会产生问题，因为 http.HandleFunc()函数会自动且在内部进行相应的转换。

注意

为了使事情更清晰，http.HandlerFunc 类型支持一个名为 HandlerFunc()的方法——类型和方法都在 http 包中定义。名称相似的 http.HandleFunc()函数（没有 r）是与默认的 Go 路由器一起使用的。

作为示例，对于/time 端点和 timeHandler()处理函数，应作为 mux.Handle("/time", http.HandlerFunc(timeHandler))调用 mux.Handle()。如果使用的是 http.HandleFunc()并且因此使用了 DefaultServeMux，那么应该调用 http.HandleFunc("/time", timeHandler)来代替。

下一节的主题是实现 HTTP 端点。

8.3.2　实现处理程序

新版的电话簿将在专用的 GitHub 库中创建，用于存储和共享，对应网址为 https://github.com/mactsouk/www-phone。

创建库后，需要执行以下操作。

```
$ cd ~/go/src/github.com/mactsouk # Replace with your own path
$ git clone git@github.com:mactsouk/www-phone.git
$ cd www-phone
```

```
$ touch handlers.go
$ touch www-phone.go
```

www-phone.go 文件包含了定义 Web 服务器操作的代码。通常，处理程序放在一个单独的包中，但出于简化考虑，我们决定将处理程序放在同一个包中的一个单独文件里，名为 handlers.go。handlers.go 文件的内容包含了所有与服务客户端相关的功能，如下所示。

```
package main

import (
    "fmt"
    "log"
    "net/http"
    "strings"
)
```

handlers.go 所需的所有包都被导入了，即使其中一些已经被 www-phone.go 导入。请注意，该包的名称是 main，www-phone.go 也是如此。

```
const PORT = ":1234"
```

这是 HTTP 服务器监听的默认端口号。

```
func defaultHandler(w http.ResponseWriter, r *http.Request) {
    log.Println("Serving:", r.URL.Path, "from", r.Host)
    w.WriteHeader(http.StatusOK)
    Body := "Thanks for visiting!\n"
    fmt.Fprintf(w, "%s", Body)
}
```

这是默认的处理程序，它服务于所有不匹配其他任何处理程序的请求。

```
func deleteHandler(w http.ResponseWriter, r *http.Request) {
    // Get telephone
    paramStr := strings.Split(r.URL.Path, "/")
```

这是用于/delete 路径的处理函数，它首先通过分割 URL 来读取所需的信息。

```
fmt.Println("Path:", paramStr)
if len(paramStr) < 3 {
    w.WriteHeader(http.StatusNotFound)
    fmt.Fprintln(w, "Not found: "+r.URL.Path)
    return
}
```

如果没有足够的参数，我们应该向客户端发送一个错误消息，并附带所需的 HTTP 状态码，在这种情况下是 http.StatusNotFound。只要合理，可以使用任何 HTTP 状态码。WriteHeader()方法在写入响应正文之前，先发送包含所提供状态码的头部。

```
log.Println("Serving:", r.URL.Path, "from", r.Host)
```

这是 HTTP 服务器将数据发送到日志文件的地方，这主要是出于调试的原因。

```
telephone := paramStr[2]
```

由于删除过程是基于电话号码的，因而所需内容只是一个有效的电话号码。这是在提供了 URL 之后，分割 URL 并读取参数的地方。

```
err := deleteEntry(telephone)
if err != nil {
    fmt.Println(err)
    Body := err.Error() + "\n"
    w.WriteHeader(http.StatusNotFound)
    fmt.Fprintf(w, "%s", Body)
    return
}
```

一旦持有了电话号码，我们就会调用 deleteEntry()来删除它。deleteEntry()的返回值决定了操作的结果，因此也决定了对客户端的响应。

```
    Body := telephone + " deleted!\n"
    w.WriteHeader(http.StatusOK)
    fmt.Fprintf(w, "%s", Body)
}
```

此时，我们知道删除操作已成功，因此向客户端发送了适当的消息以及 http.StatusOK 状态码。输入 go doc http.StatusOK 命令可查看状态码列表。

```
func listHandler(w http.ResponseWriter, r *http.Request) {
    log.Println("Serving:", r.URL.Path, "from", r.Host)
    w.WriteHeader(http.StatusOK)
    Body := list()
    fmt.Fprintf(w, "%s", Body)
}
```

用于/list 路径的 list()辅助函数不会失败。因此，在服务/list 时总是返回 http.StatusOK。然而，有时 list()的返回值可能是空的。

```
func statusHandler(w http.ResponseWriter, r *http.Request) {
    log.Println("Serving:", r.URL.Path, "from", r.Host)
    w.WriteHeader(http.StatusOK)
    Body := fmt.Sprintf("Total entries: %d\n", len(data))
    fmt.Fprintf(w, "%s", Body)
}
```

上述代码定义了用于/status URL 的处理函数。它仅仅返回电话簿中找到的总条目数信息，并可以被用来验证 Web 服务是否正常工作。

```
func insertHandler(w http.ResponseWriter, r *http.Request) {
    // Split URL
    paramStr := strings.Split(r.URL.Path, "/")
    fmt.Println("Path:", paramStr)
```

与 delete 操作类似，我们需要分割给定的 URL 以提取信息。这种情况需要 3 个元素，因为我们正尝试向电话簿应用程序中插入一个新条目。

```
if len(paramStr) < 5 {
    w.WriteHeader(http.StatusNotFound)
    fmt.Fprintln(w, "Not enough arguments: "+r.URL.Path)
    return
}
```

需要从 URL 中提取 3 个元素意味着需要 paramStr 至少有 4 个元素，因此有 len(paramStr) < 5 这个条件。

```
name := paramStr[2]
surname := paramStr[3]
tel := paramStr[4]

t := strings.ReplaceAll(tel, "-", "")
if !matchTel(t) {
    fmt.Println("Not a valid telephone number:", tel)
    return
}
```

在上述部分中，我们获取所需的数据，并确保电话号码只包含数字，这是通过使用 matchTel()辅助函数来实现的。

```
temp := &Entry{Name: name, Surname: surname, Tel: t}
err := insert(temp)
```

由于 insert()辅助函数需要一个*Entry 值，我们在调用它之前先创建一个。

```
if err != nil {
    w.WriteHeader(http.StatusNotModified)
    Body := "Failed to add record\n"
    fmt.Fprintf(w, "%s", Body)
} else {
    log.Println("Serving:", r.URL.Path, "from", r.Host)
    Body := "New record added successfully\n"
    w.WriteHeader(http.StatusOK)
    fmt.Fprintf(w, "%s", Body)
}

log.Println("Serving:", r.URL.Path, "from", r.Host)
}
```

insertHandler()实现的最后一部分处理 insert()的返回值。如果没有错误，那么返回给客户端的是 http.StatusOK。在相反的情况下，则返回 http.StatusNotModified 表示电话簿没有发生变化。检查交互的状态码是客户端的工作，但服务器的任务是向客户端发送适当的状态码。

```
func searchHandler(w http.ResponseWriter, r *http.Request) {
    // Get Search value from URL
    paramStr := strings.Split(r.URL.Path, "/")
    fmt.Println("Path:", paramStr)

    if len(paramStr) < 3 {
        w.WriteHeader(http.StatusNotFound)
        fmt.Fprintln(w, "Not found: "+r.URL.Path)
        return
    }

    var Body string
    telephone := paramStr[2]
```

在这一点上，我们像/delete 一样从 URL 中提取电话号码。

```
    t := search(telephone)
    if t == nil {
        w.WriteHeader(http.StatusNotFound)
        Body = "Could not be found: " + telephone + "\n"
    } else {
```

```
        w.WriteHeader(http.StatusOK)
        Body = t.Name + " " + t.Surname + " " + t.Tel + "\n"
    }

    fmt.Println("Serving:", r.URL.Path, "from", r.Host)
    fmt.Fprintf(w, "%s", Body)
}
```

handlers.go 中的最后一个函数在这里结束，它涉及/search 端点。search()辅助函数检查给定的输入是否存在于电话簿记录中，并据此采取相应行动。此外，www-phone.go 中的 main()函数的实现如下所示。

```
func main() {
    err := readCSVFile(CSVFILE)
    if err != nil {
        fmt.Println(err)
        return
    }

    err = createIndex()
    if err != nil {
        fmt.Println("Cannot create index.")
        return
}
```

main()函数的这一部分与电话簿应用程序的初始化有关。

```
mux := http.NewServeMux()
s := &http.Server{
    Addr: PORT,
    Handler: mux,
    IdleTimeout: 10 * time.Second,
    ReadTimeout: time.Second,
    WriteTimeout: time.Second,
}
```

这里，我们将 HTTP 服务器的参数存储在 http.Server 结构中，并使用自己的 http.NewServeMux()代替默认的多路复用器。

```
mux.Handle("/list", http.HandlerFunc(listHandler))
mux.Handle("/insert/", http.HandlerFunc(insertHandler))
mux.Handle("/insert", http.HandlerFunc(insertHandler))
mux.Handle("/search", http.HandlerFunc(searchHandler))
```

```
mux.Handle("/search/", http.HandlerFunc(searchHandler))
mux.Handle("/delete/", http.HandlerFunc(deleteHandler))
mux.Handle("/status", http.HandlerFunc(statusHandler))
mux.Handle("/", http.HandlerFunc(defaultHandler))
```

这是所支持的 URL 列表。注意，/search 和/search/都由同一个处理函数处理，尽管/search 会失败，因为它没有包含所需的参数。另外，/delete/以一种特殊的方式被处理，这将在测试应用程序时展示。由于我们使用的是 http.NewServeMux()而不是默认的 Go 路由器，因此在定义处理函数时需要使用 http.HandlerFunc()。

```
    fmt.Println("Ready to serve at", PORT)
    err = s.ListenAndServe()
    if err != nil {
        fmt.Println(err)
        return
    }
}
```

ListenAndServe()方法使用之前在 http.Server 结构中定义的参数来启动 HTTP 服务器。www-phone.go 的其余部分包含与电话簿操作相关的辅助函数。注意，尽可能经常保存和更新电话簿应用程序的内容非常重要，因为这是一个实时应用程序，如果它崩溃了，则可能会丢失数据。

下一个命令将执行应用程序，且需要在 go run 中提供两个文件。

```
$ go run www-phone.go handlers.go
Ready to serve at :1234
2021/03/29 17:13:49 Serving: /list from localhost:1234
2021/03/29 17:13:53 Serving: /status from localhost:1234
Path: [ search 2109416471]
Serving: /search/2109416471 from localhost:1234
Path: [ search]
2021/03/29 17:28:34 Serving: /list from localhost:1234
Path: [ search 2101112223]
Serving: /search/2101112223 from localhost:1234
Path: [ delete 2109416471]
2021/03/29 17:29:24 Serving: /delete/2109416471 from localhost:1234
Path: [ insert Mike Tsoukalos 2109416471]
2021/03/29 17:29:56 Serving: /insert/Mike/Tsoukalos/2109416471 from
localhost:1234
2021/03/29 17:29:56 Serving: /insert/Mike/Tsoukalos/2109416471 from
localhost:1234
```

```
Path: [ insert Mike Tsoukalos 2109416471]
2021/03/29 17:30:18 Serving: /insert/Mike/Tsoukalos/2109416471 from
localhost:1234
```

在客户端，即 curl(1)，我们有以下的输出。

```
$ curl localhost:1234/list
Dimitris Tsoukalos 2101112223
Jane Doe 0800123456
Mike Tsoukalos 2109416471
```

这里，我们通过访问 /list 从电话簿应用程序获取所有条目。

```
$ curl localhost:1234/status
Total entries: 3
```

接下来访问/status 并得到预期的输出。

```
$ curl localhost:1234/search/2109416471
Mike Tsoukalos 2109416471
```

上述命令搜索一个存在的电话号码，服务器响应其完整的记录。

```
$ curl localhost:1234/delete/2109416471
2109416471 deleted!
```

上述输出表明已经删除了电话号码为 2109416471 的记录。在 REST 中，这需要一个 DELETE 方法，但出于简化考虑，我们将细节留到第 10 章中讲述。

接下来尝试访问/delete 而不是/delete/。

```
$ curl localhost:1234/delete
<a href="/delete/">Moved Permanently</a>.
```

所展示的消息是由 Go 路由器生成的，它告诉我们应该尝试使用/delete/而不是/delete，因为/delete 已被永久移动。这是在路由中没有特别定义/delete 和/delete/时得到的消息。

下面尝试插入一条新纪录。

```
$ curl localhost:1234/insert/Mike/Tsoukalos/2109416471
New record added successfully
```

在 REST 中，这需要一个 POST 方法，但同样，我们将在第 10 章中讨论这个问题。

如果尝试再次插入相同的记录，响应结果将如下所示。

```
$ curl localhost:1234/insert/Mike/Tsoukalos/2109416471
```

```
Failed to add record
```

一切看起来都工作正常。现在可以将电话应用程序上线，并通过多个 HTTP 请求与之交互，因为 http 包使用多个协程与客户端交互。在实践中，这意味着电话簿应用程序是并发运行的。

在本章后面的部分，我们将为电话簿服务器创建一个命令行客户端。此外，第 11 章还将展示了如何测试代码。

下一节将展示如何将指标公开与 Prometheus，以及如何为服务器应用程序构建 Docker 镜像。

8.4　将指标公开与 Prometheus

假设有一个将文件写入磁盘的应用程序，并且想要获取该应用程序的指标，以更好地了解多个文件的写入对整体性能的影响。对此，需要收集性能数据以理解应用程序的行为。尽管所展示的应用程序仅使用 Gauge 类型的指标，因为它适用于发送给 Prometheus 的信息，但 Prometheus 接收许多类型的数据。支持的指标数据类型列表如下所示。

（1）计数器：这是一种累积值，用于表示递增的计数器。计数器的值可以保持不变、上升或被重置为 0，但不能减少。计数器通常用于表示累积值，如服务的请求数量、总错误数量等。

（2）Gauge：这是一个允许增加或减少的单一数值。Gauge 通常用于表示可以上升或下降的值，如请求数量、时间持续等。

（3）直方图：用于采样观察结果并创建计数和桶。直方图通常用于统计请求持续时间、响应时间等。

（4）摘要：类似于直方图，但还可以在随时间滑动的窗口上计算分位数。

直方图和摘要都非常有用且十分方便，用于执行统计计算和属性分析。通常，一个计数器或 Gauge 就足以满足存储系统指标的需求。

本节将展示如何收集并公开系统信息与 Prometheus。为了简化，所展示的应用程序将生成随机值。我们首先解释 runtime/metrics 包的用途，该包提供了与 Go 运行时相关的指标。

8.4.1　runtime/metrics 包

runtime/metrics 包使得 Go 运行时导出的指标可供开发者使用。每个指标名称都由一个路径指定。例如，活跃的协程数量可以通过/sched/goroutines:goroutines 访问。然而，如果想收集所有可用的指标，则应该使用 metrics.All()，从而避免编写大量代码以手动收集所有指标。

指标使用 metrics.Sample 数据类型保存。metrics.Sample 数据结构的定义如下所示。

```
type Sample struct {
    Name string
    Value Value
}
```

Name 值必须与 metrics.All()返回的指标描述之一的名称相对应。如果已经知道指标描述，那么无须使用 metrics.All()。

runtime/metrics 包的使用在 metrics.go 中进行了说明。所展示的代码获取/sched/goroutines:goroutines 的值并在屏幕上打印。

```
package main

import (
    "fmt"
    "runtime/metrics"
    "sync"
    "time"
)

func main() {
    const nGo = "/sched/goroutines:goroutines"
```

nGo 变量保存了想要收集的指标的路径。

```
// A slice for getting metric samples
getMetric := make([]metrics.Sample, 1)
getMetric[0].Name = nGo
```

接下来，我们创建了一个类型为 metrics.Sample 的切片，以便保存指标值。切片的初始大小为 1，因为我们只收集单个指标的值。我们将 Name 值设置为 /sched/goroutines:goroutines，正如存储在 nGo 中的那样。

```
var wg sync.WaitGroup
for i := 0; i < 3; i++ {
    wg.Add(1)
    go func() {
      defer wg.Done()
```

```
        time.Sleep(4 * time.Second)
    }()
```

这里，我们手动创建了 3 个 goroutine，以便有相关数据可以收集。

```
// Get actual data
metrics.Read(getMetric)
if getMetric[0].Value.Kind() == metrics.KindBad {
    fmt.Printf("metric %q no longer supported\n", nGo)
}
```

metrics.Read()函数根据 getMetric 切片中的数据收集所需的指标。

```
    mVal := getMetric[0].Value.Uint64()
    fmt.Printf("Number of goroutines: %d\n", mVal)
}
```

读取所需的指标后，我们将其转换为数值（这里为无符号 Uint64），以便在程序中使用。

```
    wg.Wait()

    metrics.Read(getMetric)
    mVal := getMetric[0].Value.Uint64()
    fmt.Printf("Before exiting: %d\n", mVal)
}
```

代码的最后一行验证了所有协程完成后，指标的值将会是 1，这是用于运行 main()函数的协程。

运行 metrics.go 会产生以下的输出。

```
$ go run metrics.go
Number of goroutines: 2
Number of goroutines: 3
Number of goroutines: 4
Before exiting: 1
```

我们创建了 3 个协程，并且已经有一个协程用于运行 main()函数。因此，协程的最大数量确实是 4。

接下来的一节将说明如何使收集的指标对 Prometheus 可用。

8.4.2　公开指标

收集指标与将它们公开以便 Prometheus 收集是完全不同的任务。本节展示了如何使指标可供收集。

samplePro.go 的代码如下所示。

```
package main

import (
    "fmt"
    "net/http"

    "math/rand"
    "time"

    "github.com/prometheus/client_golang/prometheus"
    "github.com/prometheus/client_golang/prometheus/promhttp"
)
```

我们需要使用两个外部包与 Prometheus 进行通信。

```
var PORT = ":1234"

var counter = prometheus.NewCounter(
    prometheus.CounterOpts{
        Namespace: "mtsouk",
        Name: "my_counter",
        Help: "This is my counter",
    })
```

这展示了如何定义一个新的计数器变量并指定所需的选项。其中，Namespace 字段非常重要，因为它允许将指标分组为集合。

```
var gauge = prometheus.NewGauge(
    prometheus.GaugeOpts{
        Namespace: "mtsouk",
        Name: "my_gauge",
        Help: "This is my gauge",
    })
```

这表示如何定义一个新的 gauge 变量并指定所需的选项。

```
var histogram = prometheus.NewHistogram(
    prometheus.HistogramOpts{
        Namespace: "mtsouk",
        Name: "my_histogram",
```

```
        Help: "This is my histogram",
    })
```

这展示了如何定义一个新的直方图变量并指定所需的选项。

```
var summary = prometheus.NewSummary(
    prometheus.SummaryOpts{
        Namespace: "mtsouk",
        Name: "my_summary",
        Help: "This is my summary",
    })
```

这表示如何定义一个新的 summary 变量并指定所需的选项。然而，正如您将看到的，仅仅定义一个指标变量是不够的，还需对其进行注册。

```
func main() {
    rand.Seed(time.Now().Unix())

    prometheus.MustRegister(counter)
    prometheus.MustRegister(gauge)
    prometheus.MustRegister(histogram)
    prometheus.MustRegister(summary)
```

在这 4 条语句中，我们注册了 4 个指标变量。现在 Prometheus 已经知道了它们。

```
go func() {
    for {
        counter.Add(rand.Float64() * 5)
        gauge.Add(rand.Float64()*15 - 5)
        histogram.Observe(rand.Float64() * 10)
        summary.Observe(rand.Float64() * 10)
        time.Sleep(2 * time.Second)
    }
}()
```

这个协程会持续运行，只要 Web 服务器在无尽 for 循环的帮助下运行。在该协程中，由于使用了 time.Sleep(2 * time.Second) 语句（在本例中使用的是随机值），指标每 2 秒更新一次。

```
    http.Handle("/metrics", promhttp.Handler())
    fmt.Println("Listening to port", PORT)
    fmt.Println(http.ListenAndServe(PORT, nil))
}
```

正如您所知道的，每个 URL 都由一个处理函数来处理，该处理函数通常由您自己实现。然而，在这种情况下，我们使用的是 github.com/prometheus/client_golang/prometheus/promhttp 包中附带的 promhttp.Handler()处理函数，因而不必编写自己的代码。然而，我们仍然需要在启动 Web 服务器之前使用 http.Handle()注册 promhttp.Handler()处理函数。请注意，指标可以在/metrics 路径下找到——Prometheus 知道如何找到它。

运行 samplePro.go 后，获取属于 mtsouk 命名空间的指标列表就像运行下列 curl(1)命令一样简单。

```
$ curl localhost:1234/metrics --silent | grep mtsouk
# HELP mtsouk_my_counter This is my counter
# TYPE mtsouk_my_counter counter
mtsouk_my_counter 19.948239343027772
```

这是来自 counter 变量的输出。如果省略了 | grep mtsouk 部分，那么将获得所有可用指标的列表。

```
# HELP mtsouk_my_gauge This is my gauge
# TYPE mtsouk_my_gauge gauge
mtsouk_my_gauge 29.335329668135287
```

这表示来自 gauge 变量的输出。

```
# HELP mtsouk_my_histogram This is my histogram
# TYPE mtsouk_my_histogram histogram
mtsouk_my_histogram_bucket{le="0.005"} 0
mtsouk_my_histogram_bucket{le="0.01"} 0
mtsouk_my_histogram_bucket{le="0.025"} 0
. . .
mtsouk_my_histogram_bucket{le="5"} 4
mtsouk_my_histogram_bucket{le="10"} 9
mtsouk_my_histogram_bucket{le="+Inf"} 9
mtsouk_my_histogram_sum 44.52262035556937
mtsouk_my_histogram_count 9
```

这是来自 histogram 变量的输出。直方图包含多个桶（bucket），因此输出行数较多。

```
# HELP mtsouk_my_summary This is my summary
# TYPE mtsouk_my_summary summary
mtsouk_my_summary_sum 19.407554729772105
mtsouk_my_summary_count 9
```

输出的最后一部分是针对摘要数据类型的。因此，指标已经存在，并且准备好被

Prometheus 抓取。在实践中，这意味着每个生产环境中的 Go 应用程序都可以导出指标，这些指标可以用来衡量其性能并发现其瓶颈。接下来将学习如何为 Go 应用程序构建 Docker 镜像。

1. 创建一个用于 Go 服务器的 Docker 镜像

这里展示了如何为 Go 应用程序创建一个 Docker 镜像。这样做的主要好处是，可以在 Docker 环境中部署它，而不必担心编译它和持有所需的资源，一切都包含在 Docker 镜像中。

这里的问题是，为什么不使用普通的 Go 二进制文件，而是使用 Docker 镜像呢？答案很简单：Docker 镜像可以放入 docker-compose.yml 文件中，并且可以使用 Kubernetes 进行部署。Go 二进制文件则不能这样。

通常，我们从一个已经包含 Go 的基础 Docker 镜像开始，并在其中创建所需的二进制文件。关键点是 samplePro.go 使用了一个外部包，这个包应该在 Docker 镜像中构建可执行二进制文件之前下载。

该过程必须从执行 go mod init 和 go mod tidy 开始。Dockerfile 的内容如下所示（查看本书 GitHub 库中的 dFilev2）。

```
# WITH Go Modules

FROM golang:alpine AS builder
RUN apk update && apk add --no-cache git
```

由于 golang:alpine 使用的是最新版本的 Go，而这个版本并不自带 git，因而需要手动进行安装。

```
RUN mkdir $GOPATH/src/server
ADD ./samplePro.go $GOPATH/src/server
```

如果想使用 Go 模块，那么应该将代码放在$GOPATH/src 目录下。

```
WORKDIR $GOPATH/src/server
RUN go mod init
RUN go mod tidy
RUN go mod download
RUN mkdir /pro
RUN go build -o /pro/server samplePro.go
```

我们使用不同的 go mod 命令下载依赖项。二进制文件的构建与之前相同。

```
FROM alpine:latest
```

```
RUN mkdir /pro
COPY --from=builder /pro/server /pro/server
EXPOSE 1234
WORKDIR /pro
CMD ["/pro/server"]
```

在第二阶段，我们将二进制文件放置在期望的位置（/pro）并公开所需的端口，在当前例子中是 1234。端口号取决于 samplePro.go 中的代码。

使用 dFilev2 构建 Docker 镜像就像运行下面的命令一样简单。

```
$ docker build -f dFilev2 -t go-app116 .
```

一旦创建了 Docker 镜像，在 docker compose.yml 文件中使用它的方式将没有什么区别。docker-compose.yml 文件中的相关条目如下所示。

```
goapp:
  image: goapp
  container_name: goapp-int
  restart: always
  ports:
    - 1234:1234
  networks:
    - monitoring
```

Docker 镜像的名称是 goapp，而容器的内部名称将是 goapp-int。因此，如果监控网络中的不同容器想要访问该容器，它应该使用 goapp-int 这个主机名。最后，唯一开放的端口是端口号 1234。

稍后说明如何将指标公开与 Prometheus。

2. 公开所需的指标

这里将展示如何从 runtime/metrics 包公开指标到 Prometheus。在当前案例中，我们将使用/sched/goroutines:goroutines 和/memory/classes/total:bytes。如您所知，前者表示总的协程数量；后者的指标是 Go 运行时映射到当前进程的读写内存量。

注意

由于所展示的代码使用了外部包，它应该被放置在~/go/src 目录下，并使用 go mod init 命令启用 Go 模块。

prometheus.go 的代码如下所示。

```
package main

import (
    "log"
    "math/rand"
    "net/http"
    "runtime"
    "runtime/metrics"
    "time"

    "github.com/prometheus/client_golang/prometheus"
    "github.com/prometheus/client_golang/prometheus/promhttp"
)
```

第一个外部包是 Prometheus 的 Go 客户端库，第二个包用于默认的处理函数（promhttp.Handler()）。

```
var PORT = ":1234"

var n_goroutines = prometheus.NewGauge(
    prometheus.GaugeOpts{
        Namespace: "packt",
        Name: "n_goroutines",
        Help: "Number of goroutines"})

var n_memory = prometheus.NewGauge(
    prometheus.GaugeOpts{
        Namespace: "packt",
        Name: "n_memory",
        Help: "Memory usage"})
```

这里定义了两个 Prometheus 指标。

```
func main() {
    rand.Seed(time.Now().Unix())
    prometheus.MustRegister(n_goroutines)
    prometheus.MustRegister(n_memory)

    const nGo = "/sched/goroutines:goroutines"
    const nMem = "/memory/classes/heap/free:bytes"
```

这里，我们从 runtime/metrics 包中定义想要读取的指标。

```
getMetric := make([]metrics.Sample, 2)
getMetric[0].Name = nGo
getMetric[1].Name = nMem

http.Handle("/metrics", promhttp.Handler())
```

这是注册/metrics 路径的处理函数的地方。此处使用了 promhttp.Handler()。

```
go func() {
    for {
        for i := 1; i < 4; i++ {
            go func() {
                _ = make([]int, 1000000)
                time.Sleep(time.Duration(rand.Intn(10)) * time.
                Second)
            }()
        }
```

注意，这样的程序至少应该包含两个协程：一个用于运行 HTTP 服务器，另一个用于收集指标。通常，HTTP 服务器运行在执行 main()函数的协程上，而指标收集则发生在用户定义的协程中。

外部的 for 循环确保了 goroutine 持续运行，而内部的 for 循环创建了额外的协程，以便/sched/goroutines:goroutines 指标的值一直在变化。

```
        runtime.GC()
        metrics.Read(getMetric)
        goVal := getMetric[0].Value.Uint64()
        memVal := getMetric[1].Value.Uint64()
        time.Sleep(time.Duration(rand.Intn(15)) * time.Second)
        n_goroutines.Set(float64(goVal))
        n_memory.Set(float64(memVal))
    }
}()
```

runtime.GC()函数指示 Go 垃圾收集器运行，并被调用以改变/memory/classes/heap/free:bytes 指标。另外，两次 Set()调用更新了指标的值。

注意

读者可以在附录中阅读更多关于 Go 垃圾收集器的操作。

```
    log.Println("Listening to port", PORT)
    log.Println(http.ListenAndServe(PORT, nil))
```

```
}
```

最后一行语句使用默认的 Go 路由器运行 Web 服务器。从~/go/src/github.com/mactsouk 内的目录运行 prometheus.go 需要执行以下命令。

```
$ cd ~/go/src/github.com/mactsouk/Prometheus # use any path inside ~/
go/src
$ go mod init
$ go mod tidy
$ go mod download
$ go run prometheus.go
2021/04/01 12:18:11 Listening to port :1234
```

尽管 prometheus.go 除前一行之外没有生成任何输出，但下一节将说明如何使用 curl(1)从其中读取所需的指标。

8.4.3　读取指标

可以使用 curl(1) 从 prometheus.go 获取指标列表，以确保应用程序按预期工作。在尝试使用 Prometheus 获取指标之前，可先使用 curl(1)或其他类似的工具如 wget(1) 来测试这类应用程序的操作。

```
$ curl localhost:1234/metrics --silent | grep packt
# HELP packt_n_goroutines Number of goroutines
# TYPE packt_n_goroutines gauge
packt_n_goroutines 5
# HELP packt_n_memory Memory usage
# TYPE packt_n_memory gauge
packt_n_memory 794624
```

上述命令假定 curl(1)在与服务器相同的机器上执行，并且服务器监听 TCP 端口号 1234。接下来必须启用 Prometheus 来抓取指标。让 Prometheus Docker 镜像能够看到带有指标的 Go 应用程序的最简单方法是将它们都作为 Docker 镜像执行。需要注意的是，runtime/metrics 包最初是在 Go 1.16 版本中引入的。这意味着为了构建使用 runtime/metrics 的 Go 源文件，我们需要使用 Go 1.16 版本或更新版本，即需要使用模块来构建 Docker 镜像。因此，我们将使用以下 Dockerfile。

```
FROM golang:alpine AS builder
```

这是用于构建二进制文件的基础 Docker 镜像的名称。只要定期更新，golang:alpine 始终包含最新版本的 Go 语言。

```
RUN apk update && apk add --no-cache git
```

由于 golang:alpine 镜像没有自带 git，我们需要手动安装它。

```
RUN mkdir $GOPATH/src/server
ADD ./prometheus.go $GOPATH/src/server
WORKDIR $GOPATH/src/server
RUN go mod init
RUN go mod tidy
RUN go mod download
```

上述命令在尝试构建二进制文件之前先下载所需的依赖项。

```
RUN mkdir /pro
RUN go build -o /pro/server prometheus.go

FROM alpine:latest

RUN mkdir /pro
COPY --from=builder /pro/server /pro/server
EXPOSE 1234
WORKDIR /pro
CMD ["/pro/server"]
```

构建所需的 Docker 镜像（被命名为 goapp）就像运行下列命令一样简单。

```
$ docker build -f Dockerfile -t goapp .
```

像往常一样，docker images 的输出验证了 goapp Docker 镜像的成功创建。在读取例子中，相关条目如下所示。

```
goapp latest a1f0cd4bd8f5 5 seconds ago 16.9MB
```

接下来将讨论如何配置 Prometheus 来抓取所需的指标。

8.4.4　将指标放入 Prometheus

为了能够抓取指标，Prometheus 需要一个正确的配置文件。对此，将要使用的配置文件如下所示。

```
# prometheus.yml
```

```
scrape_configs:
  - job_name: GoServer
  scrape_interval: 5s
  static_configs:
    - targets: ['goapp:1234']
```

我们通知 Prometheus 连接到一个名为 goapp 的主机，并使用端口号 1234。根据 scrape_interval 字段的值，Prometheus 每 5 秒抓取一次数据。您应该将 prometheus.yml 文件放置在 prometheus 目录中，该目录应与下列 docker-compose.yml 文件位于同一目录。

Prometheus 以及 Grafana 和 Go 应用程序将作为 Docker 容器运行，并使用下列 docker-compose.yml 文件：

```
version: "3"

services:
   goapp:
     image: goapp
     container_name: goapp
     restart: always
     ports:
       - 1234:1234
     networks:
       - monitoring
```

这部分涉及收集指标的 Go 应用程序。Docker 映像名称以及 Docker 容器的内部主机名均为 goapp。您应该定义用于开放连接的端口号。在本例中，内部和外部端口号都是 1234。内部端口会映射到外部端口。此外，还应将所有 Docker 镜像置于同一网络下，在本例中，该网络被称为 monitoring，稍后将对其进行定义。

```
prometheus:
   image: prom/prometheus:latest
   container_name: prometheus
   restart: always
   user: "0"
   volumes:
     - ./prometheus/:/etc/prometheus/
```

这样可以将自己的 prometheus.yml 副本传递给 Prometheus 使用的 Docker 镜像。因此，本地计算机上的 ./prometheus/prometheus.yml 可以在 Docker 镜像中以 /etc/prometheus/prometheus.yml 的形式访问。

```
- ./prometheus_data/:/prometheus/
command:
- '--config.file=/etc/prometheus/prometheus.yml'
```

这里，我们通知 Prometheus 使用哪个配置文件。

```
  - '--storage.tsdb.path=/prometheus'
  - '--web.console.libraries=/etc/prometheus/console_libraries'
  - '--web.console.templates=/etc/prometheus/consoles'
  - '--storage.tsdb.retention.time=200h'
  - '--web.enable-lifecycle'
ports:
  - 9090:9090
networks:
  - monitoring
```

Prometheus 的定义到此为止。使用的 Docker 镜像名为 prom/prometheus:latev，内部名称为 prometheus。另外，Prometheus 监听端口号为 9090。

```
grafana:
   image: grafana/grafana
   container_name: grafana
   depends_on:
     - prometheus
   restart: always
   user: "0"
   ports:
     - 3000:3000
   environment:
     - GF_SECURITY_ADMIN_PASSWORD=helloThere
```

这是管理员用户的当前密码，并以此连接到 Grafana。

```
   - GF_USERS_ALLOW_SIGN_UP=false
   - GF_PANELS_DISABLE_SANITIZE_HTML=true
   - GF_SECURITY_ALLOW_EMBEDDING=true
networks:
  - monitoring
volumes:
  - ./grafana_data/:/var/lib/grafana/
```

最后，我们展示 Grafana 部分。Grafana 监听端口号 3000。

```
volumes:
```

```
    grafana_data: {}
    prometheus_data: {}
```

上述两行代码与两个 volumes 字段相结合，允许 Grafana 和 Prometheus 将其数据保存在本地，以便在每次重启 Docker 镜像时数据不会丢失。

```
networks:
  monitoring:
    driver: bridge
```

从内部看，所有 3 个容器都是通过 container_name 字段的值来识别的。不过，从外部看，你可以从本地机器以 http://localhost:port 或从另一台机器以 http://hostname:port-the 的方式连接到开放的端口，第二种方式不太安全，应该被防火墙拦截。最后，运行 docker-compose up 就大功告成了。Go 应用程序开始公开数据，Prometheus 则开始收集数据。

图 8.1 显示了 Prometheus 用户界面（http://hostname:9090），并展示了 packt_n_goroutines 的简单图表。

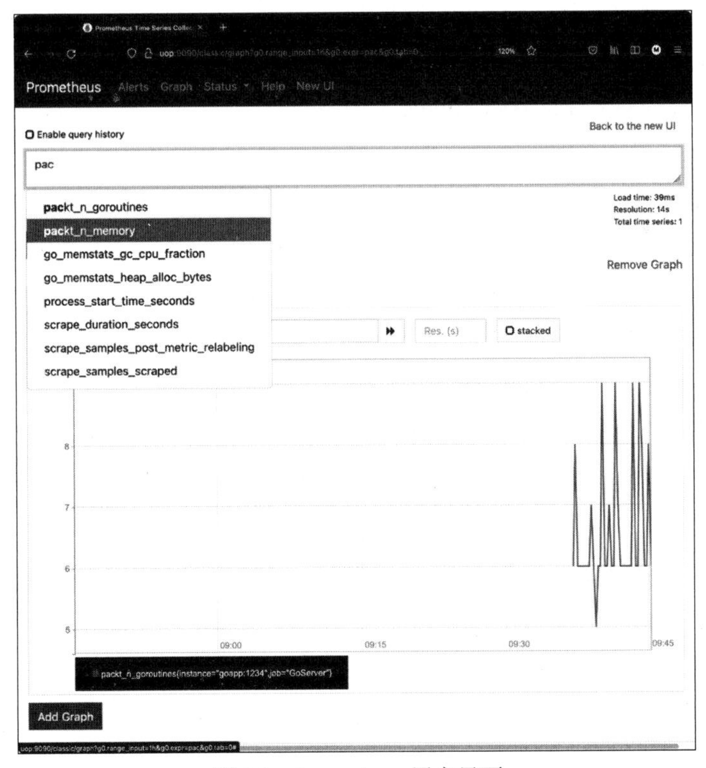

图 8.1　Prometheus 用户界面

这种输出以图形化的方式展示了指标的值，对于调试非常有用，但它远非真正的专业，因为 Prometheus 并不是一个可视化工具。下一节将展示如何将 Prometheus 与 Grafana 连接并创建令人印象深刻的图表。

8.4.5　在 Grafana 中可视化 Prometheus 指标

如果不对指标进行处理，收集指标就没有意义，即对指标进行可视化处理。Prometheus 和 Grafana 配合得非常好，因此我们将使用 Grafana 来实现可视化。在 Grafana 中最重要的一项任务就是将它与 Prometheus 实例连接起来。用 Grafana 术语来说，就是创建一个 Grafana 数据源，让 Grafana 可以从 Prometheus 获取数据。使用 Prometheus 安装创建数据源的步骤如下所示。

（1）首先访问 http://localhost:3000 以连接到 Grafana。

（2）管理员的用户名为 admin，密码则定义在 docker-compose.yml 文件中的 GF_SECURITY_ADMIN_PASSWORD 参数的值里。

（3）选择 Add your first data source。在数据源列表中，选择通常位于列表顶部的 Prometheus。

（4）在 URL 字段中输入 http://prometheus:9090，然后单击 Save &Test 按钮。由于 Docker 镜像之间存在内部网络，Grafana 容器通过 prometheus 主机名来识别 Prometheus 容器——这是 container_name 字段的值。也可以通过 http://localhost:9090 从本地机器连接到 Prometheus。另外，数据源的名称是 Prometheus。

完成上述步骤后，在 Grafana 的初始界面上创建一个新的仪表板，并在其上添加一个新的面板。如果未选择，可选择 Prometheus 作为面板的数据源，然后转到 Metrics 下拉菜单，选择所需的指标。单击 Save 按钮后即完成操作。相应地，您可以根据需要创建尽可能多的面板。

在图 8.2 中，Grafana 可视化了由 prometheus.go 公开的 Prometheus 的两个指标。

Grafana 具有比这里介绍的更多的功能。如果您正在处理系统指标并希望检查 Go 应用程序的性能，Prometheu 和 Grafana 是不错的选择。

在了解 HTTP 服务器之后，下一节将展示如何开发 HTTP 客户端。

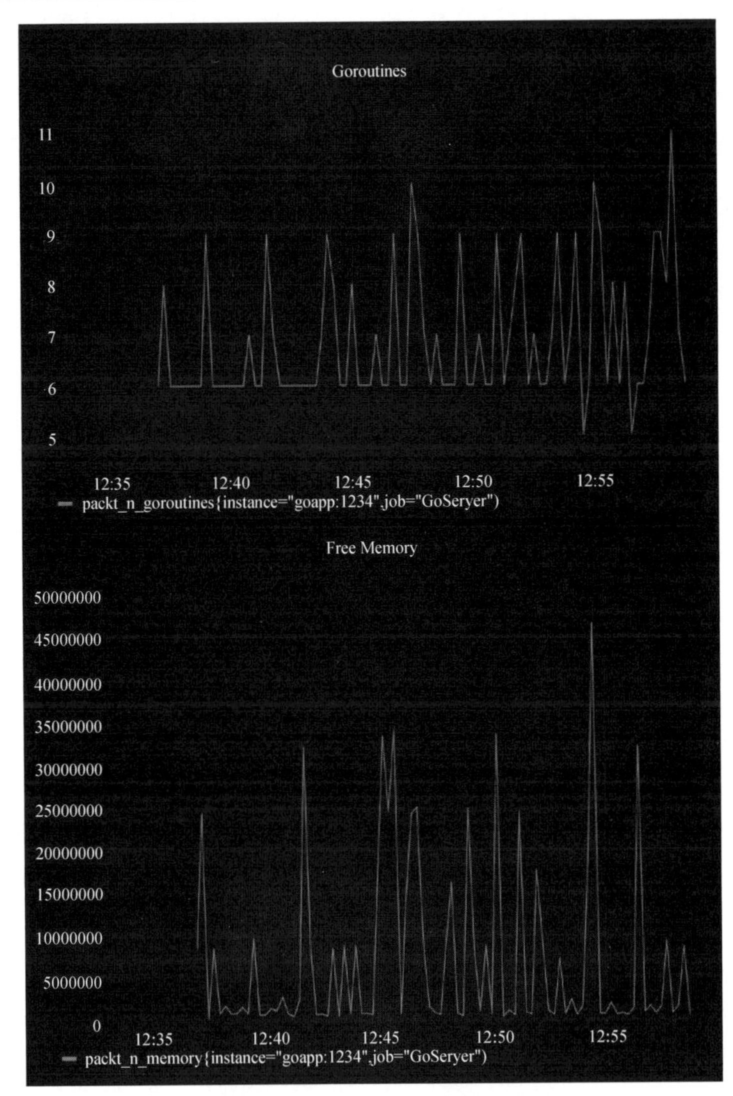

图 8.2　在 Grafana 中可视化指标

8.5　开发 Web 客户端

本节将讨论如何开发 HTTP 客户端，并从简单的版本开始，逐步发展到更高级的版本。在简单版本中，所有的工作都由 http.Get()调用完成，当不想处理大量选项和参数时，这非常方便。然而，这种类型的调用不包含任何过程上的灵活性。注意，http.Get()返回一个 http.Response 值。所有这些内容都在 simpleClient.go 中进行了说明。

```
package main

import (
    "fmt"
    "io"
    "net/http"
    "os"
    "path/filepath"
)

func main() {
    if len(os.Args) != 2 {
        fmt.Printf("Usage: %s URL\n", filepath.Base(os.Args[0]))
    return
}
```

filepath.Base()函数返回路径的最后一个元素。当以 os.Args[0]作为其参数时，它返回可执行二进制文件的名称。

```
URL := os.Args[1]
data, err := http.Get(URL)
```

在上述语句中，我们获取了 URL 并通过 http.Get()得到了它的数据，同时返回了一个*http.Response 和一个错误变量。*http.Response 值包含了所有信息，因此不需要对 http.Get()进行任何额外的调用。

```
if err != nil {
    fmt.Println(err)
    return
}

_, err = io.Copy(os.Stdout, data.Body)
```

io.Copy()函数从 data.Body 读取器读取数据，该读取器包含服务器响应的主体，并把数据写入 os.Stdout。由于 os.Stdout 始终处于打开状态，因而不需要为写入操作而打开它。因此，所有数据都会被写入标准输出，这通常是终端窗口。

```
    if err != nil {
        fmt.Println(err)
```

```
        return
    }
    data.Body.Close()
}
```

最后关闭 data.Body 读取器，以便垃圾回收的工作更加容易。使用 simpleClient.go 会产生以下类型的输出。

```
$ go run simpleClient.go https://www.golang.org
<!DOCTYPE html>
<html lang="en">
<meta charset="utf-8">
<meta name="description" content="Go is an open source programming
language that makes it easy to build simple, reliable, and efficient
software.">
...
</script>
```

尽管 simpleClient.go 验证了给定 URL 是否存在且可访问，但它对过程没有任何控制。下一节将开发一个高级 HTTP 客户端来处理服务器的响应。

8.5.1　使用 http.NewRequest()改进客户端

上一节讨论的 WebClient 相对简单，且不提供任何灵活性，在本节中，读者将学习如何在不使用 http.Get()函数的情况下读取 URL，并提供更多选项。然而，额外的灵活性是有代价的，因为必须编写更多的代码。

不包含 import 块的 wwwClient.go 的代码如下所示。

```
package main

// For the import block go to the book GitHub repository

func main() {
    if len(os.Args) != 2 {
        fmt.Printf("Usage: %s URL\n", filepath.Base(os.Args[0]))
        return
    }
```

尽管使用 filepath.Base()不是必需的，但它可以使您的输出更加专业。

```
URL, err := url.Parse(os.Args[1])
```

```
if err != nil {
    fmt.Println("Error in parsing:", err)
    return
}
```

url.Parse()函数将字符串解析为 URL 结构。这意味着如果给定的参数不是一个有效的 URL，url.Parse()将会察觉到，并像往常一样，检查 error 变量。

```
c := &http.Client{
    Timeout: 15 * time.Second,
}

request, err := http.NewRequest(http.MethodGet, URL.String(), nil)
if err != nil {
    fmt.Println("Get:", err)
    return
}
```

http.NewRequest()函数根据一个方法、一个 URL 和一个可选的主体返回一个 http.Request 对象。http.MethodGet 参数定义了我们想要使用 GET HTTP 方法来检索数据，而 URL.String()返回一个 http.URL 变量的字符串值。

```
httpData, err := c.Do(request)
if err != nil {
    fmt.Println("Error in Do():", err)
    return
}
```

http.Do()函数使用 http.Client 发送一个 HTTP 请求（http.Request）并获取一个 http.Response。因此，http.Do()以更详细的方式完成了 http.Get()的工作。

```
fmt.Println("Status code:", httpData.Status)
```

httpData.Status 保存了响应的 HTTP 状态码。这是非常重要的，因为它允许您了解请求实际上发生了什么。

```
header, _ := httputil.DumpResponse(httpData, false)
fmt.Print(string(header))
```

httputil.DumpResponse()函数用于获取服务器的响应，主要用于调试目的。httputil.DumpResponse()函数的第二个参数是一个布尔值，指定函数是否在其输出中包含主体。在当前例子中，它被设置为 false，这排除了响应体的输出，且只打印头部信息。如果想在同一服务器端进行相同的操作，那么应该使用 httputil.DumpRequest()。

```
contentType := httpData.Header.Get("Content-Type")
characterSet := strings.SplitAfter(contentType, "charset=")
if len(characterSet) > 1 {
    fmt.Println("Character Set:", characterSet[1])
}
```

这里，我们通过查找 Content-Type 的值来了解响应的字符集。

```
if httpData.ContentLength == -1 {
    fmt.Println("ContentLength is unknown!")
} else {
    fmt.Println("ContentLength:", httpData.ContentLength)
}
```

其中，我们尝试通过读取 httpData.ContentLength 来获取响应的内容长度。然而，如果该值未设置，则会打印一条相关的消息。

```
    length := 0
    var buffer [1024]byte
    r := httpData.Body
    for {
        n, err := r.Read(buffer[0:])
        if err != nil {
            fmt.Println(err)
              break
        }
        length = length + n
    }
    fmt.Println("Calculated response data length:", length)
}
```

在程序的最后部分，我们使用了一种自行发现服务器 HTTP 响应大小的技术。如果想在屏幕上显示 HTML 输出，我们可以打印 r 缓冲区变量的内容。

使用 wwwClient.go 并访问 https://www.golang.org 会产生以下输出，这是 fmt.Println ("Status code:", httpData.Status)的输出结果。

```
$ go run wwwClient.go https://www.golang.org
Status code: 200 OK
```

接下来可以看到 fmt.Print(string(header))语句的输出，它包含了 HTTP 服务器响应的头部数据：

```
HTTP/2.0 200 OK
Alt-Svc: h3-29=":443"; ma=2592000,h3-T051=":443";
ma=2592000,h3-Q050=":443"; ma=2592000,h3-Q046=":443";
ma=2592000,h3-Q043=":443"; ma=2592000,quic=":443"; ma=2592000;
v="46,43"
Content-Type: text/html; charset=utf-8
Date: Sat, 27 Mar 2021 19:19:25 GMT
Strict-Transport-Security: max-age=31536000; includeSubDomains; preload
Vary: Accept-Encoding
Via: 1.1 google
```

输出的最后一部分是关于交互的字符集（utf-8），以及由代码计算出响应内容的长度（9216）：

```
Character Set: utf-8
ContentLength is unknown!
EOF
Calculated response data length: 9216
```

下一节将展示如何为之前开发的电话簿 Web 服务创建一个客户端。

8.5.2　为电话薄服务创建客户端

本节将创建一个命令行工具，它与本章开发的电话簿 Web 服务进行交互。这个版本的电话簿客户端将使用 cobra 包来创建，这意味着需要一个专门的 GitHub 或 GitLab 库。该仓库可以在 https://github.com/mactsouk/phone-cli 找到。运行 git clone 之后的第一件事是将该仓库与将用于开发的目录关联起来。

```
$ cd ~/go/src/github.com/mactsouk
$ git clone git@github.com:mactsouk/phone-cli.git
$ cd phone-cli
$ ~/go/bin/cobra init --pkg-name github.com/mactsouk/phone-cli
$ go mod init
$ go mod tidy
$ go mod download
```

接下来需要为这个工具创建命令。这个工具的结构是使用以下 cobra 命令实现的。

```
$ ~/go/bin/cobra add search
```

```
$ ~/go/bin/cobra add insert
$ ~/go/bin/cobra add delete
$ ~/go/bin/cobra add status
$ ~/go/bin/cobra add list
```

因此，我们持有一个包含 5 个命令的命令行工具，这些命令分别命名为 search（搜索）、insert（插入）、delete（删除）、status（状态）和 list（列表）。之后，我们需要实现这些命令并定义它们的局部参数，以便与电话簿服务器交互。

接下来介绍命令的实现，并从 root.go 文件的 init()函数的实现开始，因为这是定义全局命令行参数的地方。

```
func init() {
    rootCmd.PersistentFlags().StringP("server", "S", "localhost",
    "Server")
    rootCmd.PersistentFlags().StringP("port", "P", "1234", "Port number")

    viper.BindPFlag("server", rootCmd.PersistentFlags().Lookup("server"))
    viper.BindPFlag("port", rootCmd.PersistentFlags().Lookup("port"))
}
```

因此，我们定义了两个全局参数，分别命名为 server 和 port，它们分别是主机名和端口号。这两个参数都有别名，并且都由 viper 来处理。

下面查看 status.go 文件中 status 命令的实现情况。

```
SERVER := viper.GetString("server")
PORT := viper.GetString("port")
```

所有命令都读取 server 和 port 命令行参数的值以获取服务器信息，status 命令也不例外。

```
// Create request
URL := "http://" + SERVER + ":" + PORT + "/status"
```

之后构建请求的完整 URL。

```
data, err := http.Get(URL)
if err != nil {
    fmt.Println(err)
    return
}
```

然后我们使用 http.Get()向服务器发送一个 GET 请求。

```
// Check HTTP Status Code
if data.StatusCode != http.StatusOK {
    fmt.Println("Status code:", data.StatusCode)
    return
}
```

之后检查请求的 HTTP 状态码以确保一切正常。

```
// Read data
responseData, err := io.ReadAll(data.Body)
if err != nil {
    fmt.Println(err)
    return
}
fmt.Print(string(responseData))
```

如果 HTTP 状态码一切正常，我们读取服务器响应的全部主体，这是一个字节切片，并将其作为字符串打印在屏幕上。list 命令的实现与 status 命令的实现几乎相同。唯一的区别在于实现位于 list.go 中，并且完整 URL 的构建方式如下所示。

```
URL := "http://" + SERVER + ":" + PORT + "/list"
```

接下来介绍 delete.go 中 delete 命令是如何实现的。

```
SERVER := viper.GetString("server")
PORT := viper.GetString("port")
number, _ := cmd.Flags().GetString("tel")
if number == "" {
    fmt.Println("Number is empty!")
    return
}
```

除读取 server 和 port 全局参数的值之外，我们还读取 tel 参数的值。如果 tel 没有值，命令将返回。

```
// Create request
URL := "http://" + SERVER + ":" + PORT + "/delete/" + number
```

再次，在连接到服务器之前，我们构建请求的完整 URL。

```
// Send request to server
data, err := http.Get(URL)
if err != nil {
    fmt.Println(err)
```

```
    return
}

// Check HTTP Status Code
if data.StatusCode != http.StatusOK {
    fmt.Println("Status code:", data.StatusCode)
    return
}
```

如果服务器响应中出现错误，delete 命令将终止。

```
// Read data
responseData, err := io.ReadAll(data.Body)
if err != nil {
    fmt.Println(err)
    return
}
fmt.Print(string(responseData))
```

如果一切顺利，服务器的响应文本将被打印在屏幕上。

delete.go 文件中的 init()函数包含了局部 tel 命令行参数的定义。

```
func init() {
    rootCmd.AddCommand(deleteCmd)
    deleteCmd.Flags().StringP("tel", "t", "", "Telephone number to
    delete")
}
```

这是一个仅供删除命令使用的本地标志。接下来，让我们进一步了解 search 命令以及它在 search.go 中是如何实现的。search 命令的实现方式与 delete 命令相同，区别仅在于完整的请求 URL。

```
URL := "http://" + SERVER + ":" + PORT + "/search/" + number
```

search 命令同样支持 tel 命令行参数，用于获取要搜索的电话号码，这在 search.go 的 init()函数中定义。

最后介绍的命令是 insert 命令，它支持 3 个在 insert.go 的 init()函数中定义的本地命令行参数。

```
func init() {
    rootCmd.AddCommand(insertCmd)
    insertCmd.Flags().StringP("name", "n", "", "Name value")
```

```
    insertCmd.Flags().StringP("surname", "s", "", "Surname value")
    insertCmd.Flags().StringP("tel", "t", "", "Telephone value")
}
```

这 3 个参数用于获取所需的用户输入。请注意， surname 的别名是小写的 s，而 server 的别名（已在 root.go 中定义）是大写的 S。命令及其别名由用户定义——在选择命令名称和别名时要注意相应的常识。

该命令是使用以下代码实现的。

```
SERVER := viper.GetString("server")
PORT := viper.GetString("port")
```

首先读取 server 和 port 这两个全局参数。

```
number, _ := cmd.Flags().GetString("tel")
if number == "" {
    fmt.Println("Number is empty!")
    return
}
name, _ := cmd.Flags().GetString("name")
if number == "" {
    fmt.Println("Name is empty!")
    return
}
surname, _ := cmd.Flags().GetString("surname")
if number == "" {
    fmt.Println("Surname is empty!")
    return
}
```

然后获取 3 个本地命令行参数的值。如果其中任何一个的值为空，命令将在不向服务器发送请求的情况下返回。

```
URL := "http://" + SERVER + ":" + PORT + "/insert/"
URL = URL + "/" + name + "/" + surname + "/" + number
```

在这里，出于可读性考虑，我们分两步创建服务器请求。

```
data, err := http.Get(URL)
if err != nil {
    fmt.Println("**", err)
    return
}
```

随后向服务器发送请求。

```
if data.StatusCode != http.StatusOK {
    fmt.Println("Status code:", data.StatusCode)
    return
}
```

检查 HTTP 状态码被认为是一种良好的实践。因此，如果服务器响应一切正常，我们继续读取数据，否则打印出状态码并退出。

```
responseData, err := io.ReadAll(data.Body)
if err != nil {
    fmt.Println("*", err)
    return
}
fmt.Print(string(responseData))
```

在读取了存储在字节切片中的服务器响应主体之后，我们使用 string(responseData)将其作为字符串打印在屏幕上。

客户端应用程序生成的输出如下所示。

```
$ go run main.go list
Dimitris Tsoukalos 2101112223
Jane Doe 0800123456
Mike Tsoukalos 2109416471
```

这表示为 list 命令的输出。

```
$ go run main.go status
Total entries: 3
```

这是 status 命令的输出结果，它告知我们电话簿中的条目数量。

```
$ go run main.go search --tel 0800123456
Jane Doe 0800123456
```

上述输出结果展示了在使用 search 命令成功找到号码时的情况。

```
$ go run main.go search --tel 0800
Status code: 404
```

上述输出结果展示了在使用 search 命令未能找到号码时的情况。

```
$ go run main.go delete --tel 2101112223
```

```
2101112223 deleted!
```

这表示为 delete 命令的输出结果。

```
$ go run main.go insert -n Michalis -s Tsoukalos -t 2101112223
New record added successfully
```

这表示 insert 命令的操作过程。如果尝试多次插入相同的号码，服务器的输出结果将会是状态码 304。

下一节展示了如何使用 net/http 创建一个 FTP 服务器。

8.6　创建文件服务器

虽然文件服务器本身并不是一个 Web 服务器，但由于它使用类似的 Go 包来实现，因此与 Web 服务紧密相关。此外，文件服务器经常用于支持 Web 服务器和 Web 服务的功能。

Go 语言提供 http.FileServer()处理程序和 http.ServeFile()来实现这一点。二者最大的区别在于 http.FileServer()是一个 http.Handler，而 http.ServeFile()则不是。此外，http.Serve File()更擅长服务单个文件，而 http.FileServer()更擅长服务整个目录树。

fileServer.go 中展示了 http.FileServer()的一个简单代码示例。

```
package main

import (
    "fmt"
    "log"
    "net/http"
)

var PORT = ":8765"

func defaultHandler(w http.ResponseWriter, r *http.Request) {
    log.Println("Serving:", r.URL.Path, "from", r.Host)
    w.WriteHeader(http.StatusOK)
    Body := "Thanks for visiting!\n"
    fmt.Fprintf(w, "%s", Body)
}
```

这表示 HTTP 服务器的预期默认处理程序。

```
func main() {
	mux := http.NewServeMux()
	mux.HandleFunc("/", defaultHandler)

	fileServer := http.FileServer(http.Dir("/tmp/"))
	mux.Handle("/static/", http.StripPrefix("/static", fileServer))
```

mux.Handle()将文件服务器注册为所有以/static/开头的 URL 路径的处理程序。然而，当找到匹配项时，我们会在文件服务器尝试服务此类请求之前剥离/static/前缀，因为/static/不是实际文件所在位置的一部分。就 Go 而言，http.FileServer()只是另一个处理程序。

```
	fmt.Println("Starting server on:", PORT)
	err := http.ListenAndServe(PORT, mux)
	fmt.Println(err)
}
```

最后，我们使用 http.ListenAndServe()启动 HTTP 服务器。

使用 curl(1)访问/static/会产生以下类型的输出，并以 HTML 格式显示。

```
$ curl http://localhost:8765/static/
<pre>
<a href="AlTest1.out">AlTest1.out</a>
<a href="adobegc.log">adobegc.log</a>
<a href="com.google.Keystone/">com.google.Keystone/</a>
<a href="data.csv">data.csv</a>
<a href="fseventsd-uuid">fseventsd-uuid</a>
<a href="powerlog/">powerlog/</a>
</pre>
```

您也可以在网页浏览器或 FTP 客户端中访问 http://localhost:8765/static/来浏览 FTP 服务器的文件和目录。

稍后将展示如何使用 http.ServeFile()来服务单个文件。

在这一节中，我们创建并实现了一个端点，允许下载单个文件的内容。代码为每个请求创建一个具有不同文件名的临时文件，其中包含电话簿应用程序的内容。出于简化考虑，所提供的代码支持两个 HTTP 端点：一个用于默认路由器，另一个用于服务文件。由于我们服务的是单个文件，因而将使用 http.ServeFile()，它用指定文件或目录的内容回复请求。

每个临时文件在被删除前在文件系统中保留 30 秒。为了模拟现实世界的情况，所提供的实用程序读取 data.csv，将其放入切片并基于 data.csv 的内容创建文件。该实用程序的名称是 getEntries.go，其最重要的代码是 getFileHandler()函数的实现。

```
func getFileHandler(w http.ResponseWriter, r *http.Request) {
    var tempFileName string

    // Create temporary file name
    f, err := os.CreateTemp("", "data*.txt")
    tempFileName = f.Name()
```

临时路径是使用 os.CreateTemp()根据给定的模式创建的，并在末尾添加一个随机字符串。如果模式中包含*，则随机生成的字符串将替换最后一个*。文件创建的确切位置取决于所使用的操作系统。

```
// Remove the file
defer os.Remove(tempFileName)
```

我们不希望最终留下许多临时文件，因此当处理器函数返回时，我们将删除该文件。

```
// Save data to it
err = saveCSVFile(tempFileName)

if err != nil {
    fmt.Println(err)
    w.WriteHeader(http.StatusNotFound)
    fmt.Fprintln(w, "Cannot create: "+tempFileName)
    return
}

fmt.Println("Serving ", tempFileName)

http.ServeFile(w, r, tempFileName)
```

这是向客户端发送临时文件的地方。

time.Sleep()调用将临时文件的删除延迟了 30 秒，您可以定义任何喜欢的延迟时间。

就 main()函数而言，getFileHandler()是一个常规的处理函数，用在 mux.HandleFunc ("/getContents/", getFileHandler)语句中。

因此，每当有客户端请求/getContents/时，文件的内容就会被返回给 HTTP 客户端。运行 getEntries.go 并访问/getContents/会产生以下类型的输出。

```
$ curl http://localhost:8765/getContents/
Dimitris,Tsoukalos,2101112223,1617028128
Jane,Doe,0800123456,1608559903
Mike,Tsoukalos,2109416471,1617028196
```

由于我们返回的是纯文本数据，所以输出会在屏幕上显示。

注意

第 10 章将介绍一种不同的创建文件服务器的方式，该方式支持 gorilla/mux 包来上传和下载文件。

下一节将解释如何对 HTTP 连接进行超时设置。

8.7　对 HTTP 连接进行超时设置

本节将介绍对耗时过长的 HTTP 连接进行超时处理，这些技术既可以应用于服务器端，也可以应用于客户端。

8.7.1　使用 SetDeadline()

SetDeadline()函数由 net 包用来为网络连接设置读取和写入的截止时间。由于 SetDeadline()函数的工作方式，您需要在任何读取或写入操作之前调用它。请记住，Go 语言使用截止时间来实现超时，所以不需要在应用程序每次接收或发送数据时重置超时。SetDeadline()的使用在 withDeadline.go 中进行了说明，即 Timeout()函数的实现中。

```
var timeout = time.Duration(time.Second)

func Timeout(network, host string) (net.Conn, error) {
    conn, err := net.DialTimeout(network, host, timeout)
    if err != nil {
        return nil, err
    }

    conn.SetDeadline(time.Now().Add(timeout))
    return conn, nil
}
```

全局变量 timeout 定义了在 SetDeadline()调用中使用的超时周期。

上述函数在 main()函数中的以下代码内使用。

```
t := http.Transport{
    Dial: Timeout,
}
```

```
client := http.Client{
    Transport: &t,
}
```

因此，http.Transport 在 Dial 字段中使用 Timeout()，而 http.Client 则使用 http.Transport。当使用所需的 URL 调用 client.Get()方法时（这里没有显示），由于 http.Transport 的定义，Timeout 会自动被使用。所以，如果 Timeout 函数在接收到服务器响应之前返回，我们就会得到一个超时。

使用 withDeadline.go 会产生以下类型的输出。

```
$ go run withDeadline.go http://www.golang.org
Timeout value: 1s
<!DOCTYPE html>
...
```

由于调用成功并且完成时间少于 1 秒，因此没有发生超时。

```
$ go run withDeadline.go http://localhost:80
Timeout value: 1s
Get "http://localhost:80": read tcp 127.0.0.1:52492->127.0.0.1:80: i/o
timeout
```

这一次我们遇到了超时，因为服务器响应时间过长。

接下来，我们将展示如何使用 context 包对连接进行超时设置。

8.7.2　在客户端设置超时周期

本节介绍了一种技术，用于在客户端对耗时过长的网络连接进行超时处理。因此，如果客户端在期望的时间内没有收到服务器的响应，它将关闭连接。timeoutClient.go 源文件（不包含 import 块）展示了这种技术。

```
package main

// For the import block go to the book code repository

var myUrl string
var delay int = 5
var wg sync.WaitGroup
```

```
type myData struct {
    r *http.Response
    err error
}
```

在上述代码中，我们定义了将在程序其余部分使用的全局变量和结构体。

```
func connect(c context.Context) error {
    defer wg.Done()
    data := make(chan myData, 1)
    tr := &http.Transport{}
    httpClient := &http.Client{Transport: tr}
    req, _ := http.NewRequest("GET", myUrl, nil)
```

此处初始化 HTTP 连接变量。数据通道在随后的 select 语句中使用。此外，c context. Context 参数带有一个嵌入的通道，该通道也在 select 语句中使用。

```
go func() {
    response, err := httpClient.Do(req)
    if err != nil {
        fmt.Println(err)
        data <- myData{nil, err}
        return
    } else {
        pack := myData{response, err}
        data <- pack
    }
}()
```

上述协程用于与 HTTP 服务器交互，且并无特别之处，因为这是一个 HTTP 客户端与 HTTP 服务器的常规交互。

```
select {
case <-c.Done():
    tr.CancelRequest(req)
    <-data
    fmt.Println("The request was canceled!")
    return c.Err()
```

select 代码块的执行基于 context 是否会超时。如果 context 首先超时，那么使用 tr.CancelRequest(req)取消客户端连接。

```
    case ok := <-data:
```

```
        err := ok.err
        resp := ok.r
        if err != nil {
            fmt.Println("Error select:", err)
            return err
        }
        defer resp.Body.Close()

        realHTTPData, err := io.ReadAll(resp.Body)
        if err != nil {
            fmt.Println("Error select:", err)
            return err
        }
        fmt.Printf("Server Response: %s\n", realHTTPData)
    }
    return nil
}
```

第二个 select 分支处理来自 HTTP 服务器的数据，这些数据以常规方式处理。

```
func main() {
    if len(os.Args) == 1 {
        fmt.Println("Need a URL and a delay!")
        return
    }

    myUrl = os.Args[1]
    if len(os.Args) == 3 {
        t, err := strconv.Atoi(os.Args[2])
        if err != nil {
            fmt.Println(err)
            return
        }
        delay = t
}
```

URL 直接被读取，因为它已经是一个字符串值，而延迟周期则使用 strconv.Atoi()函数转换为数值。

```
fmt.Println("Delay:", delay)
c := context.Background()
c, cancel := context.WithTimeout(c, time.Duration(delay)*time.
Second)
```

```
defer cancel()
```

超时时间由 context.WithTimeout()方法定义。在软件包的 main()函数、init()函数或测试中使用 context.Background()是一种很好的做法。

```
    fmt.Printf("Connecting to %s \n", myUrl)
    wg.Add(1)
    go connect(c)
    wg.Wait()
    fmt.Println("Exiting...")
}
```

connect()函数也是作为一个协程执行的，它会在正常结束时终止，或者在执行 cancel()函数时终止。cancel()函数是调用 c 的 Done()方法的函数。

使用 timeoutClient.go 并在出现超时情况时，会产生以下类型的输出。

```
$ go run timeoutClient.go http://localhost:80
Delay: 5
Connecting to http://localhost:80
Get "http://localhost:80": net/http: request canceled
The request was canceled!
Exiting...
```

下一节将展示如何在服务器端对 HTTP 请求进行超时设置。

8.7.3　在服务器端设置超时周期

本节介绍了一种技术，用于在服务器端对耗时过长的网络连接进行超时处理。这比客户端更为重要，因为如果一个服务器有太多未关闭的连接，它可能无法处理更多的请求，除非一些已经打开的连接被关闭。这种情况通常由两个原因引起：一是软件缺陷；二是服务器遭受了拒绝服务（DoS）攻击。

main()函数在 timeoutServer.go 中展示了这项技术。

```
func main() {
    PORT := ":8001"
    arguments := os.Args
    if len(arguments) != 1 {
        PORT = ":" + arguments[1]
    }
    fmt.Println("Using port number: ", PORT)
```

```
    m := http.NewServeMux()
    srv := &http.Server{
        Addr: PORT,
        Handler: m,
        ReadTimeout: 3 * time.Second,
        WriteTimeout: 3 * time.Second,
    }
```

这里定义了超时周期。注意，您可以为读取和写入过程定义超时周期。ReadTimeout 字段的值指定了读取整个客户端请求（包括主体）所允许的最大持续时间，而 WriteTimeout 字段的值指定了在发送客户端响应超时之前的最大时间持续时间。

```
    m.HandleFunc("/time", timeHandler)
    m.HandleFunc("/", myHandler)

    err := srv.ListenAndServe()
    if err != nil {
        fmt.Println(err)
        return
    }
}
```

除 http.Server 定义中的参数之外，其余的代码一如往常：它包含处理函数，并调用 ListenAndServe()来启动 HTTP 服务器。

使用 timeoutServer.go 不会产生任何输出。然而，如果客户端连接到它而没有发送任何请求，客户端连接将在 3 秒后结束。如果客户端接收服务器响应超过 3 秒，也会发生同样的情况。

8.8 本章练习

（1）将 www-phone.go 中的所有处理器放入不同的 Go 包中，并相应地修改 www-phone.go。您需要一个不同的库来存储新包。

（2）修改 wwwClient.go，以将 HTML 输出保存到外部文件。

（3）在电话簿应用程序中包含 getEntries.go 的功能。

（4）使用协程和通道实现 ab(1) 的简单版本。ab(1) 是 Apache HTTP 服务器的基准测试工具。

8.9 本章小结

在本章中，我们学习了如何使用 HTTP，如何从 Go 代码创建 Docker 镜像，如何向 Prometheus 公开指标，以及如何开发 HTTP 客户端和服务器。我们还更新了电话簿应用程序，将其转变为一个 Web 应用程序，并为其编写了一个命令行客户端。此外，本章还学习了如何对 HTTP 连接进行超时设置以及如何开发文件服务器。

8.10 附加资源

（1）Caddy 服务器：https://caddyserver.com/。

（2）Nginx 服务器：https://nginx.org/en/。

（3）Prometheus 中的直方图：https://prometheus.io/docs/practices/histograms/。

（4）net/http 包：https://golang.org/pkg/net/http/。

（5）官方 Docker Go 镜像：https://hub.docker.com/_/golang/。

第 9 章 TCP/IP 和 WebSocket

本章讨论如何使用 net 包来操作 TCP/IP 的低级协议，即 TCP 和 UDP，以便我们可以开发 TCP/IP 服务器和客户端。此外，本章还介绍如何开发基于 HTTP 的 WebSocket 协议的服务器和客户端，以及 UNIX 域套接字，用于设计仅在本地计算机上运行的服务。

本章主要涉及下列主题。

（1）TCP/IP。

（2）net 包。

（3）开发 TCP 客户端。

（4）开发 TCP 服务器。

（5）开发 UDP 客户端。

（6）开发 UDP 服务器。

（7）开发并发 TCP 服务器。

（8）使用 UNIX 域套接字。

（9）创建 WebSocket 服务器。

（10）开发 WebSocket 客户端。

9.1 TCP/IP

TCP/IP 是一组帮助互联网运作的协议家族。它的名字来源于其中两个最知名的协议：TCP 和 IP。TCP 代表传输控制协议。TCP 软件使用段（也称为 TCP 数据包）在机器之间传输数据。TCP 的主要特点是它是一个可靠的协议，这意味着它可以确保数据包被送达，而不需要程序员编写任何额外的代码。如果没有数据包送达的证据，TCP 会重新发送特定的数据包。除其他事项之外，TCP 数据包可用于建立连接、传输数据、发送确认和关闭连接。

当两台计算机之间建立 TCP 连接时，就会在这两台计算机之间创建一个全双工虚拟电路，类似于电话通话。这两台计算机不断地通信，以确保数据被正确发送和接收。如果连接由于某种原因失败，这两台计算机会尝试找出问题并报告给相关应用程序。每个数据包的 TCP 头部包含源端口和目的端口字段。这两个字段加上源 IP 地址和目的 IP 地址，结合起来可以唯一地识别每一个 TCP 连接。只要提供了所需的详细信息，所有这些细节都由 TCP/IP 自动处理，无须额外努力。

注意

在创建 TCP/IP 服务器进程时，请记住端口号 0-1024 的访问会受到限制，只能由 root 用户使用，这意味着您需要管理员权限才能使用该范围内的端口。以 root 权限运行进程存在安全风险，且必须避免。

IP 代表互联网协议。IP 的主要特点是它本质上不是一个可靠的协议。IP 负责将数据封装在 TCP/IP 网络上传输，因为它负责根据 IP 地址将数据包从源主机传递到目的主机。IP 必须找到一种寻址方法，以有效地将数据包发送到目的地。尽管有专门的设备（称为路由器）执行 IP 路由，但每 TCP/IP 设备都必须执行一些基本的路由。IP 协议的第一个版本现在被称为 IPv4，以区别于最新版本的 IP 协议，即 IPv6。IPv4 的主要问题是它即将耗尽可用的 IP 地址，这是创建 IPv6 协议的主要原因。这是因为 IPv4 地址仅使用 32 位表示，允许总共有 2^{32}（4294967296）个不同的 IP 地址。另外，IPv6 使用 128 位来定义每一个地址。IPv4 地址的格式是 10.20.32.245（由点分隔的 4 个部分），而 IPv6 地址的格式是 3fce:1706:4523:3:150:f8ff:fe21:56cf（由冒号分隔的 8 个部分）。

UDP（用户数据报协议）基于 IP，这意味着它同样是不可靠的。UDP 比 TCP 更简单，主要是因为 UDP 从设计上就是不可靠的。因此，UDP 消息可能会丢失、重复或无序到达。此外，数据包可能以比接收方处理速度更快的速度到达。所以，当速度比可靠性更重要时，就会使用 UDP。

本章将实现 TCP 和 UDP 软件——TCP 和 UDP 服务是互联网的基础，了解如何在 Go 语言中开发 TCP/IP 服务器和客户端非常有用。但首先，让我们讨论一下 nc(1)实用程序。

nc(1)实用程序，也称为 netcat(1)，在您想要测试 TCP/IP 服务器和客户端时非常有用。实际上，nc(1)是一个涉及 TCP 和 UDP 以及 IPv4 和 IPv6 的通用工具，包括建立 TCP 连接、发送和接收 UDP 消息，以及充当 TCP 服务器。您可以使用 nc(1)作为客户端连接到运行在 IP 地址为 10.10.1.123 的机器上的 TCP 服务，并监听端口号 1234，如下所示。

```
$ nc 10.10.1.123 1234
```

-l 选项通知 netcat(1)以服务器模式运行，这意味着 netcat(1)会在给定的端口号上开始监听传入的连接。默认情况下，nc(1)使用 TCP 协议。然而，如果您使用-u 标志执行 nc(1)，那么 nc(1)将使用 UDP 协议，无论是作为客户端还是服务器。最后，-v 和-vv 选项通知 netcat(1) 生成详细的输出，这在排查网络连接问题时非常有用。

9.2　net 包

Go 标准库中的 net 包涵盖了 TCP/IP、UDP、域名解析和 UNIX 域套接字。net.Dial()函数用于作为客户端连接到网络，而 net.Listen()函数用于让 Go 程序接收传入的网络连接，从而充当服务器。net.Dial()和 net.Listen()的返回值都是 net.Conn 数据类型，它实现了 io.Reader 和 io.Writer 接口，这意味着可以使用与文件 I/O 相关的代码对 net.Conn 连接进行读写。net.Dial()和 net.Listen()的第一个参数是网络类型，但它们的相似之处也仅此而已。

net.Dial()函数用于连接到远程服务器。net.Dial()函数的第一个参数定义了将要使用的网络协议，而第二个参数定义了服务器地址，也必须包含端口号。第一个参数的有效值包括 tcp、tcp4（仅限 IPv4）、tcp6（仅限 IPv6）、udp、udp4（仅限 IPv4）、udp6（仅限 IPv6）、ip、ip4（仅限 IPv4）、ip6（仅限 IPv6）、unix（UNIX 套接字）、unixgra 和 unixpacket。net.Listen()函数的有效值包括 tcp、tcp4、tcp6、unix 和 unixpacket。

注意

执行 go doc net.Listen 和 go doc net.Dial 命令，以获取有关这两个函数的更详细信息。

9.3　开发 TCP 客户端

本节将介绍开发 TCP 客户端的两种等效方法。

9.3.1　利用 net.Dial()开发 TCP 客户端

首先将展示最广泛使用的方法，该方法实现在 tcpC.go 中。

```
package main

import (
    "bufio"
    "fmt"
    "net"
    "os"
    "strings"
)
```

import 块包含了如 bufio 和 fmt 等包，这些包也用于文件 I/O 操作。

```
func main() {
    arguments := os.Args
    if len(arguments) == 1 {
        fmt.Println("Please provide host:port.")
        return
    }
```

读取想要连接的 TCP 服务器的详细信息。

```
connect := arguments[1]
c, err := net.Dial("tcp", connect)
if err != nil {
    fmt.Println(err)
    return
}
```

通过连接详情，我们调用 net.Dial()函数，它的第一个参数是想要使用的协议，此处为 tcp。第二个参数是连接详情。一个成功的 net.Dial()调用返回一个打开的连接（一个 net.Conn 接口），这是一个通用的面向流的网络连接。

```
    for {
        reader := bufio.NewReader(os.Stdin)
        fmt.Print(">> ")
        text, _ := reader.ReadString('\n')
        fmt.Fprintf(c, text+"\n")

        message, _ := bufio.NewReader(c).ReadString('\n')
        fmt.Print("->: " + message)
        if strings.TrimSpace(string(text)) == "STOP" {
            fmt.Println("TCP client exiting...")
            return
        }
    }
}
```

TCP 客户端的最后一部分不断读取用户输入，直到输入 STOP 为止，在这种情况下，客户端会等待服务器的响应，然后在 STOP 之后终止，因为这就是 for 循环的构造方式。这样做的主要原因是，服务器可能会给我们一个有用的答案，而我们不想错过这个答案。所有给定的用户输入都会通过 fmt.Fprintf()发送（写入）到打开的 TCP 连接，而 bufio.New

Reader()则用于从TCP连接读取数据，就像读取普通文件一样。

使用tcpC.go连接到TCP服务器，在当前示例中是使用nc(1)实现的，并产生以下类型的输出。

```
$ go run tcpC.go localhost:1234
>> Hello!
->: Hi from nc -l 1234
>> STOP
->: Bye!
TCP client exiting...
```

以>>开始的行表示用户输入，而以->开始的行表示服务器消息。发送STOP后，我们等待服务器响应，然后客户端结束TCP连接。上述代码展示了如何在Go语言中创建一个带有额外逻辑（STOP关键词）的适当的TCP客户端。

下一节将展示创建TCP客户端的另一种方式。

9.3.2　利用net.DialTCP()开发TCP客户端

本节将介绍开发TCP客户端的另一种方式。不同之处在于用于建立TCP连接的Go函数是net.DialTCP()和net.ResolveTCPAddr()，而不是客户端的功能。

otherTCPclient.go的代码如下所示。

```
package main

import (
    "bufio"
    "fmt"
    "net"
    "os"
    "strings"
)
```

尽管正在处理TCP/IP连接，但我们仍需要像bufio这样的包，因为UNIX将网络连接视为文件，所以我们基本上是在网络上进行I/O操作。

```
func main() {
    arguments := os.Args
    if len(arguments) == 1 {
        fmt.Println("Please provide a server:port string!")
        return
```

```
    }
```

我们需要读取连接的 TCP 服务器的详细信息，包括所需的端口号。除非我们正在开发一个非常专业的 TCP 客户端，否则该工具在处理 TCP/IP 时不能使用默认参数操作。

```
connect := arguments[1]
tcpAddr, err := net.ResolveTCPAddr("tcp4", connect)
if err != nil {
    fmt.Println("ResolveTCPAddr:", err)
    return
}
```

net.ResolveTCPAddr()函数专门用于 TCP 连接，因此得名，它将给定的地址解析为*net.TCPAddr 值，这是一个表示 TCP 端点地址的结构体。在这种情况下，端点是我们想要连接的 TCP 服务器。

```
conn, err := net.DialTCP("tcp4", nil, tcpAddr)
if err != nil {
    fmt.Println("DialTCP:", err)
    return
}
```

基于 TCP 端点信息，我们调用 net.DialTCP()连接服务器。除了使用 net.ResolveTCPAddr()和 net.DialTCP()，其余内容与 TCP 客户端和 TCP 服务器交互相关的代码是完全相同的。

```
    for {
        reader := bufio.NewReader(os.Stdin)
        fmt.Print(">> ")
        text, _ := reader.ReadString('\n')
        fmt.Fprintf(conn, text+"\n")

        message, _ := bufio.NewReader(conn).ReadString('\n')
        fmt.Print("->: " + message)
        if strings.TrimSpace(string(text)) == "STOP" {
            fmt.Println("TCP client exiting...")
            conn.Close()
            return
        }
    }
}
```

接着，使用一个无限 for 循环与 TCP 服务器交互。TCP 客户端读取用户数据，将其发送到服务器。之后，它从 TCP 服务器读取数据。最后，STOP 关键字通过 Close()方法在客户端结束 TCP 连接。

使用 otherTCPclient.go 与 TCP 服务器进程交互会产生以下类型的输出。

```
$ go run otherTCPclient.go localhost:1234
>> Hello!
->: Hi from nc -l 1234
>> STOP
->: Thanks for connection!
TCP client exiting...
```

交互过程与 tcpC.go 相同，我们只是学习了开发 TCP 客户端的不同方式。就笔者而言，更喜欢 tcpC.go 中的实现，因为它使用了更通用的函数。

下一节将展示如何实现 TCP 服务器编程。

9.4　开发 TCP 服务器

本节将讨论与 TCP 客户端交互的 TCP 服务器的两种方式，就像我们之前对 TCP 客户端所做的那样。

9.4.1　利用 net.Listen()开发 TCP 服务器

本节介绍的 TCP 服务器使用 net.Listen()函数，在单个网络数据包中向客户端返回当前日期和时间。实际上，这意味着在接受客户端连接后，服务器从操作系统获取时间和日期，并将这些数据发送回客户端。net.Listen()函数用于监听连接，而 net.Accept()方法等待下一个连接，并返回一个包含客户端信息的通用 Conn 变量。tcpS.go 的代码如下所示。

```
package main

import (
    "bufio"
    "fmt"
    "net"
    "os"
    "strings"
    "time"
```

```
)

func main() {
    arguments := os.Args
    if len(arguments) == 1 {
        fmt.Println("Please provide port number")
        return
    }
```

TCP 服务器应该知道它将要使用的端口号，这是作为一个命令行参数给出的。

```
PORT := ":" + arguments[1]
l, err := net.Listen("tcp", PORT)
if err != nil {
    fmt.Println(err)
    return
}
defer l.Close()
```

net.Listen()函数用于监听连接，它使得特定的程序成为服务器进程。如果 net.Listen()的第二个参数包含一个没有 IP 地址或主机名的端口号，net.Listen()将监听本地系统的所有可用 IP 地址，这里的情况就是如此。

```
c, err := l.Accept()
if err != nil {
    fmt.Println(err)
    return
}
```

我们只需调用 Accept()并等待客户端连接，Accept()会阻塞直到连接到达。这个特定的 TCP 服务器的不寻常之处在于：它只能服务于第一个连接到它的 TCP 客户端，因为 Accept()调用在 for 循环之外，因此只被调用了一次。每个单独的客户端应该由不同的 Accept()调用来指定。

```
    for {
        netData, err := bufio.NewReader(c).ReadString('\n')
        if err != nil {
            fmt.Println(err)
            return
        }
        if strings.TrimSpace(string(netData)) == "STOP" {
            fmt.Println("Exiting TCP server!")
```

```
            return
        }

        fmt.Print("-> ", string(netData))
        t := time.Now()
        myTime := t.Format(time.RFC3339) + "\n"
        c.Write([]byte(myTime))
    }
}
```

无穷 for 循环不断与同一个 TCP 客户端交互，直到客户端发送 STOP 这个词。正如在 TCP 客户端中发生的那样，bufio.NewReader()用于从网络连接读取数据，而 Write()用于向 TCP 客户端发送数据。

运行 tcpS.go 并与 TCP 客户端交互会产生以下类型的输出。

```
$ go run tcpS.go 1234
-> Hello!
-> Have to leave now!
EOF
```

服务器连接在客户端连接结束时自动结束，因为当 bufio.NewReader(c).ReadString('\n')没有更多内容可读时，for 循环就结束了。这里，客户端是 nc(1)，它产生了以下输出。

```
$ nc localhost 1234
Hello!
2021-04-12T08:53:32+03:00
Have to leave now!
2021-04-12T08:53:51+03:00
```

为了退出 nc(1)，需要按下 Ctrl＋D 组合键，这是 UNIX 中的 EOF（文件结束）。所以，现在我们知道了如何在 Go 语言中开发 TCP 服务器。正如 TCP 客户端的情况一样，开发 TCP 服务器还有另一种方式，这将在下一节介绍。

9.4.2　利用 net.ListenTCP()开发 TCP 服务器

这一次，TCP 服务器的替代版本实现了回声（echo）服务。简单来说，TCP 服务器将从客户端收到的数据发送回客户端。

otherTCPserver.go 的代码如下所示。

```
package main
```

```
import (
    "fmt"
    "net"
    "os"
    "strings"
)

func main() {
    arguments := os.Args
    if len(arguments) == 1 {
        fmt.Println("Please provide a port number!")
        return
    }

    SERVER := "localhost" + ":" + arguments[1]
    s, err := net.ResolveTCPAddr("tcp", SERVER)
    if err != nil {
        fmt.Println(err)
        return
    }
```

上述代码将 TCP 端口号的值作为一个命令行参数获取，该值被用在 net.ResolveTCPAddr()中，这是为了定义 TCP 服务器将要监听的 TCP 端口号所必需的。

该函数仅适用于 TCP，因此得名。

```
l, err := net.ListenTCP("tcp", s)
if err != nil {
    fmt.Println(err)
    return
}
```

类似地，net.ListenTCP()仅适用于 TCP，它使得程序成为准备好接收传入连接的 TCP 服务器。

```
buffer := make([]byte, 1024)
conn, err := l.Accept()
if err != nil {
    fmt.Println(err)
    return
}
```

如前所述，由于 Accept()的调用位置，这种特殊的实现方式只能与单个客户端配合使用，这是为了简单起见。本章下面开发的并发 TCP 服务器会将 Accept()调用放在无穷 for 循环中。

```
for {
	n, err := conn.Read(buffer)
	if err != nil {
		fmt.Println(err)
		return
	}

	if strings.TrimSpace(string(buffer[0:n])) == "STOP" {
		fmt.Println("Exiting TCP server!")
		conn.Close()
	return
}
```

这里需要使用 strings.TrimSpace()移除输入中的任何空白字符，并与 STOP（在当前实现中有特殊含义）进行比较。当服务器从客户端接收到 STOP 关键字时，将使用 Close()方法关闭连接。

```
		fmt.Print("> ", string(buffer[0:n-1]), "\n")
		_, err = conn.Write(buffer)
		if err != nil {
			fmt.Println(err)
			return
		}
	}
}
```

前述代码都是为了与 TCP 客户端交互，直到客户端决定关闭连接。

运行 otherTCPserver.go 并与 TCP 客户端交互会产生以下类型的输出。

```
$ go run otherTCPserver.go 1234
> Hello from the client!
Exiting TCP server!
```

第一行以>开始的代码是客户端消息，而第二行则是服务器在接收到客户端的 STOP 消息时的输出。因此，TCP 服务器按程序处理客户端请求，并在接收到 STOP 消息时退出，这是预期的行为。

下一节将讨论如何开发 UDP 客户端。

9.5　开发 UDP 客户端

本节将讨论如何开发一个能够与 UDP 服务交互的 UDP 客户端。udpC.go 的代码如下所示。

```
package main

import (
    "bufio"
    "fmt"
    "net"
    "os"
    "strings"
)

func main() {
    arguments := os.Args
    if len(arguments) == 1 {
        fmt.Println("Please provide a host:port string")
        return
    }
    CONNECT := arguments[1]
```

这表示如何从用户处获取 UDP 服务器的详细信息。

```
s, err := net.ResolveUDPAddr("udp4", CONNECT)
c, err := net.DialUDP("udp4", nil, s)
```

上述两行代码声明正在使用 UDP，并且想要连接到由 net.ResolveUDPAddr()返回值指定的 UDP 服务器。

实际的连接是使用 net.DialUDP()初始化的。

```
if err != nil {
    fmt.Println(err)
    return
}

fmt.Printf("The UDP server is %s\n", c.RemoteAddr().String())
defer c.Close()
```

这部分程序通过调用 RemoteAddr()方法来查找 UDP 服务器的详细信息。

```
for {
    reader := bufio.NewReader(os.Stdin)
    fmt.Print(">> ")
    text, _ := reader.ReadString('\n')
    data := []byte(text + "\n")
    _, err = c.Write(data)
```

数据是通过使用 bufio.NewReader(os.Stdin)从用户那里读取的，然后使用 Write()写入 UDP 服务器。

```
if strings.TrimSpace(string(data)) == "STOP" {
    fmt.Println("Exiting UDP client!")
    return
}
```

如果从用户读取的输入是 STOP 关键词，那么连接将被终止。

```
if err != nil {
    fmt.Println(err)
    return
}

buffer := make([]byte, 1024)
n, _, err := c.ReadFromUDP(buffer)
```

数据是通过使用 ReadFromUDP()方法从 UDP 连接中读取的。

```
        if err != nil {
            fmt.Println(err)
            return
        }
        fmt.Printf("Reply: %s\n", string(buffer[0:n]))
    }
}
```

for 循环将持续进行，直到接收到 STOP 关键词作为输入或以其他方式终止程序。
使用 udpC.go 就像下面这样简单——客户端使用 nc(1)实现。

```
$ go run udpC.go localhost:1234
The UDP server is 127.0.0.1:1234
```

127.0.0.1:1234 是 c.RemoteAddr().String()的值，它显示了已经连接的 UDP 服务器的详

细信息。

```
>> Hello!
Reply: Hi from the server
```

客户端向 UDP 服务器发送了 Hello!，并从服务器收到了回复：Hi from the server。

```
>> Have to leave now :)
Reply: OK - bye from nc -l -u 1234
```

客户端向 UDP 服务器发送了 Have to leave now :)，并收到了回复：OK - bye from nc -l -u 1234。

```
>> STOP
Exiting UDP client!
```

最后，向服务器发送 STOP 关键词后，客户端打印 Exiting UDP client!并终止，该消息在 Go 代码中定义，并且可以是您想要的任何内容。

下一节将讨论开发 UDP 服务器。

9.6　开发 UDP 服务器

本节将讨论如何开发一个 UDP 服务器，它生成并返回随机数给其客户端。UDP 服务器（udpS.go）的代码如下所示。

```
package main

import (
    "fmt"
    "math/rand"
    "net"
    "os"
    "strconv"
    "strings"
    "time"
)

func random(min, max int) int {
    return rand.Intn(max-min) + min
}
```

```
func main() {
    arguments := os.Args
    if len(arguments) == 1 {
        fmt.Println("Please provide a port number!")
        return
    }
    PORT := ":" + arguments[1]
```

服务器将要监听的 UDP 端口号作为命令行参数提供。

```
s, err := net.ResolveUDPAddr("udp4", PORT)
if err != nil {
    fmt.Println(err)
    return
}
```

net.ResolveUDPAddr()函数创建了一个将要用于创建服务器的 UDP 端点。

```
connection, err := net.ListenUDP("udp4", s)
if err != nil {
    fmt.Println(err)
    return
}
```

net.ListenUDP("udp4",s)函数调用使用第二个参数指定的详细信息使该进程成为 udp4 协议的服务器。

```
defer connection.Close()
buffer := make([]byte, 1024)
```

buffer 变量存储一个字节切片，用于从 UDP 连接中读取数据。

```
rand.Seed(time.Now().Unix())

for {
    n, addr, err := connection.ReadFromUDP(buffer)
    fmt.Print("-> ", string(buffer[0:n-1]))
```

ReadFromUDP()和 WriteToUDP()方法分别用于从 UDP 连接中读取数据和向 UDP 连接写入数据。此外，由于 UDP 的工作方式，UDP 服务器可以服务多个客户端。

```
if strings.TrimSpace(string(buffer[0:n])) == "STOP" {
    fmt.Println("Exiting UDP server!")
```

```
    return
}
```

当任何一个客户端发送 STOP 消息时，UDP 服务器将终止。除此之外，for 循环将持续无限期地运行。

```
data := []byte(strconv.Itoa(random(1, 1001)))
fmt.Printf("data: %s\n", string(data))
```

一个字节切片存储在 data 变量中，并用于向客户端写入所需的数据。

```
        _, err = connection.WriteToUDP(data, addr)
        if err != nil {
            fmt.Println(err)
            return
        }
    }
}
```

使用 udpS.go 就像下面这样简单。

```
$ go run udpS.go 1234
-> Hello from client!
data: 395
```

以->开始的行显示来自客户端的数据。以 data 开始的行显示由 UDP 服务器生成的随机数，在当前例子中是 395。

```
-> Going to terminate the connection now.
data: 499
```

上述两行代码显示了与 UDP 客户端的另一次交互。

```
-> STOP
Exiting UDP server!
```

一旦 UDP 服务器从客户端接收到 STOP 关键词，它将关闭连接并退出。

在客户端，使用 udpC.go 将产生以下交互内容。

```
$ go run udpC.go localhost:1234
The UDP server is 127.0.0.1:1234
>> Hello from client!
Reply: 395
```

客户端向服务器发送了 Hello from client!消息，并收到了数字 395。

```
>> Going to terminate the connection now.
Reply: 499
```

客户端向服务器发送了 Going to terminate the connection now.消息，并收到了随机数 499。

```
>> STOP
Exiting UDP client!
```

当客户端接收到用户输入的 STOP 时，它将终止 UDP 连接并退出。

下一节将展示如何开发一个使用协程为其客户端服务的并发 TCP 服务器。

9.7　开发并发 TCP 服务器

本节将讨论一种开发并发 TCP 服务器的模式，这种服务器在成功的 Accept()函数调用后使用单独的协程来服务它们的客户端。因此，这样的服务器可以同时服务多个 TCP 客户端。这就是现实世界中生产服务器和服务的实现方式。

concTCP.go 的代码如下所示。

```
package main

import (
    "bufio"
    "fmt"
    "net"
    "os"
    "strconv"
    "strings"
)

var count = 0

func handleConnection(c net.Conn) {
    fmt.Print(".")
```

上述语句不是必需的，它只是通知我们有一个新的客户端已经连接。

```
for {
```

```
    netData, err := bufio.NewReader(c).ReadString('\n')
    if err != nil {
        fmt.Println(err)
        return
    }

    temp := strings.TrimSpace(string(netData))
    if temp == "STOP" {
        break
    }
    fmt.Println(temp)
    counter := "Client number: " + strconv.Itoa(count) + "\n"
    c.Write([]byte(string(counter)))
}
```

for 循环确保 handleConnection()不会自动退出。再次强调，STOP 关键词停止当前客户端连接。然而，服务器进程以及其他所有活跃的客户端连接将继续运行。

```
    c.Close()
}
```

这是函数的结尾，该函数以协程形式执行，为客户提供服务。为客户端提供服务所需的只是一个包含客户端详细信息的 net.Conn 参数。读取客户端数据后，服务器会向客户端发回一条信息，说明目前正在服务的客户端数量。

```
func main() {
    arguments := os.Args
    if len(arguments) == 1 {
        fmt.Println("Please provide a port number!")
        return
    }

    PORT := ":" + arguments[1]
    l, err := net.Listen("tcp4", PORT)
    if err != nil {
        fmt.Println(err)
        return
    }
    defer l.Close()

    for {
        c, err := l.Accept()
```

```
        if err != nil {
            fmt.Println(err)
            return
        }
        go handleConnection(c)
        count++
    }
}
```

每次有新客户端连接到服务器时，计数变量都会增加。每个 TCP 客户端都由一个单独的协程服务，该协程执行 handleConnection()函数。这释放了服务器进程，并允许它接收新连接。简单来说，当多个 TCP 客户端被服务时，TCP 服务器可以自由地与更多的 TCP 客户端交互。与之前一样，新的 TCP 客户端使用 Accept()函数连接。

使用 concTCP.go 会产生以下类型的输出。

```
$ go run concTCP.go 1234
.Hello
.Hi from nc localhost 1234
```

输出的第一行来自第一个 TCP 客户端，而第二行来自第二个 TCP 客户端。这意味着并发 TCP 服务器按预期工作。因此，当希望在 TCP 服务中能够服务多个 TCP 客户端时，可以使用这里所呈现的技术和代码作为开发 TCP 服务器的模板。

下一节将展示如何使用 UNIX 域套接字，它们对于仅限本地机器上的交互来说非常快速。

9.8 使用 UNIX 域套接字

UNIX 域套接字或进程间通信（IPC）套接字是一种数据通信端点，允许在同一台计算机上运行的进程之间交换数据。这里的问题是，为什么要使用 UNIX 域套接字而不是 TCP/IP 连接来交换同一台计算机上的进程数据呢？首先，因为 UNIX 域套接字比 TCP/IP 连接更快；其次，因为 UNIX 域套接字比 TCP/IP 连接需要的资源更少。所以，当客户端和服务器都在同一台机器上时，可以使用 UNIX 域套接字。

9.8.1 UNIX 域套接字服务器

本节将介绍如何开发一个 UNIX 域套接字服务器。尽管不需要处理 TCP 端口和网络连接，但所展示的代码与 tcpS.go 和 concTCP.go 中的 TCP 服务器代码非常相似。所展示的服务器实现了回声服务。

socketServer.go 的源代码如下所示。

```
package main

import (
    "fmt"
    "net"
    "os"
)

func echo(c net.Conn) {
```

echo()函数用于服务客户端请求，因此使用了 net.Conn 参数来保存客户端的详细信息。

```
for {
    buf := make([]byte, 128)
    n, err := c.Read(buf)
    if err != nil {
        fmt.Println("Read:", err)
        return
}
```

我们在一个 for 循环中使用 Read()函数从套接字连接中读取数据。

```
        data := buf[0:n]
        fmt.Print("Server got: ", string(data))
        _, err = c.Write(data)
        if err != nil {
            fmt.Println("Write:", err)
            return
        }
    }
}
```

在 echo()函数的这第二部分中，我们将客户端发送的数据发送回客户端。buf[0:n]的标记确保即使缓冲区的尺寸更大，我们也会发送回读取到的相同数量的数据。

该函数服务于所有客户端连接。稍后将会看到，作为一个协程执行，这是它不返回任何值的主要原因。

我们无法分辨该函数是服务于 TCP/IP 连接还是 UNIX 套接字域连接，这主要是因为

UNIX将所有连接都视为文件。

```
func main() {
    if len(os.Args) == 1 {
        fmt.Println("Need socket path")
        return
    }
    socketPath := os.Args[1]
```

这一部分内容指定服务器及其客户端将要使用的套接字文件。在这种情况下，套接字文件的路径作为命令行参数给出。

```
_, err := os.Stat(socketPath)
if err == nil {
    fmt.Println("Deleting existing", socketPath)
    err := os.Remove(socketPath)
    if err != nil {
        fmt.Println(err)
        return
    }
}
```

如果套接字文件已经存在，在程序继续之前应该删除它，net.Listen()函数会再次创建该文件。

```
l, err := net.Listen("unix", socketPath)
if err != nil {
    fmt.Println("listen error:", err)
    return
}
```

使用带有"unix "参数的net.Listen()，使其成为UNIX域套接字服务器。在这种情况下，我们需要向net.Listen()提供套接字文件的路径。

```
    for {
        fd, err := l.Accept()
        if err != nil {
            fmt.Println("Accept error:", err)
            return
        }
        go echo(fd)
    }
}
```

每个客户端连接都由一个协程处理。从这个意义上讲，这是一个能够与多个客户端工作的并发 UNIX 域套接字服务器。所以，如果需要在生产服务器上服务数千个域套接字客户端，这就是您应该采取的方式。

在下一节中，我们将看到服务器在与 UNIX 域套接字客户端交互时的实际操作。

9.8.2 UNIX 域套接字客户端

本节将展示一个 UNIX 域套接字客户端实现，它可以用于与域套接字服务器通信，例如在前一节中开发的服务器。相关代码可以在 socketClient.go 中找到。

```
package main

import (
    "bufio"
    "fmt"
    "net"
    "os"
    "strings"
    "time"
)

func main() {
    if len(os.Args) == 1 {
        fmt.Println("Need socket path")
        return
    }
    socketPath := os.Args[1]
```

这一部分表示从用户处获取将要使用的套接字文件——套接字文件应该已经存在，并且由 UNIX 域套接字服务器处理。

```
c, err := net.Dial("unix", socketPath)
if err != nil {
    fmt.Println(err)
    return
}
defer c.Close()
```

net.Dial()函数用于连接到套接字。

```
for {
```

```
    reader := bufio.NewReader(os.Stdin)
    fmt.Print(">> ")
    text, _ := reader.ReadString('\n')

    _, err = c.Write([]byte(text))
```

这里，我们将用户输入转换为字节切片，并使用Write()函数发送到服务器。

```
if err != nil {
    fmt.Println("Write:", err)
    break
}

buf := make([]byte, 256)

n, err := c.Read(buf[:])
if err != nil {
    fmt.Println(err, n)
    return
}
fmt.Print("Read:", string(buf[0:n]))
```

该fmt.Print()语句使用buf[0:n]符号从buf片段中打印的字符数与从Read()方法中读取的字符数相同。

```
if strings.TrimSpace(string(text)) == "STOP" {
    fmt.Println("Exiting UNIX domain socket client!")
    return
}
```

如果输入单词STOP，那么客户端返回并因此关闭与服务器的连接。一般而言，优雅地退出此类实用程序可视为一种较好的方式。

```
        time.Sleep(5 * time.Second)
    }
}
```

time.Sleep()函数调用用于延迟for循环并模拟真实程序的操作。

在先执行服务器的情况下，同时使用socketServer.go和socketClient.go会产生以下类型的输出。

```
$ go run socketServer.go /tmp/packt.socket
Server got: Hello!
```

```
Server got: STOP
Read: EOF
```

尽管客户端连接已结束，但服务器继续运行并等待更多的客户端请求。

在客户端，可以看到以下情况：

```
$ go run socketClient.go /tmp/packt.socket
>> Hello!
Read: Hello!
>> STOP
Read: STOP
Exiting UNIX domain socket client!
```

在前两节中，我们学习了如何创建比 TCP/IP 服务器更快但仅在同一台机器上工作的 UNIX 域套接字客户端和服务器。

接下来将讨论 WebSocket 协议。

9.9　创建 WebSocket 服务器

WebSocket 协议是一种计算机通信协议，它在单个 TCP 连接上提供全双工（双向同时传输数据）通信通道。WebSocket 协议在 RFC 6455 中定义（https://tools.ietf.org/html/rfc6455），并且使用 ws://和 wss://分别代替 http://和 https://。因此，客户端应该使用以 ws://开始的 URL 启动一个 WebSocket 连接。

在本节中，我们将使用 gorilla/websocket 模块（https://github.com/gorilla/websocket）开发一个小型但功能完备的 WebSocket 服务器。服务器实现了回声服务，这意味着它会自动将其输入返回给客户端。

golang.org/x/net/websocket 包提供了另一种开发 WebSocket 客户端和服务器的方式。然而，根据其文档，golang.org/x/net/websocket 缺少一些特性，因而建议使用 https://godoc.org/github.com/gorilla/websocket，或者 https://godoc.org/nhooyr.io/websocket 代替。

WebSocket 协议的优势包括以下几点内容。

（1）WebSocket 连接是一种全双工、双向通信通道。这意味着服务器不需要等待从客户端读取数据才能向客户端发送数据，反之亦然。

（2）WebSocket 连接是原始的 TCP 套接字，这意味着它们没有建立 HTTP 连接所需的开销。

（3）WebSocket 连接也可以用来发送 HTTP 数据。然而，纯 HTTP 连接不能作为

WebSocket 连接工作。

（4）WebSocket 连接会一直存在，直到被明确关闭，因此无须频繁重新打开。

（5）WebSocket 连接可用于实时 Web 应用程序。

（6）服务器可以随时向客户端发送数据，即使客户端没有请求数据。

（7）WebSocket 是 HTML5 规范的一部分，这意味着它得到了所有现代 Web 浏览器的支持。

在展示服务器实现之前，您需要知道 gorilla/websocket 包中的 websocket.Upgrader 方法可以将 HTTP 服务器连接升级到 WebSocket 协议，并允许定义升级后的参数。之后，HTTP 连接就变成了 WebSocket 连接，这意味着不可执行与 HTTP 协议工作相关的语句。

下一节将展示服务器的实现。

9.9.1 服务器的实现

本节将介绍实现了回声服务的 WebSocket 服务器的实现，这在测试网络连接时非常有用。

用于保存代码的 GitHub 库可以在 https://github.com/mactsouk/ws 中找到。如果读者想了解本节内容，那么应该下载该存储库并将其放在~/go/src 目录下——在笔者的案例中，它被放在了~/go/src/github.com/mactsouk 下的 ws 文件夹中。

提示

GitHub 库包含了一个 Dockerfile 文件，用于从 WebSocket 服务器源文件生成 Docker 镜像。

WebSocket 服务器的实现可以在 ws.go 中找到，其中包含以下代码。

```
package main

import (
	"fmt"
	"log"
	"net/http"
	"os"
	"time"
	"github.com/gorilla/websocket"
)
```

这表示为使用 WebSocket 协议的外部包。

```
var PORT = ":1234"

var upgrader = websocket.Upgrader{
    ReadBufferSize: 1024,
    WriteBufferSize: 1024,
    CheckOrigin: func(r *http.Request) bool {
        return true
    },
}
```

此处定义 websocket.Upgrader 参数，它们很快就会被使用。

```
func rootHandler(w http.ResponseWriter, r *http.Request) {
    fmt.Fprintf(w, "Welcome!\n")
    fmt.Fprintf(w, "Please use /ws for WebSocket!")
}
```

这是一个标准的 HTTP 处理函数。

```
func wsHandler(w http.ResponseWriter, r *http.Request) {
    log.Println("Connection from:", r.Host)

    ws, err := upgrader.Upgrade(w, r, nil)
    if err != nil {
        log.Println("upgrader.Upgrade:", err)
        return
    }
    defer ws.Close()
```

WebSocket 服务器应用程序调用 upgrader.Upgrade 方法，以便从 HTTP 请求处理器获取一个 WebSocket 连接。在成功调用 upgrader.Upgrade 之后，服务器开始与 WebSocket 连接和 WebSocket 客户端一起工作。

```
    for {
        mt, message, err := ws.ReadMessage()
        if err != nil {
            log.Println("From", r.Host, "read", err)
            break
        }
        log.Print("Received: ", string(message))
        err = ws.WriteMessage(mt, message)
        if err != nil {
            log.Println("WriteMessage:", err)
```

```
            break
        }
    }
}
```

wsHandler()中的 for 循环处理/ws 的所有传入消息——您可以使用想要的任何技术。此外，在所展示的实现中，除非出现网络问题或服务器进程被杀死，否则只有客户端被允许关闭现有的 WebSocket 连接。

记住，在 WebSocket 连接中，不能使用 fmt.Fprintf()语句向 WebSocket 客户端发送数据。如果使用了这种语句或其他可以实现相同功能的调用，WebSocket 连接就会失败，您将无法发送或接收任何数据。因此，在使用 gorilla/websocket 实现的 WebSocket 连接中，发送和接收数据的唯一方法就是分别调用 WriteMessage()和 ReadMessage()。当然，也可以通过处理原始网络数据来自行实现所需的功能，但这超出了本书的讨论范围。

```
func main() {
    arguments := os.Args
    if len(arguments) != 1 {
        PORT = ":" + arguments[1]
}
```

如果没有命令行参数，那么使用存储在 PORT 中的默认端口号。

```
mux := http.NewServeMux()
s := &http.Server{
    Addr: PORT,
    Handler: mux,
    IdleTimeout: 10 * time.Second,
    ReadTimeout: time.Second,
    WriteTimeout: time.Second,
}
```

上述内容表示同时处理 WebSocket 连接的 HTTP 服务器的详细信息。

```
mux.Handle("/", http.HandlerFunc(rootHandler))
mux.Handle("/ws", http.HandlerFunc(wsHandler))
```

WebSocket 使用的端点可以是任何内容，在本例中是/ws。此外，还可以拥有多个使用 WebSocket 协议的端点。

```
    log.Println("Listening to TCP Port", PORT)
    err := s.ListenAndServe()
    if err != nil {
```

```
        log.Println(err)
        return
    }
}
```

所展示的代码使用 log.Println()而不是 fmt.Println()来打印消息——由于这是一个服务器进程，与 fmt.Println()相比，使用 log.Println()可视为更好的选择，因为日志信息会被发送到可以稍后检查的文件中。然而，在开发过程中，您可能更倾向于使用 fmt.Println()调用并避免写入日志文件，因为可以立即在屏幕上看到数据，而无须去其他地方查看。

服务器实现简洁但功能完备。代码中最重要的单一调用是 upgrader.Upgrade，因为这是将 HTTP 连接升级为 WebSocket 连接的关键操作。

从 GitHub 获取并运行代码需要以下步骤，大部分步骤与模块初始化和下载所需的包有关。

```
$ cd ~/go/src/github.com/mactsouk/
$ git clone https://github.com/mactsouk/ws.git
$ cd ws
$ go mod init
$ go mod tidy
$ go mod download
$ go run ws.go
```

为了测试该服务器，您需要一个客户端。由于到目前为止还没有开发自己的客户端，我们将使用另外两种方式来测试 WebSocket 服务器。

9.9.2　使用 websocat

websocat 是一个命令行实用工具，可以帮助测试 WebSocket 服务器连接。然而，由于 websocat 默认情况下并未安装，因而需要使用包管理器在机器上安装它。假设在所需地址上有一个 WebSocket 服务器，您可以按照以下方式使用它。

```
$ websocat ws://localhost:1234/ws
Hello from websocat!
```

这是我们输入并发送到服务器的内容。

```
Hello from websocat!
```

这是我们从实现了回声服务的 WebSocket 服务器那里收到的反馈——不同的 WebSocket 服务器实现了不同的功能。

```
Bye!
```

再次说明，上述一行代码是用户输入给 websocat 的内容。

```
Bye!
```

最后一行代码是从服务器发送回来的数据，并通过在 websocat 客户端按 Ctrl + D 组合键关闭了连接。

如果希望从 websocat 获取更详细的输出，您可以使用-v 标志执行它。

```
$ websocat -v ws://localhost:1234/ws
[INFO websocat::lints] Auto-inserting the line mode
[INFO websocat::stdio_threaded_peer] get_stdio_peer (threaded)
[INFO websocat::ws_client_peer] get_ws_client_peer
[INFO websocat::ws_client_peer] Connected to ws
Hello from websocat!
Hello from websocat!
Bye!
Bye!
[INFO websocat::sessionserve] Forward finished
[INFO websocat::ws_peer] Received WebSocket close message
[INFO websocat::sessionserve] Reverse finished
[INFO websocat::sessionserve] Both directions finished
```

在两种情况下，WebSocket 服务器的输出应该类似于以下内容。

```
$ go run ws.go
2021/04/10 20:54:30 Listening to TCP Port :1234
2021/04/10 20:54:42 Connection from: localhost:1234
2021/04/10 20:54:57 Received: Hello from websocat!
2021/04/10 20:55:03 Received: Bye!
2021/04/10 20:55:03 From localhost:1234 read websocket: close 1005 (no
status)
```

下一节将讨论如何使用 HTML 和 JavaScript 测试 WebSocket 服务器。

9.9.3　使用 JavaScript

第二种测试 WebSocket 服务器的方法是创建一个带有一些 HTML 和 JavaScript 代码的网页。这种技术可以更多地控制发生的状况，但需要更多的代码，并且需要熟悉 HTML 和 JavaScript。

下面是带有 JavaScript 代码的 HTML 页面，它可以像 WebSocket 客户端一样运行。

```
<!DOCTYPE html>
<meta charset="utf-8">

<html lang="en">
  <head>
    <meta charset="UTF-8" />
    <meta name="viewport" content="width=device-width, initialscale=
    1.0" />
    <meta http-equiv="X-UA-Compatible" content="ie=edge" />
    <title>Testing a WebSocket Server</title>
  </head>
  <body>
    <h2>Hello There!</h2>

    <script>
      let ws = new WebSocket("ws://localhost:1234/ws");
```

这是最重要的 JavaScript 语句，因为需要在此指定 WebSocket 服务器地址、端口号和要连接的端点。

```
console.log("Trying to connect to server.");

ws.onopen = () => {
    console.log("Connected!");
    ws.send("Hello From the Client!")
};
```

ws.onopen 事件用于确保 WebSocket 服务器连接已经打开，而 send()方法用于向 WebSocket 服务器发送消息。

```
ws.onmessage = function(event) {
   console.log('[message] Data received from server: ${event.
   data}');
   ws.close(1000, "Work complete");
};
```

onmessage 事件在 WebSocket 服务器每次发送新消息时被触发。然而，在当前例子中，一旦收到服务器的第一个消息，连接就会被关闭。

最后，close() JavaScript 方法用于关闭 WebSocket 连接。这里，close()函数调用被包含在 onmessage 事件中。调用 close()会触发 onclose 事件，其中包含以下代码。

```
    ws.onclose = event => {
        if (event.wasClean) {
          console.log('[close] Connection closed cleanly,
          code=${event.code} reason=${event.reason}');
        }
        console.log("Socket Closed Connection: ", event);
    };
    ws.onerror = error => {
          console.log("Socket Error: ", error);
    };

   </script>
  </body>
</html>
```

可以访问网页浏览器上的 JavaScript 控制台来查看 JavaScript 代码的输出，本例中使用的是 Google Chrome。图 9.1 显示了生成的输出结果。

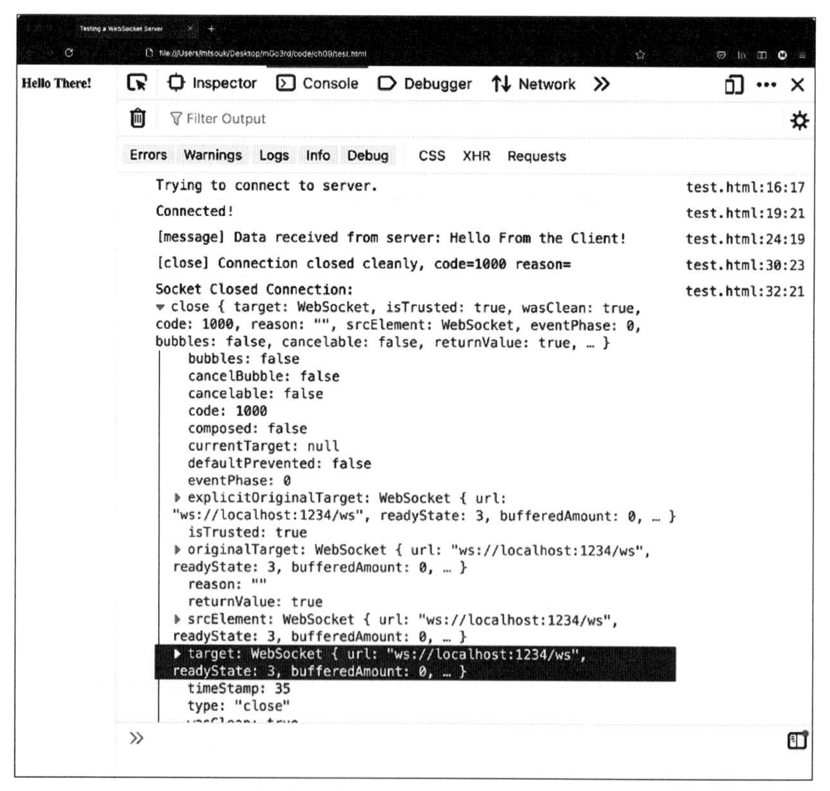

图 9.1　使用 JavaScript 与 WebSocket 服务器交互

对于在 test.html 中定义的 WebSocket 交互，WebSocket 服务器在命令行中生成了以下输出。

```
2021/04/10 21:43:22 Connection from: localhost:1234
2021/04/10 21:43:22 Received: Hello From the Client!
2021/04/10 21:43:22 From localhost:1234 read websocket: close 1000
(normal): Work complete
```

两种方式都验证了 WebSocket 服务器按预期工作：客户端能够连接到服务器，服务器发送的数据被客户端接收，客户端成功地与服务器断开连接。因此，接下来将开发自己的 Go 语言 WebSocket 客户端。

9.10　开发 WebSocket 客户端

本节将介绍如何在 Go 语言中编写 WebSocket 客户端程序。客户端读取用户数据并将其发送给服务器，并读取服务器的响应。客户端目录 https://github.com/mactsouk/ws 包含了 WebSocket 客户端的实现，笔者发现将两种实现包含在同一个库中更为方便。

与 WebSocket 服务器一样，gorilla/websocket 包将帮助我们开发 WebSocket 客户端。

注意

在第 10 章中，当使用 RESTful 服务时，我们将看到 gorilla。

./client/client.go 的代码如下所示。

```
package main

import (
    "bufio"
    "fmt"
    "log"
    "net/url"
    "os"
    "os/signal"
    "syscall"
    "time"
    "github.com/gorilla/websocket"
)

var SERVER = ""
```

```
var PATH = ""
var TIMESWAIT = 0
var TIMESWAITMAX = 5
var in = bufio.NewReader(os.Stdin)
```

in 变量仅仅是 bufio.NewReader(os.Stdin)的简写。

```
func getInput(input chan string) {
    result, err := in.ReadString('\n')
    if err != nil {
        log.Println(err)
        return
    }
    input <- result
}
```

getInput()函数作为一个协程执行，获取用户输入并通过输入通道传递给 main()函数。每次程序读取一些用户输入时，旧的协程结束，一个新的 getInput()协程开始以获取新的输入。

```
func main() {
    arguments := os.Args
    if len(arguments) != 3 {
        fmt.Println("Need SERVER + PATH!")
        return
    }

    SERVER = arguments[1]
    PATH = arguments[2]
    fmt.Println("Connecting to:", SERVER, "at", PATH)

    interrupt := make(chan os.Signal, 1)
    signal.Notify(interrupt, os.Interrupt)
```

WebSocket 客户端借助中断通道处理 UNIX 中断。当捕获适当的信号（syscall.SIGINT）时，使用 websocket.CloseMessage 消息关闭与服务器的 WebSocket 连接。这就是专业工具的工作方式。

```
input := make(chan string, 1)
go getInput(input)

URL := url.URL{Scheme: "ws", Host: SERVER, Path: PATH}
```

```
c, _, err := websocket.DefaultDialer.Dial(URL.String(), nil)
if err != nil {
    log.Println("Error:", err)
    return
}
defer c.Close()
```

WebSocket 连接始于对 websocket.DefaultDialer.Dial()的调用。所有进入输入通道的数据都通过 WriteMessage()方法传输给 WebSocket 服务器。

```
done := make(chan struct{})
go func() {
    defer close(done)
    for {
        _, message, err := c.ReadMessage()
        if err != nil {
            log.Println("ReadMessage() error:", err)
            return
        }
        log.Printf("Received: %s", message)
    }
}()
```

另一个 goroutine（这次使用匿名 Go 函数实现）负责使用 ReadMessage()方法从 WebSocket 连接读取数据。

```
for {
    select {
    case <-time.After(4 * time.Second):
        log.Println("Please give me input!", TIMESWAIT)
        TIMESWAIT++
        if TIMESWAIT > TIMESWAITMAX {
            syscall.Kill(syscall.Getpid(), syscall.SIGINT)
    }
```

syscall.Kill(syscall.Getpid(), syscall.SIGINT)语句使用 Go 代码向程序发送中断信号。根据 client.go 的逻辑，中断信号使程序关闭与服务器的 WebSocket 连接并终止其执行。这只在当前超时周期的数量大于预定义的全局值时才会发生。

```
case <-done:
    return
case t := <-input:
```

```
    err := c.WriteMessage(websocket.TextMessage, []byte(t))
    if err != nil {
        log.Println("Write error:", err)
        return
    }
    TIMESWAIT = 0
```

如果您获得了用户输入，当前的超时周期数（TIMESWAIT）将被重置，并且将读取新的输入。

```
        go getInput(input)
    case <-interrupt:
        log.Println("Caught interrupt signal - quitting!")
        err := c.WriteMessage(websocket.CloseMessage, websocket.
FormatCloseMessage(websocket.CloseNormalClosure, ""))
```

在关闭客户端连接之前，我们向服务器发送 websocket.CloseMessage，以便以正确的方式关闭连接。

```
            if err != nil {
                log.Println("Write close error:", err)
                return
            }
            select {
            case <-done:
            case <-time.After(2 * time.Second):
            }
            return
        }
    }
}
```

由于./client/client.go 位于 ws.go 之外的独立目录中，我们需要运行以下命令来收集所需的依赖项并运行它。

```
$ cd client
$ go mod init
$ go mod tidy
$ go mod download
```

与 WebSocket 服务器交互会产生以下类型的输出。

```
$ go run client.go localhost:1234 ws
```

```
Connecting to: localhost:1234 at ws
Hello there!
2021/04/10 21:30:33 Received: Hello there!
```

其中，前两行代码显示了用户输入以及服务器的响应。

```
2021/04/10 21:30:37 Please give me input! 0
2021/04/10 21:30:41 Please give me input! 1
2021/04/10 21:30:45 Please give me input! 2
2021/04/10 21:30:49 Please give me input! 3
2021/04/10 21:30:53 Please give me input! 4
2021/04/10 21:30:57 Please give me input! 5
2021/04/10 21:30:57 Caught interrupt signal - quitting!
2021/04/10 21:30:57 ReadMessage() error: websocket: close 1000 (normal)
```

最后几行代码展示了自动超时进程是如何工作的。

WebSocket 服务器与前述交互生成了以下输出。

```
2021/04/10 21:30:29 Connection from: localhost:1234
2021/04/10 21:30:33 Received: Hello there!
2021/04/10 21:30:57 From localhost:1234 read websocket: close 1000
(normal)
```

然而，如果在提供的地址上无法找到 WebSocket 服务器，那么 WebSocket 客户端会产生以下输出。

```
$ go run client.go localhost:1234 ws
Connecting to: localhost:1234 at ws
2021/04/09 10:29:23 Error: dial tcp [::1]:1234: connect: connection
refused
```

connection refused 消息表明在本地主机的 1234 端口没有进程在监听。

WebSocket 提供了一种创建服务的替代方式。一般来说，当想要交换大量数据，并且希望连接一直保持开放状态，以全双工方式交换数据时，WebSocket 是更好的选择。然而，如果您不确定使用什么，可以先从 TCP/IP 服务开始，并查看其效果如何，然后再升级到 WebSocket 协议。

9.11　本 章 练 习

（1）开发一个并发 TCP 服务器，在预定义范围内生成随机数。

（2）开发一个并发 TCP 服务器，在 TCP 客户端给出的范围内生成随机数。这可用作从一组数值中随机抽取数值的方法。

（3）为本章开发的并发 TCP 服务器添加 UNIX 信号处理功能，以便在收到给定信号时优雅地停止服务器进程。

（4）开发一个可生成随机数的 UNIX 域套接字服务器。然后，为该服务器编写客户端程序。

（5）创建一个 WebSocket 服务器，生成数量可变的随机整数并发送给客户端。随机整数的数量由客户端在初始客户端消息中指定。

9.12 本章小结

本章内容涵盖 net 包、TCP/IP、TCP、UDP、UNIX 套接字和 WebSocket，它们实现了相当底层的连接。TCP/IP 是管理互联网的协议。此外，当需要传输大量数据时，WebSocket 非常有用。最后，当服务器与其各个客户端之间的数据交换发生在同一台机器上时，UNIX 域套接字可视为首选方案。Go 可以帮助您创建各种并发服务器和客户端。

9.13 附加资源

（1）WebSocket 协议：https://tools.ietf.org/rfc/rfc6455.txt。

（2）Wikipedia WebSocket：https://en.wikipedia.org/wiki/WebSocket。

（3）Gorilla WebSocket 包：https://github.com/gorilla/websocket。

（4）Gorilla WebSocket 文档：https://www.gorillatoolkit.org/pkg/websocket。

（5）websocket 包：https://pkg.go.dev/golang.org/x/net/websocket。

第 10 章 REST APIs

本章的主题是使用 Go 编程语言开发和使用简单的 RESTful 服务器和客户端。REST 是 REpresentational State Transfer 的缩写，主要是设计 Web 服务的一种架构。虽然 Web 服务在 HTML 中交换信息，但 RESTful 服务通常使用 JSON 格式，这在 Go 中得到了很好的支持。REST 不依赖于任何操作系统或系统架构，也不是一种协议；然而，要实现 RESTful 服务，需要使用像 HTTP 这样的协议。在开发 RESTful 服务器时，需要创建适当的 Go 结构体，并执行必要的编组和解组操作，以交换 JSON 数据。

本章主要涉及下列主题。

（1）REST 简介。

（2）开发 RESTful 服务器和客户端。

（3）创建一个功能性的 RESTful 服务器。

（4）开发 RESTful 客户端。

（5）上传和下载二进制文件。

（6）使用 Swagger 进行 REST API 文档编写。

10.1 REST 简介

大多数现代网络应用程序的工作方式都是公开其应用程序接口（API），并允许客户端使用这些应用程序接口与它们进行交互和通信。虽然 REST 与 HTTP 无关，但大多数网络服务都使用 HTTP 作为底层协议。此外，尽管 REST 可以使用任何数据格式，但通常 REST 是指通过 HTTP 传输 JSON 格式的数据。因为大多数情况下，RESTful 服务中的数据都是以 JSON 格式交换的。有时也会以纯文本格式交换数据，通常是交换的数据比较简单，且不需要使用 JSON 记录。由于 RESTful 服务的工作方式，它的架构应遵循以下原则。

（1）客户端-服务器设计。

（2）无状态实现。这意味着每次交互不依赖于其他交互。

（3）可缓存。

（4）统一接口。

（5）分层系统。

根据 HTTP 协议，您可以在 HTTP 服务器上执行以下操作。

（1）POST，用于创建新资源。

（2）GET，用于读取（获取）现有资源。

（3）PUT，用于更新现有资源。按照惯例，PUT 请求应该包含现有资源的完整版本和更新后的版本。

（4）DELETE，用于删除现有资源。

（5）PATCH，用于更新现有资源。PATCH 请求只包含对现有资源的修改。

重要的是，您所做的一切，特别是超出常规时，都必须有详尽的文档记录。作为参考，请记住 Go 支持的 HTTP 方法在 net/http 包中被定义为常量.

```
const (
    MethodGet = "GET"
    MethodHead = "HEAD"
    MethodPost = "POST"
    MethodPut = "PUT"
    MethodPatch = "PATCH" // RFC 5789
    MethodDelete = "DELETE"
    MethodConnect = "CONNECT"
    MethodOptions = "OPTIONS"
    MethodTrace = "TRACE"
)
```

同样，存在关于每个客户端请求返回的 HTTP 状态码的约定。较为常见的 HTTP 状态码及其含义如下所示。

（1）200 表示一切顺利，指定的操作已成功执行。

（2）201 表示所需的资源已被创建。

（3）202 表示请求已被接受，目前正在处理中。这通常用于当一个操作需要很长时间才能完成时。

（4）301 表示所请求的资源已被永久移动，新的 URI 应该是响应的一部分。这在 RESTful 服务中很少使用，因为通常会使用 API 版本控制。

（5）400 表示存在错误的请求，应该在重新发送之前更改初始请求。

（6）401 表示客户端试图访问未经授权的受保护请求。

（7）403 表示客户端没有访问资源所需的权限，即使客户端已经正确授权。在 UNIX 术语中，403 表示用户没有执行操作所需的权限。

（8）404 表示未找到资源。

（9）405 表示客户端使用了不被资源类型允许的方法。

（10）500 表示内部服务器错误，这可能表明服务器失败。

如果想要更深入地了解 HTTP 协议，可以访问 RFC 7231，网址是 https:// datatracker.ietf.org/doc/html/rfc7231。

在编写本章内容时，笔者在为一个项目开发一个小型的 RESTful 客户端。该客户端连接到一个指定的服务器，并获取一系列用户名列表。对于每个用户名，必须通过访问另一个端点来获取登录和注销时间的列表。

根据个人经验，大部分代码并不涉及与 RESTful 服务器的交互，而是关于处理数据，将其转换为所需的格式，并存储在 MySQL 数据库中。这里，需要执行的两个最棘手的任务是获取 UNIX 时间戳格式的日期和时间，从该时间戳中截断分钟和秒的信息，以及在确保记录尚未存储在数据库中后，将新记录插入数据库表中。因此，预计程序的逻辑将负责大部分代码，这不仅适用于 RESTful 服务，也适用于所有服务。

本章包含了关于 RESTful 服务器和客户端编程的一般但至关重要的信息。

10.2　开发 RESTful 服务器和客户端

本节将使用 Go 标准库的功能来开发一个 RESTful 服务器和该服务器的客户端，以了解幕后实际的工作方式。服务器的功能在以下端点列表中进行了描述。

（1）/add：此端点用于向服务器添加新条目。

（2）/delete：此端点用于删除现有条目。

（3）/get：此端点用于获取已经存在的条目的信息。

（4）/time：此端点返回当前日期和时间，主要用于测试 RESTful 服务器的操作。

（5）/：此端点用于处理不匹配任何其他端点的任何请求。

这是笔者构建 RESTful 服务的首选方式。定义端点的另一种方式如下所示。

（1）/users/使用 GET 方法：获取所有用户的列表。

（2）/users/:id 使用 GET 方法：获取给定 ID 值的用户的详细信息。

（3）/users/:id 使用 DELETE 方法：删除给定 ID 的用户。

（4）/users/使用 POST 方法：创建一个新用户。

（5）/users/:id 使用 PATCH 或 PUT 方法：更新给定 ID 值的用户信息。

实现替代方式的详细内容留给读者作为练习。考虑到处理程序的 Go 代码将是相同的，你只需要重新定义指定端点处理的部分，所以实现起来应该不会太困难。下节将展示 RESTful 服务器的实现。

10.2.1　RESTful 服务器

所提供实现的目的是理解幕后的工作机制，因为 REST 服务背后的原理是相同的。每个处理函数背后的逻辑都很简单：读取用户输入并决定给定的输入和 HTTP 方法是否是所需的。每个客户端交互的原则也很简单：服务器应该向客户端发送适当的错误信息和 HTTP 代码，以便每个人都知道真正发生了什么。最后，一切都应该被文档化，以便于用共同的语言进行交流。

服务器的代码保存为 rServer.go，如下所示。

```
package main

import (
    "encoding/json"
    "fmt"
    "io"
    "log"
    "net/http"
    "os"
    "time"
)

type User struct {
    Username string 'json:"user"'
    Password string 'json:"password"'
}
```

这是一个用于存储用户数据的结构体。其中，使用 JSON 标签至关重要。

```
var user User
```

这是一个全局变量，用于保存用户数据，它是/add、/get 和/delete 端点及其简单实现的输入。由于该全局变量被整个程序共享，因而代码不是并发安全的，这在用作概念验证的 RESTful 服务器中是可以接受的。

在 10.3 节实现的真实 RESTful 服务器将是并发安全的。

```
// PORT is where the web server listens to
var PORT = ":1234"
```

RESTful 服务器本质上是一个 HTTP 服务器，因此我们定义了服务器监听的 TCP 端口号。

```
// DATA is the map that holds User records
var DATA = make(map[string]string)
```

上述代码是另一个包含服务数据的全局变量。

```
func defaultHandler(w http.ResponseWriter, r *http.Request) {
    log.Println("Serving:", r.URL.Path, "from", r.Host)
    w.WriteHeader(http.StatusNotFound)
    Body := "Thanks for visiting!\n"
    fmt.Fprintf(w, "%s", Body)
}
```

这是默认的处理程序。在生产服务器上，默认处理程序可能会打印有关服务器操作的说明以及可用端点的列表。

```
func timeHandler(w http.ResponseWriter, r *http.Request) {
    log.Println("Serving:", r.URL.Path, "from", r.Host)
    t := time.Now().Format(time.RFC1123)
    Body := "The current time is: " + t + "\n"
    fmt.Fprintf(w, "%s", Body)
}
```

这是另一个简单的处理程序，用于返回当前的日期和时间。这类简单的处理程序通常用于测试服务器的健康状况，并且在生产版本中通常被移除。

```
func addHandler(w http.ResponseWriter, r *http.Request) {
    log.Println("Serving:", r.URL.Path, "from", r.Host, r.Method)
    if r.Method != http.MethodPost {
        http.Error(w, "Error:", http.StatusMethodNotAllowed)
        fmt.Fprintf(w, "%s\n", "Method not allowed!")
        return
    }
```

http.Error()函数向客户端请求发送包含指定错误信息的回复，该信息应该是纯文本，以及希望的 HTTP 代码。然而，您仍然需要使用 fmt.Fprintf()语句编写想要返回给客户端的数据。

```
d, err := io.ReadAll(r.Body)
if err != nil {
    http.Error(w, "Error:", http.StatusBadRequest)
    return
}
```

我们尝试使用 io.ReadAll()一次性读取客户端的所有数据，并确保通过检查 io.ReadAll(r.Body)返回的错误变量值来无误地读取数据。

```
err = json.Unmarshal(d, &user)
if err != nil {
    log.Println(err)
    http.Error(w, "Error:", http.StatusBadRequest)
    return
}
```

在从客户端读取数据后，我们将其放入用户全局变量中。存储数据的位置以及如何处理这些数据由服务器决定。至于如何解释数据，则没有任何规定。然而，客户端应该根据服务器的意愿与服务器进行通信。

```
if user.Username != "" {
    DATA[user.Username] = user.Password
    log.Println(DATA)
    w.WriteHeader(http.StatusOK)
```

如果给定的 Username 字段不为空，那么将新结构添加到 DATA 映射中。这里，数据持久性尚未实现，每次重新启动 RESTful 服务器时，DATA 都会从头开始初始化。

```
} else {
    http.Error(w, "Error:", http.StatusBadRequest)
    return
}
}
```

如果 username 字段的值为空，那么无法将其添加到 DATA 映射中，并且操作会失败（基于 http.StatusBadRequest 代码）。

```
func getHandler(w http.ResponseWriter, r *http.Request) {
    log.Println("Serving:", r.URL.Path, "from", r.Host, r.Method)
    if r.Method != http.MethodGet {
        http.Error(w, "Error:", http.StatusMethodNotAllowed)
        fmt.Fprintf(w, "%s\n", "Method not allowed!")
        return
}
```

对于/get 端点，需要使用 http.MethodGet，因此必须确保满足这一条件（if r.Method != http.MethodGet）。

```
d, err := io.ReadAll(r.Body)
if err != nil {
    http.Error(w, "ReadAll - Error", http.StatusBadRequest)
    return
}
```

再次强调，我们需要确保能够无误地从客户端请求中读取数据。

```
err = json.Unmarshal(d, &user)
if err != nil {
    log.Println(err)
    http.Error(w, "Unmarshal - Error", http.StatusBadRequest)
    return
}
fmt.Println(user)
```

然后，我们使用客户端数据并将其放入一个 User 结构体中（user 全局变量）。

```
_, ok := DATA[user.Username]
if ok && user.Username != "" {
    log.Println("Found!")
    w.WriteHeader(http.StatusOK)
    fmt.Fprintf(w, "%s\n", d)
```

如果找到了所需的用户记录，我们将使用存储在 d 变量中的数据将其发送回客户端。记住，d 已在 io.ReadAll(r.Body)调用中初始化，并且已经包含了一个已编组的 JSON 记录。

```
    } else {
        log.Println("Not found!")
        w.WriteHeader(http.StatusNotFound)
        http.Error(w, "Map - Resource not found!", http.StatusNotFound)
    }
    return
}
```

否则，我们通知客户端未找到所需的记录。

```
func deleteHandler(w http.ResponseWriter, r *http.Request) {
    log.Println("Serving:", r.URL.Path, "from", r.Host, r.Method)
    if r.Method != http.MethodDelete {
        http.Error(w, "Error:", http.StatusMethodNotAllowed)
        fmt.Fprintf(w, "%s\n", "Method not allowed!")
        return
    }
```

当删除资源时，DELETE HTTP 方法是一个合理的选择，因此进行了 r.Method != http.MethodDelete 测试。

```
d, err := io.ReadAll(r.Body)
if err != nil {
    http.Error(w, "ReadAll - Error", http.StatusBadRequest)
    return
}
```

再次，我们读取客户端输入并将其存储在 d 变量中。

```
err = json.Unmarshal(d, &user)
if err != nil {
    log.Println(err)
    http.Error(w, "Unmarshal - Error", http.StatusBadRequest)
    return
}
log.Println(user)
```

将删除资源时保留额外的日志信息视为一种良好的实践。

```
_, ok := DATA[user.Username]
if ok && user.Username != "" {
    if user.Password == DATA[user.Username] {
```

在删除过程中，只有先确保给定的用户名和密码值与 DATA 映射中存在的值相同，然后才删除相关条目。

```
        delete(DATA, user.Username)
        w.WriteHeader(http.StatusOK)
        fmt.Fprintf(w, "%s\n", d)
        log.Println(DATA)
    }
} else {
    log.Println("User", user.Username, "Not found!")
    w.WriteHeader(http.StatusNotFound)
    http.Error(w, "Delete - Resource not found!", http.
    StatusNotFound)
}
log.Println("After:", DATA)
```

删除过程结束后，打印 DATA 映射表的内容以确保一切按预期进行——在生产服务器上通常不会这样做。

```
    return
}

func main() {
    arguments := os.Args
    if len(arguments) != 1 {
        PORT = ":" + arguments[1]
    }
```

上述代码介绍了一种定义 Web 服务器 TCP 端口号的技术，同时还提供了一个默认值。因此，如果没有命令行参数，那么使用默认值。否则，将使用作为命令行参数给出的值。

```
mux := http.NewServeMux()
s := &http.Server{
    Addr: PORT,
    Handler: mux,
    IdleTimeout: 10 * time.Second,
    ReadTimeout: time.Second,
    WriteTimeout: time.Second,
}
```

上述内容是关于 Web 服务器的详细信息和选项。

```
mux.Handle("/time", http.HandlerFunc(timeHandler))
mux.Handle("/add", http.HandlerFunc(addHandler))
mux.Handle("/get", http.HandlerFunc(getHandler))
mux.Handle("/delete", http.HandlerFunc(deleteHandler))
mux.Handle("/", http.HandlerFunc(defaultHandler))
```

上述代码定义了网络服务器的端点。这里没有什么特别之处，因为 RESTful 服务器在幕后实现了 HTTP 服务器。

```
    fmt.Println("Ready to serve at", PORT)
    err := s.ListenAndServe()
    if err != nil {
        fmt.Println(err)
        return
    }
}
```

最后一步是使用预定义的选项运行 Web 服务器，这是常见的做法。之后使用 curl(1)实用工具测试 RESTful 服务器，当没有客户端并且想要测试 RESTful 服务器的操作时，这非常有用。好处是 curl(1)可以发送和接收 JSON 数据。

```
$ curl localhost:1234/
Thanks for visiting!
```

与 RESTful 服务器的首次交互是为了确保服务器按预期工作。接下来的交互是向服务器添加新用户，用户的细节位于{"user": "mtsouk", "password": "admin"} JSON 记录中：

```
$ curl -H 'Content-Type: application/json' -d '{"user": "mtsouk",
"password" : "admin"}' http://localhost:1234/add -v
* Trying ::1...
* TCP_NODELAY set
* Connected to localhost (::1) port 1234 (#0)
```

上述输出结果显示 curl(1) 已成功使用所需的 TCP 端口（1234）连接到服务器（localhost）。

```
> POST /add HTTP/1.1
> Host: localhost:1234
> User-Agent: curl/7.64.1
> Accept: */*
> Content-Type: application/json
> Content-Length: 40
```

上述输出显示 curl(1)将使用 POST 方法发送数据，数据长度为 40 字节。

```
>
* upload completely sent off: 40 out of 40 bytes
< HTTP/1.1 200 OK
< Date: Tue, 27 Apr 2021 09:41:38 GMT
< Content-Length: 0
```

上述输出告诉我们数据已经发送，并且服务器响应的正文是 0 字节。

```
<
* Connection #0 to host localhost left intact
* Closing connection 0
```

输出的最后一部分告诉我们，在将数据发送到服务器后，连接被关闭了。

注意

在使用 RESTful 服务器时，需要在 curl(1)中添加-H 'Content-Type: application/json'，以指定将使用 JSON 格式。-d 选项用于向服务器传递数据，等同于--data 选项；而-v 选项则会生成更详细的输出，以便了解发生了什么。

如果尝试添加相同的用户，那么 RESTful 服务器不会提出异议。

```
$ curl -H 'Content-Type: application/json' -d '{"user": "mtsouk",
"password" : "admin"}' http://localhost:1234/add
```

尽管这种行为可能不是完美的，但如果有文档记录，它还是可接受的。在生产服务器上这是不允许的，但在实验中是可以接受的。

```
$ curl -H 'Content-Type: application/json' -d '{"user": "mihalis",
"password" : "admin"}' http://localhost:1234/add
```

通过上述命令，我们根据 {"user": "mihalis", "password": "admin"} 的指定添加了另一个用户。

```
$ curl -H -d '{"user": "admin"}' http://localhost:1234/add
curl: (3) URL using bad/illegal format or missing URL
Error:
Method not allowed!
```

上述输出显示了一个错误的交互过程，其中 -H 后面没有值。虽然请求已发送到服务器，但由于/add 未使用默认 HTTP 方法，因此被拒绝。

```
$ curl -H 'Content-Type: application/json' -d '{"user": "admin",
"password" : "admin"}' http://localhost:1234/get
Error:
Method not allowed!
```

这一次，curl 命令是正确的，但是使用的 HTTP 方法没有正确设置。因此，请求没有得到处理。

```
$ curl -X GET -H 'Content-Type: application/json' -d '{"user": "admin",
"password" : "admin"}' http://localhost:1234/get
Map - Resource not found!
$ curl -X GET -H 'Content-Type: application/json' -d '{"user":
"mtsouk", "password" : "admin"}' http://localhost:1234/get
{"user": "mtsouk", "password" : "admin"}
```

前两次交互使用/get 来获取现有用户的信息，但是只找到了第二个用户。

```
$ curl -H 'Content-Type: application/json' -d '{"user": "mtsouk",
"password" : "admin"}' http://localhost:1234/delete -X DELETE
{"user": "mtsouk", "password" : "admin"}
```

最后一次交互成功删除了由{"user": "mtsouk", "password": "admin"}指定的用户。服务器进程为所有先前交互生成的输出如下所示。

```
$ go run rServer.go
Ready to serve at :1234
2021/04/27 12:41:31 Serving: / from localhost:1234
2021/04/27 12:41:38 Serving: /add from localhost:1234 POST
2021/04/27 12:41:38 map[mtsouk:admin]
2021/04/27 12:41:41 Serving: /add from localhost:1234 POST
2021/04/27 12:41:41 map[mtsouk:admin]
2021/04/27 12:41:58 Serving: /add from localhost:1234 POST
2021/04/27 12:41:58 map[mihalis:admin mtsouk:admin]
2021/04/27 12:43:02 Serving: /add from localhost:1234 GET
2021/04/27 12:43:13 Serving: /get from localhost:1234 POST
2021/04/27 12:43:30 Serving: /get from localhost:1234 GET
{admin admin}
2021/04/27 12:43:30 Not found!
2021/04/27 12:43:30 http: superfluous response.WriteHeader call from
main.getHandler (rServer.go:101)
2021/04/27 12:43:41 Serving: /get from localhost:1234 GET
{mtsouk admin}
2021/04/27 12:43:41 Found!
2021/04/27 12:44:00 Serving: /delete from localhost:1234 DELETE
2021/04/27 12:44:00 {mtsouk admin}
2021/04/27 12:44:00 map[mihalis:admin]
2021/04/27 12:44:00 After: map[mihalis:admin]
```

到目前为止，我们已经持有一个经过 curl(1)实用工具测试的、运行中的 RESTful 服务器。下一节将讨论为 RESTful 服务器开发命令行客户端。

10.2.2 RESTful 客户端

本节将介绍为之前开发的 RESTful 服务器开发客户端。然而，在这种情况下，客户端充当一个测试程序，并尝试 RESTful 服务器的功能。在本章后面的部分，读者将学习如何使用 cobra 编写合适的客户端。客户端的代码可以在 rClient.go 中找到，如下所示。

```
package main

import (
    "bytes"
```

```
    "encoding/json"
    "fmt"
    "io"
    "net/http"
    "os"
    "time"
)

type User struct {
    Username string 'json:"user"'
    Password string 'json:"password"'
}
```

相同的结构体在服务器实现中也能找到，并且被用于数据交换。

```
var u1 = User{"admin", "admin"}
var u2 = User{"tsoukalos", "pass"}
var u3 = User{"", "pass"}
```

这里，我们预定义了 3 个 User 变量，这些变量将在测试期间使用。

```
const addEndPoint = "/add"
const getEndPoint = "/get"
const deleteEndPoint = "/delete"
const timeEndPoint = "/time"
```

上述常量定义了将要使用的端点。

```
func deleteEndpoint(server string, user User) int {
    userMarshall, _ := json.Marshal(user)
    u := bytes.NewReader(userMarshall)

    req, err := http.NewRequest("DELETE", server+deleteEndPoint, u)
```

此处准备了一个请求，该请求将使用 DELETE HTTP 方法访问/delete。

```
if err != nil {
    fmt.Println("Error in req: ", err)
    return http.StatusInternalServerError
}
req.Header.Set("Content-Type", "application/json")
```

这是在与服务器交互时，指定想要使用 JSON 数据的正确方式。

```
c := &http.Client{
    Timeout: 15 * time.Second,
}

resp, err := c.Do(req)
defer resp.Body.Close()
```

随后使用 Do()方法发送请求，并设置 15 秒的超时时间来等待服务器的响应。

```
if err != nil {
    fmt.Println("Error:", err)
}
if resp == nil {
    return http.StatusNotFound
}

data, err := io.ReadAll(resp.Body)
fmt.Print("/delete returned: ", string(data))
```

之所以在这里使用 fmt.Print()，是因为即使交互过程中出现错误，我们也想知道服务器的响应结果。

```
    if err != nil {
        fmt.Println("Error:", err)
    }
    return resp.StatusCode
}
```

resp.StatusCode 值指定了来自/delete 端点的结果。

```
func getEndpoint(server string, user User) int {
    userMarshall, _ := json.Marshal(user)
    u := bytes.NewReader(userMarshall)

    req, err := http.NewRequest("GET", server+getEndPoint, u)
```

我们将使用 GET HTTP 方法访问/get。

```
if err != nil {
    fmt.Println("Error in req: ", err)
    return http.StatusInternalServerError
}
req.Header.Set("Content-Type", "application/json")
```

我们使用 Header.Set()函数指定将使用 JSON 格式与服务器进行交互。

```
c := &http.Client{
    Timeout: 15 * time.Second,
}
```

我们为 HTTP 客户端定义了一个超时期限，以防服务器响应过于繁忙。

```
resp, err := c.Do(req)
defer resp.Body.Close()

if err != nil {
    fmt.Println("Error:", err)
}
if resp == nil {
    return http.StatusNotFound
}
```

上述代码使用 c.Do(req)将客户端请求发送到服务器，并将服务器响应保存在 resp 中，将错误值保存在 err 中。如果 resp 的值为 nil，那么服务器响应为空，这是一个错误情况。

```
    data, err := io.ReadAll(resp.Body)
    fmt.Print("/get returned: ", string(data))
    if err != nil {
        fmt.Println("Error:", err)
    }
    return resp.StatusCode
}
```

resp.StatusCode 的值由 RESTful 服务器指定并传输，它决定了从 HTTP 的角度（逻辑上）来看交互是否成功。

```
func addEndpoint(server string, user User) int {
    userMarshall, _ := json.Marshal(user)
    u := bytes.NewReader(userMarshall)

    req, err := http.NewRequest("POST", server+addEndPoint, u)
```

我们将使用 POST HTTP 方法访问 /add。您可以使用 http. MethodPost 代替 POST。正如本章前文所述，htt 中存在与其余 HTTP 方法（http.MethodGet、http.MethodDelete、http. MethodPut 等）相关的全局变量，笔者建议使用它们，因为这是一种可移植的方法。

```
if err != nil {
```

```
    fmt.Println("Error in req: ", err)
    return http.StatusInternalServerError
}
req.Header.Set("Content-Type", "application/json")
```

一如既往，我们指定将使用 JSON 格式与服务器进行交互。

```
c := &http.Client{
    Timeout: 15 * time.Second,
}
```

再次，我们为客户端定义了一个超时期限，以防服务器响应过于繁忙。

```
    resp, err := c.Do(req)
    defer resp.Body.Close()

    if resp == nil || (resp.StatusCode == http.StatusNotFound) {
        return resp.StatusCode
    }

    return resp.StatusCode
}
```

addEndpoint()函数用于测试使用 POST 方法的/add 端点。

```
func timeEndpoint(server string) (int, string) {
    req, err := http.NewRequest("POST", server+timeEndPoint, nil)
```

我们将使用 POST HTTP 方法访问/time 端点。

```
if err != nil {
    fmt.Println("Error in req: ", err)
    return http.StatusInternalServerError, ""
}

c := &http.Client{
    Timeout: 15 * time.Second,
}
```

如同之前，我们为客户定义了一个超时期限，以防服务器响应过于繁忙。

```
    resp, err := c.Do(req)
    defer resp.Body.Close()
```

```
    if resp == nil || (resp.StatusCode == http.StatusNotFound) {
        return resp.StatusCode, ""
    }

    data, _ := io.ReadAll(resp.Body)
    return resp.StatusCode, string(data)
}
```

timeEndpoint()函数用于测试/time 端点。注意，此端点不需要来自客户端的任何数据，因此客户端请求是空的。服务器将返回一个时间和日期字符串。

```
func slashEndpoint(server, URL string) (int, string) {
    req, err := http.NewRequest("POST", server+URL, nil)
```

我们将使用 POST HTTP 方法访问/。

```
if err != nil {
    fmt.Println("Error in req: ", err)
    return http.StatusInternalServerError, ""
}

c := &http.Client{
    Timeout: 15 * time.Second,
}
```

将客户端设置一个超时期限被认为是一种良好的实践，以防服务器响应出现延迟。

```
    resp, err := c.Do(req)
    defer resp.Body.Close()

    if resp == nil {
        return resp.StatusCode, ""
    }

    data, _ := io.ReadAll(resp.Body)
    return resp.StatusCode, string(data)
}
```

slashEndpoint()函数用于测试服务器中的默认端点。请注意，此端点不需要来自客户端的任何数据。

接下来是 main()函数的实现，它使用所有前面的函数来访问 RESTful 服务器的端点。

```
func main() {
```

```
    if len(os.Args) != 2 {
        fmt.Println("Wrong number of arguments!")
        fmt.Println("Need: Server")
        return
    }
    server := os.Args[1]
```

server 变量保存了将要使用的服务器地址和端口号。

```
fmt.Println("/add")
HTTPcode := addEndpoint(server, u1)
if HTTPcode != http.StatusOK {
    fmt.Println("u1 Return code:", HTTPcode)
} else {
    fmt.Println("u1 Data added:", u1, HTTPcode)
}

HTTPcode = addEndpoint(server, u2)
if HTTPcode != http.StatusOK {
    fmt.Println("u2 Return code:", HTTPcode)
} else {
    fmt.Println("u2 Data added:", u2, HTTPcode)
}

HTTPcode = addEndpoint(server, u3)
if HTTPcode != http.StatusOK {
    fmt.Println("u3 Return code:", HTTPcode)
} else {
    fmt.Println("u3 Data added:", u3, HTTPcode)
}
```

上述代码都用于使用各种类型的数据测试/add 端点。

```
fmt.Println("/get")
HTTPcode = getEndpoint(server, u1)
fmt.Println("/get u1 return code:", HTTPcode)
HTTPcode = getEndpoint(server, u2)
fmt.Println("/get u2 return code:", HTTPcode)
HTTPcode = getEndpoint(server, u3)
fmt.Println("/get u3 return code:", HTTPcode)
```

上述代码用于使用各种类型的输入测试/get 端点。我们只测试返回代码，因为 HTTP 代码指定了操作的成功或失败。

```
fmt.Println("/delete")
HTTPcode = deleteEndpoint(server, u1)
fmt.Println("/delete u1 return code:", HTTPcode)
HTTPcode = deleteEndpoint(server, u1)
fmt.Println("/delete u1 return code:", HTTPcode)
HTTPcode = deleteEndpoint(server, u2)
fmt.Println("/delete u2 return code:", HTTPcode)
HTTPcode = deleteEndpoint(server, u3)
fmt.Println("/delete u3 return code:", HTTPcode)
```

上述代码用于使用各种类型的输入测试/delete 端点。再次，我们打印交互的 HTTP 代码，因为 HTTP 代码的值指定了操作的成功或失败。

```
fmt.Println("/time")
HTTPcode, myTime := timeEndpoint(server)
fmt.Print("/time returned: ", HTTPcode, " ", myTime)
time.Sleep(time.Second)
HTTPcode, myTime = timeEndpoint(server)
fmt.Print("/time returned: ", HTTPcode, " ", myTime)
```

上述代码测试了/time 端点，它打印了 HTTP 代码以及服务器响应的其余部分。

```
    fmt.Println("/")
    URL := "/"
    HTTPcode, response := slashEndpoint(server, URL)
    fmt.Print("/ returned: ", HTTPcode, " with response: ", response)

    fmt.Println("/what")
    URL = "/what"
    HTTPcode, response = slashEndpoint(server, URL)
    fmt.Print(URL, " returned: ", HTTPcode, " with response: ",
    response)
}
```

程序的最后一部分尝试连接到一个不存在的端点，以验证默认处理函数的正确操作。在 rServer.go 已经运行的情况下运行 rClient.go，会产生以下类型的输出。

```
$ go run rClient.go http://localhost:1234
/add
u1 Data added: {admin admin} 200
u2 Data added: {tsoukalos pass} 200
u3 Return code: 400
```

上一部分与测试/add 端点有关。前两个用户已成功添加，而第 3 个用户（var u3 = User{"", "pass"}）没有被添加，因为它不包含所有必需的信息。

```
/get
/get returned: {"user":"admin","password":"admin"}
/get u1 return code: 200
/get returned: {"user":"tsoukalos","password":"pass"}
/get u2 return code: 200
/get returned: Map - Resource not found!
/get u3 return code: 404
```

上一部分与测试/get 端点有关。用户名为 admin 和 tsoukalos 的前两个用户的数据已成功返回，而存储在 u3 变量中的用户未被找到。

```
/delete
/delete returned: {"user":"admin","password":"admin"}
/delete u1 return code: 200
/delete returned: Delete - Resource not found!
/delete u1 return code: 404
/delete returned: {"user":"tsoukalos","password":"pass"}
/delete u2 return code: 200
/delete returned: Delete - Resource not found!
/delete u3 return code: 404
```

上述输出与测试/delete 端点有关。用户 admin 和 tsoukalos 已被删除。然而，第二次尝试删除 admin 失败了。

```
/time
/time returned: 200 The current time is: Tue, 20 Apr 2021 10:23:04 EEST
/time returned: 200 The current time is: Tue, 20 Apr 2021 10:23:05 EEST
```

同样，上一部分与测试/time 端点有关。

```
/
/ returned: 404 with response: Thanks for visiting!
/what
/what returned: 404 with response: Thanks for visiting!
```

输出的最后一部分与默认处理器的操作有关。

到目前为止，RESTful 服务器和客户端可以相互交互。然而，它们都没有执行真正的工作。下一节将展示如何使用 gorilla/mux 和数据库后端来创建一个现实世界的 RESTful 服务器以存储数据。

10.3　创建一个功能性的 RESTful 服务器

本节将介绍如何在 Go 语言中根据 REST API 创建一个功能性的 RESTful 服务器。本章中介绍的 RESTful 服务与第 8 章中创建的通讯录应用程序最大的不同在于，本章中的 RESTful 服务在各处都使用 JSON 消息，而通讯录应用程序则使用纯文本消息进行交互和工作。如果想使用 net/http 来实现 RESTful 服务器，请千万不要这样做。当前实现使用了 gorilla/mux 包，这是一个更好的选择，因为它支持子路由器（参见 10.3.2 节）。

RESTful 服务器的目的是实现一个登录/认证系统。登录系统的作用是跟踪已登录用户以及它们的权限。系统自带一个名为 admi 的默认管理员用户，默认密码也是 admin，您应该对此进行更改。应用程序将数据存储在数据库（PostgreSQL）中，这意味着如果重新启动它，现有用户列表会从数据库中读取，而不会丢失。

10.3.1　REST API

应用程序的应用程序接口（API）可以帮助您实现所设想的功能。不过，这是客户端的工作，而不是服务器的工作。服务器的工作是通过正确定义和实施的 REST API，支持简单而完整的功能，从而尽可能地为客户端的工作提供便利。在尝试开发和使用 RESTful 服务器之前，请务必理解这一点。

我们将定义将要使用的端点、返回的 HTTP 代码以及允许使用的方法。基于 REST API 为生产创建 RESTful 服务器是一项严肃的工作，不能掉以轻心。创建一个原型来测试和验证你的想法和设计，从长远来看会为你节省很多时间。通常，应始终从原型开始。

支持的端点以及支持的 HTTP 方法和参数如下所示。

（1）/：用于捕捉和提供所有不匹配的内容。该端点适用于所有 HTTP 方法。

（2）/getall：用于获取数据库的全部内容。使用此方法需要用户具有管理权限。该端点可能会返回多条 JSON 记录，并与 GET HTTP 方法一起使用。

（3）/getid/username：用于获取由用户名标识的用户 ID，用户名会传递给端点。该命令应由具有管理权限的用户发布，并支持 GET HTTP 方法。

（4）/username/ID：用于删除或获取等于 ID 的用户信息，具体取决于所使用的 HTTP 方法。因此，要执行的实际操作取决于所使用的 HTTP 方法。DELETE 方法删除用户，而 GET 方法返回用户信息。该端点应由具有管理权限的用户发出。

（5）/logged：用于获取所有登录用户的列表。该端点可能会返回多条 JSON 记录，因此需要使用 GET HTTP 方法。

（6）/update：用于更新用户的用户名、密码或管理员状态。数据库中的用户 ID 保持不变。该端点只能使用 PUT HTTP 方法，并且用户搜索基于用户名。

（7）/login：根据用户名和密码登录系统。该端点使用 POST HTTP 方法。

（8）/logout：根据用户名和密码注销用户。该端点使用 POST HTTP 方法。

（9）/add：用于向数据库添加新用户。此端点与 POST HTTP 方法一起工作，由具有管理员权限的用户发出。

（10）/time：这是一个主要用于测试目的的端点。它是唯一不使用 JSON 数据、不需要有效账户，并且适用于所有 HTTP 方法的端点。

接下来将讨论 gorilla/mux 包的功能。

10.3.2　使用 gorilla/mux

gorilla/mux 包（https://github.com/gorilla/mux）是一个受欢迎且功能强大的默认 Go 路由器替代品，它允许您将传入的请求匹配到它们各自的处理器。尽管默认的 Go 路由器（http.ServeMux）和 mux.Router（gorilla/mux 路由器）之间存在许多差异，但主要的区别是，mux.Router 在匹配路由和处理器函数时支持多个条件。这意味着可以编写更少的代码来处理一些选项，例如所使用的 HTTP 方法。接下来展示一些匹配示例——这种功能是默认的 Go 路由器不支持的。

（1）r.HandleFunc（"/url"，UrlHandlerFunction）：每次访问/url 时，上一条命令都会调用 UrlHandlerFunction 函数。

（2）r.HandleFunc("/url",UrlHandlerFunction).Methods(http.MethodPut)：本例展示了如何让 Gorilla 匹配特定 HTTP 方法（本例中为 PUT，通过 http.MethodPut 定义），从而免去手动编写代码的麻烦。

（3）mux.NotFoundHandler = http.HandlerFunc(handlers.DefaultHandler)：在 Gorilla 中，匹配任何其他路径都不匹配的正确方式是使用 mux.NotFoundHandler。

（4）mux.MethodNotAllowedHandler = notAllowed：如果现有路由不允许使用某种方法，则会借助 MethodNotAllowedHandler 进行处理。这是 gorilla/mux 特有的功能。

（5）s.HandleFunc("/users/{id:[0-9]+}"),HandlerFunction)：最后一个例子说明，可以使用名称（id）和模式定义路径中的变量，Gorilla 会为你完成匹配。如果没有正则表达式，那么路径中从起始斜线到下一个斜线的所有内容都将匹配。

接下来介绍 gorilla/mux 的另一个功能，即子路由器。

10.3.3 使用子路由器

服务器实现使用了子路由器。子路由器是一个嵌套路由，只有在父路由与子路由器的参数匹配时，才会考虑潜在的匹配。好处在于，父路由可以包含在子路由器下定义的所有路径中共同的条件，这包括主机、路径前缀，以及当前情况下的 HTTP 请求方法。因此，子路由器是根据随后端点的共同请求方法进行划分的。这不仅优化了请求匹配，而且还使得代码结构更易于理解。

例如，用于 DELETE HTTP 方法的子路由器就像下面这样简单。

```
deleteMux := mux.Methods(http.MethodDelete).Subrouter()
deleteMux.HandleFunc("/username/{id:[0-9]+}", handlers.DeleteHandler)
```

第一条语句用于定义子路由器的共同特征，在这种情况下是 http.MethodDelete HTTP 方法，而剩下的语句，在当前案例中是 deleteMux.HandleFunc(...)，用于定义支持的路径。

另外，gorilla/mux 可能比默认的 Go 路由器更难以使用，但您现在应该理解了 gorilla/mux 包在处理 HTTP 服务时的好处。

10.3.4 与数据库协作

在这一部分，我们开发一个与 PostgreSQL 数据库协作的 Go 包，该包支持 RESTful 服务器的功能。该包被命名为 restdb，并存储在 https://github.com/mactsouk/restdb 中。由于使用了 Go 模块，其开发可以在文件系统的任何位置进行，本例中为~/code/restdb 文件夹。因此，我们运行 go mod init github.com/mactsouk/restdb 以在 restdb 包的开发期间启用 Go 模块。

注意

RESTful 服务器本身对 PostgreSQL 服务器一无所知。所有相关功能都保留在 restdb 包中，这意味着如果更换数据库，处理函数无须了解这一变化。

为了让读者更容易操作，数据库将使用 Docker 运行，并使用可在 restdb GitHub 库中的 docker-compose.yml 文件找到的配置，其内容如下所示。

```
version: '3.1'

services:
  postgres:
    image: postgres
```

```
    container_name: postgredb
    environment:
      POSTGRES_USER: mtsouk
      POSTGRES_PASSWORD: pass
      POSTGRES_DB: restapi
    volumes:
      - ./postgres:/var/lib/postgresql/data/
    ports:
      - 5432:5432

volumes:
  postgres_data:
    driver: local
```

因此，PostgreSQL 服务器在内部和外部都监听 5432 端口号。真正重要的是外部端口号，因为所有客户端都将使用这个端口号。使用下列 create_db.sql SQL 文件创建数据库名称、数据库表和管理员用户。

```
DROP DATABASE IF EXISTS restapi;
CREATE DATABASE restapi;
\c restapi;

/*
Users
*/
CREATE TABLE users (
id SERIAL PRIMARY KEY,
username VARCHAR NOT NULL,
password VARCHAR NOT NULL,
lastlogin INT,
admin INT,
active INT
);

INSERT INTO users (username, password, lastlogin, admin, active) VALUES
('admin', 'admin', 1620922454, 1, 1);
```

假设 PostgreSQL 是使用所提供的 docker-compose.yml 执行的，您可以按以下方式使用 create_db.sql。

```
$ psql -U mtsouk postgres -h 127.0.0.1 < create_db.sql
Password for user mtsouk:
```

```
DROP DATABASE
CREATE DATABASE
You are now connected to database "restapi" as user "mtsouk".
CREATE TABLE
INSERT 0 1
```

由于 restdb 中大多数命令的工作方式类似，我们将在这里介绍最重要的函数，并从 ConnectPostgres()开始。

```
func ConnectPostgres() *sql.DB {
    conn := fmt.Sprintf("host=%s port=%d user=%s password=%s dbname=%s
    sslmode=disable",
    Hostname, Port, Username, Password, Database)
```

所有的 Hostname（主机名）、Port（端口）、Username（用户名）、Password（密码）和 Database（数据库）都是包中其他地方定义的全局变量，它们包含连接详情。

```
    db, err := sql.Open("postgres", conn)
    if err != nil {
        log.Println(err)
        return nil
    }

    return db
}
```

由于需要一直连接到 PostgreSQL，我们创建了一个辅助函数，它返回一个*sql.DB 变量，该变量可用于与 PostgreSQL 交互。

接下来将展示 DeleteUser()函数。

```
func DeleteUser(ID int) bool {
    db := ConnectPostgres()
    if db == nil {
        log.Println("Cannot connect to PostgreSQL!")
        db.Close()
        return false
    }
    defer db.Close()
```

上述代码展示了如何使用 ConnectPostgres()获取数据库连接以进行操作。

```
t := FindUserID(ID)
if t.ID == 0 {
```

```
    log.Println("User", ID, "does not exist.")
    return false
}
```

这里，我们使用 FindUserID()辅助函数来确认给定用户 ID 的用户是否存在于数据库中。如果用户不存在，函数将停止并返回 false。

```
stmt, err := db.Prepare("DELETE FROM users WHERE ID = $1")
if err != nil {
    log.Println("DeleteUser:", err)
    return false
}
```

这是删除用户的实际语句。我们先使用 Prepare()函数构造所需的 SQL 语句，然后使用 Exec()函数执行。Prepare()中的$1 表示将在 Exec()中给出的参数。如果我们希望有更多的参数，则应该命名为$2、$3 等。

```
    _, err = stmt.Exec(ID)
    if err != nil {
        log.Println("DeleteUser:", err)
        return false
    }
    return true
}
```

这是 DeleteUser()函数实现的结束之处。stmt.Exec(ID)语句从数据库中删除用户。

接下来展示的 ListAllUsers()函数返回一个 User 元素的切片，其中包含了在 RESTful 服务器中找到的所有用户。

```
func ListAllUsers() []User {
    db := ConnectPostgres()
    if db == nil {
        fmt.Println("Cannot connect to PostgreSQL!")
        db.Close()
        return []User{}
    }
    defer db.Close()
    rows, err := db.Query("SELECT * FROM users \n")
    if err != nil {
        log.Println(err)
        return []User{}
    }
```

由于 SELECT 查询不需要参数，我们使用 Query()来运行它，而不是 Prepare()函数和 Exec()函数。请记住，这很可能是一个返回多条记录的查询。

```
all := []User{}
var c1 int
var c2, c3 string
var c4 int64
var c5, c6 int

for rows.Next() {
    err = rows.Scan(&c1, &c2, &c3, &c4, &c5, &c6)
```

这就是从 SQL 查询返回的单条记录中读取值的方法。首先我们为每个返回值定义多个变量，然后将它们的指针传递给 Scan()函数。只要有结果，rows.Next()方法就会不断返回记录。

```
        temp := User{c1, c2, c3, c4, c5, c6}
        all = append(all, temp)
    }

    log.Println("All:", all)
    return all
}
```

因此，如前所述，ListAllUsers()函数返回了一个 User 结构体的切片。最后，我们将展示 IsUserValid()的实现。

```
func IsUserValid(u User) bool {
    db := ConnectPostgres()
    if db == nil {
        fmt.Println("Cannot connect to PostgreSQL!")
        db.Close()
        return false
    }
    defer db.Close()
```

这是一种通用模式：调用 ConnectPostgres()函数并等待获取一个连接以使用。

```
rows, err := db.Query("SELECT * FROM users WHERE Username = $1 \n",
u.Username)
if err != nil {
    log.Println(err)
```

```
    return false
}
```

这里，直接将参数传递给 Query()函数，而不使用 Prepare()和 Exec()函数。

```
temp := User{}
var c1 int
var c2, c3 string
var c4 int64
var c5, c6 int
```

这里，我们创建了所需的参数以保存 SQL 查询的输出结果。

```
// If there exist multiple users with the same username,
// we will get the FIRST ONE only.
for rows.Next() {
    err = rows.Scan(&c1, &c2, &c3, &c4, &c5, &c6)
    if err != nil {
        log.Println(err)
        return false
    }
    temp = User{c1, c2, c3, c4, c5, c6}
}
```

再次说明，只要 rows.Next()返回新记录，for 循环就会持续运行。

```
if u.Username == temp.Username && u.Password == temp.Password {
    return true
}
```

重要的是，不仅给定的用户必须存在，而且给定的密码也必须与数据库中存储的密码相同，才能认为用户有效。

```
    return false
}
```

读者可以自行查看 restdb 实现的其余部分。大多数函数与这里展示的类似。restdb.go 的代码将在接下来展示的 RESTful 服务器实现中使用。然而，正如您将看到的，我们首先将对 restdb 包进行测试。

10.3.5 测试 restdb 包

RESTful 服务器是在 ~/go/src/github.com/mactsouk/rest-api 中开发的，如果不打算将它

公之于众，就不必为它创建单独的 GitHub 库。不过，我希望能与大家分享，所以服务器的 GitHub 库是 https://github.com/mactsouk/rest-api。

在继续实现服务器之前，我们先使用 restdb 软件包，以确保它在 RESTful 服务器实现中正常工作。所介绍的实用程序使用了 restdb 中的函数，你不必测试 restdb 软件包的所有可能用法，只需确保它能正常工作，并能连接 PostgreSQL 数据库即可。因此，我们将创建一个单独的命令行实用程序，名为 useRestdb.go，其中包含接下来的代码，并位于 test-db 目录中。该文件中最重要的细节是在代码中使用 restdb.User，因为这是 restdb 软件包所需的结构。我们不能将不同的结构作为参数传递给 restdb 函数。

初始化模块并运行 useRestdb.go 会产生下列输出。

```
$ go mod init
go: creating new go.mod: module github.com/mactsouk/rest-api/test-db
go: to add module requirements and sums:
        go mod tidy
$ go mod tidy
go: finding module for package github.com/mactsouk/restdb
go: finding module for package github.com/lib/pq
go: downloading github.com/mactsouk/restdb v0.0.0-20210510205310-
63ba9fa172df
go: found github.com/lib/pq in github.com/lib/pq v1.10.1
go: found github.com/mactsouk/restdb in github.com/mactsouk/restdb
v0.0.0-20210510205310-63ba9fa172df
$ go run useRestdb.go
&{0 {host=localhost port=5432 user=mtsouk password=pass dbname=restapi
sslmode=disable 0x856110} 0 {0 0} [] map[] 0 0 0xc00007c240 false map[]
map[] 0 0 0 0 <nil> 0 0 0 0 0x4dd260}
{0 0 0 0}
mike
packt
admin
2021/05/17 09:40:23 Populating PostgreSQL
User inserted successfully.
2021/05/17 09:40:23 Found user: {9 mtsouk admin 1621233623 1 1}
mtsouk: {9 mtsouk admin 1621233623 1 1}
2021/05/17 09:40:23 Found user: {9 mtsouk admin 1621233623 1 1}
User Deleted.
mtsouk: {0 0 0 0}
2021/05/17 09:40:23 User 0 does not exist.
User not Deleted.
2021/05/17 09:40:23 User 0 does not exist.
User not Deleted.
```

错误信息的缺失告诉我们，到目前为止，restdb 包按预期工作：用户被添加和从数据库中删除，并且执行了对数据库的查询。记住，这是一种快速而简便的测试包的方法。

注意

所有的包都得到了改进，并且几乎所有现有的包都增加了新的功能。如果希望更新 restdb 包或任何其他外部包，并在开发自己的实用工具时使用较新的版本，那么可以在实用工具的 go.sum 和 go.mod 文件所在的目录中执行 go get -u -v 命令。

10.3.6　实现 RESTful 服务器

既然已经确定 restdb 包按预期工作，接下来将解释 RESTful 服务器的实现。服务器代码被分成两个文件，且都属于 main 包：main.go 和 handlers.go。这样做的主要原因是为了避免处理庞大的代码文件，并且在逻辑上分离服务器的功能。

main.go 中最重要的部分（属于 main()函数）如下所示。

```
rMux.NotFoundHandler = http.HandlerFunc(DefaultHandler)
```

首先需要定义默认的处理函数。尽管这不是必需的，但拥有这样一个处理程序是一种良好的实践。

```
notAllowed := notAllowedHandler{}
rMux.MethodNotAllowedHandler = notAllowed
```

当尝试使用不受支持的 HTTP 方法访问端点时，将执行 MethodNotAllowedHandler 处理程序。该处理程序的实际实现位于 handlers.go 文件中。

```
rMux.HandleFunc("/time", TimeHandler)
```

/time 端点支持所有 HTTP 方法，因此它不属于任何子路由器。

```
// Define Handler Functions
// Register GET
getMux := rMux.Methods(http.MethodGet).Subrouter()

getMux.HandleFunc("/getall", GetAllHandler)
getMux.HandleFunc("/getid/{username}", GetIDHandler)
getMux.HandleFunc("/logged", LoggedUsersHandler)
getMux.HandleFunc("/username/{id:[0-9]+}", GetUserDataHandler)
```

首先，我们为 GET HTTP 方法及其支持的端点定义了一个子路由器。记住，gorilla/mux

负责确保只有 GET 请求由 getMux 子路由器处理。

```
// Register PUT
// Update User
putMux := rMux.Methods(http.MethodPut).Subrouter()
putMux.HandleFunc("/update", UpdateHandler)
// Register POST
// Add User + Login + Logout
postMux := rMux.Methods(http.MethodPost).Subrouter()
postMux.HandleFunc("/add", AddHandler)
postMux.HandleFunc("/login", LoginHandler)
postMux.HandleFunc("/logout", LogoutHandler)
```

然后，我们定义了用于 POST 请求的子路由器。

```
// Register DELETE
// Delete User
deleteMux := rMux.Methods(http.MethodDelete).Subrouter()
deleteMux.HandleFunc("/username/{id:[0-9]+}", DeleteHandler)
```

最后，一个子路由器用于 DELETE HTTP 方法。gorilla/mux 中的代码负责根据客户端请求选择正确的子路由器。

```
go func() {
    log.Println("Listening to", PORT)
    err := s.ListenAndServe()
    if err != nil {
        log.Printf("Error starting server: %s\n", err)
        return
    }
}()
```

HTTP 服务器作为一个协程执行，因为程序支持信号处理。详情请参阅第 7 章。

```
sigs := make(chan os.Signal, 1)
signal.Notify(sigs, os.Interrupt)
sig := <-sigs
log.Println("Quitting after signal:", sig)
time.Sleep(5 * time.Second)
s.Shutdown(nil)
```

最后，我们添加信号处理以优雅地终止 HTTP 服务器。sig := <-sigs 语句防止 main()函数退出，除非接收到 os.Interrupt 信号。

handlers.go 文件包含了处理器函数的实现，并且也是 main 包的一部分。它最重要的部分如下所示。

```
// AddHandler is for adding a new user
func AddHandler(rw http.ResponseWriter, r *http.Request) {
    log.Println("AddHandler Serving:", r.URL.Path, "from", r.Host)
    d, err := io.ReadAll(r.Body)
    if err != nil {
        rw.WriteHeader(http.StatusBadRequest)
        log.Println(err)
        return
    }
```

该处理程序是用于/add 端点的。服务器使用 io.ReadAll()读取客户端输入。

```
if len(d) == 0 {
    rw.WriteHeader(http.StatusBadRequest)
    log.Println("No input!")
    return
}
```

然后，代码确保客户端请求的正文不为空。

```
// We read two structures as an array:
// 1. The user issuing the command
// 2. The user to be added
var users = []restdb.User{}
err = json.Unmarshal(d, &users)
if err != nil {
    log.Println(err)
    rw.WriteHeader(http.StatusBadRequest)
    return
}
```

由于/add 端点需要两个 User 结构体，上述代码使用 json.Unmarshal()函数将它们放入一个 []restdb.User 变量中，这意味着客户端应该使用数组发送这两个 JSON 记录。使用 restdb. User 的原因是，所有与数据库相关的函数都使用 restdb.User 变量。即使我们有一个与 restdb.User 定义相同的结构体，Go 也会将它们视为不同。客户端则不是这种情况，因为客户端发送数据时没有与之关联的数据类型。

```
log.Println(users)
```

```
if !restdb.IsUserAdmin(users[0]) {
    log.Println("Issued by non-admin user:", users[0].Username)
    rw.WriteHeader(http.StatusBadRequest)
    return
}
```

如果发出命令的用户不是管理员，那么请求失败。restdb.IsUserAdmin()是在 restdb 包中实现的。

```
    result := restdb.InsertUser(users[1])
    if !result {
        rw.WriteHeader(http.StatusBadRequest)
    }
}
```

如果发出命令的用户是管理员，那么 restdb.InsertUser()会将所需的用户插入数据库中。

最后，我们介绍/getall 端点的处理程序。

```
// GetAllHandler is for getting all data from the user database
func GetAllHandler(rw http.ResponseWriter, r *http.Request) {
    log.Println("GetAllHandler Serving:", r.URL.Path, "from", r.Host)
    d, err := io.ReadAll(r.Body)
    if err != nil {
        rw.WriteHeader(http.StatusBadRequest)
        log.Println(err)
        return
    }
```

再次说明，我们使用 io.ReadAll(r.Body)从客户端读取数据，并通过检查 err 变量确保过程无误。

```
if len(d) == 0 {
    rw.WriteHeader(http.StatusBadRequest)
    log.Println("No input!")
    return
}

var user = restdb.User{}
err = json.Unmarshal(d, &user)
if err != nil {
    log.Println(err)
    rw.WriteHeader(http.StatusBadRequest)
    return
}
```

这里，我们将客户端数据放入一 restdb.User 变量中。/getall 端点需要一个 restdb.User 记录作为输入。

```
if !restdb.IsUserAdmin(user) {
    log.Println("User", user, "is not an admin!")
    rw.WriteHeader(http.StatusBadRequest)
    return
}
```

只有管理员用户才能访问/getall 并获取所有用户的列表。

```
    err = SliceToJSON(restdb.ListAllUsers(), rw)
    if err != nil {
        log.Println(err)
        rw.WriteHeader(http.StatusBadRequest)
        return
    }
}
```

代码的最后一部分是从数据库中获取所需的数据，并使用 SliceToJSON(restdb.ListAllUsers(), rw) 调用将其发送到客户端。

您可以将每个处理程序放到单独的 Go 文件中。一般的想法是，如果持有很多处理函数，为每个处理函数使用一个单独的文件是个不错的做法。

下一节将在开发客户端之前使用 curl(1)测试 RESTful 服务器。

10.3.7　测试 RESTful 服务器

本节将展示如何使用 curl(1)实用工具测试 RESTful 服务器。您应该尽可能多地广泛测试 RESTful 服务器，以发现错误或不期望的行为。由于我们使用两个文件来实现服务器，因而需要以 go run main.go handlers.go 的方式运行它。此外，不要忘记启动并运行 PostgreSQL。下面首先测试/time 处理器，它适用于所有 HTTP 方法。

```
$ curl localhost:1234/time
The current time is: Mon, 17 May 2021 09:14:00 EEST
```

接下来测试默认的处理程序。

```
$ curl localhost:1234/
/ is not supported. Thanks for visiting!
$ curl localhost:1234/doesNotExist
```

```
/doesNotExist is not supported. Thanks for visiting!
```

最后，我们来看看使用不支持的 HTTP 方法和支持的端点（本例中的/getall 端点仅支持 GET）会发生什么情况。

```
$ curl -s -X PUT -H 'Content-Type: application/json' localhost:1234/
getall
Method not allowed!
```

尽管/getall 端点需要一个有效的用户才能操作，但我们使用的 HTTP 方法不受该端点支持，这一事实占据了优先权，因此调用因为正当的理由失败了。

注意

在测试期间，查看 RESTful 服务器的输出和它生成的日志条目非常重要。并非所有信息都可以发送回客户端，但服务器进程可以打印任何内容。这对于调试 RESTful 这样的服务器进程非常有帮助。

稍后将测试所有支持 GET HTTP 方法的处理程序。

1. 测试 GET 处理程序

首先测试/getall 端点。

```
$ curl -s -X GET -H 'Content-Type: application/json' -d '{"username":
"admin", "password" : "newPass"}' localhost:1234/getall
[{"ID":1,"Username":"admin","Password":"newPass","LastLogin":1620922454
,"Admin":1,"Active":1},{"ID":6,"Username":"mihalis","Password":"admin",
"LastLogin":1620926815,"Admin":1,"Active":0},{"ID":7,"Username":"mike",
"Password":"admin","LastLogin":1620926862,"Admin":1,"Active":0}]
```

上述输出是数据库中全部现有用户 JSON 格式的列表。

随后测试/logged 端点。

```
$ curl -X GET -H 'Content-Type: application/json' -d '{"username":
"admin", "password" : "newPass"}' localhost:1234/logged
[{"ID":1,"Username":"admin","Password":"newPass","LastLogin":1620922454
,"Admin":1,"Active":1}]
```

接下来测试/username/{id}端点。

```
$ curl -X GET -H 'Content-Type: application/json' -d '{"username":
"admin", "password" : "newPass"}' localhost:1234/username/7
{"ID":7,"Username":"mike","Password":"admin","LastLogin":1620926862,"Ad
```

```
min":1,"Active":0}
```

最后测试/getid/{username}端点。

```
$ curl -X GET -H 'Content-Type: application/json' -d '{"username":
"admin", "password" : "newPass"}' localhost:1234/getid/admin
User admin has ID: 1
```

到目前为止，我们可以获取现有用户列表和已登录用户列表，并且可以获取特定用户的信息——所有这些端点都使用 GET 方法。下一节将测试所有支持 POST HTTP 方法的处理程序。

2. 测试 POST 处理程序

首先，我们通过添加没有管理员权限的 packt 用户来测试/add 端点。

```
$ curl -X POST -H 'Content-Type: application/json' -d '[{"username":
"admin", "password" : "newPass", "admin":1}, {"username": "packt",
"password" : "admin", "admin":0} ]' localhost:1234/add
```

上述调用向服务器传递了一个 JSON 记录数组，以添加一个名为 packt 的新用户。该命令由管理员用户发出。

如果尝试多次添加相同的用户名，该过程将会失败——这一点通过在 curl(1) 命令中使用 -v 选项来显示。相关的消息是 HTTP/1.1 400 Bad Request。

此外，如果尝试使用非管理员用户的凭证来添加新用户，服务器将会生成 Command issued by non-admin user: packt 消息。

随后测试/login 端点。

```
$ curl -X POST -H 'Content-Type: application/json' -d '{"username":
"packt", "password" : "admin"}' localhost:1234/login
```

上述命令用于登录 packt 用户。

最后，我们测试 /logout 端点。

```
$ curl -X POST -H 'Content-Type: application/json' -d '{"username":
"packt", "password" : "admin"}' localhost:1234/logout
```

上述命令用于注销 packt 用户。您可以使用/logged 端点来验证前两次交互的结果。

现在，让我们测试唯一支持 PUT HTTP 方法的端点。

3. 测试 PUT 处理程序

首先测试/update 端点，如下所示。

```
$ curl -X PUT -H 'Content-Type: application/json' -d '[{"username":
"admin", "password" : "newPass", "admin":1}, {"username": "admin",
"password" : "justChanged", "admin":1} ]' localhost:1234/update
```

上述命令将管理员用户的密码从 newPass 更改为 justChanged。

然后，我们尝试使用非管理员用户（packt）的凭证来更改用户密码。

```
$ curl -X PUT -H 'Content-Type: application/json' -d '[{"Username
":"packt","Password":"admin"}, {"username": "admin", "password" :
"justChanged", "admin":1} ]' localhost:1234/update
```

相应地，生成的日志消息是：Command issued by non-admin user: packt。

我们可能会认为非管理员用户甚至不能更改他们的密码是一个缺陷——也许是的，但这就是 RESTful 服务器实现的方式。相关理念是，非管理员用户不应该直接发出危险的命令。此外，这个缺陷可以很容易地按照以下方式修复：一般来说，普通用户不会以这种方式与服务器交互，而是会提供一个 Web 界面来这样做。之后，管理员用户可以将用户请求发送给服务器。因此，这可以以一种更安全且不给予普通用户不必要权限的方式来实现。

最后，我们将测试 DELETE HTTP 方法。

4. 测试 DELETE 处理程序

对于 DELETE HTTP 方法，我们需要测试/username/{id}端点。由于该端点不返回任何输出，使用 curl(1)中的 -v 将显示返回的 HTTP 状态码。

```
$ curl -X DELETE -H 'Content-Type: application/json' -d '{"username":
"admin", "password" : "justChanged"}' localhost:1234/username/6 -v
```

HTTP/1.1 200 OK 状态码验证了用户已成功删除。如果尝试再次删除同一个用户，请求将失败，返回的消息将是 HTTP/1.1 404 Not Found。

到目前为止，我们知道 RESTful 服务器按预期工作。然而，curl(1)远非是与 RESTful 服务器日常协作的完美工具。下一节将展示如何为 RESTful 服务器开发一个命令行客户端。

10.4　开发 RESTful 客户端

开发一个 RESTful 客户端比服务器编程要容易得多，主要是因为不必在客户端处理数据库。客户端需要做的只是向服务器发送正确数量和类型的数据，并接收服务器的响应。RESTful 客户端将在~/go/src/github.com/mactsouk/rest-cli 中开发，如果不打算将其提供给外界，您就不需要为它创建一个单独的 GitHub 库。然而，为了能够看到客户端的代码，笔者创建了一个 GitHub 库，地址是 https://github.com/mactsouk/rest-cli。

相应地，支持的一级 cobra 命令如下所示。

（1）list：此命令访问/getall 端点并返回用户列表。

（2）time：此命令用于访问/time 端点。

（3）update：此命令用于更新用户记录——用户 ID 不能更改。

（4）logged：此命令列出所有已登录的用户。

（5）delete：此命令删除现有用户。

（6）login：此命令用于用户登录。

（7）logout：此命令用于注销用户。

（8）add：此命令用于向系统添加新用户。

（9）getid：此命令根据用户名返回用户的 ID。

（10）search：此命令显示根据 ID 识别的特定用户的信息。

注意

即将展示的客户端比使用 curl(1)工作要好得多，因为它可以处理接收到的信息，但最重要的是，它可以解释 HTTP 返回代码，并在将数据发送到服务器之前预处理数据。对此，需要付出的代价是开发和调试 RESTful 客户端所需的额外时间。

有两种主要的命令行标志用于传递用户名和密码：user 和 pass。正如你将在它们的实现中看到的，它们分别有-u 和-p 两种快捷方式。此外，由于保存用户信息的 JSON 记录只有少量字段，所有字段都将以纯文本形式在 JSON 记录中给出，并使用 data 标志和 -d 快捷方式——这将在 root.go 中实现。每条命令只读取所需的标志和输入 JSON 记录中的所需字段，这在每条命令的源代码文件中实现。最后，该工具会在合理的情况下返回 JSON 记录或与访问端点相关的文本信息。接下来继续介绍客户端的结构和命令的实现。

10.4.1　创建命令行客户端的结构

本节使用 cobra 实用工具来为命令行实用程序创建一个结构。但首先，我们将创建一个合适的 cobra 项目和 Go 模块。

```
$ cd ~/go/src/github.com/mactsouk
$ git clone git@github.com:mactsouk/rest-cli.git
$ cd rest-cli
$ ~/go/bin/cobra init --pkg-name github.com/mactsouk/rest-cli
```

```
$ go mod init
$ go mod tidy
$ go run main.go
```

您不需要执行最后一条命令，但它可以确保到目前为止一切正常。之后就可以通过运行下面的 cobra 命令来定义实用程序将支持的命令。

```
$ ~/go/bin/cobra add add
$ ~/go/bin/cobra add delete
$ ~/go/bin/cobra add list
$ ~/go/bin/cobra add logged
$ ~/go/bin/cobra add login
$ ~/go/bin/cobra add logout
$ ~/go/bin/cobra add search
$ ~/go/bin/cobra add getid
$ ~/go/bin/cobra add time
$ ~/go/bin/cobra add update
```

现在我们已经拥有了所需的结构，并可以开始实现命令了，也许还可以删除一些由 cobra 自动生成的注释，这将是下一节的主题。

10.4.2 实现 RESTful 客户端命令

由于在 GitHub 仓库中可以找到所有的代码，因而没有必要展示全部代码。我们将从 root.go 开始，展示一些最具特色的代码，其中定义了以下全局变量。

```
var SERVER string
var PORT string
var data string
var username string
var password string
```

这些全局变量保存了实用程序命令行选项的值，它们可以在实用程序代码的任何地方被访问。

```
type User struct {
    ID int 'json:"id"'
    Username string 'json:"username"'
    Password string 'json:"password"'
    LastLogin int64 'json:"lastlogin"'
    Admin int 'json:"admin"'
```

```
    Active int 'json:"active"'
}
func init() {
    rootCmd.PersistentFlags().StringVarP(&username, "username", "u",
    "username", "The username")
    rootCmd.PersistentFlags().StringVarP(&password, "password", "p",
    "admin", "The password")
    rootCmd.PersistentFlags().StringVarP(&data, "data", "d", "{}",
    "JSON Record")

    rootCmd.PersistentFlags().StringVarP(&SERVER, "server", "s",
    "http://localhost", "RESTful server hostname")
    rootCmd.PersistentFlags().StringVarP(&PORT, "port", "P", ":1234",
    "Port of RESTful Server")
}
```

我们展示了 init()函数的实现，该函数包含了命令行选项的定义。命令行标志的值会自动存储在作为第一个参数传递给 rootCmd.PersistentFlags().StringVarP()的变量中。因此，具有-u 别名的 username 标志将其值存储到 username 全局变量中。

接下来是 list.go 中 list 命令的实现。

```
var listCmd = &cobra.Command{
    Use: "list",
    Short: "List all available users",
    Long: 'The list command lists all available users.',
```

这部分是关于命令显示的帮助信息。虽然它们是可选的，但有一个准确的命令描述是很好的。

```
Run: func(cmd *cobra.Command, args []string) {
    endpoint := "/getall"
    user := User{Username: username, Password: password}
```

首先，我们构建一个 User 变量来保存执行命令的用户的用户名和密码，该变量将被传递给服务器。

```
// bytes.Buffer is both a Reader and a Writer
buf := new(bytes.Buffer)
err := user.ToJSON(buf)
if err != nil {
    fmt.Println("JSON:", err)
    return
}
```

我们需要在将 user 变量传递给 RESTful 服务器之前对其进行编码，这就是 ToJSON()方法的目的。ToJSON()方法的实现位于 root.go 文件中。

```
req, err := http.NewRequest(http.MethodGet,
                    SERVER+PORT+endpoint, buf)
if err != nil {
    fmt.Println("GetAll - Error in req: ", err)
    return
}
req.Header.Set("Content-Type", "application/json")
```

这里，我们使用 SERVER 和 PORT 全局变量以及端点创建请求，并使用所需的 HTTP 方法（http.MethodGet），随后声明我们将使用 Header.Set()函数发送 JSON 数据。

```
c := &http.Client{
    Timeout: 15 * time.Second,
}

resp, err := c.Do(req)
if err != nil {
    fmt.Println("Do:", err)
    return
}
```

之后使用 Do()方法将数据发送到服务器，并获取服务器的响应。

```
if resp.StatusCode != http.StatusOK {
    fmt.Println(resp)
    return
}
```

如果响应的状态码不是 http.StatusOK，那么请求就失败了。

```
        var users = []User{}
        SliceFromJSON(&users, resp.Body)
        data, err := PrettyJSON(users)
        if err != nil {
            fmt.Println(err)
            return
        }

        fmt.Print(data)
    },
}
```

如果状态码是 http.StatusOK，那么我们就准备读取一个 User 变量的切片。由于这些变量保存的是 JSON 记录，我们需要使用在 root.go 中定义的 SliceFromJSON()对它们进行解码。

最后是 add.go 中 add 命令的代码。add 命令与 list 命令的区别在于，add 命令需要向 RESTful 服务器发送两个 JSON 记录：第一个保存执行命令的用户的数据，第二个保存即将被添加到系统中的用户的数据。username 和 password 标志保存第一个记录的 Username 和 Password 字段的数据，而 data 命令行标志保存第二个记录的数据。

```
var addCmd = &cobra.Command{
    Use: "add",
    Short: "Add a new user",
    Long: 'Add a new user to the system.',
    Run: func(cmd *cobra.Command, args []string) {
        endpoint := "/add"
        u1 := User{Username: username, Password: password}
```

一如既往，我们获取执行命令的用户信息，并将其放入一个结构体中。

```
// Convert data string to User Structure
var u2 User
err := json.Unmarshal([]byte(data), &u2)
if err != nil {
    fmt.Println("Unmarshal:", err)
    return
}
```

由于数据命令行标志持有一个字符串值，我们需要将该字符串值转换为用户结构体——这是调用 json.Unmarshal()的目的。

```
users := []User{}
users = append(users, u1)
users = append(users, u2)
```

随后创建一个用户变量的切片，这些变量将被发送到服务器。注意，将结构体放入该切片的顺序很重要：首先是发出命令的用户，然后是将要创建的用户的数据。

```
buf := new(bytes.Buffer)
err = SliceToJSON(users, buf)
if err != nil {
    fmt.Println("JSON:", err)
    return
}
```

然后在通过 HTTP 请求将其发送到 RESTful 服务器之前，对该切片进行编码。

```
req, err := http.NewRequest(http.MethodPost,
                            SERVER+PORT+endpoint, buf)
if err != nil {
    fmt.Println("GetAll - Error in req: ", err)
    return
}
req.Header.Set("Content-Type", "application/json")

c := &http.Client{
    Timeout: 15 * time.Second,
}
resp, err := c.Do(req)
if err != nil {
    fmt.Println("Do:", err)
    return
}
```

我们准备请求并将其发送到服务器。服务器负责解码提供的数据并相应地采取行动，在这种情况下是向系统中添加一个新用户。客户端只需要使用适当的 HTTP 方法（http.MethodPost）访问正确的端点，并检查返回的状态码。

```
        if resp.StatusCode != http.StatusOK {
            fmt.Println("Status code:", resp.Status)
        } else {
            fmt.Println("User", u2.Username, "added.")
        }
    },
}
```

add 命令不会向客户端返回任何数据——我们感兴趣的是 HTTP 状态码，因为这是决定命令成功或失败的关键。

10.4.3 创建 RESTful 客户端

我们现在将使用命令行工具与 RESTful 服务器进行交互。这种类型的工具可用于管理 RESTful 服务器、创建自动化任务以及执行 CI/CD 作业。为了简化起见，客户端和服务器位于同一台机器上，我们大多数时候使用默认用户（管理员），这使得展示的命令更简短。此外，我们执行 go build 命令来创建一个二进制可执行文件，以避免每次都使用 go main.go。

首先从服务器获取时间。

```
$ ./rest-cli time
The current time is: Tue, 25 May 2021 08:38:04 EEST
```

随后列出所有用户。由于输出依赖于数据库的内容，我们打印输出的一小部分。请注意，list 命令需要具有管理员权限的用户：

```
$ ./rest-cli list -u admin -p admin
[
        {
                "id": 7,
                "username": "mike",
                "password": "admin",
                "lastlogin": 1620926862,
                "admin": 1,
                "active": 0
        },
```

接下来，我们使用一个无效的密码测试登录命令。

```
$ ./rest-cli logged -u admin -p notPass
&{400 Bad Request 400 HTTP/1.1 1 1 map[Content-Length:[0] Date:[Tue,
25 May 2021 05:42:36 GMT]] 0xc000190020 0 [] false false map[]
0xc0000fc800 <nil>}
```

正如预期的那样，命令失败了，该输出用于调试目的。在确保命令按预期工作之后，您可能想要打印一个更适当的错误信息。

之后，我们测试了 add 命令。

```
$ ./rest-cli add -u admin -p admin --data '{"Username":"newUser",
"Password":"aPass"}'
User newUser added.
```

尝试再次添加相同的用户将会失败。

```
$ ./rest-cli add -u admin -p admin --data '{"Username":"newUser",
"Password":"aPass"}'
Status code: 400 Bad Request
```

接下来将删除 newUser，但首先需要找到 newUser 的用户 ID。

```
$ ./rest-cli getid -u admin -p admin --data '{"Username":"newUser"}'
User newUser has ID: 15
```

```
$ ./rest-cli delete -u admin -p admin --data '{"ID":15}'
User with ID 15 deleted.
```

请继续测试 RESTful 客户端，并在发现任何错误时告知我。

10.4.4　处理多个 REST API 版本

REST API 可以随着时间而变化和发展。实现 REST API 版本控制有多种方法，包括以下几项。

（1）使用自定义 HTTP 头部（version-used）来定义所使用的版本。

（2）为每个版本使用不同的子域名（如 v1.servername、v2.servername）。

（3）使用 Accept 和 Content-Type 头部的组合——这种方法基于内容协商。

（4）为每个版本使用不同的路径（如果 RESTful 服务器支持两个 REST API 版本，则为/v1 和/v2）。

（5）使用查询参数来引用所需的版本（..../endpoint?version=v1 或..../endpoint?v=1）。

实现 REST API 版本控制没有正确答案，我们可以使用对你和你的用户来说更自然的方法。重要的是要保持一致，并在所有地方使用相同的方法。就个人而言，笔者倾向于使用/v1/...来支持版本 1 的端点，使用/v2/...来支持版本 2 的端点，以此类推。

RESTful 服务器和客户端的开发在这里告一段落。下一节将展示如何使用 gorilla/mux 上传和下载二进制文件。

10.5　上传和下载二进制文件

在 RESTful 服务器中存储二进制文件并能够在之后下载它们并不罕见，如开发照片库或文档库。本节将说明如何实现这一功能。

出于简化考虑，示例将被包含在之前用于实现 RESTful 服务器的 mactsouk/restapi GitHub 库中。对于本节内容，我们将使用文件目录来存储相关的代码，该代码保存为 binary.go。实际上，binary.go 是一个只支持通过/files/端点上传和下载二进制文件的小型 RESTful 服务器。

保存上传文件主要有 3 种方式，如下所示。

（1）在本地文件系统中。

（2）在支持存储二进制文件的数据库管理系统中。

（3）使用云服务提供商在云端存储。

在当前例子中，我们是在服务器运行的文件系统上存储文件。更具体地说，由于正在进行测试，我们将上传的文件存储在/tmp/files 下。

binary.go 的代码如下所示。

```
package main

import (
    "errors"
    "io"
    "log"
    "net/http"
    "os"
    "time"

    "github.com/gorilla/mux"
)

var PORT = ":1234"
var IMAGESPATH = "/tmp/files"
```

上述两个全局参数分别保存了服务器将要监听的 TCP 端口和上传文件将要保存的本地路径。请注意，在大多数 UNIX 系统中，/tmp 目录在系统重启后会自动清空。

```
func uploadFile(rw http.ResponseWriter, r *http.Request) {
    filename, ok := mux.Vars(r)["filename"]
    if !ok {
        log.Println("filename value not set!")
        rw.WriteHeader(http.StatusNotFound)
        return
    }
    log.Println(filename)
    saveFile(IMAGESPATH+"/"+filename, rw, r)
}
```

uploadFile()函数负责将新文件上传到预定义的目录。它最重要的部分是使用 mux.Vars(r)来获取 filename 键的值。请注意，mux.Vars()的参数是 http.Request 变量。如果所需的键存在，则函数继续并调用 saveFile()。否则，它将返回而不保存任何文件。

```
func saveFile(path string, rw http.ResponseWriter, r *http.Request) {
    log.Println("Saving to", path)
    err := saveToFile(path, r.Body)
    if err != nil {
```

```
        log.Println(err)
        return
    }
}
```

saveFile()函数的目的是通过调用 saveToFile()函数来保存上传的文件。这里的问题是，为什么不将 saveFile()函数和 saveToFile()函数合并为一个函数呢？答案是：这样可以使 saveToFile()函数的代码具有通用性，并且可以被其他实用工具重用。

```
func saveToFile(path string, contents io.Reader) error {
    _, err := os.Stat(path)
    if err == nil {
        err = os.Remove(path)
        if err != nil {
            log.Println("Error deleting", path)
            return err
        }
    } else if !os.IsNotExist(err) {
        log.Println("Unexpected error:", err)
        return err
    }

    f, err := os.Create(path)
    if err != nil {
        log.Println(err)
        return err
    }

    defer f.Close()
    n, err := io.Copy(f, contents)
    if err != nil {
        return err
    }
    log.Println("Bytes written:", n)

    return nil
}
```

上述代码都与文件 I/O 相关，用于将 io.Reader 的内容保存到所需的路径。

```
func createImageDirectory(d string) error {
    _, err := os.Stat(d)
```

```
	if os.IsNotExist(err) {
		log.Println("Creating:", d)
		err = os.MkdirAll(d, 0755)
		if err != nil {
			log.Println(err)
			return err
		}
	} else if err != nil {
		log.Println(err)
		return err
	}

	fileInfo, _ := os.Stat(d)

	mode := fileInfo.Mode()
	if !mode.IsDir() {
		msg := d + " is not a directory!"
		return errors.New(msg)
	}
```

如果目录尚不存在的话，createImageDirectory()的目的是在文件将要保存的地方创建目录。如果路径已存在但不是一个目录，那么我们就遇到了问题，因此该函数返回一个自定义的错误信息。

```
	return nil
}
func main() {
	err := createImageDirectory(IMAGESPATH)
	if err != nil {
		log.Println(err)
		return
	}

	mux := mux.NewRouter()
	putMux := mux.Methods(http.MethodPut).Subrouter()
	putMux.HandleFunc("/files/{filename:[a-zA-Z0-9][a-zA-Z0-9\\.]*[azA-
	Z0-9]}", uploadFile)
```

此处仅支持使用 PUT HTTP 方法将文件上传到服务器。正则表达式规定，我们需要的是以单个字母或数字开始并以字母或数字结尾的文件名。这意味着文件名不应以.或..开始，以避免访问子目录，从而危及系统的安全性。如前所述，代码使用文件名键在映射中保存文件名值，该映射由 uploadFile()函数访问。

```
getMux := mux.Methods(http.MethodGet).Subrouter()
getMux.Handle("/files/{filename:[a-zA-Z0-9][a-zA-Z0-9\\.]*[azA-
Z0-9]}", http.StripPrefix("/files/", http.FileServer(http.
Dir(IMAGESPATH))))
```

下载部分结合了 gorilla/mux 和 Go 文件服务器处理程序的功能。因此，外部软件包提供了对正则表达式的支持，以及定义我们要使用 GET HTTP 方法的简便方法；而 Go 则提供了 http.FileServer()的功能来提供文件。这主要是因为我们从本地文件系统提供文件。不过，如果我们想偏离默认行为，也可以编写自己的处理函数来下载二进制文件。

```
    s := http.Server{
        Addr: PORT,
        Handler: mux,
        ErrorLog: nil,
        ReadTimeout: 5 * time.Second,
        WriteTimeout: 5 * time.Second,
        IdleTimeout: 10 * time.Second,
    }

    log.Println("Listening to", PORT)

    err = s.ListenAndServe()
    if err != nil {
        log.Printf("Error starting server: %s\n", err)
        return
    }
}
```

该实用工具的最后一个部分与使用所需参数启动服务器相关。main()函数非常简短，却完成了很多有用的事情。

我们现在需要初始化 Go 模块功能，以便 binary.go 能够运行。

```
$ go mod init
$ go mod tidy
$ go mod download
```

我们将使用 curl(1)与 binary.go 一起工作。

```
$ curl -X PUT localhost:1234/files/packt.png --data-binary @packt.png
```

首先，我们将一个名为 packt.png 的文件上传到服务器，该文件在服务器端保存为 packt.png。接下来的命令将同一个文件以 1.png 的名称保存在服务器上。

```
$ curl -X PUT localhost:1234/files/1.png --data-binary @packt.png
```

在本地计算机上将 1.png 下载为 downloaded.png，只需运行以下命令即可。

```
$ curl -X GET localhost:1234/files/1.png --output downloaded.png
```

如果忘记使用--output 选项，那么 curl(1)将生成以下错误信息。

```
Warning: Binary output can mess up your terminal. Use "--output -" to
tell
Warning: curl to output it to your terminal anyway, or consider
"--output
Warning: <FILE>" to save to a file.
```

最后，如果尝试下载一个找不到的文件，curl(1)会打印 404 page not found 消息。

对于之前的交互，binary.go 生成了以下输出。

```
2021/05/25 09:06:46 Creating: /tmp/files
2021/05/25 09:06:46 Listening to :1234
2021/05/25 09:10:21 packt.png
2021/05/25 09:10:21 Saving to /tmp/files/packt.png
2021/05/25 09:10:21 Bytes written: 733
```

既然我们已经知道了如何创建 RESTful 服务器、下载和上传文件以及定义 REST API，接下来将讨论如何使用 Swagger 来进行 REST API 文档编写。

10.6　使用 Swagger 进行 REST API 文档编写

在本节中，我们将讨论 REST API 的文档编写。我们将使用 OpenAPI 规范来记录 REST API。OpenAPI 规范，也称为 Swagger 规范，是一种用于描述、生成、使用和可视化 RESTful Web 服务的规范。

简单来说，Swagger 是对 RESTful API 的一种表述。Swagger 读取相应的代码注释，并创建 OpenAPI 文件。要使用 Swagger 来为 REST API 编写文档，您基本上有两种选择：第一，自行编写 OpenAPI 规范文件（手动方式），或者在源代码中添加注释，以便 Swagger 自动生成 OpenAPI 规范文件。

我们将使用 go-swagger，它为 Go 语言带来了一种使用 Swagger API 的工作方式。创建

REST API 文档的额外内容以 Go 注释的形式放入 Go 源文件中。该工具读取这些注释并生成文档。然而，所有注释都应遵循特定的规则，并符合支持的语法和约定。

首先需要按照 https://goswagger.io/install.html 上的说明安装 go-swagger 二进制文件。由于说明和版本会不时更新，因此不要忘记检查最新版本。根据上述网页上的说明，swagger 二进制文件应安装在 /usr/local/bin 中，这是外部二进制文件的适当位置。然而，也可以自由地将其放置在 PATH 中的其他目录。成功安装后，在命令行上运行 Swagger 应该会产生以下消息，并列出了 swagger 支持的命令。

```
Please specify one command of: diff, expand, flatten, generate, init,
mixin, serve, validate or version
```

此外，也可以通过--help 标志为每个 Swagger 命令获取额外帮助。例如，获取 generate 命令的帮助只需运行 swagger generate –help。

```
$ swagger generate --help
Usage:
  swagger [OPTIONS] generate <command>

generate go code for the swagger spec file

Application Options:
  -q, --quiet silence logs
    --log-output=LOG-FILE redirect logs to file

Help Options:
  -h, --help Show this help message

Available commands:
  cli generate a command line client tool from the swagger spec
  client generate all the files for a client library
  markdown generate a markdown representation from the swagger spec
  model generate one or more models from the swagger spec
  operation generate one or more server operations from the swagger
  spec
  server generate all the files for a server application
  spec generate a swagger spec document from a go application
  support generate supporting files like the main function and the
api builder
```

接下来将学习如何通过在源文件中添加与 Swagger 相关的元数据来记录 REST API。

10.6.1　为 REST API 编写文档

本节将讨论如何为现有的 REST API 编写文档。出于简化考虑，我们将使用一个相对简短的文件，其中包含处理函数。因此，我们在 https://github.com/mactsouk/rest-api 库中创建一个名为 swagger 的新文件夹，用于存储包含额外 Swagger 信息的 Go 文件。在当前情况下，我们将在 swagger 目录内创建 handlers.go 的新副本并对其进行修改。记住，就 Go 而言，新版本仍然是一个有效的 Go 包，可以编译和使用，且没有任何问题，它只是在 Go 注释中包含了额外的 Swagger 相关信息。

这里，没有必要展示新版本的 handlers.go 的全部代码，它包含在一个名为 handlers 的 Go 包中。我们只展示它最重要的部分，并从源文件的序言开始。

```
// Package handlers for the RESTful Server
//
// Documentation for REST API
//
// Schemes: http
// BasePath: /
// Version: 1.0.7
//
// Consumes:
// - application/json
//
// Produces:
// - application/json
//
// swagger:meta
```

此处声明正在以 JSON 格式（Consumes 和 Produces）与数据通信、定义版本，并添加一些注释来描述包的一般目的。swagger:meta 标签是用来告知 swagger 二进制文件，这是一个包含有关 API 的元数据的源文件。请确保不要忘记这个特殊的标记。然后，我们为 User 结构体提供文档，这对于服务的运作至关重要，并且会被额外的结构体（为生成文档而定义）间接使用。

```
// User defines the structure for a Full User Record
//
// swagger:model
type User struct {
    // The ID for the user
    // in: body
```

```
    //
    // required: false
    // min: 1
    ID int 'json:"id"'
```

用户 ID 由数据库提供，这使得它成为一个非必填字段，并且有一个最小值 1。

```
// The Username of the user
// in: body
//
// required: true
Username string 'json:"username"'
```

Username 字段是必填的。

```
// The Password of the user
//
// required: true
Password string 'json:"password"'
```

类似地，Password 字段也是必填的。

```
    // The Last Login time of the User
    //
    // required: true
    // min: 0
    LastLogin int64 'json:"lastlogin"'

    // Is the User Admin or not
    //
    // required: true
    Admin int 'json:"admin"'

    // Is the User Logged In or Not
    //
    // required: true
    Active int 'json:"active"'
}
```

最终，您需要为结构体的所有字段添加注释。

接下来，我们记录/delete 端点及其处理函数。

```
// swagger:route DELETE /delete/{id} DeleteUser deleteID
// Delete a user given their ID.
```

```
// The command should be issued by an admin user
```

在这一部分中，我们指出这个端点使用 DELETE HTTP 方法工作、使用/delete 路径、需要一个名为 id 的参数，并且在屏幕上将显示为 DeleteUser。最后一部分（deleteID）允许我们定义 id 参数的细节，这些细节将在稍后展示。

```
//
// responses:
// 200: noContent
// 404: ErrorMessage
```

在上述代码中，我们定义了端点的两种可能的响应。二者都将在稍后实现。

```
// DeleteHandler is for deleting users based on user ID
func DeleteHandler(rw http.ResponseWriter, r *http.Request) {
}
```

为了简洁起见，/delete 的处理实现被省略了。

之后，我们将记录/logged 端点及其处理函数。

```
// swagger:route GET /logged logged getUserInfo
// Returns a list of logged in users
//
// responses:
// 200: UsersResponse
// 400: BadRequest
```

这一次，处理函数的第一个响应称为 UsersResponse，并将在稍后展示。回忆一下，该处理函数返回一个 User 元素的切片。

```
// LoggedUsersHandler returns the list of all logged in users
func LoggedUsersHandler(rw http.ResponseWriter, r *http.Request) {

}
```

最后，我们需要定义 Go 结构来表示交互的各种输入和结果，这主要是 Swagger 工作所需的（通常将这些定义放在一个单独的文件中，该文件通常称为 docs.go）。其中最重要的两个 Go 结构如下所示。

```
// swagger:parameters deleteID
type idParamWrapper struct {
    // The user id to be deleted
    // in: path
```

```
    // required: true
    ID int 'json:"id"'
}
```

上述代码是针对/delete 端点的，并定义了 ID 变量，该变量在路径中给出，因此有 in: path 一行内容。注意，deleteID 后面使用了 swagger:parameters，它将该特定结构与/delete 处理程序函数的文档关联起来。

```
// A User
// swagger:parameters getUserInfo loggedInfo
type UserInputWrapper struct {
    // A list of users
    // in: body
    Body User
}
```

这一次，该结构体与两个端点关联，因此使用了 getUserInfo 和 loggedInfo。相应地，每个端点都应该与一个唯一的名称关联。

这些辅助结构体只需定义一次，这是为自动生成文档所必须支付的（较小的）代价。下一节将展示如何根据修改后的 handlers.go 版本创建 OpenAPI 文件。

10.6.2　生成文档文件

现在我们已经拥有了带有 Swagger 元数据的 Go 文件，下面准备生成 OpenAPI 文件。

```
$ swagger generate spec --scan-models -o ./swagger.yaml
```

上述命令的作用是告诉 swagger 从 Go 语言应用程序中生成 Swagger 规范文档，该应用程序位于运行 swagger 的目录中。--scan-models 选项告诉 swagger 包含使用 swagger: model 注释的模型。根据-o 选项的指定，上述命令的结果是一个名为 swagger.yaml 的文件。该文件的部分内容如下所示（没有必要试图理解所显示输出中的所有内容）。

```
/delete/{id}:
  delete:
    description: |-
      Delete a user given their ID
      The command should be issued by an admin user
    operationId: deleteID
    parameters:
    - description: The user id to be deleted
```

```
      format: int64
      in: path
      name: id
      required: true
      type: integer
      x-go-name: ID
    responses:
      "200":
        $ref: '#/responses/noContent'
      "404":
        $ref: '#/responses/ErrorMessage'
    tags:
    - DeleteUser
```

上一部分内容与/delete 端点有关。输出结果显示，/delete 端点只需要一个参数，即将被删除的用户的用户 ID。成功时服务器返回 HTTP 代码 200，失败时返回 404。

请随意查看 swagger.yaml 的完整版本。稍后，我们需要使用 Web 服务器为生成的文档文件提供服务，下一节将说明这一过程。

10.6.3　提供文档文件服务

在开始讨论提 Swagge 文件之前，首先需要通过一个简单但功能完整的例子来讨论中间件函数的使用。之所以这样做，原因很简单：swagger 工具生成了一个 YAML 文件，它需要在呈现在屏幕上之前被正确渲染。因此，我们使用 ReDoc（https://github.com/Redocly/redoc）来完成这项工作。然而，我们需要中间件包来托管 ReDoc 站点。尽管中间件包以透明的方式完成了这项工作，但了解中间件函数是什么以及它们的作用是很好的。中间件函数是代码量较少的函数，它们先获取一个请求，对其进行一些操作，然后将其传递给另一个中间件或最后的处理函数。gorilla/mux 允许使用 Router.Use()将一个或多个中间件函数附加到路由器上。如果找到了匹配项，相关的中间件函数将按照它们添加到路由器（或子路由器）的顺序执行。

middleware.go 中的重要代码如下所示。

```
mux := mux.NewRouter()
mux.Use(middleWare)

putMux := mux.Methods(http.MethodPut).Subrouter()
putMux.HandleFunc("/time", timeHandler)
```

```
getMux := mux.Methods(http.MethodGet).Subrouter()
getMux.HandleFunc("/add", addHandler)
getMux.Use(anotherMiddleWare)
```

由于 middleWare()已被添加到主路由器（mux.Use(middleWare)）中，它总是在任何子路由器中间件函数之前执行。此外，middleWare()函数对所有请求都执行，而 anotherMiddle Ware()函数则仅对 getMux 子路由器执行。

现在，读者对中间件功能有了一定的了解，下面将继续为 swagger.yaml 提供服务。如前所述，为 swagger.yaml 提供服务需要添加一个处理程序，我们将在外部软件包中找到该处理程序，这样就不必从头开始编写所有内容。为了尽量简单，我们将使用 /docs 路径在.swagger/serve/swagger.go 中单独提供 swagger.yaml 服务。下面的代码通过介绍 main()函数的实现来说明这一技术。

```
func main() {
    mux := mux.NewRouter()

    getMux := mux.Methods(http.MethodGet).Subrouter()
    opts := middleware.RedocOpts{SpecURL: "/swagger.yaml"}
```

这里，我们定义一个中间件函数的选项，该函数将在提供/swagger.yaml 时使用。如前所述，这个中间件函数将渲染 YAML 代码。

```
sh := middleware.Redoc(opts, nil)
```

这展示了我们如何定义一个基于中间件函数的处理函数。这个中间件函数不需要使用 Use()方法。

```
getMux.Handle("/docs", sh)
```

现在，我们必须将前面的处理程序与/docs 关联起来，随后即完成了任务。getMux. Handle("/swagger.yaml", http.FileServer(http.Dir("./")))

```
    s := http.Server{
    . . .
    }

    log.Println("Listening to", PORT)
    err := s.ListenAndServe()
    if err != nil {
        log.Printf("Error starting server: %s\n", err)
        return
```

```
    }
}
```

代码的其余部分用于定义服务器的参数以及启动服务器。

图 10.1 显示了在 Firefox 浏览器中显示的渲染后的 swagger.yaml。

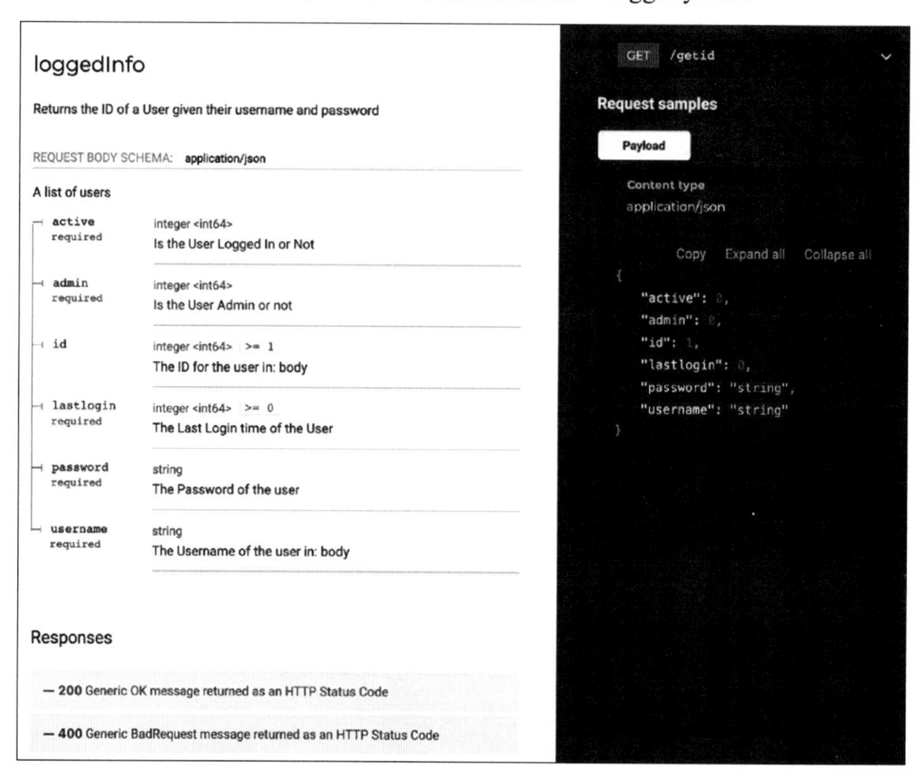

图 10.1　为 RESTful API 创建文档

图 10.1 还显示了关于/getid 端点的信息、所需的有效载荷以及预期的响应。

但是，关于 Swagger 和 go-swagger 的进一步讨论超出了本书的范围。像往常一样，你需要尝试使用这些工具来创建所需的结果。这里的重点是，没有适当文档的 RESTful 服务不会让潜在的开发人员感到满意。

10.7　本章练习

（1）将 binary.go 的功能整合到自己的 RESTful 服务器中。

（2）将 restdb 包更改为支持 SQLite 而不是 PostgreSQL。

（3）将 restdb 包更改为支持 MySQL 而不是 PostgreSQL。

（4）将 handlers.go 中的处理器函数放入单独的文件中。

10.8 本章小结

本章展示了如何在 Go 语言中编写专业的 RESTful 客户端和服务器，以及如何使用 Swagger 为 REST API 编写文档。记住，定义一个合适的 REST API 并为其实现服务器和客户端是一个需要时间的过程，并且需要进行不断的调整和修改。

10.9 附加资源

（1）关于 gorilla/mux 的更多内容：https://github.com/gorilla/mux 和 https://www.gorilla-toolkit. org/pkg/mux。

（2）go-querystring 库用于将 Go 结构体编码为 URL 查询参数：https://github.com/google/go-querystring。

（3）关于 Swagger 的更多内容：https://swagger.io/。

（4）Go Swagger 2.0：https://goswagger.io/。

（5）OpenAPI 规范：https://www.openapis.org/。

（6）如果想要验证 JSON 输入，请查看 Go 语言的 validator 包：https://github.com/go-playground/validator。

（7）使用 JSON 记录时，可能会发现 jq(1)命令行工具非常方便：https://stedolan.github.io/jq/和 https://jqplay.org/。

（8）在线上查看 OpenAPI 文件：https://editor.swagger.io/。

第 11 章　代码测试与性能分析

本章的主题既实用又重要，特别是如果您对提高 Go 程序的性能和发现错误感兴趣。本章主要讨论代码优化、代码测试和代码性能分析。

代码优化是开发人员尝试使程序的某些部分运行更快、更高效或使用更少资源的过程。简单来说，代码优化是关于消除程序中重要的瓶颈。代码测试是确保代码能够按照意愿执行的过程。在本章中，我们将体验 Go 语言的代码测试方式。编写测试代码的最佳时机是在开发过程中，因为这有助于尽早发现代码中的错误。代码性能分析涉及测量程序的某些方面的内容，以详细了解代码的工作方式。代码性能分析的结果可能帮助您决定哪些部分的代码需要改变。

记住，在编写代码时，我们应该关注其正确性以及可读性、简洁性和可维护性等其他理想属性，而不是性能。一旦我们确信代码是正确的，那时我们可能需要关注其性能。一个关于性能的小技巧是在比生产环境中稍慢的机器上执行代码。

本章主要涉及下列主题。

（1）代码优化。

（2）基准测试代码。

（3）代码性能分析。

（4）go tool trace 实用程序。

（5）测试 Go 代码。

（6）测试基于数据库后端的 HTTP 服务器。

（7）模糊测试。

（8）交叉编译。

（9）使用 go:generate。

（10）生成示例函数。

11.1　代码优化

代码优化既是一种艺术，也是一种科学。这意味着没有确定性的方法来帮助您优化代码，如果想让代码运行更快，读者应该动用您的智慧并尝试多种方法。然而，关于代码优化的一般原则是，首先确保它的正确性，然后提高它的效率。永远记住 Donald Knuth 关于优化的名言：“真正的问题是程序员花费了太多时间在错误的地方和错误的时间担心效率；过早的优化是编程中罪恶（至少是大部分罪恶）的根源。”

同时，请记住已故的 Joe Armstrong（Erlang 语言的开发者之一）关于优化的论述：“先把它做好，再把它做得优雅，如果真的有必要，再把它做得更快。90%的情况下，如果你把它做得优雅，它就已经很快了。所以，真实的情况是，只要做得优雅就可以了。”

如果读者真的对代码优化感兴趣，不妨阅读 Alfred V. Aho、Monica S. Lam、Ravi Sethi 和 Jeffrey D. Ullman 所著的《编译器：原理、技术和工具》(*Pearson Education Limited*，2014 年)，该书侧重于编译器的构建。此外， Donald Knuth 所著的《计算机编程艺术》丛书（*The Art of Computer Programming*，*Addison-Wesley Professional*，1998 年）的所有卷册都是有关编程各个方面的绝佳资源。

接下来的章节是关于 Go 代码的基准测试，它可以帮助您确定代码中哪些部分速度较快，哪些部分速度较慢，因此是开始学习的绝佳位置。

11.2　基准测试代码

基准测试衡量一个函数或程序的性能，允许您比较不同实现，并理解代码变更对性能的影响。利用这些信息，可以轻松地发现需要重写的代码部分以提高其性能。不言而喻，除非有非常充分的理由，否则不应该在正在用于其他更重要用途的繁忙计算机上对 Go 代码进行基准测试。否则，您可能会干扰基准测试过程并获得不准确的结果，但最重要的是，可能会在机器上产生性能问题。

注意

大多数情况下，操作系统的负载对代码的性能起着关键作用。笔者曾为一个项目开发了一个 Java 实用程序，它执行了大量计算，独立运行时只用了 6242 秒就完成了。而在同一台 Linux 机器上运行同一个 Java 命令行实用程序的 4 个实例却需要大约一天的时间。如果你仔细想想，一个接一个地运行它们会比同时运行它们更快。

Go 语言在基准测试方面遵循特定的规范。最重要的规范是基准测试函数的名称必须以 Benchmark 开始。在 Benchmark 这个词之后，我们可以加上下画线或大写字母。因此，BenchmarkFunctionName()和 Benchmark_functionName()都是有效的基准测试函数，而 Benchmarkfunctionname()则不是。同样的规则也适用于以 Test 开始的测试函数。尽管允许将测试和基准测试代码与其他代码放在同一个文件中，但应该避免这样做。按照惯例，这些函数应该放在以_test.go 结尾的文件中。一旦基准测试或测试代码正确无误，go test 子命令就会完成所有烦琐的工作，其中包括扫描所有*_test.go 文件中的特定函数、生成一个适当的临时 main 包、调用这些特殊函数、获取结果，并生成最终输出。

从 Go 1.17 版本开始，可以借助 shuffle 参数（go test -shuffle=on）来调整测试和基准的执行顺序。shuffle 参数接收一个值，该值是随机数生成器的种子，在重放执行顺序时非常有用。另外，它的默认值是关闭的。该功能背后的逻辑是，有时测试和基准的执行顺序会影响其结果。

11.2.1　重写 main()函数

有一种巧妙的方法可以重写每个 main()函数，从而使测试和基准测试变得更加容易。main()函数有一个限制，那就是不能从测试代码中调用它。该技术使用 main.go 中的代码提出了解决这一问题的方法。为了节省空间，此处省略了 import 块。

```
func main() {
    err := run(os.Args, os.Stdout)
    if err != nil {
        fmt.Printf("%s\n", err)
        return
    }
}
```

可执行程序不能没有 main()函数，因此我们必须创建一个最小化的函数。main()的作用是调用 run()，这是我们自己定制的 main()，将 os.Args 发送给它，并收集 run()函数的返回值。

```
func run(args []string, stdout io.Writer) error {
    if len(args) == 1 {
        return errors.New("No input!")
    }

    // Continue with the implementation of run()
    // as you would have with main()

    return nil
}
```

如前所述，run()函数或任何其他以同样方式被 main()调用的函数，都可以替代 main()，而且还能被测试函数调用。简单地说，run()函数包含了 main()中的代码，唯一的区别是 run()返回一个错误变量，而 main()则不能，因为它只能向操作系统返回退出代码。你可能会说，由于多了一个函数调用，堆栈会稍微大一些，但这样做的好处比额外的内存使用量更重要。第二个参数（stdout io.Writer）用于重定向生成的输出，虽然可以省略，但第一个参数非常重要，因为它允许将命令行参数传递给 run()。

运行 main.go 将会产生下列输出。

```
$ go run main.go
No input!
$ go run main.go some input
```

main.go 的运作方式并无特别之处。好处在于，您可以从任何希望的地方调用 run()，包括为测试编写的代码，并且可以将所需的参数传递给 run()。

下一主题是基准测试缓冲写入和读取。

11.2.2　基准测试缓冲写入和读取

在本节中，我们将测试缓冲区大小是否在写操作性能中起着关键作用。这也为我们提供了讨论表格测试以及使用 testdata 文件夹的机会，该文件夹是 Go 语言为存储基准测试期间将要使用的文件而保留的——表格测试和 testdata 文件夹也可以在测试函数中使用。

提示

基准测试函数使用 testing.B 变量，而测试函数使用 testing.T 变量。这很容易记住。

table_test.go 的代码如下所示。

```
package table

import (
    "fmt"
    "os"
    "path"
    "strconv"
    "testing"
)

var ERR error
var countChars int
```

```
func benchmarkCreate(b *testing.B, buffer, filesize int) {
    filename := path.Join(os.TempDir(), strconv.Itoa(buffer))
    filename = filename + "-" + strconv.Itoa(filesize)
    var err error
    for i := 0; i < b.N; i++ {
        err = Create(filename, buffer, filesize)
    }
    ERR = err
```

这里是关于基准测试的一些重要信息：默认情况下，每个基准函数的执行时间至少为 1 秒，这一时间也包括基准函数调用的函数的执行时间。如果基准函数返回的时间少于 1 秒，b.N 的值就会增加，并且函数再次运行的总次数与 b.N 的值相同。第一次，b.N 的值是 1，然后变成 2、5、10、20、50，依此类推。出现这种情况的原因是，函数的速度越快，Go 需要运行的次数就越多，这样才能得到准确的结果。

将 Create()的返回值存储在一个名为 err 的变量中，并在之后使用另一个名为 ERR 的全局变量，这样做的原因很巧妙。我们要防止编译器进行任何优化，以免要测量的函数因其结果从未被使用而无法执行。

```
    err = os.Remove(filename)
    if err != nil {
        fmt.Println(err)
    }
    ERR = err
}
```

benchmarkCreate()的签名和名称都不能使其成为基准函数。这是一个辅助函数，允许调用 Create()，在磁盘上创建一个新文件，其实现可以在 table.go 中找到，并需要适当的参数。它的实现是有效的，可以被基准函数使用。

```
func BenchmarkBuffer4Create(b *testing.B) {
    benchmarkCreate(b, 4, 1000000)
}

func BenchmarkBuffer8Create(b *testing.B) {
    benchmarkCreate(b, 8, 1000000)
}

func BenchmarkBuffer16Create(b *testing.B) {
    benchmarkCreate(b, 16, 1000000)
}
```

这是 3 个正确定义的基准测试函数，它们都调用了 benchmarkCreate()。基准测试函数需要单一的*testing.B 变量，并且不返回任何值。在这种情况下，函数名末尾的数字表示缓冲区的大小。

```
func BenchmarkRead(b *testing.B) {
    buffers := []int{1, 16, 96}
    files := []string{"10.txt", "1000.txt", "5k.txt"}
```

这段代码定义了将在表格测试中使用的数组结构。这样我们就不必实现 3×3 = 9（个）单独的基准函数。

```
    for _, filename := range files {
        for _, bufSize := range buffers {
            name := fmt.Sprintf("%s-%d", filename, bufSize)
            b.Run(name, func(b *testing.B) {
                for i := 0; i < b.N; i++ {
                    t := CountChars("./testdata/"+filename, bufSize)
                    countChars = t
                }
            })
        }
    }
}
```

b.Run()方法可以在基准测试函数内运行一个或多个子基准测试，它接收两个参数：一是子基准测试的名称，它将显示在屏幕上；二是实现子基准测试的函数。这是使用表格测试运行多个基准测试的正确方式。只需记住为每个子基准测试定义一个合适的名称，因为这将显示在屏幕上。

运行基准测试将生成以下输出。

```
$ go test -bench=. *.go
```

这里有两个要点：第一，-bench 参数的值指定了要执行的基准函数。使用的.值是一个正则表达式，可以匹配所有有效的基准函数。第二，如果省略-bench 参数，则不会执行任何基准函数。

```
goos: darwin
goarch: amd64
cpu: Intel(R) Core(TM) i7-4790K CPU @ 4.00GHz
BenchmarkBuffer4Create-8 78212 12862 ns/op
BenchmarkBuffer8Create-8 145448 7929 ns/op
```

```
BenchmarkBuffer16Create-8 222421 5074 ns/op
```

前 3 行代码表示分别来自 BenchmarkBuffer4Create()、BenchmarkBuffer8Create()和 BenchmarkBuffer16Create()基准测试函数的结果，分别指示了它们的性能表现。

```
BenchmarkRead/10.txt-1-8 78852 17268 ns/op
BenchmarkRead/10.txt-16-8 84225 14161 ns/op
BenchmarkRead/10.txt-96-8 92056 14966 ns/op
BenchmarkRead/1000.txt-1-8 2821 395419 ns/op
BenchmarkRead/1000.txt-16-8 21147 56148 ns/op
BenchmarkRead/1000.txt-96-8 58035 20362 ns/op
BenchmarkRead/5k.txt-1-8 600 1901952 ns/op
BenchmarkRead/5k.txt-16-8 4893 239557 ns/op
BenchmarkRead/5k.txt-96-8 19892 57309 ns/op
```

上述结果来自带有 9 个子基准测试的表格测试。

```
PASS
ok command-line-arguments 44.756s
```

那么，这些输出结果说明了什么呢？首先，每个基准函数末尾的-8 表示执行时使用的协程数量，这基本上就是 GOMAXPROCS 环境变量的值。同样，您还可以看到 GOOS 和 GOARCH 的值，它们显示了操作系统和机器的架构。输出中的第二列显示了相关函数的执行次数，速度快的函数比速度慢的函数执行次数多。例如，BenchmarkBuffer4Create()执行了 78212 次，而 BenchmarkBuffer16Create()则执行了 222421 次，因为它的速度更快。输出结果中的第 3 列显示了每次运行的平均时间，单位是纳秒/基准函数执行次数（ns/op）。第 3 列的值越大，基准函数执行得越慢。另外，第三列数值越大，表明函数可能需要优化。

如果希望在输出中包含内存分配统计信息，那么可以在命令中包含-benchmem。

```
BenchmarkBuffer4Create-8 91651 11580 ns/op 304 B/op 5 allocs/op
BenchmarkBuffer8Create-8 170814 6202 ns/op 304 B/op 5 allocs/op
```

生成的输出与没有-benchmem 命令行参数的输出类似，但包含了两个额外的列。第 4 列显示了在每次基准测试函数执行中平均分配的内存量。第 5 列显示了用于分配第 4 列内存值的分配次数。

到目前为止，我们已经学习了如何创建基准函数来测试函数的性能，以便更好地了解可能需要优化的潜在瓶颈。这里的问题是，我们需要多久创建一次基准函数？答案很简单：当某些功能的运行速度慢于需要时，和/或当想在两种或多种实现之间做出选择时。

下一节将介绍如何比较基准结果。

11.2.3　benchstat 实用工具

假设我们持有基准测试数据，并希望将其与在另一台计算机上或使用不同配置产生的结果进行比较。对此，benchstat 实用工具可以提供帮助。您可以在 golang.org/x/perf/cmd/benchstat 包中找到该实用工具，并使用 go get -u golang.org/x/perf/cmd/benchstat 命令下载。Go 语言将所有二进制文件放在~/go/bin 目录下，benchstat 也不例外。

注意

benchstat 实用工具替代了可以在 https://pkg.go.dev/golang.org/x/tools/cmd/benchcmp 中找到的 benchcmp 实用工具。

因此，假设我们在 r1.txt 和 r2.txt 中保存了 table_test.go 的两个基准测试结果——您应该删除 go 测试输出中所有不包含基准测试结果的行，即保留所有以 Benchmark 开头的行。使用 benchstat 的方法如下所示。

```
$ ~/go/bin/benchstat r1.txt r2.txt
name old time/op new time/op delta
Buffer4Create-8 10.5µs ± 0% 0.8µs ± 0% ~ (p=1.000 n=1+1)
Buffer8Create-8 6.88µs ± 0% 0.79µs ± 0% ~ (p=1.000 n=1+1)
Buffer16Create-8 5.01µs ± 0% 0.78µs ± 0% ~ (p=1.000 n=1+1)
Read/10.txt-1-8 15.0µs ± 0% 4.0µs ± 0% ~ (p=1.000 n=1+1)
Read/10.txt-16-8 12.2µs ± 0% 2.6µs ± 0% ~ (p=1.000 n=1+1)
Read/10.txt-96-8 11.9µs ± 0% 2.6µs ± 0% ~ (p=1.000 n=1+1)
Read/1000.txt-1-8 381µs ± 0% 174µs ± 0% ~ (p=1.000 n=1+1)
Read/1000.txt-16-8 54.0µs ± 0% 22.6µs ± 0% ~ (p=1.000 n=1+1)
Read/1000.txt-96-8 19.1µs ± 0% 6.2µs ± 0% ~ (p=1.000 n=1+1)
Read/5k.txt-1-8 1.81ms ± 0% 0.89ms ± 0% ~ (p=1.000 n=1+1)
Read/5k.txt-16-8 222µs ± 0% 108µs ± 0% ~ (p=1.000 n=1+1)
Read/5k.txt-96-8 51.5µs ± 0% 21.5µs ± 0% ~ (p=1.000 n=1+1)
```

如果 delta 列的值是~，这意味着结果没有显著变化。上述输出显示两个结果之间没有差异。在本书中过多地介绍 benchstat 超出了讨论范围。读者可输入 benchstat -h 以了解更多关于支持的参数的信息。

接下来将讨论错误定义的基准测试函数。

11.2.4　错误定义的基准测试函数

当定义基准测试函数时，您应该非常小心，因为可能会错误地定义它们。查看下列基准测试函数的 Go 代码。

```
func BenchmarkFiboI(b *testing.B) {
    for i := 0; i < b.N; i++ {
        _ = fibo1(i)
    }
}
```

BenchmarkFibo()函数有一个有效的名字和正确的签名。但是，这个基准测试函数在逻辑上是错误的，也不会产生任何结果。如前所述，随着 b.N 值的增长，由于 for 循环的存在，基准测试函数的运行时间也在增加。这一事实阻止了 BenchmarkFiboI()趋于一个稳定的数字，这阻碍了函数的完成，因此也就没有返回任何结果。出于类似的原因，下一个基准测试函数也涵盖了错误的实现。

```
func BenchmarkfiboII(b *testing.B) {
    for i := 0; i < b.N; i++ {
        _ = fibo1(b.N)
    }
}
```

另外，以下两个基准测试函数的实现则没有问题。

```
func BenchmarkFiboIV(b *testing.B) {
    for i := 0; i < b.N; i++ {
        _ = fibo1(10)
    }
}

func BenchmarkFiboIII(b *testing.B) {
    _ = fibo1(b.N)
}
```

正确的基准测试函数是识别代码中的瓶颈的工具，您应该将其放入自己的项目中，特别是当处理文件 I/O 或 CPU 密集型操作时。在本书编写时，笔者一直在等待一个 Python 程序完成其操作，以测试一个数学算法的暴力方法的性能。下一节将讨论代码性能分析。

11.3　代码性能分析

性能分析是一个动态程序分析的过程，它测量与程序执行相关的各种值，以便更好地理解程序行为。在本节中，我们将学习如何对 Go 代码进行性能分析，以更好地理解它并提高其性能。有时，代码性能分析甚至可以揭示代码中的问题，如无限循环或永不返回的函数。

除 HTTP 服务器之外，标准 Go 包 runtime/pprof 用于分析所有类型的应用程序。当想要分析用 Go 编写的 Web 应用程序时，应使用高级的 net/http/pprof 包。读者可以通过执行 go tool pprof -help 命令来查看 pprof 工具的帮助页面。

接下来的部分将展示如何对命令行应用程序进行性能分析，稍后将展示 HTTP 服务器的性能分析。

11.3.1　命令行应用程序的性能分析

应用程序的代码被保存为 profileCla.go，并收集 CPU 和内存性能分析数据。值得关注的是 main()函数的实现，因为这是收集性能分析数据的地方。

```
func main() {
    cpuFilename := path.Join(os.TempDir(), "cpuProfileCla.out")
    cpuFile, err := os.Create(cpuFilename)
    if err != nil {
        fmt.Println(err)
        return
    }
    pprof.StartCPUProfile(cpuFile)
    defer pprof.StopCPUProfile()
```

上述代码是关于收集 CPU 性能分析数据的。pprof.StartCPUProfile()开始收集数据，并使用 pprof.StopCPUProfile()调用停止收集。所有数据都被保存到名为 cpuProfileCla.out 的文件中，该文件位于 os.TempDir()目录下——这取决于所使用的操作系统，从而使代码具有可移植性。使用 defer 意味着 pprof.StopCPUProfile()将在 main()函数退出前被调用。

```
total := 0
for i := 2; i < 100000; i++ {
    n := N1(i)
    if n {
        total = total + 1
    }
}
fmt.Println("Total primes:", total)
```

```
total = 0
for i := 2; i < 100000; i++ {
    n := N2(i)
    if n {
        total = total + 1
    }
}
fmt.Println("Total primes:", total)

for i := 1; i < 90; i++ {
    n := fibo1(i)
    fmt.Print(n, " ")
}
fmt.Println()

for i := 1; i < 90; i++ {
    n := fibo2(i)
    fmt.Print(n, " ")
}
fmt.Println()
runtime.GC()
```

上述代码执行了大量的 CPU 密集型计算，以便 CPU 分析器有数据可以收集——这通常是实际代码所在的位置。

```
// Memory profiling!
memoryFilename := path.Join(os.TempDir(), "memoryProfileCla.out")
memory, err := os.Create(memoryFilename)
if err != nil {
    fmt.Println(err)
    return
}
defer memory.Close()
```

我们创建了第二个文件来收集与内存相关的性能分析数据。

```
    for i := 0; i < 10; i++ {
        s := make([]byte, 50000000)
        if s == nil {
            fmt.Println("Operation failed!")
        }
        time.Sleep(50 * time.Millisecond)
    }
```

```
    err = pprof.WriteHeapProfile(memory)
    if err != nil {
        fmt.Println(err)
        return
    }
}
```

pprof.WriteHeapProfile()函数将内存数据写入指定的文件。再次强调，我们分配了大量的内存，以便内存分析器有数据可以收集。

运行 profileCla.go 将在 os.TempDir()返回的文件夹中创建两个文件。通常，我们会将它们保存在不同的文件夹中。读者可以随意更改 profileCla.go 的代码，并将性能分析文件放置在不同的位置。接下来，我们应该使用 go tool pprof 来处理这些文件。

```
$ go tool pprof /path/ToTemporary/Directory/cpuProfileCla.out
(pprof) top
Showing nodes accounting for 5.65s, 98.78% of 5.72s total
Dropped 47 nodes (cum <= 0.03s)
Showing top 10 nodes out of 18
    flat flat% sum% cum cum%
    3.27s 57.17% 57.17% 3.65s 63.81% main.N2 (inline)
```

top 命令返回前 10 个条目的摘要信息。

```
(pprof) top10 -cum
Showing nodes accounting for 5560ms, 97.20% of 5720ms total
Dropped 47 nodes (cum <= 28.60ms)
Showing top 10 nodes out of 18
    flat flat% sum% cum cum%
    80ms 1.40% 1.40% 5660ms 98.95% main.main
      0 0% 1.40% 5660ms 98.95% runtime.main
```

top10 -cum 命令返回每个函数的累积时间。

```
(pprof) list main.N1
list main.N1
Total: 5.72s
ROUTINE ======================== main.N1 in /Users/mtsouk/ch11/
profileCla.go
    1.72s 1.83s (flat, cum) 31.99% of Total
    . . 35:func N1(n int) bool {
    . . 36: k := math.Floor(float64(n/2 + 1))
```

```
50ms 60ms 37: for i := 2; i < int(k); i++ {
1.67s 1.77s 38: if (n % i) == 0 {
```

最后，list 命令显示有关特定函数的信息。上述输出显示，if (n % i) == 0 语句是 N1() 函数运行时间最长的部分。

出于简洁考虑，我们没有展示这些命令的完整输出。读者可以在自己的代码中尝试使用性能分析命令，以查看它们的完整输出。另外，读者还可访问 https://blog.golang.org/pprof，并从 Go 博客上了解更多关于性能分析的信息。

注意

读者也可以使用 Go 性能分析器的 shell 中的 pdf 命令，并从性能分析数据中创建 PDF 输出。就个人而言，大多数时候，笔者是从这个命令开始的，因为它提供了对收集数据的丰富概览。

接下来讨论如何对 HTTP 服务器进行性能分析。

11.3.2 HTTP 服务器性能分析

如前所述，当想要收集运 HTTP 服务器 G 应用程序的性能分析数据时，应使用 net/http/pprof 包。为此，导入 net/http/pprof 包会在/debug/pprof/路径下安装各种处理器。稍后将看到更多相关内容。目前，只需记住 net/http/pprof 包用于 Web 应用程序性能分析，而 runtime/pprof 则用于对所有其他类型的应用程序进行性能分析。

这种技术在 profileHTTP.go 中得到了演示，并包含以下代码。

```
package main

import (
	"fmt"
	"net/http"
	"net/http/pprof"
	"os"
	"time"
)
```

如前所述，此处应该导入 net/http/pprof 包。

```
func myHandler(w http.ResponseWriter, r *http.Request) {
	fmt.Fprintf(w, "Serving: %s\n", r.URL.Path)
	fmt.Printf("Served: %s\n", r.Host)
```

```
}

func timeHandler(w http.ResponseWriter, r *http.Request) {
    t := time.Now().Format(time.RFC1123)
    Body := "The current time is:"
    fmt.Fprintf(w, "%s %s", Body, t)
    fmt.Fprintf(w, "Serving: %s\n", r.URL.Path)
    fmt.Printf("Served time for: %s\n", r.Host)
}
```

上述两个函数实现了两个处理函数，并应用于简单的 HTTP 服务器中。myHandler()是默认的处理函数，而 timeHandler()函数责返回服务器上的当前时间和日期。

```
func main() {
    PORT := ":8001"
    arguments := os.Args
    if len(arguments) == 1 {
        fmt.Println("Using default port number: ", PORT)
    } else {
        PORT = ":" + arguments[1]
        fmt.Println("Using port number: ", PORT)
    }

    r := http.NewServeMux()
    r.HandleFunc("/time", timeHandler)
    r.HandleFunc("/", myHandler)
```

到目前为止，相关内容并没有什么特别之处，我们只是注册了处理器函数。

```
r.HandleFunc("/debug/pprof/", pprof.Index)
r.HandleFunc("/debug/pprof/cmdline", pprof.Cmdline)
r.HandleFunc("/debug/pprof/profile", pprof.Profile)
r.HandleFunc("/debug/pprof/symbol", pprof.Symbol)
r.HandleFunc("/debug/pprof/trace", pprof.Trace)
```

上述所有语句都安装了 HTTP 分析器的处理程序，您可以使用 Web 服务器的主机名和端口号来访问它们。当然，我们不必使用所有处理程序。

```
    err := http.ListenAndServe(PORT, r)
    if err != nil {
        fmt.Println(err)
        return
    }
}
```

最后，像以往一样启动 HTTP 服务器。

接下来，首先运行 HTTP 服务器（go run profileHTTP.go）。之后，在与 HTTP 服务器交互时，可运行下列命令来收集性能分析数据。

```
$ go tool pprof http://localhost:8001/debug/pprof/profile
Fetching profile over HTTP from http://localhost:8001/debug/pprof/
profile
Saved profile in /Users/mtsouk/pprof/pprof.samples.cpu.004.pb.gz
Type: cpu
Time: Jun 18, 2021 at 12:30pm (EEST)
Duration: 30s, Total samples = 10ms (0.033%)
Entering interactive mode (type "help" for commands, "o" for options)
(pprof) %
```

上述输出显示了 HTTP 性能分析器的初始屏幕。其中，可用的命令与对命令行应用程序进行性能分析时的命令相同。

用户可以退出 shell 并在之后使用 go tool pprof 分析数据，也可以继续给出性能分析器命令。这就是在 Go 语言中对 HTTP 服务器进行性能分析的一般思路。

下一节将讨论 Go 性能分析器的 Web 界面。

11.3.3　Go 性能分析器的 Web 界面

从 Go 语言 1.10 版本开始，go tool pprof 带有 Web 用户界面，您可以使用 go tool pprof -http=[host]:[port] aProfile.out 命令来启动它。这里，不要忘记为-http 设置正确的值。

图 11.1 显示了性能分析器 Web 界面的一部分内容，它展示了程序的执行时间是如何消耗的。

用户随意浏览 Web 界面，已查看所提供的各种选项。

更多关于性能分析的讨论超出了本章的范围。如往常一样，如果读者对代码性能分析感兴趣，请尽可能多地进行实验。

下一节将讨论代码追踪问题。

11.4　go tool trace 实用程序

代码追踪是一个过程，进而了解诸如垃圾收集器的操作、协程的生命周期、每个逻辑处理器的活动，以及使用的操作系统线程数量等信息。go tool trace 实用工具是查看存储在追踪文件中的数据的工具，这些数据可以通过以下 3 种方式之一生成。

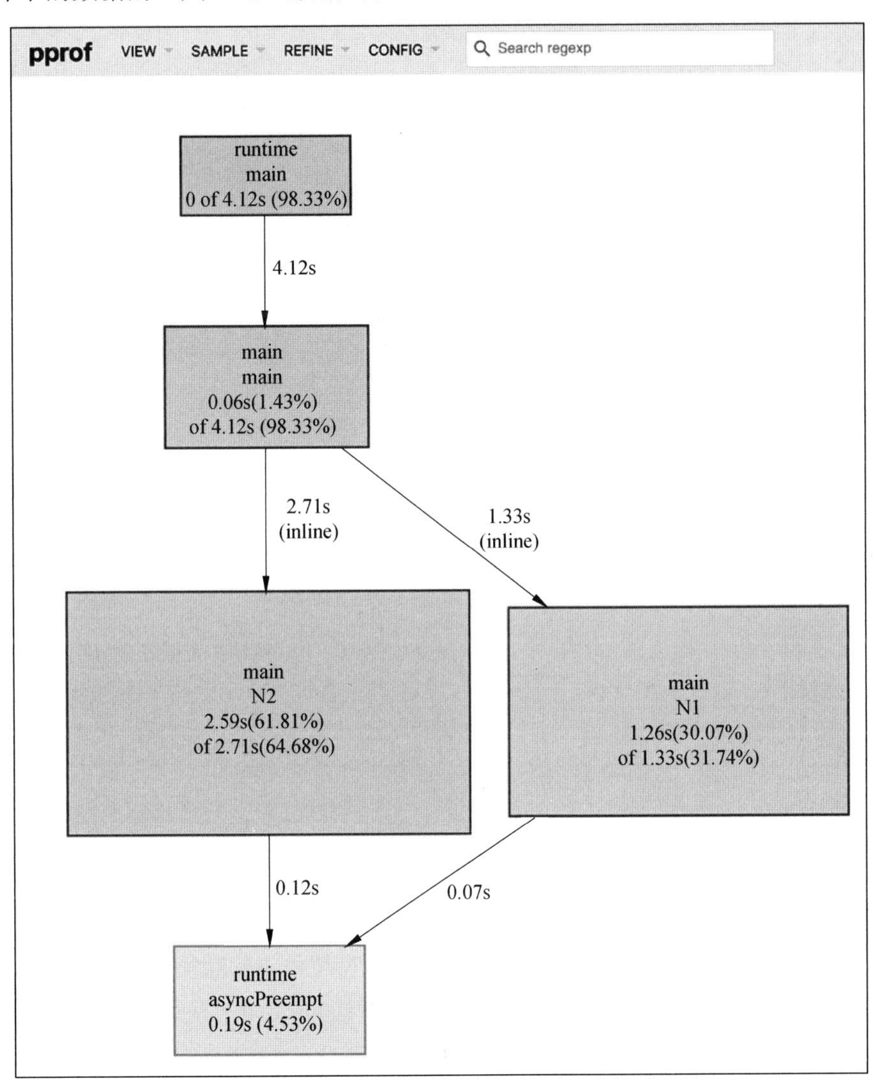

图 11.1　Go 语言性能分析器的 Web 界面

（1）使用 runtime/trace 包。

（2）使用 net/http/pprof 包。

（3）使用 go test -trace 命令。

本节通过 traceCLA.go 代码说明了第一种技术的使用。

```
package main

import (
    "fmt"
    "os"
    "path"
    "runtime/trace"
    "time"
)
```

runtime/trace 包是收集各种追踪数据所必需的——没有必要选择特定的追踪数据，因为所有追踪数据都是相互关联的。

```
func main() {
    filename := path.Join(os.TempDir(), "traceCLA.out")
    f, err := os.Create(filename)
    if err != nil {
        panic(err)
    }
    defer f.Close()
```

正如在性能分析中发生的那样，我们需要创建一个文件来存储追踪数据。在这种情况下，该文件被称为 traceCLA.out，并且存储在操作系统的临时目录中。

```
err = trace.Start(f)
if err != nil {
    fmt.Println(err)
    return
}
defer trace.Stop()
```

这一部分内容是关于获取 go tool trace 的数据，它与程序的功能无关。我们使用 trace.Start()开始追踪过程，并在完成时调用 trace.Stop()函数。defer 调用意味着我们希望在 main()函数返回时终止追踪。

```
    for i := 0; i < 3; i++ {
        s := make([]byte, 50000000)
        if s == nil {
            fmt.Println("Operation failed!")
        }
    }
```

```
    for i := 0; i < 5; i++ {
        s := make([]byte, 100000000)
        if s == nil {
            fmt.Println("Operation failed!")
        }
        time.Sleep(time.Millisecond)
    }
}
```

上述所有代码涉及内存分配以触发垃圾收集器的操作，并生成更多的追踪数据。读者可以在附录中了解更多关于 Go 垃圾收集器的信息。程序像平常一样执行并在完成后用追踪数据填充 traceCLA.out。之后，我们应该按照以下方式处理追踪数据。

```
$ go tool trace /path/ToTemporary/Directory/traceCLA.out
```

最后一个命令自动启动一个 Web 服务器，并在默认 Web 浏览器上打开追踪工具的 Web 界面。读者可以在自己的计算机上运行它，以使用追踪工具的 Web 界面进行操作。

View trace 链接显示了有关程序的协程和垃圾收集器操作的信息。

记住，尽管 go tool trace 非常便捷和强大，但它不能解决每一种性能问题。有时，go tool pprof 更为合适，特别是想要揭示代码的大部分时间花费在哪里时。

正如在性能分析中一样，为 HTTP 服务器收集追踪数据是一个略显不同的过程，这将在下一节中解释。

11.4.1　从客户端追踪 Web 服务器

这一节将展示如何使用 net/http/httptrace 追踪一个 Web 服务器应用程序。该包允许追踪来自客户端的 HTTP 请求的各个阶段。与 Web 服务器交互的 traceHTTP.go 的代码如下所示。

```
package main

import (
    "fmt"
    "net/http"
    "net/http/httptrace"
    "os"
)
```

与以往一样，我们只有先导入 net/http/httptrace 包，才能启用 HTTP 追踪。

```
func main() {
    if len(os.Args) != 2 {
        fmt.Printf("Usage: URL\n")
        return
    }

    URL := os.Args[1]
    client := http.Client{}

    req, _ := http.NewRequest("GET", URL, nil)
```

到目前为止，我们像往常一样准备客户端对 Web 服务器的请求。

```
trace := &httptrace.ClientTrace{
    GotFirstResponseByte: func() {
        fmt.Println("First response byte!")
    },
    GotConn: func(connInfo httptrace.GotConnInfo) {
        fmt.Printf("Got Conn: %+v\n", connInfo)
    },
    DNSDone: func(dnsInfo httptrace.DNSDoneInfo) {
        fmt.Printf("DNS Info: %+v\n", dnsInfo)
    },
    ConnectStart: func(network, addr string) {
        fmt.Println("Dial start")
    },
    ConnectDone: func(network, addr string, err error) {
        fmt.Println("Dial done")
    },
    WroteHeaders: func() {
        fmt.Println("Wrote headers")
    },
}
```

上述代码与追踪 HTTP 请求相关。httptrace.ClientTrace 结构定义了我们感兴趣的事件，包括 GotFirstResponseByte、GotConn、DNSDone、ConnectStart、ConnectDone 和 Wrote Headers。当这类事件发生时，相关的代码将被执行。读者可以在 net/http/httptrace 包的文档中找到更多关于支持的事件及其目的的信息。

```
req = req.WithContext(httptrace.WithClientTrace(req.Context(),
trace))
fmt.Println("Requesting data from server!")
```

```
_, err := http.DefaultTransport.RoundTrip(req)
if err != nil {
    fmt.Println(err)
    return
}
```

httptrace.WithClientTrace()函数根据给定的父上下文返回一个新的 context 值，而 http.DefaultTransport.RoundTrip()将请求与 context 值包装在一起，以便跟踪请求。

请注意，Go HTTP 追踪被设计为追踪单个 http.Transport.RoundTrip 的事件。

```
    _, err = client.Do(req)
    if err != nil {
    fmt.Println(err)
        return
    }

}
```

最后一部分内容将客户端请求发送到服务器，以便开始追踪。

运行 traceHTTP.go 将生成以下输出。

```
$ go run traceHTTP.go https://www.golang.org/
Requesting data from server!
DNS Info: {Addrs:[{IP:2a00:1450:4001:80e::2011 Zone:}
{IP:142.250.185.81 Zone:}] Err:<nil> Coalesced:false}
```

在第一部分内容中，我们看到服务器的 IP 地址已经被解析，这意味着客户端准备好开始与 HTTP 服务器进行交互。

```
Dial start
Dial done
Got Conn: {Conn:0xc000078000 Reused:false WasIdle:false IdleTime:0s}
Wrote headers
First response byte!
Got Conn: {Conn:0xc000078000 Reused:true WasIdle:false IdleTime:0s}
Wrote headers
First response byte!
DNS Info: {Addrs:[{IP:2a00:1450:4001:80e::2011 Zone:}
{IP:142.250.185.81 Zone:}] Err:<nil> Coalesced:false}
Dial start
Dial done
Got Conn: {Conn:0xc0000a1180 Reused:false WasIdle:false IdleTime:0s}
```

```
Wrote headers
First response byte!
```

上述输出帮助您更详细地了解连接的进展，这在故障排除时非常有用。但是，更多关于追踪的讨论超出了本书的范围。下一节将展示如何访问 Web 服务器的所有路由，以确保它们被正确定义。

11.4.2 访问 Web 服务器的所有路由

gorilla/mux 包提供了一个 Walk 函数，可用于访问路由器注册的所有路由，这在确保每个路由都已注册并正常工作时非常有用。

walkAll.go 的代码如下所示，其中包含许多空的处理函数，因为它的目的不是测试处理函数，而是访问它们（没有任何规定禁止您在完全实现的 Web 服务器上使用相同的技术）。

```
package main

import (
    "fmt"
    "net/http"
    "strings"

    "github.com/gorilla/mux"
)
```

由于我们正在使用一个外部包，walkAll.go 的运行应该在~/go/src 的某个位置进行。

```
func handler(w http.ResponseWriter, r *http.Request) {
    return
}
```

出于简单考虑。这个空处理函数被所有端点共享。

```
func (h notAllowedHandler) ServeHTTP(rw http.ResponseWriter, r *http.
Request) {
    handler(rw, r)
}
```

notAllowedHandler 处理程序也调用了 handler()函数。

```
type notAllowedHandler struct{}
```

```
func main() {
    r := mux.NewRouter()

    r.NotFoundHandler = http.HandlerFunc(handler)
    notAllowed := notAllowedHandler{}
    r.MethodNotAllowedHandler = notAllowed

    // Register GET
    getMux := r.Methods(http.MethodGet).Subrouter()
    getMux.HandleFunc("/time", handler)
    getMux.HandleFunc("/getall", handler)
    getMux.HandleFunc("/getid", handler)
    getMux.HandleFunc("/logged", handler)
    getMux.HandleFunc("/username/{id:[0-9]+}", handler)

    // Register PUT
    // Update User
    putMux := r.Methods(http.MethodPut).Subrouter()
    putMux.HandleFunc("/update", handler)

    // Register POST
    // Add User + Login + Logout
    postMux := r.Methods(http.MethodPost).Subrouter()
    postMux.HandleFunc("/add", handler)
    postMux.HandleFunc("/login", handler)
    postMux.HandleFunc("/logout", handler)

    // Register DELETE
    // Delete User
    deleteMux := r.Methods(http.MethodDelete).Subrouter()
    deleteMux.HandleFunc("/username/{id:[0-9]+}", handler)
```

上述内容定义了想要支持的路由和 HTTP 方法。

```
    err := r.Walk(func(route *mux.Route, router *mux.Router, ancestors
[]*mux.Route) error {
```

这是我们调用 Walk()方法的方式。

```
    pathTemplate, err := route.GetPathTemplate()
    if err == nil {
        fmt.Println("ROUTE:", pathTemplate)
```

```
    }
    pathRegexp, err := route.GetPathRegexp()
    if err == nil {
        fmt.Println("Path regexp:", pathRegexp)
    }
    qT, err := route.GetQueriesTemplates()
    if err == nil {
        fmt.Println("Queries templates:", strings.Join(qT, ","))
    }
    qRegexps, err := route.GetQueriesRegexp()
    if err == nil {
        fmt.Println("Queries regexps:", strings.Join(qRegexps, ","))
    }
    methods, err := route.GetMethods()
    if err == nil {
        fmt.Println("Methods:", strings.Join(methods, ","))
    }
    fmt.Println()
    return nil
})
```

对于每个访问的路由，程序都会收集所需的信息。如果某些 fmt.Println()调用无助于您的目的，那么可以随意移除它们以减少输出内容。

```
if err != nil {
    fmt.Println(err)
}

http.Handle("/", r)
}
```

因此，walkAll.go 背后的一般思想是，先为服务器中的每个路由分配一个空的处理程序，然后调用 mux.Walk()访问所有路由。启用 Go 模块并运行 walkAll.go 将生成以下输出。

```
$ go mod init
$ go mod tidy
$ go run walkAll.go
Queries templates:
Queries regexps:
Methods: GET

ROUTE: /time
```

```
Path regexp: ^/time$
Queries templates:
Queries regexps:
Methods: GET
```

输出结果显示了每条路由支持的 HTTP 方法以及路径的格式。因此，/time 端点使用 GET 方法，它的路径是/time，因为 Path regexp 的值意味着/time 位于路径的开始（^）和结束（$）之间。

```
ROUTE: /getall
Path regexp: ^/getall$
Queries templates:
Queries regexps:
Methods: GET

ROUTE: /getid
Path regexp: ^/getid$
Queries templates:
Queries regexps:
Methods: GET

ROUTE: /logged
Path regexp: ^/logged$
Queries templates:
Queries regexps:
Methods: GET

ROUTE: /username/{id:[0-9]+}
Path regexp: ^/username/(?P<v0>[0-9]+)$
Queries templates:
Queries regexps:
Methods: GET
```

在/username 中，输出包括与该端点相关联的正则表达式，这些正则表达式用于选择 id 变量的值。

```
Queries templates:
Queries regexps:
Methods: PUT

ROUTE: /update
Path regexp: ^/update$
```

```
Queries templates:
Queries regexps:
Methods: PUT

Queries templates:
Queries regexps:
Methods: POST

ROUTE: /add
Path regexp: ^/add$
Queries templates:
Queries regexps:
Methods: POST

ROUTE: /login
Path regexp: ^/login$
Queries templates:
Queries regexps:
Methods: POST

ROUTE: /logout
Path regexp: ^/logout$
Queries templates:
Queries regexps:
Methods: POST

Queries templates:
Queries regexps:
Methods: DELETE

ROUTE: /username/{id:[0-9]+}
Path regexp: ^/username/(?P<v0>[0-9]+)$
Queries templates:
Queries regexps:
Methods: DELETE
```

尽管访问 Web 服务器的路由是一种测试方式，但这并不是官方的 Go 语言测试方法。在这类输出中主要要查找的是端点的缺失、错误的 HTTP 方法的使用，或者端点缺少参数。

下一节将更详细地讨论 Go 代码的测试。

11.5　测试 Go 代码

本节的主题是通过编写测试函数来测试 Go 代码。软件测试是一个非常大的课题，不可能在一个章节中完全覆盖。因此，本节试图提供尽可能多的实用信息。

Go 语言允许为 Go 代码编写测试以检测错误。然而，软件测试只能显示出一个或多个错误的存在，而不能证明没有错误。这意味着您永远无法百分之百确定代码没有错误。

严格来说，本节是关于自动化测试的，它涉及编写额外的代码来验证实际代码（即生产代码）是否按预期工作。因此，测试函数的结果要么是 PASS，要么是 FAIL。读者很快就会看到这是如何工作的。尽管 Go 的测试方法可能看起来较为简单，特别是将其与其他编程语言的测试实践相比较时，但它非常高效，因为它不需要占用开发人员的太多时间。

您应该始终将测试代码放在不同的源文件中——没有必要创建一个难以阅读和维护的巨大源文件。接下来将重新审视第 3 章中的 matchInt()函数来介绍测试。

11.5.1　编写./ch03/intRE.go 测试

本节将为 matchInt()函数编写测试，该函数曾在第 3 章的 intRE.go 中实现。首先，我们创建一个名为 intRE_test.go 的新文件，它将包含所有的测试。随后将包从 main 重命名为 testRE 并移除 main()函数（可选操作）。之后须决定我们要测试什么以及如何测试。测试的主要步骤包括为预期输入、非预期输入、空输入和边缘情况编写测试。所有这些内容都将在代码中看到。此外，我们还将生成随机整数，将它们转换为字符串，并将其作为输入用于 matchInt()。一般来说，测试处理数值的函数的一个好方法是，使用随机数或一般随机值作为输入，并查看代码如何表现和处理这些值。

intRE_test.go 的两个测试函数如下所示。

```
func Test_matchInt(t *testing.T) {
    if matchInt("") {
        t.Error('matchInt("") != true')
    }
```

matchInt("")调用应该返回 false。如果它返回 true，则意味着该函数没有按预期工作。

```
if matchInt("00") == false {
    t.Error('matchInt("00") != true')
}
```

matchInt("00")调用也应该返回 true，因为 00 是一个有效的整数。如果它返回 false，这意味着该函数没有按预期工作。

```
  if matchInt("-00") == false {
    t.Error('matchInt("-00") != true')
  }
  if matchInt("+00") == false {
    t.Error('matchInt("+00") != true')
  }
}
```

第一个测试函数使用静态输入来测试 matchInt()的正确性。如前所述，测试函数接收单个*testing.T 参数，并且不返回任何值。

```
func Test_with_random(t *testing.T) {
    SEED := time.Now().Unix()
    rand.Seed(SEED)
    n := strconv.Itoa(random(-100000, 19999))

    if matchInt(n) == false {
        t.Error("n = ", n)
    }
}
```

第二个测试函数使用随机但有效的输入来测试 matchInt()。因此，给定的输入应该总是能通过测试。使用 go test 运行这两个测试函数会产生以下输出。

```
$ go test -v *.go
=== RUN Test_matchInt
--- PASS: Test_matchInt (0.00s)
=== RUN Test_with_random
--- PASS: Test_with_random (0.00s)
PASS
ok command-line-arguments 0.410s
```

因此，所有测试都通过了，这意味着 matchInt()函数没有问题。

下一节将讨论 TempDir()函数的使用。

11.5.2 TempDir()函数

TempDir()方法既适用于测试也适用于基准测试。它的目的是创建一个临时目录，该目录将在测试或基准测试期间使用。Go 在测试及其子测试或基准测试即将结束时，通过 CleanUp()方法自动移除该临时目录——这是由 Go 安排执行的，您不需要自己使用和实现 CleanUp()。临时目录将要创建的确切位置取决于所使用的操作系统。在 macOS 上，它位于/var/folders 下；而在 Linux 上，它位于/tmp 下。我们将在下一节中说明 TempDir()，届时也会讨论 Cleanup()。

11.5.3　Cleanup()函数

尽管我们在测试场景中展示了 Cleanup()函数，但 Cleanup()既适用于测试也适用于基准测试。顾名思义，Cleanup()函数清理在测试或基准测试包时创建的一些内容。然而，我们需要告诉 Cleanup()要做什么——Cleanup()的参数是一个执行清理操作的函数。这个函数通常以内联的方式实现为匿名函数，但您也可以在其他地方创建它，并按其名称调用它。

cleanup.go 文件包含了一个名为 Foo()的虚拟函数，因为它不包含任何代码，所以没有必要展示其内容。另外，所有重要的代码都可以在 cleanup_test.go 中找到。

```
func myCleanUp() func() {
    return func() {
        fmt.Println("Cleaning up!")
    }
}
```

myCleanUp()函数将作为 CleanUp()的参数使用，且应该具有特定的签名。除签名之外，您可以在 myCleanUp()的实现中放置任何类型的代码。

```
func TestFoo(t *testing.T) {
    t1 := path.Join(os.TempDir(), "test01")
    t2 := path.Join(os.TempDir(), "test02")
```

这是我们将要创建的两个目录的路径。

```
err := os.Mkdir(t1, 0755)
if err != nil {
    t.Error("os.Mkdir() failed:", err)
    return
}
```

我们使用 os.Mkdir()创建了一个目录并指定其路径。因此，当目录不再需要时，我们有责任删除它。

```
defer t.Cleanup(func() {
    err = os.Remove(t1)
    if err != nil {
        t.Error("os.Mkdir() failed:", err)
    }
})
```

TestFoo()结束后，匿名函数的代码将删除 t1，该匿名函数将作为参数传递给 t.CleanUp()。

```
    err = os.Mkdir(t2, 0755)
    if err != nil {
        t.Error("os.Mkdir() failed:", err)
        return
    }
}
```

再次使用 os.Mkdir()创建一个目录。然而，在当前案例中我们不会删除这个目录。因此，在 TestFoo()执行完毕后，t2 不会被删除。

```
func TestBar(t *testing.T) {
    t1 := t.TempDir()
```

由于使用了 t.TempDir()方法，t1 的值（目录路径）由操作系统分配。此外，当测试函数即将结束时，该目录路径将被自动删除。

```
    fmt.Println(t1)
    t.Cleanup(myCleanUp())
}
```

这里，我们使用 myCleanUp()作为 Cleanup()的参数。当想要多次执行相同的清理工作时，这非常有用。运行测试将产生以下输出：

```
$ go test -v *.go
=== RUN TestFoo
--- PASS: TestFoo (0.00s)
=== RUN TestBar
/var/folders/sk/ltk8cnw50lzdtr2hxcj5sv2m0000gn/T/TestBar2904465158/01
```

这是在 macOS 计算机上使用 TempDir()创建的临时目录。

```
Cleaning up!
--- PASS: TestBar (0.00s)
```

```
PASS
ok command-line-arguments 0.096s
```

检查由 TempDir()创建的目录是否还存在，就会发现它们已被成功删除。另外，存储在 TestFoo()的 t2 变量中的目录却没有被删除。再次运行相同的测试将失败，因为 test02 文件已经存在，且无法创建。

```
$ go test -v *.go
=== RUN TestFoo
cleanup_test.go:33: os.Mkdir() failed: mkdir /var/folders/sk/ltk8cn
w50lzdtr2hxcj5sv2m0000gn/T/test02: file exists
--- FAIL: TestFoo (0.00s)
=== RUN TestBar
/var/folders/sk/ltk8cnw50lzdtr2hxcj5sv2m0000gn/T/TestBar2113309096/01
Cleaning up!
--- PASS: TestBar (0.00s)
FAIL
FAIL command-line-arguments 0.097s
FAIL
```

/var/folders/sk/ltk8cnw50lzdtr2hxcj5sv2m0000gn/T/test02: file exists 错误信息显示了问题的根源。解决方案是清理您的测试。

下一节将讨论 testing/quick 包的使用。

11.5.4　testing/quick 包

有时，您需要在没有人工干预的情况下创建测试数据。Go 标准库提供了 testing/quick 软件包，它可用于黑盒测试（一种软件测试方法，用于检查应用程序或函数的功能，而无须事先了解其内部工作情况），它与 Haskell 编程语言中的 QuickCheck 软件包存在关联。这两个软件包都实现了实用功能，可帮助您进行黑盒测试。在 testing/quick 的帮助下，Go 语言可以生成用于测试的内置类型随机值，从而省去了手动生成所有这些值的麻烦。

```
package quickT

type Point2D struct {
    X, Y int
}

func Add(x1, x2 Point2D) Point2D {
    temp := Point2D{}
```

```
    temp.X = x1.X + x2.X
    temp.Y = x1.Y + x2.Y
    return temp
}
```

上述代码实现了一个单一的函数，用于相加两个Point2D变量，这是我们将要测试的函数。

quickT_test.go的代码如下所示。

```
package quickT

import (
    "testing"
    "testing/quick"
)

var N = 1000000

func TestWithItself(t *testing.T) {
    condition := func(a, b Point2D) bool {
        return Add(a, b) == Add(b, a)
    }

    err := quick.Check(condition, &quick.Config{MaxCount: N})
    if err != nil {
        t.Errorf("Error: %v", err)
    }
}
```

对quick.Check()函数的调用会根据其第一个参数（即之前定义的函数）的签名自动生成随机数。您无须自行创建这些随机数，这使得代码易于阅读和编写。另外，实际测试在condition函数中进行。

```
func TestThree(t *testing.T) {
    condition := func(a, b, c Point2D) bool {
        return Add(Add(a, b), c) == Add(a, b)
}
```

这种执行方式是错误的。要对此进行纠正，我们应该将Add(Add(a, b), c) == Add(a, b)替换为Add(Add(a, b), c) == Add(c,Add(a,b))。我们这样做是为了查看测试失败时的输出结果。

```
    err := quick.Check(condition, &quick.Config{MaxCount: N})
    if err != nil {
        t.Errorf("Error: %v", err)
    }
}
```

运行创建的测试将生成以下输出。

```
$ go test -v *.go
=== RUN TestWithItself
--- PASS: TestWithItself (0.86s)
```

正如预期的那样，首次测试是成功的。

```
=== RUN TestThree
    quickT_test.go:28: Error: #1: failed on input quickT.
Point2D{X:761545203426276355, Y:-915390795717609627}, quickT.
Point2D{X:-3981936724985737618, Y:2920823510164787684}, quickT.
Point2D{X:-8870190727513030156, Y:-7578455488760414673}
--- FAIL: TestThree (0.00s)
FAIL
FAIL command-line-arguments 1.153s
FAIL
```

然而，正如预期的那样，第二次测试产生了一个错误。但是，导致错误的输入在屏幕上显示出来，这样您就可以看到是哪些输入导致了函数失败。

下一节将讨论如何对那些耗时过长的测试进行超时处理。

11.5.5　超时测试

如果 go test 工具运行时间过长或由于某种原因永远无法完成，可以使用-timeout 参数来帮助您。

为了说明这一点，我们使用了前一节的代码以及-timeout 和-count 命令行标志。前者指定了测试的最大允许时间，后者指定了测试将要执行的次数。

运行 go test -v *.go -timeout 1s 将通知 go test 所有测试应该在最多 1 秒内完成。在笔者的机器上，测试确实在不到 1 秒的时间内完成了。然而，执行以下命令会产生不同的输出。

```
$ go test -v *.go -timeout 1s -count 2
=== RUN TestWithItself
--- PASS: TestWithItself (0.87s)
```

```
=== RUN TestThree
    quickT_test.go:28: Error: #1: failed on input quickT.
Point2D{X:-3120471701402274OO, Y:-5441930920566042029}, quickT.
Point2D{X:7855449254220087092, Y:7437813460700902767}, quickT.
Point2D{X:4838605758154930957, Y:-7621852714243790655}
--- FAIL: TestThree (0.00s)
=== RUN TestWithItself
panic: test timed out after 1s
```

其中，输出结果比展示的结果更长。输出结果的其余部分与协程在结束前被终止有关。这里的关键在于，由于使用了-timeout 1s，go test 命令导致进程超时。

11.5.6　测试代码覆盖率

在本节中，我们将学习如何获取程序的代码覆盖率信息，以发现测试函数未执行的代码块或单个代码语句。

除其他外，查看程序的代码覆盖率可以发现代码中的问题和错误，因此不要低估它的作用。不过，测试代码覆盖率是对单元测试的补充，而不会取代单元测试。唯一需要记住的是，应该确保测试功能确实尝试覆盖所有情况，并因此尝试运行所有可用代码。如果测试功能没有尝试覆盖所有情况，那么问题可能出在测试功能上，而不是正在测试的代码。

为了展示如何识别不可达代码，coverage.go 中的代码设置了一些问题，具体内容如下所示。

```go
package coverage

import "fmt"

func f1() {
    if true {
        fmt.Println("Hello!")
    } else {
        fmt.Println("Hi!")
    }
}
```

该函数的问题在于，if 语句的第一个分支总是为真，因此 else 分支不会被执行。

```go
func f2(n int) int {
    if n >= 0 {
        return 0
```

```
    } else if n == 1 {
        return 1
    } else {
        return f2(n-1) + f2(n-2)
    }
}
```

f2()函数存在两个问题。第一个问题是它不能很好地处理负整数，第二个问题是所有正整数都由第一个 if 分支处理。代码覆盖率只能帮助您解决第二个问题。coverage_test.go 的代码所示，其中均是常规的测试函数，它们尝试运行所有可用的代码。

```
package coverage

import "testing"

func Test_f1(t *testing.T) {
    f1()
}
```

该测试函数简单地测试了 f1()函数的操作。

```
func Test_f2(t *testing.T) {
    _ = f2(123)
}
```

第二个测试函数通过运行 f2(123)来检查 f2()的操作。

首先，我们应该按以下方式运行 go test ——代码覆盖率任务由-cover 标志完成。

```
$ go test -cover *.go
ok command-line-arguments 0.420s coverage: 50.0% of statements
```

上述输出显示我们的代码覆盖率为 50%，这一结果并不理想。下一个命令将生成代码覆盖率报告。

```
$ go test -coverprofile=coverage.out *.go
```

coverage.out 的内容如下所示（根据用户名和使用的文件夹，具体内容可能会略有不同）。

```
$ cat coverage.out
mode: set
/Users/mtsouk/Desktop/coverage.go:5.11,6.10 1 1
/Users/mtsouk/Desktop/coverage.go:6.10,8.3 1 1
```

```
/Users/mtsouk/Desktop/coverage.go:8.8,10.3 1 0
/Users/mtsouk/Desktop/coverage.go:13.20,14.12 1 1
/Users/mtsouk/Desktop/coverage.go:14.12,16.3 1 1
/Users/mtsouk/Desktop/coverage.go:16.8,16.19 1 0
/Users/mtsouk/Desktop/coverage.go:16.19,18.3 1 0
/Users/mtsouk/Desktop/coverage.go:18.8,20.3 1 0
```

覆盖文件每行的格式和字段是：name.go:line.column,line.column numberOfStatements count。最后一个字段是一个标志，并告之 line.column,line.column 所指定的语句是否被覆盖。因此，当在最后一个字段中看到 0 时，这意味着代码没有被覆盖。

最后，可以通过运行 go tool cover -html=coverage.out 在您网页浏览器中查看 HTML 输出。如果使用的文件名与 coverage.out 不同，请相应地修改命令。图 11.2 显示了生成的输出结果。其中，红色线条表示未被执行的代码，而绿色线条显示了被测试执行的代码。

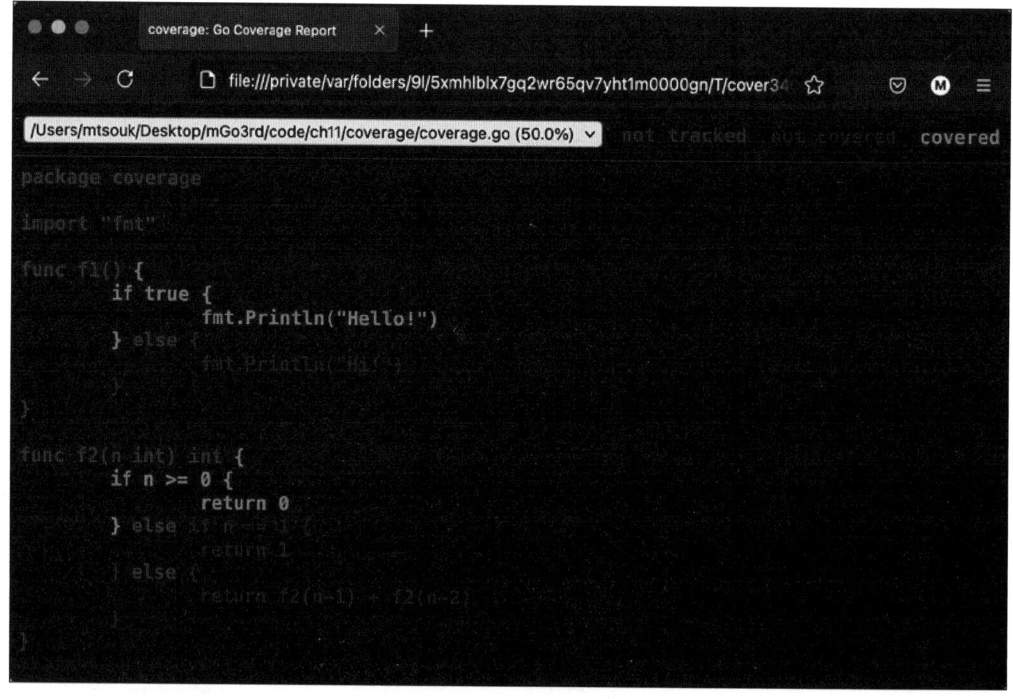

图 11.2　代码覆盖率报告

部分代码被标记为 not tracked（颜色为灰色），因为这是代码覆盖工具无法处理的代码。生成的输出清楚地显示了 f1()和 f2()的代码问题。

下一节将讨论不可达代码以及如何发现它。

11.5.7　发现 Go 语言中的不可达代码

有时，错误实现的 if 语句或错误放置的 return 语句可能会创建不可达的代码块，即根本不会被执行的代码块。由于这是一种逻辑错误，也就是说，它不会被编译器捕获，我们需要找到一种发现它的方法。

好消息是，go vet 工具可以检查 Go 源代码并报告可疑的构造，这对我们很有帮助。cannotReach.go 源代码文件中的示例包含了接下来的两个函数。

```
func S2() {
    return
    fmt.Println("Hello!")
}
```

这里存在一个逻辑错误，因为 S2()在打印所需的消息之前就返回了。

```
func S1() {
    fmt.Println("In S1()")
    return

    fmt.Println("Leaving S1()")
}
```

类似地，S1()函数返回，且 fmt.Println("Leaving S1()")语句没有任何执行机会。

在 cannotReach.go 上运行 go vet 将生成下列输出。

```
$ go vet cannotReach.go
# command-line-arguments
./cannotReach.go:9:2: unreachable code
./cannotReach.go:16:2: unreachable code
```

第一条信息指向 S2()中的 fmt.Println()语句，第二条信息指向 S1()中的第二个 fmt.Println()语句。在这种情况下，go vet 做得非常出色。然而，go vet 并不是特别复杂，不能捕捉到所有可能的逻辑错误类型。如果需要一个更高级的工具，请查看 staticcheck（https://staticcheck.io/），它也可以与 Microsoft Visual Studio Code（https://code.visualstudio.com/）集成。图 11.3 显示了 Visual Studio Code 如何借助 staticcheck 标识不可达代码。

通常来说，将 go vet 包含在工作流程中是有益无害的。您可以通过运行 go doc cmd/vet 了解更多关于 go vet 的功能。

```
5   )
6
7   func S2() {
8       return
9       fmt.Println("Hello!")
10  }
11
12  func S1() {
13      fmt.Println("In S1()")
14
15
16      fmt.Println("Leaving S1()")
17  }
18
19  func main() {
20      S1()
21  }
22
```

图 11.3　在 Visual Studio Code 中查看不可达代码

下一节将展示如何测试基于数据库后端的 HTTP 服务器。

11.6　测试基于数据库后端的 HTTP 服务器

HTTP 服务器是一种不同类型的实体，因为它应该在测试执行之前就已经运行。幸运的是，net/http/httptest 包可以提供帮助，您不需要自己运行 HTTP 服务器，因为 net/http/httptest 包会完成这项工作，但您需要确保数据库服务器正在运行。接下来，我们将测试在第 10 章中开发的 REST API 服务器，并复制位于 https://github.com/mactsouk/rest-api GitHub 库的 server_test.go 文件中的测试代码。

注意

为了创建 server_test.go，我们无须改变 REST API 服务器的实现。

server_test.go 的代码，包含了 HTTP 服务的测试函数，如下所示。

```
package main

import (
    "bytes"
    "net/http"
    "net/http/httptest"
    "strconv"
    "strings"
    "testing"
    "time"

    "github.com/gorilla/mux"
)
```

包含 github.com/gorilla/mux 的唯一原因在于，稍后将使用 mux.SetURLVars()函数。

```
func TestTimeHandler(t *testing.T) {
    req, err := http.NewRequest("GET", "/time", nil)
    if err != nil {
        t.Fatal(err)
    }

    rr := httptest.NewRecorder()
    handler := http.HandlerFunc(TimeHandler)
    handler.ServeHTTP(rr, req)

    status := rr.Code
    if status != http.StatusOK {
        t.Errorf("handler returned wrong status code: got %v want %v",
        status, http.StatusOK)
    }
}
```

http.NewRequest()函数用于定义 HTTP 请求方法、端点，并且在需要时向端点发送数据。http.HandlerFunc(TimeHandler)调用定义了正在测试的处理函数。

```
func TestMethodNotAllowed(t *testing.T) {
    req, err := http.NewRequest("DELETE", "/time", nil)
    if err != nil {
        t.Fatal(err)
    }

    rr := httptest.NewRecorder()
```

```
    handler := http.HandlerFunc(MethodNotAllowedHandler)
```

在该测试函数中，我们测试 MethodNotAllowedHandler。

```
    handler.ServeHTTP(rr, req)

    status := rr.Code
    if status != http.StatusNotFound {
        t.Errorf("handler returned wrong status code: got %v want %v",
        status, http.StatusOK)
    }
}
```

我们知道这次交互将会失败，因为我们正在测试 MethodNotAllowedHandler。因此期望得到一个 http.StatusNotFound 的响应码，否则测试函数将会失败。

```
func TestLogin(t *testing.T) {
    UserPass := []byte('{"Username": "admin", "Password": "admin"}')
```

这里，我们用字节片存储 User 结构的所需字段。要使测试正常进行，管理员用户的密码应为 admin，因为这正是代码中使用的密码。请修改 server_test.go，以便为管理员用户或其他任何拥有管理员权限的用户设置正确的密码。

```
req, err := http.NewRequest("POST", "/login", bytes.
NewBuffer(UserPass))
if err != nil {
    t.Fatal(err)
}
req.Header.Set("Content-Type", "application/json")
```

上述代码行构建了所需的请求。

```
rr := httptest.NewRecorder()
handler := http.HandlerFunc(LoginHandler)
handler.ServeHTTP(rr, req)
```

NewRecorder()函数返回一个初始化的 ResponseRecorder，用于 ServeHTTP()函数中。这里，ServeHTTP()是执行请求的方法。相应地，响应保存 rr 变量中。此外还有一个针对/logout 端点的测试函数，由于它与 TestLogin()几乎完全相同，因此在此不做介绍。不过，以随机顺序运行测试可能会造成测试问题，因为 TestLogin()应始终在 TestLogout()之前执行。

```
    status := rr.Code
    if status != http.StatusOK {
```

```
        t.Errorf("handler returned wrong status code: got %v want %v",
            status, http.StatusOK)
        return
    }
}
```

如果状态码是 http.StatusOK，这意味着交互过程按预期工作。

```
func TestAdd(t *testing.T) {
    now := int(time.Now().Unix())
    username := "test_" + strconv.Itoa(now)
    users := '[{"Username": "admin", "Password": "admin"},
{"Username":"' + username + '", "Password": "myPass"}]'
```

对于 Add()处理程序，我们需要传递一个 JSON 记录数组，该数组在此处构建。由于不想每次都创建相同的用户名，因此我们将当前的时间戳附加到_test 字符串中。

```
UserPass := []byte(users)
req, err := http.NewRequest("POST", "/add", bytes.
NewBuffer(UserPass))
if err != nil {
    t.Fatal(err)
}
req.Header.Set("Content-Type", "application/json")
```

这里，我们构建了 JSON 记录的切片（UserPass）并生成了请求。

```
    rr := httptest.NewRecorder()
    handler := http.HandlerFunc(AddHandler)
    handler.ServeHTTP(rr, req)

    // Check the HTTP status code is what we expect.
    if status := rr.Code; status != http.StatusOK {
        t.Errorf("handler returned wrong status code: got %v want %v",
        status, http.StatusOK)
        return
    }
}
```

如果服务器响应是 http.StatusOK，那么请求成功，且测试通过。

```
func TestGetUserDataHandler(t *testing.T) {

    UserPass := []byte('{"Username": "admin", "Password": "admin"}')
```

```
    req, err := http.NewRequest("GET", "/username/1", bytes.
    NewBuffer(UserPass))
```

尽管在请求中使用了/username/1，但这并没有在 Vars 映射中添加任何值。因此需要使用 SetURLVars()函数来更改 Vars 映射中的值。接下来将对此进行说明。

```
if err != nil {
    t.Fatal(err)
}
req.Header.Set("Content-Type", "application/json")

vars := map[string]string{
    "id": "1",
}
req = mux.SetURLVars(req, vars)
```

gorilla/mux 包提供了用于测试目的的 SetURLVars()函数，该函数允许向 Vars 映射中添加元素。在这种情况下，我们需要将 id 键的值设置为 1。您可以根据需要添加任意多的键/值对。

```
    rr := httptest.NewRecorder()
    handler := http.HandlerFunc(GetUserDataHandler)
    handler.ServeHTTP(rr, req)

    if status := rr.Code; status != http.StatusOK {
        t.Errorf("handler returned wrong status code: got %v want %v",
        status, http.StatusOK)
        return
    }

expected := `{"ID":1,"Username":"admin","Password":"admin",
"LastLogin":0,"Admin":1,"Active":0}`
```

这就是期望从请求中得到的记录。由于无法猜测服务器响应中 LastLogin 的值，我们用 0 替代它，因此这里使用了 0。

```
serverResponse := rr.Body.String()

result := strings.Split(serverResponse, "LastLogin")
serverResponse = result[0] + `LastLogin":0,"Admin":1,"Active":0}`
```

由于我们不想使用来自服务器响应的 LastLogin 值，因此将其更改为 0。

```
    if serverResponse != expected {
        t.Errorf("handler returned unexpected body: got %v but wanted
        %v",
            rr.Body.String(), expected)
    }
}
```

代码的最后一部分包含了标准的 Go 方法，并检查是否收到预期答案。

一旦理解了介绍的示例，为 HTTP 服务创建测试就变得很容易了。这主要是因为大部分代码都在测试函数中重复出现。

运行测试会产生以下输出。

```
$ go test -v server_test.go main.go handlers.go
=== RUN TestTimeHandler
2021/06/17 08:59:15 TimeHandler Serving: /time from
--- PASS: TestTimeHandler (0.00s)
```

这是访问/time 端点的输出，其结果是 PASS。

```
=== RUN TestMethodNotAllowed
2021/06/17 08:59:15 Serving: /time from with method DELETE
--- PASS: TestMethodNotAllowed (0.00s)
=== RUN TestLogin
```

这是使用 DELETE HTTP 方法访问/time 端点的输出，其结果是通过（PASS），因为我们预期这个请求会失败，因为它使用了错误的 HTTP 方法。

```
2021/06/17 08:59:15 LoginHandler Serving: /login from
2021/06/17 08:59:15 Input user: {0 admin admin 0 0 0}
2021/06/17 08:59:15 Found user: {1 admin admin 1620922454 1 0}
2021/06/17 08:59:15 Logging in: {1 admin admin 1620922454 1 0}
2021/06/17 08:59:15 Updating user: {1 admin admin 1623909555 1 1}
2021/06/17 08:59:15 Affected: 1
2021/06/17 08:59:15 User updated: {1 admin admin 1623909555 1 1}
--- PASS: TestLogin (0.01s)
```

这是来自 TestLogin()的输出，它测试了/login 端点。所有以日期和时间开始的行都是由 REST API 服务器生成的，并显示了请求的进度。

```
=== RUN TestLogout
2021/06/17 08:59:15 LogoutHandler Serving: /logout from
2021/06/17 08:59:15 Found user: {1 admin admin 1620922454 1 1}
```

```
2021/06/17 08:59:15 Logging out: admin
2021/06/17 08:59:15 Updating user: {1 admin admin 1620922454 1 0}
2021/06/17 08:59:15 Affected: 1
2021/06/17 08:59:15 User updated: {1 admin admin 1620922454 1 0}
--- PASS: TestLogout (0.01s)
```

这是来自 TestLogout()函数的输出，它测试了/logout 端点，结果同样是 PASS。

```
=== RUN TestAdd
2021/06/17 08:59:15 AddHandler Serving: /add from
2021/06/17 08:59:15 [{0 admin admin 0 0 0} {0 test_1623909555 myPass 0
0 0}]
--- PASS: TestAdd (0.01s)
```

这是来自 TestAdd()测试函数的输出。创建的新用户名称是 test_1623909555，且每次执行测试时都应该不同。

```
=== RUN TestGetUserDataHandler
2021/06/17 08:59:15 GetUserDataHandler Serving: /username/1 from
2021/06/17 08:59:15 Found user: {1 admin admin 1620922454 1 0}
--- PASS: TestGetUserDataHandler (0.00s)
PASS
ok command-line-arguments (cached)
```

最后，这是 TestGetUserDataHandler()测试函数的输出结果，执行时也没有出现任何问题。

下一节将讨论模糊测试，它提供了一种不同的测试方法。

11.7　模糊测试

作为软件工程师，我们不担心事情按预期发展，而是担心出现意料之外的情况。处理意料之外情况的一种方法是模糊测试。模糊测试是一种测试技术，它向需要输入的程序提供无效的、意料之外的或随机的数据。

模糊测试的优点包括以下几点内容。

（1）确保代码能够处理无效或随机的输入。

（2）通过模糊测试发现的漏洞通常非常严重，并可能表明存在安全风险。

（3）攻击者经常使用模糊测试来定位漏洞，因此应做好相应准备。

在未来的 Go 版本中，模糊测试将被正式纳入 Go 语言。它很可能会在 Go 1.18 或 Go 1.19

版本中正式发布。GitHub 上的 dev.fuzz 分支（https://github.com/golang/go/tree/dev.fuzz）包含最新的模糊处理实现。在相关代码合并到主分支之前，该分支将一直存在。模糊测试使用 testing.F 数据类型，就像测试使用 testing.T 和基准测试使用 testing.B 一样。如果读者想尝试用 Go 语言进行模糊测试，请访问 https://blog.golang. org/fuzz-beta 以了解更多内容。

下一节将讨论 Go 语言中一个方便的特性，即交叉编译。

11.8　交叉编译

交叉编译过程是指，生成一个不同于正在工作的架构的二进制可执行文件，而无须访问其他机器。我们从交叉编译中获得的主要好处是：不需要第二台或第三台机器来创建和分发不同架构的可执行文件。这意味着基本上只需要一台机器来进行开发。幸运的是，Go 语言内置了对交叉编译的支持。

当交叉编译一个 Go 源文件时，我们需要将 GOOS 和 GOARCH 环境变量分别设置为目标操作系统和架构，这并不像听起来那么困难。

提示

读者可以在 https://golang.org/doc/install/找到 GOOS 和 GOARCH 环境变量的可用值列表。然而，并非所有 GOOS 和 GOARCH 的组合都是有效的。

crossCompile.go 的代码如下所示。

```
package main

import (
    "fmt"
    "runtime"
)

func main() {
    fmt.Print("You are using ", runtime.GOOS, " ")
    fmt.Println("on a(n)", runtime.GOARCH, "machine")
    fmt.Println("with Go version", runtime.Version())
}
```

在安装了 Go 语言 1.16.5 版本的 macOS 计算机上运行将生成以下输出。

```
$ go run crossCompile.go
You are using darwin on a(n) amd64 machine
with Go version go1.16.5
```

在 macOS 计算机上运行以下命令，即可为运行在 amd64 处理器上的 Linux 操作系统编译 crossCompile.go 文件，过程非常简单。

```
$ env GOOS=linux GOARCH=amd64 go build crossCompile.go
$ file crossCompile
crossCompile: ELF 64-bit LSB executable, x86-64, version 1
(SYSV), statically linked, Go BuildID=GHF99KZkGUrFADRlsS7l/ty-
Ka44KVhMItrIvMZ6l/rdRP5mt_yw2AEox_8uET/HqP0KyUBaOB87LY7gvVu, not
stripped
```

将该文件传输到一台 Arch Linux 的计算机上并运行它，将生成以下输出。

```
$ ./crossCompile
You are using linux on a(n) amd64 machine
with Go version go1.16.5
```

值得注意的是，crossCompile.go 的交叉编译二进制文件会打印编译所用计算机的 Go 版本。这非常合理，因为目标计算机可能根本没有安装 Go。

交叉编译是 Go 语言的一个强大特性，当希望通过持续集成/持续部署（CI/CD）系统生成可执行文件的多个版本并进行分发时，该特性即可大显身手。

下一节将讨论 go:generate。

11.9　使用 go:generate

虽然 go:generate 与测试或性能分析没有直接联系，但它是一个方便的高级 Go 功能，我认为本章是讨论它的最佳场所，因为它也能帮助用户进行测试。go:generate 指令与 go generate 命令相关联，它是在 Go 1.4 版本中添加的，目的是帮助实现自动化，并允许在现有文件中运行指令描述的命令。

go:generate 命令支持 -v、-n 和-x 标志。-v 标志在处理时打印包和文件的名称，而-n 标志打印将要执行的命令。最后，-x 标志在执行时打印命令，这对于调试 go:generate 命令非常有用。

使用 go:generate 的主要原因如下所示。

（1）在执行 Go 代码之前从互联网或其他来源下载动态数据。

（2）在运行 Go 代码之前执行一些代码。

（3）在代码执行前生成版本号或其他唯一数据。

（4）确保有样本数据可供使用。例如，可以使用 go:generate 将数据放入数据库中。

提示

使用 go:generate 并不被认为是一种好的做法，因为它会向开发人员隐藏一些内容，并创建额外的依赖关系，所以笔者尽量避免使用它。

go:generate 的应用示例在 goGenerate.go 文件中进行了展示，其内容如下所示。

```
package main

import "fmt"

//go:generate ./echo.sh
```

这执行了 echo.sh 脚本，该脚本应当位于当前目录中。

```
//go:generate echo GOFILE: $GOFILE
//go:generate echo GOARCH: $GOARCH
//go:generate echo GOOS: $GOOS
//go:generate echo GOLINE: $GOLINE
//go:generate echo GOPACKAGE: $GOPACKAGE
```

$GOFILE、$GOARCH、$GOOS、$GOLINE 和$GOPACKAGE 是特殊变量，它们在执行时被翻译。

```
//go:generate echo DOLLAR: $DOLLAR
//go:generate echo Hello!
//go:generate ls -l
//go:generate ./hello.py
```

执行 hello.py Python 脚本，该脚本应位于当前目录下。

```
func main() {
    fmt.Println("Hello there!")
}
```

go generate 命令不会运行 fmt.Println()语句或 Go 源文件中的任何其他语句。最后，请记住 go generate 不会自动执行，且必须显式运行。在~ go/src/中使用 goGenerate.go 会生成下列输出。

```
$ go mod init
$ go mod tidy
$ go generate
Hello world!
GOFILE: goGenerate.go
GOARCH: amd64
GOOS: darwin
GOLINE: 9
GOPACKAGE: main
```

这是$GOFILE、$GOARCH、$GOOS、$GOLINE 和$GOPACKAGE 变量的输出，显示了运行时定义的这些变量的值。

```
DOLLAR: $
```

此外，还有一个名为$DOLLAR 的特殊变量，用于在输出中打印美元字符，因为在操作系统环境中$具有特殊含义。

```
Hello!
total 32
-rwxr-xr-x 1 mtsouk staff 32 Jun 2 18:18 echo.sh
-rw-r--r-- 1 mtsouk staff 45 Jun 2 16:15 go.mod
-rw-r--r-- 1 mtsouk staff 381 Jun 2 18:18 goGenerate.go
-rwxr-xr-x 1 mtsouk staff 52 Jun 2 18:18 hello.py
drwxr-xr-x 5 mtsouk staff 160 Jun 2 17:07 walk
```

这是 ls -l 命令的输出结果，显示代码执行时在当前目录下找到的文件。这可用于测试某些必要文件在执行时是否存在。

```
Hello from Python!
```

最后是一段简单的 Python 脚本的输出。

使用-n 选项运行 go generate 可以显示将要执行的命令。

```
$ go generate -n
./echo.sh
echo GOFILE: goGenerate.go
echo GOARCH: amd64
echo GOOS: darwin
echo GOLINE: 9
echo GOPACKAGE: main
echo DOLLAR: $
echo Hello!
```

```
ls -l
./hello.py
```

因此，go:generate 可以帮助您在程序执行前与操作系统交互。然而，由于它对开发者隐藏了一些内容，其使用应当有所限制。

下一节将讨论示例函数。

11.10　生成示例函数

文档编制过程的一部分是生成示例代码，展示软件包中部分或全部函数和数据类型的使用。示例函数有很多好处，包括它们是可执行的测试，并由 go test 执行。因此，如果示例函数包含//Output: 行，go test 工具就会检查计算输出是否与// Output:行之后的值相匹配。尽管应该在以_test.go 结尾的 Go 文件中包含示例函数，但我们并不需要为示例函数导入 testing Go 包。此外，每个示例函数的名称必须以 Example 开始。最后，示例函数不需要输入参数，也不返回结果。

我们将使用 exampleFunctions.go 和 exampleFunctions_test.go 的代码来说明示例函数。exampleFunctions.go 的内容如下所示。

```
package exampleFunctions

func LengthRange(s string) int {
    i := 0
    for _, _ = range s {
        i = i + 1
    }
    return i
}
```

上述代码展示了一个常规包，其中包含一个名为 LengthRange()的单一函数。包含示例函数的 exampleFunctions_test.go 的内容如下所示。

```
package exampleFunctions

import "fmt"

func ExampleLengthRange() {
    fmt.Println(LengthRange("Mihalis"))
    fmt.Println(LengthRange("Mastering Go, 3rd edition!"))
```

```
    // Output:
    // 7
    // 7
}
```

注释行的意思是，预期输出是 7 和 7，这显然是错误的。我们运行 go test 后就会发现这一点。

```
$ go test -v exampleFunctions*
=== RUN ExampleLengthRange
--- FAIL: ExampleLengthRange (0.00s)
got:
7
26
want:
7
7
FAIL
FAIL command-line-arguments 0.410s
FAIL
```

正如预期的那样，生成的输出中存在一个错误：第二个生成的值是 26 而不是预期的 7。如果我们进行必要的更正，输出将会如下所示。

```
$ go test -v exampleFunctions*
=== RUN ExampleLengthRange
--- PASS: ExampleLengthRange (0.00s)
PASS
ok command-line-arguments 1.157s
```

示例函数是学习包功能和测试函数正确性的绝佳工具，因此建议在 Go 语言包中同时包含测试代码和示例函数。另外，如果决定生成包文档，那么测试函数也会出现在包文档中。

11.11　本章练习

（1）使用协程和通道实现一个简单的 ab(1)版本（https://httpd.apache.org/docs/2.4/programs/ab.html），以测试 Web 服务的性能。

（2）为第 3 章中的 phoneBook.go 应用程序编写测试函数。

（3）为计算斐波那契数列的包创建测试函数。不要忘记实现该包。

（4）尝试在不同的操作系统中查找 os.TempDir()的值。

（5）为一个复制二进制文件的函数创建 3 种不同的实现，并对它们进行基准测试，从而找出速度更快的实现。你能解释为什么这个函数更快吗？

11.12　本章小结

本章讨论了 go:generate、代码剖析和跟踪、基准测试及 Go 代码测试。读者可能会觉得 Go 的测试和基准测试方法很枯燥，但这是因为 Go 总体上是枯燥和可预测的，这是件好事。记住，编写无错误的代码很重要，而编写最快的代码并不总是那么重要。

大多数时候，您需要编写足够快的代码。因此，除非代码运行得很慢，否则请花更多时间编写测试而不是基准测试。另外，我们还学习了如何找到不可达代码以及如何交叉编译 Go 代码。尽管对 Go 性能分析器和 go tool trace 的讨论远未完成，但读者应该明白，在性能分析和代码追踪这样的主题上，没有什么可以取代实验和尝试新技术。

11.13　附加资源

（1）generate 包：https://golang.org/pkg/cmd/go/internal/generate/。

（2）生成代码：https://blog.golang.org/generate。

（3）testing 代码：https://golang.org/src/testing/testing.go。

（4）关于 net/http/httptrace：https://golang.org/pkg/net/http/httptrace/。

（5）介绍由 Jaana Dogan 撰写的 HTTP 追踪：https://blog.golang.org/httptracing。

（6）GopherCon 2019: Dave Cheney——两个 Go 程序，3 种不同的性能分析技术：https://youtu.be/nok0aYiGiYA。

第 12 章　与 gRPC 协同工作

本章将讨论如何在 Go 语言中使用 gRPC。gRPC，代表 gRPC 远程过程调用，是由 Google 开发的 RESTful 服务的替代品。gRPC 的主要优势在于它比使用 REST 和 JSON 消息更快。此外，由于可用的工具，为 gRPC 服务创建客户端也更快。最后，由于 gRPC 使用二进制数据格式，它比使用 JSON 格式的 RESTful 服务更轻量。

创建 gRPC 服务器和客户端的过程包含 3 个主要步骤。第一步是创建接口定义语言（IDL）文件；第二步是开发 gRPC 服务器；第三步是开发可以与 gRPC 服务器交互的 gRPC 客户端。

本章主要涉及下列内容。

（1）gRPC 简介。

（2）定义接口定义语言文件。

（3）创建 gRPC 服务器。

（4）开发 gRPC 客户端。

12.1　gRPC 简介

gRPC 是一个开源的远程过程调用（RPC）系统，由 Google 在 2015 年开发，构建在 HTTP/2 之上，允许您轻松创建服务，并使用协议缓冲作为接口定义语言（IDL），它指定了交换消息的格式和服务接口。

gRPC 客户端和服务器可以用任何编程语言编写，无须让客户端使用与服务器相同的编程语言。这意味着即使 gRPC 服务器是用 Go 语言实现的，您也可以使用 Python 开发客户端。支持的编程语言列表包括但不限于 Python、Java、C++、C#、PHP、Ruby 和 Kotlin。

gRPC 包括以下几个优点。

（1）使用二进制格式进行数据交换，使得 gRPC 比使用纯文本格式数据的服务更快。

（2）提供的命令行工具使工作更简单、更快捷。

（3）一旦定义了 gRPC 服务的函数和消息，为其创建服务器和客户端比 RESTful 服务更简单。

（4）gRPC 可以用于流式服务。

（5）不必处理数据交换的细节，因为 gRPC 会处理这些内容。

提示

上述优点不应该让您认为 gRPC 是一种没有缺点的万能良药——始终要为工作选择最合适的工具或技术。

稍后将讨论协议缓冲区，这是 gRPC 服务的基础。

协议缓冲区（protobuf）基本上是一种序列化结构化数据的方法。protobuf 的一部分是接口定义语言（IDL）。由于 protobuf 使用二进制格式进行数据交换，它占用的空间比纯文本序列化格式小。然而，数据需要分别进行编码和解码，以便机器使用和人类阅读。Protobuf 拥有自己的数据类型，这些数据类型会被翻译成所用编程语言本地支持的数据类型。

通常来说，IDL 文件是每个 gRPC 服务的核心，因为它定义了交换数据的格式以及服务接口。没有 protobuf 文件就无法拥有 gRPC 服务。严格来说，protobuf 文件包括了服务的定义、服务的方法，以及将要交换的消息的格式。可以说，如果想理解一个 gRPC 服务，您应该从查看其定义文件开始。下一节将展示在 gRPC 服务中使用的 protobuf 文件。

12.2　定义接口定义语言文件

我们正在开发的 gRPC 服务将支持以下功能。

（1）服务器应向客户端返回其日期和时间。

（2）服务器应向客户端返回指定长度的随机生成密码。

（3）服务器应向客户端返回随机整数。

在开始为服务开发 gRPC 客户端和服务器之前，需要定义 IDL 文件。对此，需要一个单独的 GitHub 库来托管与 IDL 文件相关的文件，该文件位于 https://github.com/mactsouk/protoapi 上。

接下来将展示名为 protoapi.proto 的 IDL 文件：

```
syntax = "proto3";
```

该文件使用的是协议缓冲区语言的 proto3 版本，该语言还有一个更早的版本，名为 proto2，其语法略有不同。如果不指定使用 proto3，那么协议缓冲区编译器会假定使用 proto2。版本的定义必须放在.proto 文件中第一行非空、非注释处。

```
option go_package = "./;protoapi";
```

gRPC 工具将从该.proto 文件生成 Go 代码。上述代码指定了将要创建的 Go 包的名称为 protoapi。由于使用了./，输出将作为 protoapi.proto 写入当前目录。

```
service Random {
    rpc GetDate (RequestDateTime) returns (DateTime);
    rpc GetRandom (RandomParams) returns (RandomInt);
    rpc GetRandomPass (RequestPass) returns (RandomPass);
}
```

上述代码块指定了 gRPC 服务的名称（Random）以及支持的方法。此外，它还指定了交互所需的消息。因此，对于 GetDate，客户端需要发送一个 RequestDateTime 消息，并期望得到一个 DateTime 消息作为响应。

这些消息定义在同一.proto 文件中。

```
// For random number
```

所有的 .proto 文件都支持 C 和 C++ 类型的注释。这意味着可以在.proto 文件中使用 // 文本和/* text */风格的注释。

```
message RandomParams {
    int64 Seed = 1;
    int64 Place = 2;
}
```

随机数生成器始于种子值，在我们的例子中，这个值由客户端指定，并通过 RandomParams 消息发送给服务器。Place 字段指定了在生成的随机整数序列中返回的随机数的位置。

```
message RandomInt {
    int64 Value = 1;
}
```

上述两个消息与 GetRandom 方法相关。RandomParams 用于设置请求的参数，而 RandomInt 用于存储由服务器生成的随机数。所有消息字段的数据类型都是 int64。

```
// For date time
message DateTime {
    string Value = 1;
}

message RequestDateTime {
    string Value = 2;
}
```

上述两个消息是用于支持 GetDate 方法的操作。RequestDateTime 消息是一个虚拟消息，从某种意义上说，它不包含任何有用的数据。我们只是需要持有客户端发送给服务器的一个消息，您可以在 RequestDateTime 的 Value 字段中存储任何类型的信息。服务器返回的信息作为 string 值存储在 DateTime 消息中。

```
// For random password
message RequestPass {
    int64 Seed = 1;
    int64 Length = 8;
}

message RandomPass {
    string Password = 1;
}
```

最后，上述两个消息用于 GetRandomPass 的操作。

因此，IDL 文件的功能如下所示。

（1）指明我们使用的是 proto3。

（2）定义了服务的名称为 Random。

（3）指定生成的 Go 包的名称将是 protoapi。

（4）定义了 gRPC 服务将支持 3 种方法：GetDate、GetRandom 和 GetRandomPass。它还定义了这 3 个方法调用中将要交换的消息的名称。

（5）定义了用于数据交换的 6 种消息的格式。

下一个重要步骤是将该文件转换成 Go 语言可以使用的格式。对此，可能需要下载一些额外的工具，以便处理 protoapi.proto 或其他.proto 文件，并生成相关的 Go .pb.go 文件。协议缓冲编译器二进制文件的名称是 protoc——在笔者的 macOS 机器上，须使用 brew install protobuf 命令来安装 protoc。同样，还须使用 Homebrew 安装 protoc-gen-go-grpc 和 protoc-gen-go 软件包，后两个软件包与 Go 相关。

在 Linux 机器上，需要使用包管理器安装 protobuf，并使用 go install github.com/ golang/protobuf/protoc-gen-go@latest 命令安装 protoc-gen-go。同样，还应该运行 go install google.golang.org/grpc/cmd/protoc-gengo-grpc@latest 命令来安装 protoc-gen-gogrpc 可执行文件。

提示

从 Go 1.16 版本开始，go install 是构建和以模块模式安装包的推荐方式，且 go get 已被弃用。然而，在使用 go install 时，不要忘记在包名后加上@latest 以安装最新版本。

因此，转换过程需要执行下列步骤。

```
$ protoc --go_out=. --go_opt=paths=source_relative --go-grpc_out=.
--go-grpc_opt=paths=source_relative protoapi.proto
```

之后，我们就有了一个名为 protoapi_grpc.pb.go 的文件和一个名为 protoapi.pb.go 的文件，这两个文件都位于 GitHub 库的根目录下。protoapi.pb.go 源代码文件包含消息，而 protoapi_grpc.pb.go 包含服务。

protoapi_grpc.pb.go 的前 10 行代码如下所示。

```
// Code generated by protoc-gen-go-grpc. DO NOT EDIT.

package protoapi
```

如前所述，包的名称是 protoapi。

```
import (
    context "context"
    grpc "google.golang.org/grpc"
    codes "google.golang.org/grpc/codes"
    status "google.golang.org/grpc/status"
)
```

这定义为 import 块。之所以使用 context "context"，是因为 context 曾经是一个外部 Go 包，而不是标准 Go 库的一部分。protoapi.pb.go 的第一行代码如下所示。

```
// Code generated by protoc-gen-go. DO NOT EDIT.
// versions:
// protoc-gen-go v1.27.1
// protoc v3.17.3
// source: protoapi.proto

package protoapi
```

protoapi_grpc.pb.go 和 protoapi.pb.go 都是 protoapi Go 包的一部分，这意味着我们只需要在代码中包含它们一次。

下一节将讨论 gRPC 服务器开发。

12.3　创建 gRPC 服务器

在本节中，我们将根据前一节展示的 api.proto 文件创建一个基于 gRPC 的服务器。由于 gRPC 需要外部包，我们将通过一个 GitHub 库来托管这些文件，该库将是 https://github.com/mactsouk/grpc。

gServer.go（位于 server 目录下）中与 gRPC 相关的代码如下所示（为简洁起见省略了一些函数）。

```
package main

import (
    "context"
    "fmt"
    "math/rand"
    "net"
    "os"
    "time"
```

该程序使用 math/rand 而不是更安全的 crypto/rand 生成随机数，因为我们需要一个种子值来能够重现随机数序列。

```
    "github.com/mactsouk/protoapi"
    "google.golang.org/grpc"
    "google.golang.org/grpc/reflection"
)
```

Import 代码块包括外部的 Google 包以及之前创建的 github.com/mactsouk/protoapi。protoapi 包包含特定于 gRPC 服务的结构、接口和函数，而外部 Google 包包含与 gRPC 相关的通用代码。

```
type RandomServer struct {
    protoapi.UnimplementedRandomServer
}
```

该结构体以 gRPC 服务的名称命名，并将实现 gRPC 服务器所需的接口。使用 protoapi.UnimplementedRandomServer 是实现接口所必需的，这可视为一种标准做法。

```
func (RandomServer) GetDate(ctx context.Context, r *protoapi.
RequestDateTime) (*protoapi.DateTime, error) {
    currentTime := time.Now()
    response := &protoapi.DateTime{
        Value: currentTime.String(),
    }
    return response, nil
}
```

这是接口的第一个方法，以 protoapi.proto service 块中的 GetDate 函数命名。该方法不需要客户端的输入，因此忽略了 r 参数。

```
func (RandomServer) GetRandom(ctx context.Context, r *protoapi.
RandomParams) (*protoapi.RandomInt, error) {
    rand.Seed(r.GetSeed())
    place := r.GetPlace()
```

GetSeed()函数和 GetPlace()函数获取方法由 protoc 实现，且与 protoapi.RandomParams 的字段有关，应在从客户端消息读取数据时使用。

```
    temp := random(min, max)
    for {
        place--
        if place <= 0 {
            break
        }
        temp = random(min, max)
    }

    response := &protoapi.RandomInt{
        Value: int64(temp),
    }
    return response, nil
}
```

服务器会构造一个 protoapi.RandomInt 变量，并将其返回给客户端。接口第二个方法的实现到此结束。

```
func (RandomServer) GetRandomPass(ctx context.Context, r *protoapi.
RequestPass) (*protoapi.RandomPass, error) {
    rand.Seed(r.GetSeed())
    temp := getString(r.GetLength())
```

GetSeed()函数和 GetLength()函数是由 protoc 实现的获取方法，它们与 protoapi.Request Pass 的字段相关，并应被用来从客户端消息中读取数据。

```
    response := &protoapi.RandomPass{
        Password: temp,
    }
    return response, nil
}
```

在 GetRandomPass()的最后部分，我们构造响应（protoapi.RandomPass）以便将其发送给客户端。

```
var port = ":8080"

func main() {
    if len(os.Args) == 1 {
        fmt.Println("Using default port:", port)
    } else {
        port = os.Args[1]
    }
```

main()函数的第一部分指定将要用于服务的 TCP 端口。

```
server := grpc.NewServer()
```

上述语句创建了一个新的 gRPC 服务器，该服务器尚未附加到任何特定的 gRPC 服务。

```
var randomServer RandomServer
protoapi.RegisterRandomServer(server, randomServer)
```

上述语句通过调用 protoapi.RegisterRandomServer()为特定的服务创建一个 gRPC 服务器。

```
reflection.Register(server)
```

调用 reflection.Register()不是强制性的，但当您想要列出服务器上可用的服务时，它会十分应用。在本例子中，该调用可以省略。

```
listen, err := net.Listen("tcp", port)
if err != nil {
    fmt.Println(err)
    return
}
```

上述代码启动了一个 TCP 服务，它监听所需的 TCP 端口。

```
    fmt.Println("Serving requests...")
    server.Serve(listen)
}
```

程序的最后一部分通知 gRPC 服务器开始服务客户端请求。这是通过调用 Serve()方法并使用存储在 listen 中的网络参数来实现的。

提示

curl(1)实用工具不适用于处理二进制数据，因此不能用于测试 gRPC 服务器。然而，有一个替代工具可以用于测试 gRPC 服务，即 grpcurl 实用工具（https://github.com/fullstorydev/grpcurl）。

由于 gRPC 服务器已处于就绪状态，接下来将继续开发可以帮助我们测试 gRPC 服务器运行情况的客户端。

12.4　开发 gRPC 客户端

本节将讨论基于前述 api.proto 文件开发的 gRPC 客户端。客户端的主要目的是测试服务器的功能。然而，真正重要的是实现 3 个辅助函数，每个函数对应一个不同的 RPC 调用，因为这 3 个函数允许用户与 gRPC 服务器交互。gClient.go 的 main()函数的目的是使用这 3 个辅助函数。

gClient.go 的代码如下所示。

```
package main

import (
    "context"
    "fmt"
    "math/rand"
    "os"
    "time"

    "github.com/mactsouk/protoapi"
    "google.golang.org/grpc"
)

var port = ":8080"

func AskingDateTime(ctx context.Context, m protoapi.RandomClient)
(*protoapi.DateTime, error) {
```

您可以随意给 AskingDateTime()函数命名。不过，该函数的签名必须包含一个 context.Context 参数和一个 RandomClient 参数，以便稍后调用 GetDate()。客户端无须实现 IDL 的任何函数，只需调用即可。

```
request := &protoapi.RequestDateTime{
    Value: "Please send me the date and time",
}
```

首先构造一个 protoapi.RequestDateTime 变量，该变量保存客户端请求的数据。

```
    return m.GetDate(ctx, request)
}
```

随后调用 GetDate()方法将客户端请求发送到服务器。这将由 protoapi 模块中的代码处理，我们只需调用带有正确参数的 GetDate()即可。第一个辅助函数的实现到此结束，虽然该辅助函数并非必需，但它能让代码更简洁。

```
func AskPass(ctx context.Context, m protoapi.RandomClient, seed int64,
length int64) (*protoapi.RandomPass, error) {
    request := &protoapi.RequestPass{
        Seed: seed,
        Length: length,
}
```

AskPass()辅助函数用于调用 GetRandomPass() gRPC 方法，以便从服务器进程获取一个随机密码。首先，该函数使用 AskPass()的参数 Seed 和 Length 构造一个 protoapi.RequestPass 变量。

```
    return m.GetRandomPass(ctx, request)
}
```

然后，我们调用 GetRandomPass()函数将客户端请求发送到服务器并获取响应。最后，函数返回。基于 gRPC 的工作方式和简化事务的工具，AskPass()的实现很短。如果使用 RESTful 服务来完成同样的事情，则需要更多的代码。

```
func AskRandom(ctx context.Context, m protoapi.RandomClient, seed
int64, place int64) (*protoapi.RandomInt, error) {
    request := &protoapi.RandomParams{
        Seed: seed,
        Place: place,
    }

    return m.GetRandom(ctx, request)
}
```

最后一个辅助函数 AskRandom()的操作方式是类似的。我们构造客户端消息（protoapi.

RandomParams），通过调用 GetRandom()将其发送到服务器，并获取由 GetRandom()返回的服务器响应。

```
func main() {
    if len(os.Args) == 1 {
        fmt.Println("Using default port:", port)
    } else {
        port = os.Args[1]
    }

    conn, err := grpc.Dial(port, grpc.WithInsecure())
    if err != nil {
        fmt.Println("Dial:", err)
        return
    }
```

gRPC 客户端需要使用 grpc.Dial()连接到 gRPC 服务器。然而，我们还没有完成，因为我们需要指定客户端将要连接的 gRPC 服务，这将在稍后加以讨论。作为参数传递给 grpc.Dial()的 grpc.Insecure()函数返回一个 DialOption 值，该值禁用了客户端连接的安全性。

```
rand.Seed(time.Now().Unix())
seed := int64(rand.Intn(100))
```

由于每次执行客户端代码时生成并发送给 gRPC 服务器的种子值不同，因而我们将从 gRPC 服务器获得不同的随机值和密码。

```
client := protoapi.NewRandomClient(conn)
```

接下来需要通过调用 protoapi.NewRandomClient()并传递 TCP 连接给 protoapi.NewRandomClient()来创建一个 gRPC 客户端。该客户端变量将用于与服务器的所有交互。被调用的函数名称取决于 gRPC 服务的名称，这允许您区分一台机器可能支持的不同 gRPC 服务。

```
r, err := AskingDateTime(context.Background(), client)
if err != nil {
    fmt.Println(err)
    return
}
fmt.Println("Server Date and Time:", r.Value)
```

首先调用 AskingDateTime()辅助函数从 gRPC 服务器获取日期和时间。

```
length := int64(rand.Intn(20))
p, err := AskPass(context.Background(), client, 100, length+1)
if err != nil {
    fmt.Println(err)
    return
}
fmt.Println("Random Password:", p.Password)
```

随后调用 AskPass()获取一个随机生成的密码。密码的长度由 length: = int64(rand.Intn(20)) 语句指定。

```
place := int64(rand.Intn(100))
i, err := AskRandom(context.Background(), client, seed, place)
if err != nil {
    fmt.Println(err)
    return
}
fmt.Println("Random Integer 1:", i.Value)
```

最后，我们使用不同的参数测试 AskRandom()，以确保它将返回不同的值。

```
    k, err := AskRandom(context.Background(), client, seed, place-1)
    if err != nil {
        fmt.Println(err)
        return
    }
    fmt.Println("Random Integer 2:", k.Value)
}
```

在实现了服务器和客户端后，接下来将对它们进行测试。

首先应该按照以下方式运行 gServer.go。

```
$ go run gServer.go
Using default port: :8080
Serving requests..
```

服务器进程没有产生任何其他输出。

随后在没有命令行参数的情况下执行 gClient.go。从 gClient.go 获得的输出应该类似于以下内容。

```
$ go run gClient.go
Using default port: :8080
Server Date and Time: 2021-07-05 08:32:19.654905 +0300 EEST
```

```
m=+2.197816168
Random Password: $1!usiz|36
Random Integer 1: 92
Random Integer 2: 78
```

除了第一行来自 UNIX shell 的客户端执行，第二行用于连接 gRPC 服务器的 TCP 端口，输出的下一行显示了 gRPC 服务器返回的日期和时间。最后是服务器生成的随机密码以及两个随机整数。

如果多次执行 gClient.go，我们将获得不同的输出。

```
$ go run gClient.go
Using default port: :8080
Server Date and Time: 2021-07-05 08:32:23.831445 +0300 EEST
m=+6.374535148
Random Password: $1!usiz|36N}DO*}{
Random Integer 1: 10
Random Integer 2: 68
```

gRPC 服务器返回不同值这一事实证明了 gRP 服务器按预期工作。

gRPC 还可以实现其他功能，如交换消息数组和流式传输，而 RESTful 服务器则不能用于数据流式传输。然而，这些内容讨论超出了本书的范围。

12.5　本 章 练 习

（1）使用 cobra 将 gClient.go 转换为命令行实用工具。

（2）尝试将 gServer.go 转换为 RESTful 服务器。

（3）创建一个使用 gRPC 进行数据交换的 RESTful 服务。定义您将支持的 REST API，但使用 gRPC 进行 RESTful 服务器和 gRPC 服务器之间的通信。在这种情况下，RESTful 服务器将作为 gRPC 服务器的 gRPC 客户端。

（4）创建自己的 gRPC 服务，实现整数加法和减法。

（5）试讨论将电话簿应用程序转换为 gRPC 服务的难易程度。

（6）实现一个计算字符串长度的 gRPC 服务。

12.6　本 章 小 结

本章介绍了如何定义 gRPC 服务的方法和消息、如何将它们转换为 Go 代码，以及如何为该 gRPC 服务开发服务器和客户端。

那么，是使用 gRPC 还是坚持使用 RESTful 服务呢？只有你自己才能回答这个问题。你应该选择更自然的方式。不过，如果你仍有疑问，无法做出决定，那么可以先开发一个 RESTful 服务，然后使用 gRPC 实现相同的服务，并于随后做出选择。

12.7 附加资源

（1）gRPC：https://grpc.io/。

（2）协议缓冲 3 语言指南：https://developers.google.com/protocol-buffers/docs/proto3。

（3）grpcurl 实用工具：https://github.com/fullstorydev/grpcurl。

（4）Johan Brandhorst 的个人网站：https://jbrandhorst.com/page/about/。

（5）google.golang.org/grpc 包文档：https://pkg.go.dev/google.golang.org/grpc。

（6）Go 语言和 gRPC 教程：https://grpc.io/docs/languages/go/basics/。

（7）协议缓冲：https://developers.google.com/protocol-buffers。

第 13 章 Go 语言中的泛型

本章将介绍泛型以及如何使用新语法编写泛型函数和定义泛型数据类型。目前，泛型还在开发中，但正式版本的发布已经非常接近。届时，我们将会很好地理解泛型将具有哪些功能，以及泛型将如何工作。

本章主要涉及下列主题。

（1）泛型简介。

（2）约束条件。

（3）使用泛型定义新数据类型。

（4）接口和泛型。

（5）反射和泛型。

13.1 泛型简介

泛型是一种特性，它使您能够不精确地指定一个或多个函数参数的数据类型，主要是因为您希望函数尽可能通用。换句话说，泛型允许函数处理多种数据类型，而无须编写特殊代码，就像使用空接口或一般接口的情况一样。然而，在 Go 语言中使用接口工作时，必须编写额外的代码来确定正在使用的接口变量的数据类型，这与使用泛型的情况不同。

让我们从一个小型代码示例来开始，该示例实现了一个函数，清楚地展示了泛型的作用并避免您编写大量代码。

```
func PrintSlice[T any](s []T) {
    for _, v := range s {
        fmt.Println(v)
    }
}
```

此处有一个名为 PrintSlice()的函数，它接收任何数据类型的切片。这通过在函数签名中使用 []T 与[T any]部分来表示。[T any]部分通知编译器数据类型 T 将在执行时确定。我们还可以使用[T, U, W any]这种表示法自由地使用多种数据类型，之后应该在函数签名中使用 T, U, W 数据类型。

关键字 any 通知编译器，对于数据类型 T 没有任何约束。稍后将讨论约束条件，目前只需学习泛型的语法。

想象一下，为整数、字符串、浮点数、复数值等的切片分别编写不同的函数来实现 PrintSlice()的功能。因此，我们发现了一个使用泛型简化代码和编程工作的重要案例。然而，并非所有情况都如此明显，我们应该非常小心地避免过度使用泛型。

如果您想在官方发布之前尝试使用泛型，这里的解决方案是，访问 https://go2goplay.golang.org/，并于其中放置、运行您的代码。

图 13.1 显示了 https://go2goplay.golang.org/的初始屏幕。就像常规的 Go Playground 一样，上半部分是编写代码的地方，而下半部分则是在单击运行按钮后获得代码结果或潜在错误消息的地方。

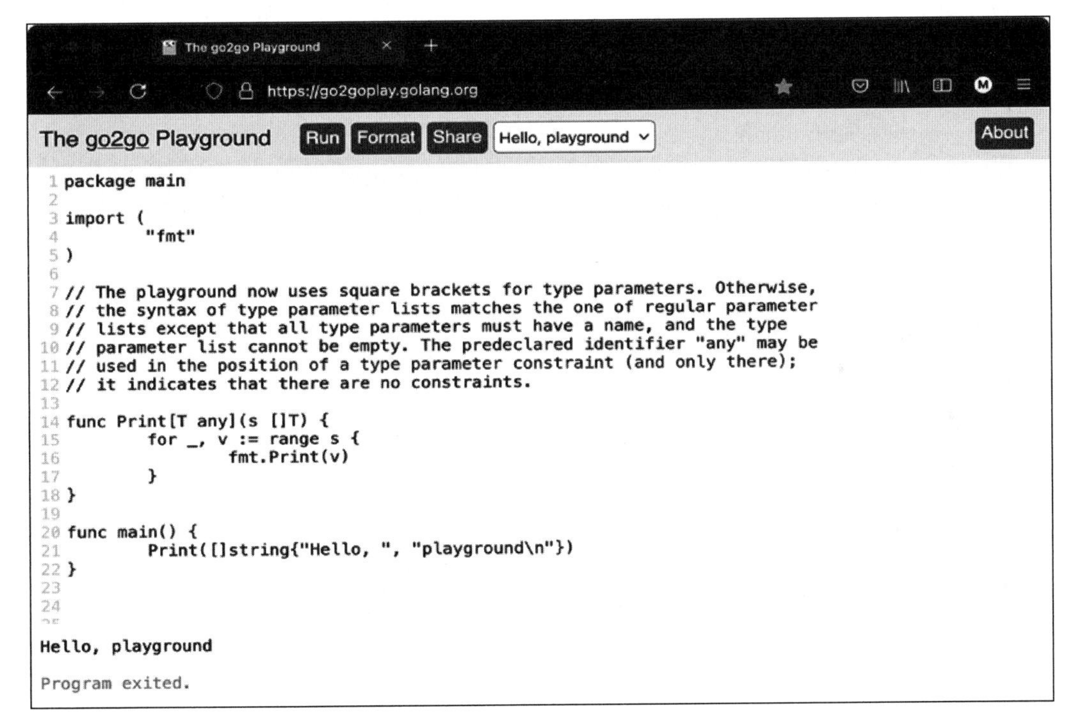

图 13.1　使用泛型的 Go Playground

本章的剩余部分将在 https://go2goplay.golang.org/中执行 Go 代码。然而，笔者将像平常一样展示代码，并通过从 https://go2goplay.golang.org/复制和粘贴来展示代码的输出。

以下内容（hw.go）是使用泛型的代码，以帮助读者在进入更高级的例子之前更深入地了解它们。

```
package main

import (
    "fmt"
)

func PrintSlice[T any](s []T) {
    for _, v := range s {
        fmt.Print(v, " ")
    }
    fmt.Println()
}
```

PrintSlice()与本章前面提到的函数类似。不过，它在同一行中打印每个切片的元素，并借助 fmt.Println()打印新的一行。

```
func main() {
    PrintSlice([]int{1, 2, 3})
    PrintSlice([]string{"a", "b", "c"})
    PrintSlice([]float64{1.2, -2.33, 4.55})
}
```

这里，我们使用 3 种不同的数据类型：int、string 和 float64 来调用 PrintSlice()函数。Go 编译器不会对此提出异议。相反，它将执行代码，就好像我们持有 3 个独立的函数，每个数据类型一个。

因此，运行 hw.go 将产生以下的输出。

```
1 2 3
a b c
1.2 -2.33 4.55
```

因此，每个切片都使用单一的泛型函数按预期打印出来。

有了这些信息，让我们开始讨论泛型和约束条件。

13.2　约束条件

假设有一个使用泛型的函数，该函数用于乘以两个数值。这个函数应该适用于所有数据类型吗？这个函数能够适用于所有数据类型吗？可以乘以两个字符串或两个结构体吗？避免这种问题的解决方案是使用约束条件。

暂时忘记乘法，考虑一下更简单的事情。假设我们想要比较变量是否相等，有没有办法告诉 Go 我们只想处理可以比较的值？Go 1.18 版本将带来预定义的约束条件，其中之一称为 comparable，包括可以比较相等性或不等性的数据类型。

allowed.go 代码示例说明了如何使用 comparable 约束条件。

```
package main

import (
    "fmt"
)

func Same[T comparable](a, b T) bool {
    if a == b {
        return true
    }
    return false
}
```

Same()函数使用预定义的 comparable 约束条件，而不是 any。实际上，comparable 约束条件只是一个预定义的接口，它包括所有可以用==或!=进行比较的数据类型。我们不需要编写任何额外的代码来检查输入，因为函数签名确保将只处理可接受的数据类型。

```
func main() {
    fmt.Println("4 = 3 is", Same(4,3))
    fmt.Println("aa = aa is", Same("aa","aa"))
    fmt.Println("4.1 = 4.15 is", Same(4.1,4.15))
}
```

main()函数 3 次调用 Same()并打印其结果。

运行 allowed.go 将产生以下输出。

```
4 = 3 is false
aa = aa is true
4.1 = 4.15 is false
```

由于只有 Same("aa","aa")的结果是 true，我们得到了相应的输出。

如果尝试运行包含 Same([]int{1,2},[]int{1,3})的语句，该语句尝试比较两个切片，Go Playground 将会产生以下错误信息。

```
type checking failed for main
prog.go2:19:31: []int does not satisfy comparable
```

这种情况发生是因为我们不能直接比较两个切片，这种功能需要手动实现。

稍后将展示如何创建自己的约束条件。

这里演示了一个示例，其中，我们使用接口定义允许作为参数传递给泛型函数的数据类型。numeric.go 的代码如下所示。

```
package main
import (
    "fmt"
)

type Numeric interface {
    type int, int8, int16, int32, int64, float64
}
```

这里，我们定义了一个名为 Numeric 的新接口，它指定了支持的数据类型列表。您可以使用任何想要的数据类型，只要它可以与将要实现的泛型函数一起使用。在这种情况下，可以将 string 或 uint 添加到支持的数据类型列表中。

```
func Add[T Numeric](a, b T) T {
    return a + b
}
```

这是使用 Numeric 约束的泛型函数的定义。

```
func main() {
    fmt.Println("4 + 3 =", Add(4,3))
    fmt.Println("4.1 + 3.2 =", Add(4.1,3.2))
}
```

上述代码是 main()函数的实现，其中包含对 Add()的调用。

运行 numeric.go 将产生以下输出。

```
4 + 3 = 7
4.1 + 3.2 = 7.3
```

然而，Go 语言的规则仍然适用。因此，如果尝试调用 Add(4.1,3)，将得到以下错误信息。

```
type checking failed for main
prog.go2:16:33: default type int of 3 does not match inferred type
float64 for T
```

该错误的原因是，Add()函数期望两个参数是相同的数据类型。然而，4.1 是 float64 类型，而 3 是 int 类型，所以不是相同的数据类型。

下一节将展示如何在定义新数据类型时使用泛型。

13.3　使用泛型定义新数据类型

在本节中，我们将使用泛型定义一个新的数据类型，这在 newDT.go 中有所展示。newDT.go 的代码如下所示。

```
package main

import (
    "fmt"
    "errors"
)

type TreeLast[T any] []T
```

上述代码声明了一个新的数据类型，名为 TreeLast，它使用了泛型。

```
func (t TreeLast[T]) replaceLast(element T) (TreeLast[T], error) {
    if len(t) == 0 {
        return t, errors.New("This is empty!")
    }

    t[len(t) - 1] = element
    return t, nil
}
```

replaceLast()是一个操作 TreeLast 变量的方法。除了函数签名之外，没有任何其他地方显示使用了泛型。

```
func main() {
    tempStr := TreeLast[string]{"aa", "bb"}
    fmt.Println(tempStr)
    tempStr.replaceLast("cc")
    fmt.Println(tempStr)
```

在 main()的第一部分中，我们使用 aa 和 bb 字符串值创建了一个 TreeLast 变量，并通过调用 replaceLast("cc")将 bb 值替换为 cc。

```
    tempInt := TreeLast[int]{12, -3}
    fmt.Println(tempInt)
    tempInt.replaceLast(0)
    fmt.Println(tempInt)
}
```

main()的第二部分与第一部分类似，并使用一个用 int 值填充的 TreeLast 变量。因此，TreeLast 可以正常地与字符串和 int 值一起工作。

运行 newDT.go 将产生以下输出。

```
[aa bb]
[aa cc]
```

上述结果是与 TreeLast[string]变量相关的输出。

```
[12 -3]
[12 0]
```

最终的输出结果与 TreeLast[int]变量相关。

接下来将讨论如何在 Go 结构体中使用泛型。

在本节中，我们将实现一个使用泛型的链表，这是使用泛型简化事物的案例之一，因为它允许一次性实现链表，同时能够使用多种数据类型。

structures.go 的代码如下所示。

```
package main

import (
    "fmt"
)

type node[T any] struct {
    Data T
    next *node[T]
}
```

node 结构使用泛型，以支持可以存储各种数据的节点。这并不意味着一个节点的 next 字段可以指向另一个具有不同数据类型 Data 字段的节点。链表包含相同数据类型的元素的规则仍然适用，这只是意味着，如果想创建 3 个链表，一个用于存储 string 值，一个用于存储 int 值，第 3 个用于存储给定 struct 数据类型的 JSON 记录，您不需要编写任何额外的代码。

```
type list[T any] struct {
    start *node[T]
}
```

这是链表的根节点的定义，链表由 node 节点组成。list 和 node 必须共享相同的数据类型 T。然而，如前所述，这并不妨碍创建多种不同数据类型的链表。

如果想限制允许的数据类型列表，仍然可以在 node 和 list 的定义中用约束条件替换 any。

```
func (l *list[T]) add(data T) {
    n := node[T]{
        Data: data,
        next: nil,
    }
```

add()函数是泛型的，以便能够与各种类型的节点一起工作。

除了 add()的签名之外，所有剩余的代码与泛型的使用无关。

```
if l.start == nil {
    l.start = &n
    return
}

if l.start.next == nil {
    l.start.next = &n
    return
}
```

这两个 if 代码块与向链表中添加一个新节点有关。

```
    temp := l.start
    l.start = l.start.next
    l.add(data)
    l.start = temp
}
```

add()的最后部分涉及在向列表添加新节点时定义节点之间的正确关联。

```
func main() {
    var myList list[int]
```

首先，在 main()中定义了一个 int 值的链表，这是我们将要工作的链表。

```
fmt.Println(myList)
```

myList 的初始值为 nil，因为链表为空，所以不包含任何节点。

```
myList.add(12)
myList.add(9)
myList.add(3)
myList.add(9)
```

在这部分中，我们向链表添加了 4 个元素。

```
    // Print all elements
    for {
        fmt.Println("*", myList.start)
        if myList.start == nil {
            break
        }
        myList.start = myList.start.next
    }
}
```

main()的最后部分通过遍历列表来打印列表中的所有元素，这一过程借助于 next 字段的帮助，该字段指向列表中的下一个节点。

运行 structures.go 将产生以下输出。

```
{<nil>}
* &{12 0xc00010a060}
* &{9 0xc00010a080}
* &{3 0xc00010a0b0}
* &{9 <nil>}
* <nil>
```

让我们进一步讨论输出结果。第一行显示空列表的值为 nil。列表的第一个节点包含值 12 和一个内存地址 (0xc00010a060)，该地址指向第二个节点。这一直持续到到达最后一个节点，它包含值 9，该值在链表中出现了两次，并且指向 nil，因为它是最后一个节点。因此，泛型使链表能够与多种数据类型一起工作。

下一节将讨论使用接口和泛型来支持多种数据类型之间的差异。

13.4　接口和泛型

本节展示了一个程序，它使用接口和泛型将数值加 1，以便可以比较实现细节。

interfaces.go 的代码展示了这两种技术，并包含以下代码。

```
package main

import (
    "fmt"
)

type Numeric interface {
    type int, int8, int16, int32, int64, float64
}
```

这里，我们定义了一个名为 Numeric 的约束条件，用于限制允许的数据类型。

```
func Print(s interface{}) {
    // type switch
    switch s.(type) {
```

Print()函数使用空接口来获取输入，并通过类型开关来处理该输入参数。

简单来说，我们使用类型开关来区分支持的数据类型。在这种情况下，支持的数据类型只是 int 和 float64，这与类型开关的实现有关。然而，添加更多数据类型需要更改代码，这不是最高效的解决方案。

```
case int:
    fmt.Println(s.(int)+1)
```

该分支显示了如何处理 int 类型的情况。

```
case float64:
    fmt.Println(s.(float64)+1)
```

该分支显示了如何处理 float64 类型的情况。

```
    default:
        fmt.Println("Unknown data type!")
    }
}
```

默认分支是我们处理所有不支持的数据类型的方式。

Print()函数最大的问题在于，由于使用了空接口，它可以接受所有类型的输入。因此，函数签名无法帮助我们限制允许的数据类型。Print()函数的第二个问题是，我们需要专门处理每一种情况，处理更多的情况意味着要编写更多的代码。

另外，编译器不需要用这些代码猜测很多事情，而泛型则不然，编译器和运行时需要做更多的工作。这种工作会导致执行时间延迟。

```
func PrintGenerics[T any](s T) {
    fmt.Println(s)
}
```

PrintGenerics()是一个泛型函数，它可以简单而优雅地处理所有可用的数据类型。

```
func PrintNumeric[T Numeric](s T) {
    fmt.Println(s+1)
}
```

PrintNumeric()函数使用 Numeric 约束支持所有数值数据类型，且无须像 Print()函数那样为支持每种不同的数据类型特别添加代码。

```
func main() {
    Print(12)
    Print(-1.23)
    Print("Hi!")
```

main()的第一部分使用 Print()函数，分别输入了不同类型的值：一个 int 值、一个 float64 值和一个 string 值。

```
PrintGenerics(1)
PrintGenerics("a")
PrintGenerics(-2.33)
```

如前所述，PrintGenerics()可以与包括字符串值在内的所有数据类型一起工作。

```
    PrintNumeric(1)
    PrintNumeric(-2.33)
}
```

由于使用了 Numeric 约束，main()的最后部分只使用了基于数值的 PrintNumeric()函数。运行 interfaces.go 会产生以下输出。

```
13
-0.22999999999999998
Unknown data type!
```

上述 3 行输出来自使用空接口的 Print()函数。

```
1
a
-2.33
```

上述 3 行输出来自 PrintGenerics()函数，该函数使用泛型并支持所有可用的数据类型。因此，它无法增加输入值，因为我们无法确定处理的是数值。因此，它只能打印给定的输入值。

```
2
-1.33
```

最后两行内容是由两次 PrintNumeric()调用生成的，这些调用使用 Numeric 约束进行操作。

因此，在实践中，当需要支持多种数据类型时，泛型可能是比接口更好的选择。

下一节将讨论反射，它可视为避开泛型的一种方式。

13.5　反射和泛型

在本节中，我们将开发一个实用工具，并以两种方式打印切片中的元素：首先使用反射，其次使用泛型。

reflection.go 的代码如下所示。

```
package main

import (
    "fmt"
    "reflect"
)

func PrintReflection(s interface{}) {
    fmt.Println("** Reflection")
    val := reflect.ValueOf(s)

    if val.Kind() != reflect.Slice {
        return
    }

    for i := 0; i < val.Len(); i++ {
        fmt.Print(val.Index(i).Interface(), " ")
    }
    fmt.Println()
}
```

在内部，PrintReflection()函数仅与切片一起工作。然而，由于无法在函数签名中表达这一点，我们需要接收一个空接口参数。此外，我们不得不编写更多代码以获得所需的输出。

更具体地说，首先需要确保正在处理一个切片（reflect.Slice），其次必须使用一个 for 循环来打印切片元素，这相当不优雅。

```
func PrintSlice[T any](s []T) {
    fmt.Println("** Generics")

    for _, v := range s {
        fmt.Print(v, " ")
    }
    fmt.Println()
}
```

同样，泛型函数的实现更加简单，因此也更容易理解。此外，函数签名指定只接收切片作为函数参数，我们不必为此执行任何额外的检查，因为这是 Go 编译器的工作。最后，我们使用一个带 range 的简单 for 循环来打印切片元素。

```
func main() {
    PrintSlice([]int{1, 2, 3})
    PrintSlice([]string{"a", "b", "c"})
    PrintSlice([]float64{1.2, -2.33, 4.55})

    PrintReflection([]int{1, 2, 3})
    PrintReflection([]string{"a", "b", "c"})
    PrintReflection([]float64{1.2, -2.33, 4.55})
}
```

main()函数调用 PrintSlice()和 PrintReflection()，并使用各种类型的输入来测试它们的运行情况。

运行 reflection.go 将产生以下输出。

```
** Generics
1 2 3
** Generics
a b c
** Generics
1.2 -2.33 4.55
```

前 6 行内容是通过泛型产生的，打印了 int 值的切片、string 值的切片和 float64 值的切片中的元素。

```
** Reflection
1 2 3
** Reflection
a b c
** Reflection
1.2 -2.33 4.55
```

输出的最后 6 行内容使用反射技术产生了相同的结果。输出本身没有区别，所有的区别都在于 PrintReflection()和 PrintSlice()实现中的代码。正如预期的那样，泛型代码比使用反射的 Go 代码更简单、更短，特别是当需要支持许多不同类型的数据时。

13.6　本章练习

（1）在 structures.go 中创建一个 PrintMe()方法，打印链表的所有元素。
（2）在 reflection.go 中创建两个额外的函数，以便使用反射和泛型打印字符串。
（3）使用泛型实现 structures.go 中链表的 delete()和 search()功能。
（4）从 structures.go 中的代码开始，使用泛型实现一个双向链表。

13.7　本章小结

本章介绍了泛型，并阐述了泛型的基本原理。此外，本章还介绍了 Go 泛型的语法以及使用泛型可能会遇到的一些问题。预计为了支持泛型，Go 标准库将会有所变化，并且将会有一个名为 slices 的新包，以利用这些新的语言特性。

虽然使用泛型的函数更灵活，但使用泛型的代码通常比使用预定义静态数据类型的代码运行得慢。因此，为灵活性付出的代价就是执行速度。同样，使用泛型的 Go 代码比不使用泛型的同等代码的编译时间更长。一旦 Go 社区开始在实际场景中使用泛型，泛型能提供最高生产力的情况就会变得更加明显。归根结底，编程就是要了解决策的代价。因此，了解使用泛型而非接口、反射或其他技术的代价非常重要。

那么，Go 开发者的未来会是怎样的呢？简言之，前景一片光明。读者应该已经开始喜欢使用 Go 编程了，而且随着 Go 语言的发展，您还会继续前行。如果想了解 Go 语言的最新进展，请访问 Go 团队的官方 GitHub：https://github.com/golang。

Go 语言可以帮助您创建优秀的软件。所以，去创造伟大的软件吧。

13.8　附加资源

（1）谷歌 I/O 2012——遇见 Go 语言团队：https://youtu.be/sln-gJaURzk。

（2）遇见 Go 语言的创作者：https://youtu.be/3yghHvvZQmA。

（3）Brian Kernighan 采访 Ken Thompson 的视频，且与 Go 语言没有直接关联：https://youtu.be/EY6q5dv_B-o。

（4）Brian Kernighan 谈成功的语言设计，且与 Go 语言无直接关联：https://youtu.be/Sg4U4r_AgJU。

（5）Brian Kernighan：UNIX、C、AWK、AMPL 以及 Lex Fridman 播客中的 Go 编程：https://youtu.be/O9upVbGSBFo。

（6）为什么需要泛型：https://blog.golang.org/why-generics。

（7）泛型的未来发展方向：https://blog.golang.org/generics-next-step。

（8）Go 语言中添加泛型的提案：https://blog.golang.org/genericsproposal。

（9）Slices 包提案：https://github.com/golang/go/issues/45955。

注意

成为一名优秀的程序员很难，但并不是不可以做到。这里也希望你不断进步，谁知道呢——说不定你会一举成名，还能拍一部关于你的电影！

感谢您阅读本书。如果您有任何建议、问题或关于其他书籍的想法，欢迎随时与我联系。

附　录

Go 语言中的这一关键部分对代码性能的影响可能超过其他任何 Go 组件。下面将从堆和栈的讨论开始。

1. 堆和栈

堆是编程语言存储全局变量的地方，也是垃圾回收发生的地方。栈是编程语言存储函数使用的临时变量的地方——每个函数都有自己的栈。由于协程位于用户空间，Go 语言运行时负责管理它们运行的规则。此外，每个协程都有自己的栈，而堆则是在协程之间“共享”的。

在 C++中，当使用 new 操作符创建新变量时，这些变量将被存储到堆上。这在 Go 语言中使用 new()和 make()函数时并不适用。在 Go 语言中，编译器会根据变量的大小和逃逸分析的结果来决定新变量的存储位置。这就是可以从 Go 函数返回局部变量指针的原因。

注意

尽管在本书中我们并没有多次使用 new()，但请记住，new()返回指向已初始化内存的指针。

若要了解 Go 程序中变量的分配位置，您可以使用-m GC 标志。这在 allocate.go 中有所演示——这是一个常规程序，无须任何修改即可显示额外的输出，因为所有细节都由 Go 处理。

```
package main

import "fmt"

const VAT = 24

type Item struct {
    Description string
    Value float64
}

func Value(price float64) float64 {
```

```
    total := price + price*VAT/100
    return total
}

func main() {
    t := Item{Description: "Keyboard", Value: 100}
    t.Value = Value(t.Value)
    fmt.Println(t)

    tP := &Item{}
    *&tP.Description = "Mouse"
    *&tP.Value = 100
    fmt.Println(tP)
}
```

运行 allocate.go 将生成以下输出，该输出是使用-gcflags '-m'的结果，它修改了生成的可执行文件。此处不应使用-gcflags 标志创建用于生产的可执行二进制文件。

```
$ go run -gcflags '-m' allocate.go
# command-line-arguments
./allocate.go:12:6: can inline Value
./allocate.go:19:17: inlining call to Value
./allocate.go:20:13: inlining call to fmt.Println
./allocate.go:25:13: inlining call to fmt.Println
./allocate.go:20:13: t escapes to heap
```

escapes to heap 消息表示 t 逃逸了函数的作用域。简单来说，这意味着 t 在函数外部被使用，并且不具有局部作用域（因为它被传递到了函数外部）。然而，这并不一定意味着该变量已经移动到了堆上。

moved to heap 消息表明编译器决定将一个变量分配到堆上，因为它可能在函数外部被使用。这种分配是为了确保变量的生命周期超出局部作用域，允许它从函数外部被访问。

```
./allocate.go:20:13: []interface {}{...} does not escape
./allocate.go:22:8: &Item{} escapes to heap
./allocate.go:25:13: []interface {}{...} does not escape
```

does not escape 消息表明接口没有逃逸到堆。Go 编译器执行逃逸分析来确定内存分配是否应该发生在堆上，或者是否可以保留在栈中。

```
<autogenerated>:1: .this does not escape
{Keyboard 124}
&{Mouse 100}
```

输出的最后两行由两个 fmt.Println()语句生成的输出组成。

如果想获得更详细的输出，可以使用-m 参数两次。

```
$ go run -gcflags '-m -m' allocate.go
# command-line-arguments
./allocate.go:12:6: can inline Value with cost 13 as: func(float64)
float64 { total := price + price * VAT / 100; return total }
./allocate.go:17:6: cannot inline main: function too complex: cost 199
exceeds budget 80
./allocate.go:19:17: inlining call to Value func(float64) float64 {
total := price + price * VAT / 100; return total }
./allocate.go:20:13: inlining call to fmt.Println func(...interface {})
(int, error) { var fmt..autotmp_3 int; fmt..autotmp_3 = <N>; var fmt..
autotmp_4 error; fmt..autotmp_4 = <N>; fmt..autotmp_3, fmt..autotmp_4
= fmt.Fprintln(io.Writer(os.Stdout), fmt.a...); return fmt..autotmp_3,
fmt..autotmp_4 }
./allocate.go:25:13: inlining call to fmt.Println func(...interface {})
(int, error) { var fmt..autotmp_3 int; fmt..autotmp_3 = <N>; var fmt..
autotmp_4 error; fmt..autotmp_4 = <N>; fmt..autotmp_3, fmt..autotmp_4
= fmt.Fprintln(io.Writer(os.Stdout), fmt.a...); return fmt..autotmp_3,
fmt..autotmp_4 }
./allocate.go:22:8: &Item{} escapes to heap:
./allocate.go:22:8: flow: tP = &{storage for &Item{}}:
./allocate.go:22:8: from &Item{} (spill) at ./allocate.go:22:8
./allocate.go:22:8: from tP := &Item{} (assign) at ./allocate.
go:22:5
./allocate.go:22:8: flow: ~arg0 = tP:
./allocate.go:22:8: from tP (interface-converted) at ./allocate.
go:25:13
./allocate.go:22:8: from ~arg0 := tP (assign-pair) at ./allocate.
go:25:13
./allocate.go:22:8: flow: {storage for []interface {}{...}} = ~arg0:
./allocate.go:22:8: from []interface {}{...} (slice-literalelement)
at ./allocate.go:25:13
./allocate.go:22:8: flow: fmt.a = &{storage for []interface {}{...}}:
./allocate.go:22:8: from []interface {}{...} (spill) at ./allocate.
go:25:13
./allocate.go:22:8: from fmt.a = []interface {}{...} (assign) at ./
allocate.go:25:13
./allocate.go:22:8: flow: {heap} = *fmt.a:
./allocate.go:22:8: from fmt.Fprintln(io.Writer(os.Stdout),
fmt.a...) (call parameter) at ./allocate.go:25:13
```

```
./allocate.go:20:13: t escapes to heap:
./allocate.go:20:13: flow: ~arg0 = &{storage for t}:
./allocate.go:20:13: from t (spill) at ./allocate.go:20:13
./allocate.go:20:13: from ~arg0 := t (assign-pair) at ./allocate.
go:20:13
./allocate.go:20:13: flow: {storage for []interface {}{...}} = ~arg0:
./allocate.go:20:13: from []interface {}{...} (slice-literalelement)
at ./allocate.go:20:13
./allocate.go:20:13: flow: fmt.a = &{storage for []interface {}
{...}}:
./allocate.go:20:13: from []interface {}{...} (spill) at ./
allocate.go:20:13
./allocate.go:20:13: from fmt.a = []interface {}{...} (assign) at
./allocate.go:20:13
./allocate.go:20:13: flow: {heap} = *fmt.a:
./allocate.go:20:13: from fmt.Fprintln(io.Writer(os.Stdout),
fmt.a...) (call parameter) at ./allocate.go:20:13
./allocate.go:20:13: t escapes to heap
./allocate.go:20:13: []interface {}{...} does not escape
./allocate.go:22:8: &Item{} escapes to heap
./allocate.go:25:13: []interface {}{...} does not escape
<autogenerated>:1: .this does not escape
{Keyboard 124}
&{Mouse 100}
```

然而，这种输出结果过于拥挤和复杂。通常情况下，仅使用一次-m 参数就能揭示程序堆和栈背后的运作情况。

在了解了堆和栈之后，接下来继续讨论垃圾回收。

2. 垃圾回收

垃圾回收是释放不再使用的内存空间的过程。换句话说，垃圾回收器（GC）会识别哪些对象已经超出作用域，且无法再被引用，并释放它们占用的内存空间。这个过程是在 Go 程序运行时并发进行的，而不是在程序执行之前或之后。Go 垃圾回收实现的文档中指出了以下几点内容。

“Go 语言的垃圾回收器（GC）与突变线程并发运行，实现了类型精确性（也称为精确性），并允许多个 GC 线程并行执行。它采用并发标记-清除机制，并使用写屏障技术。它是一个非分代且不进行内存压缩的系统。内存分配采用按大小分离的每个 P 分配区域，以最小化碎片，同时在常规情况下避免了锁的使用。”

Go 标准库提供了一些函数，允许研究 GC 的运行情况，并更多地了解 GC 暗中进行的各项活动。这些函数在 gColl.go 工具中得到展示，该工具可以在本书 GitHub 库的 ch03 目录中找到。这里，gColl.go 的源代码将采用分块方式展示。

```
package main

import (
    "fmt"
    "runtime"
    "time"
)
```

此处需要使用 runtime 包，进而获取有关 Go 运行时系统的信息，其中包括 GC 的运作情况。

```
func printStats(mem runtime.MemStats) {
    runtime.ReadMemStats(&mem)
    fmt.Println("mem.Alloc:", mem.Alloc)
    fmt.Println("mem.TotalAlloc:", mem.TotalAlloc)
    fmt.Println("mem.HeapAlloc:", mem.HeapAlloc)
    fmt.Println("mem.NumGC:", mem.NumGC, "\n")
}
```

printStats()的主要目的是避免多次编写相同的 Go 代码。runtime.ReadMemStats()调用将获取最新的垃圾收集统计信息。

```
func main() {
    var mem runtime.MemStats
    printStats(mem)

    for i := 0; i < 10; i++ {
        // Allocating 50,000,000 bytes
        s := make([]byte, 50000000)
        if s == nil {
            fmt.Println("Operation failed!")
        }
    }
printStats(mem)
```

这一部分内容包含了一个 for 循环，它创建了每个大小为 10 字节的切片，总共有 50000000 个。这样做的原因是，通过分配大量内存，我们可以触发 GC。

```
    for i := 0; i < 10; i++ {
```

```
        // Allocating 100,000,000 bytes
        s := make([]byte, 100000000)
        if s == nil {
            fmt.Println("Operation failed!")
        }
        time.Sleep(5 * time.Second)
    }
    printStats(mem)
}
```

程序的最后一部分进行了更大的内存分配。这一次，每个字节切片包含100000000字节。

在macOS Big Sur机器（配备24 GB的RAM）上运行gColl.go，会产生以下类型的输出。

```
$ go run gColl.go
mem.Alloc: 124616
mem.TotalAlloc: 124616
mem.HeapAlloc: 124616
mem.NumGC: 0

mem.Alloc: 50124368
mem.TotalAlloc: 500175120
mem.HeapAlloc: 50124368
mem.NumGC: 9

mem.Alloc: 122536
mem.TotalAlloc: 1500257968
mem.HeapAlloc: 122536
mem.NumGC: 19
```

mem.Alloc的值表示已分配堆对象的字节数，即GC尚未释放的所有对象。mem.TotalAlloc显示了为堆对象分配的累积字节数。当对象被释放时，这个数字不会减少，这意味着它持续增加。因此，它指示了程序执行期间为堆对象分配的总字节数。mem.HeapAlloc与mem.Alloc相同。最后，mem.NumGC显示了完成的垃圾收集周期的总数。这个值越大，你就越需要考虑如何在代码中分配内存，以及是否有优化的方法。

如果希望获得关于GC操作的更详细的输出可以将go run gColl.go与GODEBUG=gctrace=1结合使用。除了常规程序输出之外，您还会得到一些额外的指标。以下输出展示了这一点。

```
$ GODEBUG=gctrace=1 go run gColl.go
```

```
gc 1 @0.021s 0%: 0.020+0.32+0.015 ms clock, 0.16+0.17/0.33/0.22+0.12 ms
cpu, 4->4->0 MB, 5 MB goal, 8 P
gc 2 @0.041s 0%: 0.074+0.32+0.003 ms clock, 0.59+0.087/0.37/0.45+0.030
ms cpu, 4->4->0 MB, 5 MB goal, 8 P
.
.
.
gc 18 @40.152s 0%: 0.065+0.14+0.013 ms clock, 0.52+0/0.12/0.042+0.10 ms
cpu, 95->95->0 MB, 96 MB goal, 8 P
gc 19 @45.160s 0%: 0.028+0.12+0.003 ms clock, 0.22+0/0.13/0.081+0.028
ms cpu, 95->95->0 MB, 96 MB goal, 8 P
mem.Alloc: 120672
mem.TotalAlloc: 1500256376
mem.HeapAlloc: 120672
mem.NumGC: 19
```

一如既往，我们记录了相同数量的、完成的垃圾收集周期（19 次）。然而，我们获得了每个周期堆大小的额外信息。因此，对于第 19 次垃圾收集周期（gc 19），我们得到了以下信息。

```
gc 19 @45.160s 0%: 0.028+0.12+0.003 ms clock, 0.22+0/0.13/0.081+0.028
ms cpu, 95->95->0 MB, 96 MB goal, 8 P
```

现在，让我们解释上述输出中的 95->95->0 MB 这 3 个数值。第一个数值（95）是垃圾收集器即将运行时的堆大小。第二个数值（95）是垃圾收集器结束操作时的堆大小。最后一个数值是活跃堆的大小（0）。

1）三色算法

Go 语言的垃圾回收（GC）操作基于三色算法。请注意，三色算法并非 Go 语言独有，它也可以用于其他编程语言。

严格来讲，Go 语言中采用的垃圾回收算法正式名称为三色标记-清除算法。该算法能够与程序并行执行，并引入了写入屏障机制。换言之，在 Go 程序执行过程中，Go 调度器肩负双重职责：一方面调度应用程序的运行，另一方面管理垃圾回收过程，而垃圾回收本身也是以协程的形式并行运作的。这相当于 Go 调度器在处理一个包含多个协程的标准应用程序。

注意

这一算法的精髓思想，由 Edsger W. Dijkstra、Leslie Lamport、A. J. Martin、C. S. Scholten 以及 E. F. M. Steffens 等人提出，并首次在题为 *On- the-Fly Garbage Collection: An Exercise in Cooperation* 的论文中进行了阐释。

三色标记-清除算法的核心原则在于，根据算法赋予的颜色，将堆中的对象划分为 3 个不同的集合：黑色、灰色和白色。黑色集合内的对象确保不会指向白色集合中的任何对象。反之，白色集合中的对象可以指向黑色集合中的对象，此举不会影响到垃圾回收器的运作。灰色集合中的对象可能包含指向白色集合中某些对象的指针。最终，白色集合中的对象成为垃圾回收的潜在目标。

因此，垃圾收集启动之初，一切对象皆为白色，垃圾回收器遍历所有根对象并将其标记为灰色。所谓根对象，即应用程序能够直接访问的对象，其中涵盖了全局变量及堆栈上的其他元素。这些对象的特性，大多取决于特定 Go 程序的代码结构。

然后，垃圾回收器选取一灰色对象，将其转为黑色，并开始审视该对象是否指向白色集合中的其他对象。因此，当灰色集合中的对象在扫描过程中寻找指向其他对象的指针时，它便被标记为黑色。若此次扫描揭示该特定对象确实拥有指向白色对象的一个或多个指针，便将该白色对象纳入灰色集合。只要灰色集合中尚存对象，此过程便循环往复。此后，白色集合中的对象变得不可触及，其占用的内存空间便可重新利用。因此，此时白色集合中的元素便被视作已被垃圾收集。注意，无对象能直接从黑色集合跃迁至白色集合，这保证了算法的运作，并能清除白色集合中的对象。如前所述，黑色集合中的任何对象均不得直接指向白色集合中的对象。此外，若灰色集合中的对象在垃圾收集周期的某个时刻变得不可触及，它将不会在当前周期内被收集，而是推迟至下一个周期。尽管这非最佳状况，但亦非不可接受。

在此过程中，运行中的应用程序被称为“变异体”。变异体执行一个名为“写入屏障”的小函数，该函数在堆中的指针每次被修改时都会运行。如果堆中某个对象的指针被修改，则意味着该对象现在是可访问的，写入屏障将其标记为灰色，并将其加入灰色集合。变异体负责确保黑色集合中没有元素指向白色集合中的元素这一不变性。这一不变性的维护，得益于写入屏障函数的协助。若未能达成此不变性，将破坏垃圾收集过程，并极有可能以一种极为糟糕且不可取的方式导致程序崩溃。

因此，存在 3 种颜色：黑色、白色与灰色。算法启动之初，所有对象均被标记为白色。随着算法的深入，白色对象将被转移至其他两个集合中的一个。最终留在白色集合中的对象，便是那些将在适当时机被清除的对象。

附图 1 展示了包含对象的 3 个颜色集合。

对象 E，位于白色集合中，能够访问对象 F，但由于没有任何其他对象指向对象 E，它本身无法被访问，这使其成为垃圾回收的理想候选者。同时，对象 A、B 和 C 作为根对象，始终可达，因此，它们不会被垃圾收集。

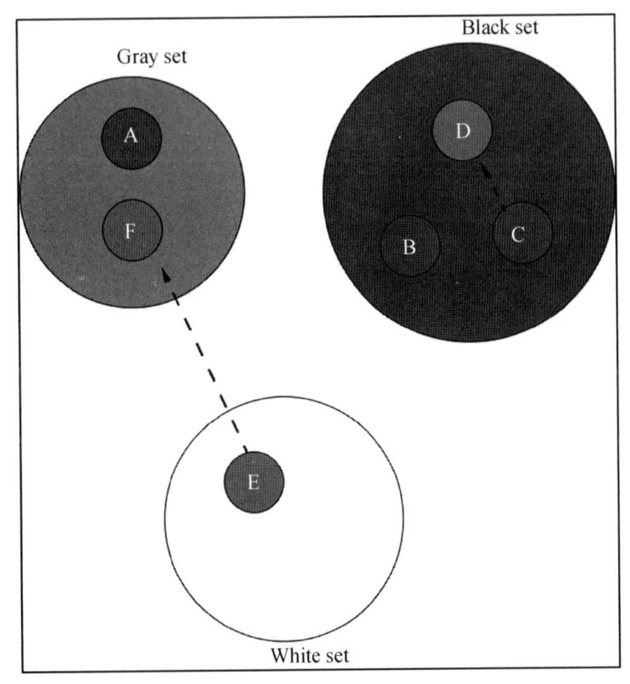

附图 1

接下来，算法将不得不继续处理灰色集合中的剩余元素，这将导致对象 A 和 F 都将转入黑色集合。

对象 A 被归入黑色集合，因为它是一个根元素；对象 F 被归入黑色集合，因为它在灰色集合中时不指向任何其他对象。对象 E 被垃圾收集之后，对象 F 将变得不可达，并将在下一次垃圾收集周期中被收集，因为不可达的对象不会在垃圾收集过程的下一次迭代中突然变得可达。

注意

Go 语言的垃圾回收机制同样适用于诸如通道这类变量。当垃圾收集器侦测到某个通道变得不可达，即该通道变量已无法再被访问，即便该通道尚未关闭，它亦会释放其占用的资源。

读者可在 https://github.com/golang/go/blob/master/src/runtime/mgc.go 寻得 Go 语言垃圾收集器的长篇且较为高深的代码。若你渴望深入了解垃圾收集的运作机制，不妨研读此代码。若你勇气十足，亦可尝试对其进行修改。

2）更多关于 Go 垃圾收集器的操作

本部分将深入探讨 Go 垃圾收集器的工作机制，并提供了其活动的更多信息。Go 垃圾收集器的主要关注点是低延迟，这基本上意味着在其操作中实现短暂的停顿，以便进行实时操作。

另外，程序的运作在于持续地生成新对象，并通过指针对现有对象进行操控。此过程可能导致某些对象因缺乏指向它们的指针而变得不可访问。这些对象随后成为垃圾，需等待垃圾收集器进行清理，释放它们占用的内存空间。随后，释放的内存空间便可供再次使用。

标记-清除算法是最基本的垃圾收集算法。该算法暂停程序的执行，遍历程序堆中所有可达对象并进行标记。随后，它清除那些不可达的对象。在算法的标记阶段，每个对象被标记为白色、灰色或黑色。灰色对象的子对象被标记为灰色，而原本的灰色对象则转为黑色。当不再有灰色对象需要检查时，便开始了清除阶段。这种方法之所以有效，是因为黑色集合中不存在指向白色集合的指针，这是算法的一个根本性不变原则。

尽管标记-清除算法在概念上颇为简洁，但其在执行过程中需暂停程序，从而引入了额外的延迟。Go 语言通过将垃圾收集器作为一个并发进程运行，并采用如前所述的三色算法，努力减少这种延迟。然而，在垃圾收集器并发工作时，其他进程可能会移动指针或生成新对象，这无疑为垃圾收集带来了挑战。

因此，使三色算法能够在维持标记-清除算法根本不变性的前提下实现并发操作的基本准则是，黑色集合中的对象绝不可指向白色集合中的对象。

应对这一难题的解决之道在于识别并修正所有可能干扰算法运作的案例。因此，新对象必须直接归入灰色集合，以此确保标记-清除算法的根本不变性得以维系。此外，每当程序中的指针发生移动，便将该指针所指的对象标记为灰色。灰色集合充当白色集合与黑色集合间的隔离带。最终，每当指针移动时，一些 Go 代码便会自动执行，即之前提及的写入屏障，它负责进行一些颜色的重新分配。由写入屏障代码执行所带来的延迟，正是为了实现垃圾收集器的并发运行而必须承受的代价。

注意，Java 编程语言配备了多种高度可定制的垃圾收集器，这些收集器可以通过多样的参数进行细致调整。在这些 Java 垃圾收集器中，G1 因其适合低延迟应用的特性而受到推荐。虽然 Go 语言并未提供多种垃圾收集器，但它提供了一些调节选项，供应用程序对垃圾收集器进行优化。

接下来将从垃圾收集的角度探讨映射与切片，这是因为我们对变量的处理方式有时会对垃圾收集器的运作产生影响。

3）映射、切片和垃圾回收器

本部分内容将探讨 Go 语言垃圾收集器对于映射和切片的操作机制。旨在指导读者如何编写代码，以便于垃圾收集器更高效地执行其任务。

（1）使用切片。

本示例通过一个切片来保存众多结构体实例，每个实例中包含两个整型数值。在 sliceGC.go 文件中，其实现方式如下所示。

```
package main

import (
    "runtime"
)

type data struct {
    i, j int
}
func main() {
    var N = 80000000
    var structure []data
    for i := 0; i < N; i++ {
        value := int(i)
        structure = append(structure, data{value, value})
    }

    runtime.GC()
    _ = structure[0]
}
```

末尾的语句(_= structure[0])旨在避免垃圾收集器过早地对 structure 变量进行回收，因为该变量在 for 循环之外并未被引用或使用。随后的 3 个 Go 程序将采用这一技巧。

除了上述关键点，for 循环用于将所有值赋给存储在 structure 切片变量中的结构体。实现这一点的另一种方法是调用 runtime.KeepAlive()函数。该程序不输出任何结果，它仅仅通过 runtime.GC()函数的调用来触发垃圾收集器的运行。

（2）使用带有指针的映射。

在本部分中，我们采用映射来存放指针。此次，映射以整数键来引用这些指针。程序命名为 mapStar.go，并包含如下 Go 代码。

```
package main
```

```
import (
    "runtime"
)

func main() {
    var N = 80000000
    myMap := make(map[int]*int)
    for i := 0; i < N; i++ {
        value := int(i)
        myMap[value] = &value
    }

    runtime.GC()
    _ = myMap[0]
}
```

程序的运作与前一节中的 sliceGC.go 相同。不同的是，这里使用了映射（make(map[int]*int)）来存储指向 int 的指针。和之前一样，程序不产生任何输出。

（3）无指针的映射。

在本部分中，我们采用了一种直接存放整型值而非整型指针的映射。mapNoStar.go 的核心代码如下所示。

```
func main() {
    var N = 80000000
    myMap := make(map[int]int)
    for i := 0; i < N; i++ {
        value := int(i)
        myMap[value] = value
    }
    runtime.GC()
    _ = myMap[0]
}
```

再次说明，程序不产生任何输出。

（4）分割映射。

在最后的程序中，我们采用了一种称为分片的不同技术，将一个长映射分割成了映射中的映射。mapSplit.go 的 main()函数的实现如下所示。

```
func main() {
    var N = 80000000
```

```
    split := make([]map[int]int, 2000)
    for i := range split {
        split[i] = make(map[int]int)
    }

    for i := 0; i < N; i++ {
        value := int(i)
        split[i%2000][value] = value
    }
    runtime.GC()
    _ = split[0][0]
}
```

代码使用了两个 for 循环，一个用于创建映射的映射，另一个用于在映射的映射中存储所需的数据值。

由于这 4 个程序都使用了庞大的数据结构，它们消耗了大量的内存。消耗大量内存空间的程序会更频繁地触发 Go 语言的垃圾收集器。接下来的一节将展示对所呈现技术的评估。

4）对所展示技术的性能进行比较

在本部分中，我们使用 zsh(1)的 time 命令比较这 4 种实现的性能，该命令与 UNIX 系统中的 time(1)命令非常相似。

```
$ time go run sliceGC.go
go run sliceGC.go 2.68s user 1.39s system 127% cpu 3.184 total
$ time go run mapStar.go
go run mapStar.go 55.58s user 3.24s system 209% cpu 28.110 total
$ time go run mapNoStar.go
go run mapNoStar.go 20.63s user 1.88s system 99% cpu 22.684 total
$ time go run mapSplit.go
go run mapSplit.go 20.84s user 1.29s system 100% cpu 21.967 total
```

研究发现，映射表版本的运行速度慢于切片版本。但是，由于执行哈希函数以及数据存储的非连续性，映射版本在性能上始终不敌切片版本。在映射中，数据被存放于由哈希函数输出所决定的桶内。

此外，映射程序（mapStar.go）可能触发了某些垃圾收集的延迟，因为取值&value 的地址会使其逃逸至堆内存中。其他所有程序仅使用栈来处理这些局部变量。当变量逃逸至堆内存时，它们会加剧垃圾收集的压力。

注意

映射或切片中元素的访问时间复杂度为 O(1)，即访问时间与映射或切片中元素的数量无关。不过，这些数据结构的运作机制对整体的访问速度有所影响。

3. 附加资源

（1）Go 语言常见问题解答：如何判断变量是分配于堆内存还是栈内存：https://golang.org/doc/faq#stack_or_heap。

（2）-gcflags 选项列表：https://golang.org/cmd/compile/。

（3）如果读者想更深入地了解垃圾收集，可访问：http://gchandbook.org/。